国家出版基金项目
NATIONAL PUBLICATION FOUNDATION

“十三五”国家重点出版物出版规划项目

中国土系志

Soil Series of China

（中西部卷）

总主编　张甘霖

贵州卷
Guizhou

章明奎 等　著

科学出版社
龍門書局
北　京

内 容 简 介

《中国土系志·贵州卷》分上、下两篇。上篇简要介绍贵州省土壤的成土因素、主要土壤形成过程、土壤分类研究的历史及主要土壤类型的诊断依据与标准；介绍土族和土系的鉴定与划分的方法及土系记录的规范。下篇从各土系的高级分类单元归属、分布与环境条件、土系特征与变幅、对比土系、利用性能综述、参比土种及代表性单个土体等方面，对贵州省新建立的169个土系进行详细的介绍。为了便于读者阅读与应用，书后以附录方式提供土壤发生层的符号表达。

本书是贵州省土壤系统分类研究的阶段性成果，可供土壤学、地理学、生态学、农学和环境科学等学科的科研与教育工作者参考。

审图号：GS（2020）3822号

图书在版编目（CIP）数据

中国土系志. 中西部卷. 贵州卷/张甘霖主编；章明奎等著. —北京：龙门书局，2020.12

“十三五”国家重点出版物出版规划项目　国家出版基金项目

ISBN 978-7-5088-5818-0

Ⅰ.①中…　Ⅱ.①张…　②章…　Ⅲ.①土壤地理-中国②土壤地理-贵州　Ⅳ. ①S159.2

中国版本图书馆CIP数据核字（2020）第204194号

责任编辑：胡　凯　周　丹　石宏杰/责任校对：杨聪敏
责任印制：师艳茹/封面设计：许　瑞

科学出版社
龍門書局 出版

北京东黄城根北街16号
邮政编码：100717
http://www.sciencep.com

中国科学院印刷厂 印刷

科学出版社发行　各地新华书店经销

*

2020年12月第　一　版　开本：787×1092　1/16
2020年12月第一次印刷　印张：27
字数：640 000

定价：398.00元

（如有印装质量问题，我社负责调换）

《中国土系志》编委会顾问

孙鸿烈　赵其国　龚子同　黄鼎成　王人潮
张玉龙　黄鸿翔　李天杰　田均良　潘根兴
黄铁青　杨林章　张维理　郧文聚

土系审定小组

组　长　张甘霖

成　员（以姓氏笔画为序）

王天巍　王秋兵　龙怀玉　卢　瑛　卢升高
刘梦云　李德成　杨金玲　吴克宁　辛　刚
张凤荣　张杨珠　赵玉国　袁大刚　黄　标
常庆瑞　麻万诸　章明奎　隋跃宇　慈　恩
蔡崇法　漆智平　翟瑞常　潘剑君

《中国土系志》编委会

《中国土系志·贵州卷》作者名单

主要作者 章明奎

参编人员 （以姓氏笔画为序）

毛霞丽　邱志腾　陈小梅　姚玉才

鲍陈燕

丛书序一

土壤分类作为认识和管理土壤资源不可或缺的工具，是土壤学最为经典的学科分支。现代土壤学诞生后，近150年来不断发展，日渐加深人们对土壤的系统认识。土壤分类的发展一方面促进了土壤学整体进步，同时也为相邻学科提供了理解土壤和认知土壤过程的重要载体。土壤分类水平的提高也极大地提高了土壤资源管理的水平，为土地利用和生态环境建设提供了重要的科学支撑。在土壤分类体系中，高级单元主要体现土壤的发生过程和地理分布规律，为宏观布局提供科学依据；基层单元主要反映区域特征、层次组合以及物理、化学性状，是区域规划和农业技术推广的基础。

我国幅员辽阔，自然地理条件迥异，人类活动历史悠久，造就了我国丰富多样的土壤资源。自现代土壤学在中国发端以来，土壤学工作者对我国土壤的形成过程、类型、分布规律开展了卓有成效的研究。就土壤基层分类而言，自20世纪30年代开始，早期的土壤分类引进美国Marbut体系，区分了我国亚热带低山丘陵区的土壤类型及其续分单元，同时定名了一批土系，如孝陵卫系、萝岗系、徐闻系等，对后来的土壤分类研究产生了深远的影响。

与此同时，美国土壤系统分类（soil taxonomy）也在建立过程中，当时Marbut分类体系中的土系（soil series）没有严格的边界，一个土系的属性空间往往跨越不同的土纲。典型的例子是迈阿密（Miami）系，在系统分类建立后按照属性边界被拆分成为不同土纲的多个土系。我国早期建立的土系也同样具有属性空间变异较大的情形。

20世纪50年代，随着全面学习苏联土壤分类理论，以地带性为基础的发生学土壤分类迅速成为我国土壤分类的主体。1978年，中国土壤学会召开土壤分类会议，制定了依据土壤地理发生的《中国土壤分类暂行草案》。该分类方案成为随后开展的全国第二次土壤普查中使用的主要依据。通过这次普查，于20世纪90年代出版了《中国土种志》，其中包含近3000个典型土种。这些土种成为各行业使用的重要土壤数据来源。限于当时的认识和技术水平，《中国土种志》所记录的典型土种依然存在"同名异土"和"同土异名"的问题，代表性的土壤剖面没有具体的经纬度位置，也未提供剖面照片，无法了解土种的直观形态特征。

随着"中国土壤系统分类"的建立和发展，在建立了从土纲到亚类的高级单元之后，建立以土系为核心的土壤基层分类体系是"中国土壤系统分类"发展的必然方向。建立我国的典型土系，不但可以从真正意义上使系统完整，全面体现土壤类型的多样性和丰富性，而且可以为土壤利用和管理提供最直接和完整的数据支持。

在科技部国家科技基础性工作专项项目“我国土系调查与《中国土系志》编制”的支持下，以中国科学院南京土壤研究所张甘霖研究员为首，联合全国二十多所大学和相关科研机构的一批中青年土壤科学工作者，经过数年的努力，首次提出了中国土壤系统分类框架内较为完整的土族和土系划分原则与标准，并应用于土族和土系的建立。通过艰苦的野外工作，先后完成了我国东部地区和中西部地区的主要土系调查和鉴别工作。在比土、评土的基础上，总结和建立了具有区域代表性的土系，并编纂了以各省市为分册的《中国土系志》，这是继“中国土壤系统分类”之后我国土壤分类领域的又一重要成果。

作为一个长期从事土壤地理学研究的科技工作者，我见证了该项工作取得的进展和一批中青年土壤科学工作者的成长，深感完善这项成果对中国土壤系统分类具有重要的意义。同时，这支中青年土壤分类工作者队伍的成长也将为未来该领域的可持续发展奠定基础。

对这一基础性工作的进展和前景我深感欣慰。是为序。

中国科学院院士

2017年2月于北京

丛 书 序 二

土壤分类和分布研究既是土壤学也是自然地理学中的基础工作。认识和区分土壤类型是理解土壤多样性和开展土壤制图的基础，土壤分类的建立也是评估土壤功能，促进土壤技术转移和实现土壤资源可持续管理的工具。对土壤类型及其分布的勾画是土地资源评价、自然资源区划的重要依据，同时也是诸多地表过程研究所不可或缺的数据来源，因此，土壤分类研究具有显著的基础性，是地球表层系统研究的重要组成部分。

我国土壤资源调查和土壤分类工作经历了几个重要的发展阶段。20 世纪 30 年代至 70 年代，老一辈土壤学家在路线调查和区域综合考察的基础上，基本明确了我国土壤的类型特征和宏观分布格局；80 年代开始的全国土壤普查进一步摸清了我国的土壤资源状况，获得了大量的基础数据。当时由于历史条件的限制，我国土壤分类基本沿用了苏联的地理发生分类体系，强调生物气候带的影响，而对母质和时间因素重视不够。此后虽有局部的调查考察，但都没有形成系统的全国性数据集。

以诊断层和诊断特性为依据的定量分类是当今国际土壤分类的主流和趋势。自 20 世纪 80 年代开始的“中国土壤系统分类”研究历经 20 多年的努力构建了具有国际先进水平的分类体系，成果获得了国家自然科学奖二等奖。“中国土壤系统分类”完成了亚类以上的高级单元，但对基层分类级别——土族和土系——仅仅开展了一些样区尺度的探索性研究。因此，无论是从土壤系统分类的完整性，还是土壤类型代表性单个土体的数据积累来看，仅有高级单元与实际的需求还有很大距离，这也说明进行土系调查的必要性和紧迫性。

在科技部国家科技基础性工作专项的支持下，自 2008 年开始，中国科学院南京土壤研究所联合国内 20 多所大学和科研机构，在张甘霖研究员的带领下，先后承担了“我国土系调查与《中国土系志》编制”（项目编号 2008FY110600）和“我国土系调查与《中国土系志（中西部卷）》编制”（项目编号 2014FY110200）两期研究项目。自项目开展以来，近百名项目参加人员，包括数以百计的研究生，以省区为单位，依据统一的布点原则和野外调查规范，开展了全面的典型土系调查和鉴定。经过 10 多年的努力，参加人员足迹遍布全国各地，克服了种种困难，不畏艰辛，调查了近 7000 个典型土壤单个土体，结合历史土壤数据，建立了近 5000 个我国典型土系；并以省区为单位，完成了我国第一部包含 30 分册、基于定量标准和统一分类原则的土系志，朝着系统建立我国基于定量标准的基层分类体系迈进了重要的一步。这些基础性的数据，无疑是我国自第二次土壤普查以来重要的土壤信息来源，相关成果可望为各行业、部门和相关研究者，特别是土壤质量提升、土地资源评价、水文水资源模拟、生态系统服务评估等工作提供最新的、系统的数据支撑。

我欣喜于并祝贺《中国土系志》的出版，相信其对我国土壤分类研究的深入开展、对促进土壤分类在地球表层系统科学研究中的应用有重要的意义。欣然为序。

中国科学院院士

2017 年 3 月于北京

丛书前言

土壤分类的实质和理论基础，是区分地球表面三维土壤覆被这一连续体发生重要变化的边界，并试图将这种变化与土壤的功能相联系。区分土壤属性空间或地理空间变化的理论和实践过程在不断进步，这种演变构成土壤分类学的历史沿革。无论是古代朴素分类体系所使用的土壤颜色或土壤质地，还是现代分类采用的多种物理、化学属性乃至光谱（颜色）和数字特征，都携带或者代表了土壤的某种潜在功能信息。土壤分类正是基于这种属性与功能的相互关系，构建特定的分类体系，为使用者提供土壤功能指标，这些功能可以是农林生产能力，也可以是固存土壤有机碳或者无机碳的潜力或者抵御侵蚀的能力，乃至是否适合作为建筑材料。分类体系也构筑了关于土壤的系统知识，在一定程度上厘清了土壤之间在属性和空间上的距离关系，成为传播土壤科学知识的重要工具。

毫无疑问，对土壤变化区分的精细程度决定了对土壤功能理解和合理利用的水平，所采用的属性指标也决定了其与功能的关联程度。在大陆或国家尺度上，土纲或亚纲级别的分布已经可以比较准确地表达大尺度的土壤空间变化规律。在农场或景观水平，土壤的变化通常从诊断层（发生层）的差异变为颗粒组成或层次厚度等属性的差异，表达这种差异正是土族或土系确立的前提。因此，建立一套与土壤综合功能密切相关的土壤基层单元分类标准，并据此构建亚类以下的土壤分类体系（土族和土系），是对土壤变异精细认识的体现。

基于现代分类体系的土系鉴定工作在我国基本处于空白状态。我国早期（1949 年以前）所建立的土系沿用了美国土壤系统分类建立之前的 Marbut 分类原则，基本上都是区域的典型土壤类型，大致可以相当于现代系统分类中的亚类水平，涵盖范围较大。“中国土壤系统分类”研究在完成高级单元之后尝试开展了土系研究，进行了一些局部的探索，建立了一些典型土系，并以海南等地区为例建立了省级尺度的土系概要，但全国范围内的土系鉴定一直未能实现。缺乏土族和土系的分类体系是不完整的，也在一定程度上制约了分类在生产实际中特别是区域土壤资源评价和利用中的应用，因此，建立“中国土壤系统分类”体系下的土族和土系十分必要和紧迫。

所幸，这项工作得到了国家科技基础性工作专项的支持。自 2008 年开始，我们联合国内 20 多所大学和科研机构，先后开展了“我国土系调查与《中国土系志》编制”（项目编号 2008FY110600）和“我国土系调查与《中国土系志（中西部卷）》编制”（项目编号 2014FY110200）两个项目的连续研究，朝着系统建立我国基于定量标准的基层分类体系迈进了重要的一步。经过 10 多年的努力，项目调查了近 7000 个典型土壤单个土体，结合历史土壤数据，建立了近 5000 个我国典型土系，并以省区为单位，完成了我国第一部基于定量标准和统一分类原则的全国土系志。这些基础性的数据，将成为自第二次全国土壤普查以来重要的土壤信息来源，可望为农业、自然资源管理、生态环境建设等部门和相关研究者提供最新的、系统的数据支撑。

项目在执行过程中，得到了两届项目专家小组和项目主管部门、依托单位的长期指导和支持。孙鸿烈院士、赵其国院士、龚子同研究员和其他专家为项目的顺利开展提供了诸多重要的指导。中国科学院前沿科学与教育局、重大科技任务局、科技促进发展局、中国科学院南京土壤研究所以及土壤与农业可持续发展国家重点实验室都持续给予关心和帮助。

值得指出的是，作为研究项目，在有限的资助下只能着眼主要的和典型的土系，难以开展全覆盖式的调查，不可能穷尽亚类单元以下所有的土族和土系，也无法绘制土系分布图。但是，我们有理由相信，随着研究和调查工作的开展，更多的土系会被鉴定，而基于土系的应用将展现巨大的潜力。

由于有关土系的系统工作在国内尚属首次，在国际上可资借鉴的理论和方法也十分有限，因此我们在对于土系划分相关理论的理解和土系划分标准的建立上难免会存在诸多不足；而且，由于本次土系调查工作在人员和经费方面的局限性以及项目执行期限的限制，书中疏误恐在所难免，希望得到各方的批评与指正！

张甘霖

2017 年 4 月于南京

前　言

贵州省土壤调查始于19世纪30年代前期，美国土壤学家詹姆士·梭颇（James Thorp）曾将贵州省列为灰化红壤区，后改为灰化黄土壤区，这是最早涉及贵州省土壤的分区。1938年李连捷、熊毅、侯学煜受经济部中央地质调查所委派，在贵阳、惠水、罗甸等地开展了为期10个月的土壤调查，拉开了贵州省土壤工作的序幕，也为以后的土壤工作奠定了基础。这一时期土壤分类深受美国土壤分类学派的影响，以土系为基层分类单元。1956～1957年侯光炯等在湄潭、毕节、独山、玉屏4地开展了土壤调查，调查重点为农业土壤；1958～1960年贵州省在全省范围内开展了第一次土壤普查；1963～1965年中国科学院西南地区综合考察队贵州分队以及1977～1978年贵州土壤工作队多次进行了贵州省土壤调查；20世纪80年代初，贵州省在全省范围内开展了第二次土壤普查。这一阶段主要以土壤地理发生分类对贵州省土壤进行调查，基层分类单元采用土种。其中，第二次土壤普查中，共在贵州省建立了417个土种。20世纪80年代以来，曾有一些学者采用中国土壤系统分类的观点对贵州省内某些区域的土壤进行过研究，但基本没有涉及新土系研究。

2014年，在完成“我国土系调查与《中国土系志》编制”（2008FY110600）项目的基础上，国家科技基础性工作专项“我国土系调查与《中国土系志（中西部卷）》编制”（2014FY110200）项目正式立项，开启了我国中西部省份典型土系的调查。本书是该专项在贵州省调查的主要成果之一。本次典型土系调查参考了项目组提出的“粗化的空间单元（地形、母质、利用）＋历史土壤图＋内部空间分析（模糊聚类）＋专家经验”的土系调查样点确定的方法，布置了200多个土系调查观察点，最终观察了180个典型剖面，并采集了近700个分层土样，同时观察了150多个检查剖面；调查覆盖了整个贵州省的所有地级市，共建立了169个土系，并从分布与环境条件、土系特征与变幅、对比土系和利用性能综述等多个方面对建立土系进行刻画和定义，初步实现土系的定量化研究。

全书分上、下两篇，上篇为总论，下篇为区域典型土系介绍。本书在编写过程中参考和引用了诸多贵州全省及相关地市县第二次土壤普查资料及相关单位的科研成果，书中不一一指明，对所有这些调查者和作者的辛勤劳动致以崇高的敬意。同时，本书在编写过程中也得到了项目组同仁的指导和指正，在此谨表谢意。

本次典型土系调查虽然覆盖贵州省的大部分区域，但贵州省地形地貌复杂、农业利用多样，尚有许多土系还没有被发现，因此本书对贵州省的土系研究仅仅是一个开端，新的土系有待进一步充实。

由于作者水平有限，疏漏之处在所难免，希望读者给予指正。

章明奎

2020 年 5 月

目　　录

上篇　总　论

下篇 区域典型土系

上篇　总　　论

第 1 章　区域概况与成土因素

1.1　区 域 概 况

1.1.1　地理位置

贵州省，简称“黔”或“贵”，地处云贵高原，介于 103°36'E～109°35'E，24°37'N～29°13'N 之间。东靠湖南，南邻广西，西毗云南，北连四川和重庆。东西长约 595 km，南北相距约 509 km。全省总面积 176 167 km^2，约占全国陆地面积的 1.8%，是一个山川秀丽、气候宜人、资源富集、民族众多的内陆山区省。

1.1.2　行政区划和人口

截至 2019 年年末，贵州全省辖 6 个地级市、3 个自治州（合计 9 个地级行政区划单位），16 个市辖区、9 个县级市、51 个县、11 个自治县、1 个特区，合计 88 个县级行政区划单位（表 1-1），227 个街道、837 个镇、124 个乡、193 个民族乡（合计 1381 个乡级行政区划单位）。截至 2019 年年末，贵州全省常住人口 3622.95 万人，其中，城镇人口 1775.97 万人、乡村人口 1846.98 万人。

表 1-1　贵州省行政区划（2019 年）

地级市/自治州	市辖区、县级市、县、特区
贵阳	南明区、云岩区、花溪区、乌当区、白云区、观山湖区、开阳县、息烽县、修文县、清镇市
六盘水	钟山区、六枝特区、水城县①、盘州市
遵义	红花岗区、汇川区、播州区、桐梓县、绥阳县、正安县、道真仡佬族苗族自治县、务川仡佬族苗族自治县、凤冈县、湄潭县、余庆县、习水县、赤水市、仁怀市
安顺	西秀区、平坝区、普定县、镇宁布依族苗族自治县、关岭布依族苗族自治县、紫云苗族布依族自治县
毕节	七星关区、大方县、黔西县、金沙县、织金县、纳雍县、威宁彝族回族苗族自治县、赫章县
铜仁	碧江区、万山区、江口县、玉屏侗族自治县、石阡县、思南县、印江土家族苗族自治县、德江县、沿河土家族自治县、松桃苗族自治县
黔西南	兴义市、兴仁市、普安县、晴隆县、贞丰县、望谟县、册亨县、安龙县
黔东南	镇远县、凯里市、黄平县、施秉县、三穗县、岑巩县、天柱县、锦屏县、剑河县、台江县、黎平县、榕江县、从江县、雷山县、麻江县、丹寨县
黔南	都匀市、福泉市、荔波县、贵定县、瓮安县、独山县、平塘县、罗甸县、长顺县、龙里县、惠水县、三都水族自治县

①2020 年 7 月撤县设区，现为水城区。

1.1.3　土地和矿产资源

贵州地貌属于中国西南部高原山地，境内地势西高东低，自中部向北、东、南三面倾斜，平均海拔在 1100 m 左右。全省地貌可概括分为山地、丘陵和山间平坝地（盆地）

等基本类型，其中 92.5%为山地和丘陵。山地 108 740 km^2（1087.40 万 hm^2），占全省土地总面积的 61.7%；丘陵 54 197 km^2（541.97 万 hm^2），占全省土地总面积的 30.8%；山间平坝地（盆地）13 230 km^2（132.30 万 hm^2），占全省土地总面积的 7.5%。

2015 年土地利用变更调查显示，全省农用地 1476.47 万 hm^2，占土地总面积的 83.8%；建设用地 67.47 万 hm^2，占土地总面积的 3.9%；未利用地 217.05 万 hm^2，占土地总面积的 12.3%。在农用地中，耕地 454.10 万 hm^2，占土地总面积的 25.78%。

贵州耕地资源具有以下特点：①耕地资源的空间格局呈立体状，分布上具有垂直带幅宽、自然坡度大、所处地貌类型复杂、气候资源丰富的特点。海拔 800～1400 m 的耕地土壤占耕地总面积的 52.20%，海拔 500 m 以下和 2200 m 以上的耕地土壤占耕地总面积的 5.22%和 3.94%。全省耕地分布的自然坡度以 15°～25°的居多，占 31.32%；其次为 5°～15°的坡度，占 23.18%；>25°的坡度占 21.09%；而<5°的坡度仅占 24.41%。②土壤类型复杂，可供农、林、牧业多样选择。贵州具有低纬度、高海拔的特点，地貌多种多样，母岩组合复杂，气候变化悬殊，土壤类型和性状变化较大。不同的土壤类型对农、林、牧的适宜性不同。③耕地资源的限制因子多、使用强度大，中低产田面积大。全省耕地中，坡度>25°的占 21.09%，耕层<15 cm 的占 40.4%，土质不良的占 33.2%，具障碍层次的占 25.6%，易旱易涝的占 47.2%。中下等质量的稻田比例占 60.8%，旱地占 85.2%。④土壤资源有限，耕地资源短缺，后备耕地资源接近枯竭。贵州山峻坡陡、岩石裸露，宜于种植的耕地不多，呈现出“先天不足”的特点，加上非生产性侵占的耕地多，因此，耕地土壤资源短缺，人均占有量 0.12 hm^2。

贵州具有高原峡谷型的地貌结构特征，水土资源分布不平衡。高原面为河流上游，谷宽流缓，地形较平坦，土层厚，田水高差小，耕地集中连片，但水量常不足。山地峡谷区是河流中、下游，坡降大，谷窄流急，水资源丰富，但地形起伏，田高水低，耕地分散，利用不便，农业呈“立体”布局。贵州耕地资源利用中存在的主要问题如下：①经营粗放，利用水平低。②水土流失较为严重，土壤退化、石漠化面积扩大。贵州丘陵山地自然坡度大，耕地梯化率低，垦殖率高，新垦荒地多；林被、草被严重破坏，森林覆盖率低，局部地区水土流失严重。1964 年，贵州水土流失面积为 3.5 万 km^2，约占全省土地总面积的 20%；20 世纪 80 年代初上升至 5 万 km^2，约占 28.4%；1994 年进一步扩大到 7.67 万 km^2，约占 43.5%。水土流失尤以乌江、赤水河、南北盘江上游分水岭地带最严重。水土流失导致土层变薄、基岩石裸露、砾石增多、养分损失、肥土变瘦。③污染扩大。随着工矿业的兴起，“三废”排放增加，以及农药等化学物质在土地中残留积累，土壤污染迅速扩大。工矿业污染物以煤矿为最，除使土壤酸化外，还产生硫化氢和亚铁毒害。

贵州矿产资源丰富，素以“江南煤海”著称，有 54 种矿产资源储量排名全国前十位。省内优势矿种分布相对集中，且规模较大、质量较好，多分布在交通方便的铁路沿线和水资源丰富的乌江干流附近，开发利用的外部条件优越。据贵州省自然资源厅网站资料，2017 年，全省已发现各类矿产 137 种，占全国 172 种的 79.65%；查明有资源储量的矿产 88 种，占全国 162 种的 54.32%，其中 54 种位居全国总量的前十位，24 种排前三位，10 种排第四或第五位。全省查明矿产地3266 处，其中能源矿产 824 处，占矿产地总数的 25.23%；

金属矿产 1183 处，占 36.22%；非金属矿产 1259 处，占 38.55%。煤炭保有资源储量 653.99 亿 t，居全国第五位。其中，炼焦用煤 162.49 亿 t，占全国炼焦用煤的 5.06%，全省煤炭资源总量比江南 12 省（区、市）之和还多，丰富的煤炭资源使贵州成为全国重要的能源基地。磷矿保有资源储量 37.68 亿 t，居全国第三位，是我国重要的磷肥及磷化工生产的原材料基地，开阳、瓮福磷矿是全国大型的开采基地；开阳、息烽等地磷矿石质量佳，其中 P_2O_5>30%的富矿有 12.02 亿 t，是不经选矿即可用于高浓度磷肥生产的少数地区。

1.1.4　社会经济状况

2019 年，贵州全年全省地区生产总值 16 769.34 亿元，比上年增长 8.3%。其中，第一产业增加值 2280.56 亿元，增长 5.7%；第二产业增加值 6058.45 亿元，增长 9.8%；第三产业增加值 8430.33 亿元，增长 7.8%。人均地区生产总值 46 433 元。

据国家统计局贵州调查总队统计，2019 年全年全省农林牧渔业增加值 2408.03 亿元，比上年增长 5.7%。其中，种植业增加值 1566.47 亿元，增长 8.3%；林业增加值 182.09 亿元，增长 7.8%；畜牧业增加值 493.12 亿元，下降 1.8%；渔业增加值 38.88 亿元，增长 4.6%。全年全省粮食种植面积 4064.11 万亩①，比上年下降 1.1%。粮食总产量 1051.24 万 t，比上年下降 0.8%；单位面积粮食产量 3879.96 kg/hm^2，比上年增加 12.72 kg/hm^2。全年蔬菜及食用菌种植面积 2153.40 万亩，比上年增长 2.5%；蔬菜及食用菌产量 2735.44 万 t，比上年增长 4.7%。2019 年年末果园面积 1029.94 万亩，比上年末增长 18.5%；全年园林水果产量 370.85 万 t，比上年增长 26.5%。

1.2　气候条件及其对土壤形成的影响

贵州属亚热带湿润气候区，气候温暖湿润，年气温变化小，冬暖夏凉，气候宜人。全省大部分地区年平均气温在 14℃以上，东部边缘年平均气温为 16～17℃，北部赤水和南部边缘地区年平均气温达 18℃。西部是贵州低温区，年平均气温低于 12℃。最冷月（1 月）平均气温一般在 3～6℃，比同纬度其他地区高；最热月（7 月）平均气温一般为 22～25℃，为典型夏凉地区。省内降水较多，雨季明显，阴天多，日照少。多数地区的年降水量为 1100～1300 mm，受季风影响降水多集中于夏季；全年日照时数约 1300 h，无霜期多为 250～300 d，阴天日数超过 150 d，常年相对湿度在 70%以上。受大气环流及地形等因素影响，贵州气候呈多样性，“一山分四季，十里不同天”；气候不稳定，灾害性天气种类较多，干旱、秋风、凌冻、冰雹等频度大，对农业生产危害尤为严重。中亚热带湿润的季风气候适于多种植物生长，也有利于土壤风化和物质淋溶。

1.2.1　气候特点

贵州位于副热带东亚大陆的季风区内，气候类型属亚热带高原季风湿润性气候。主要气候特点如下。

---

① 1 亩≈666.67 m^2。

（1）冬无严寒，夏无酷暑，四季分明

全省年平均气温为 10～20℃，以威宁最低（10.5℃），罗甸最高（19.6℃），贵阳等中部地区多在 15℃左右。全省大部分地区气候温和，高原气候或温热气候只限于海拔较高或低洼河谷的少数地区。境内包括中部、北部和西南部在内的全省大部分地区，年平均气温为 14～16℃，而其余少数地区包括南部边缘的河谷低洼地带和北部赤水河谷地带，年平均气温为 18～19℃，东部河谷低洼地带年平均气温为 16～18℃，海拔较高的西北部年平均气温为 10～14℃。全省有 3 个高温区：南部红水河谷至都柳江河谷一带，年平均气温在 19℃以上，北部的赤水河谷在 18℃以上，东北部的乌江河谷在 17℃以上。低温区在西北部的威宁至大方一带，年平均气温多低于 13℃，省内其他广大地域年平均气温在 14～16℃。

各地月平均气温的最高值出现在 7 月，最低值出现在 1 月。就全省大部分地区而言，7 月平均气温为 22～25℃，1 月平均气温为 4～6℃，全年极端最高气温为 34.0～36.0℃，极端最低气温为–9.0～–6.0℃，但其出现天数均很少，或仅在多年之中偶尔出现。全省大部分地区的气候四季分明，中心部位的贵阳在四季划分上具有代表性，四季以冬季最长，约 105 d；春季次之，约 102 d；夏季较短，约 82 d；秋季最短，约 76 d。省内日均温≥10℃地区的年平均积温大部分在 4500℃以上，仅毕节地区西部少于 4000℃；南部罗甸最高，达 6466℃；威宁最低，仅 2562.8℃；省会贵阳（中部）居中，为 4658.2℃。

（2）常年雨量充沛，时空分布不均

贵州属亚热带季风气候，距离海洋不到 500 km，因而水汽比较丰富，降水较充沛，省内 80%以上地区平均年总降水量为 1100～1300 mm，而且年降水量的相对变率较小，一般在 10%～15%，是全国年降水量变化稳定的地区之一。

据罗宁等（2006）统计，在全省 84 个气象测站中，多年平均年降水量超过 1200 mm 的测站数占总站数的 50%，超过 1100 mm 的测站数占 82%。1100 mm 等雨量线从省东北部边缘的道真、正安、遵义至黔西东部再折向大方、水城北部，最后延伸到省的西部边界，其北侧少雨，南侧多雨。1100 mm 等雨量线以北、以西，约占全省 1/5 的面积，年降雨水量均<1100 mm，其中赫章、威宁、毕节等地不足 920 mm，以赫章最少（842 mm）。1100 mm 等雨量线以东、以南，约包括全省 4/5 的面积，年降水量均>1100 mm，其中大多数测站在>1200 mm 以上，存在 3 个明显的多雨区。第 1 个多雨区位于贵州境内的西南部，覆盖黔西南的全部、黔南的西部、六盘水和安顺大部，最大雨量中心在晴隆（1527 mm）至六枝（1490 mm）一带，是全省年降水量最多的区域。该多雨区的形成原因：一是在盛夏季节该区域位于贵州东部地区，偏离西太平洋副热带高压主体，容易受到印度季风槽前西南暖湿气流东扩影响；二是该区域北高南低的倾斜地形对偏南暖湿气流的抬升作用也是造成多雨的一个重要因素。第 2 个多雨区位于苗岭山脉南侧以南，包括黔东南的中部以南和黔南的东部，雨量值仅次于第 1 个多雨区，多雨中心位于都匀（1443 mm）至丹寨（1430 mm）一带。显然，苗岭山脉南侧地形对偏南暖湿气流的抬升作用是多雨的主要原因。第 3 个多雨区分布在贵州东北部武陵山脉东西两侧，东侧的地形作用大于西侧，多雨中心位于铜仁地区东部，以江口（1349 mm）和松桃（1327 mm）的雨量为最多。

从单站历年年降水量极值看，全省 84 个测站的最大年降水量为 2342 mm（六枝，1983

年），次大年降水量为 2103 mm（盘州，1965 年），最小和次小年降水量依次为 555 mm（威宁，1989）和 615 mm（毕节，1989）。各地历年最大年降水量超过 1500 mm 的站数占全省总站数的 81%，而历年最小年降水量少于 730 mm 的站数仅占总站数的 14%。

从全省各地干湿季天数看，东部与西部又有明显差别，东部干季 160～180 d，西部可达 200 d 以上。虽然雨季开始期东部早于西部，但从夏季降水量占全年降水量百分率来看，东部则又少于西部，因此，东部可视为全年湿润区，西部可称为夏湿冬干区。这个水分分区的地域差异，决定了本省植被在空间分布上表现为由东向西从湿润性常绿阔叶林向半湿润性常绿阔叶林过渡，同时也决定了土壤水分时空分布的差别。省内大部分地区年平均相对湿度都在 80%左右，最大的是湄潭，年平均值达 84%，低值在西北的威宁，年平均值为 75%。省内各地干燥度在 0.42～0.91，均＜0.93，即全省各地年降水量均大于最大可能蒸发量，均属于湿润区，土壤水分类型属于淋溶型，这种水分类型显然有利于土壤进行脱盐基作用。

（3）光照条件较差，降雨日数较多，相对湿度较大

全省大部分地区年日照时数为 1200～1600 h，地区分布特点是西多东少，即贵州西部约 1600 h，中部和东部为 1200 h，年日照时数不足同纬度的我国东部地区的三分之二，是全国日照极少的地区之一。各地年降雨日一般在 160～220 d，比同纬度的我国东部地区多 40 d 以上。全省大部分地区的年相对湿度高达 82%，而且不同季节之间的变幅较小，各地湿度值之大以及年内变幅之平稳，在同纬度的我国东部平原地区少见。

全省年太阳总辐射量在 325～470 kJ/cm^2，西部多，北部少，最多的威宁为 470 kJ/cm^2，北部地区在 338 kJ/cm^2 左右，最少的务川仅为 325 kJ/cm^2，中部的贵阳为 377 kJ/cm^2，在省内处于中值，其余地区在 356 kJ/cm^2 左右。与国内同纬度的东部地区比较，日照要少 30%～40%，年太阳总辐射量也有类似情况，比同纬度的长江中下游地区少 84～126 kJ/cm^2，但主要是冬半年少，夏半年并不少或少得不多。

（4）气候的垂直分带明显

贵州属于低纬高原山区，被山区和高大山脉围绕，随着海拔的升高，气温逐渐降低，日照也相应减少。由于地势高低悬殊，天气气候特点在垂直方向差异较大，立体气候特征明显。由于东、西部之间的海拔高差在 2500 m 以上，故随着从东到西的地势不断增高，各种气象要素有明显不同（表 1-2）。如西部的威宁较中部的贵阳海拔增高 1163 m，

表 1-2　贵州月平均最高气温随海拔的变化　（单位：℃）

海拔/m	月份											
	1	2	3	4	5	6	7	8	9	10	11	12
600	7.9	9.6	14.5	20.3	23.7	26.8	30.1	30.1	25.0	19.9	14.7	9.7
700	7.5	9.1	14.0	19.9	23.4	26.6	30.0	29.9	24.8	19.6	14.4	9.4
800	7.0	8.5	12.8	18.2	21.8	25.6	29.2	29.2	24.0	19.0	13.6	8.8
900	6.4	8.0	12.4	18.0	21.7	25.2	29.0	28.9	23.9	18.6	13.2	8.4
1000	6.1	7.7	12.1	17.7	21.4	25.1	28.8	28.7	23.7	18.4	13.0	8.1
1100	5.6	7.0	11.0	16.3	20.2	24.4	28.4	28.2	23.2	17.9	12.4	7.6
1200	5.1	6.4	10.2	15.3	19.3	23.8	27.9	27.7	22.7	17.4	11.8	7.1
1300	4.7	6.1	9.9	15.0	19.0	23.4	27.4	27.3	22.3	17.0	11.5	6.7

续表

海拔/m	月份											
	1	2	3	4	5	6	7	8	9	10	11	12
1400	4.4	5.6	9.2	14.1	18.2	23.0	27.2	27.0	22.0	16.7	11.0	6.4
1500	3.9	5.0	8.2	13.1	17.4	22.7	27.1	26.8	21.9	16.4	10.6	5.9
1600	3.5	4.6	7.7	12.3	16.8	22.2	26.6	26.4	21.4	16.0	10.1	5.5
1700	1.9	3.5	8.3	13.7	16.9	19.8	23.1	23.1	18.6	13.6	8.7	4.2
1800	1.3	2.8	7.2	12.3	15.5	18.8	22.3	22.3	17.9	12.9	8.0	3.6

注：本表引自袁淑杰等（2007）。

年平均气温低 4.8℃，故威宁气候高寒，贵阳则气候温和。再将东部的铜仁与中部的贵阳作比较，前者比后者海拔降低 787 m，年平均气温升高 1.6℃，7 月平均气温升高 3.7℃，1 月平均气温升高 0.3℃，故铜仁的气候特点是冬暖夏热，贵阳则是冬暖夏凉。在水平距离不大但坡度较陡的地区，立体气候特征更明显，群众中广为流传的“一山有四季，十里不同天”的说法，充分说明了贵州山区垂直气候的差异性。

1.2.2 气候带

根据贵州的热量条件（≥10℃的积温，最冷月平均气温，年极端最低气温），参照卢其尧（1983）的划分标准，可将全省划分为 4 个气候带，即南亚热带、中亚热带、北亚热带和暖温带。这些热量带相应地反映了地带性植被、土壤和农业熟制的差异。例如，南亚热带，多为海拔 500 m 以下的河谷地段，≥10℃的积温 6000～7500℃，最冷月平均气温 10～15℃，年极端最低气温–5～2℃，植被为河谷季雨林和偏干性常绿阔叶林，地带性土壤多为富铁土。农业利用上可种植双季稻、小麦、油菜、玉米，一年三熟，还可发展龙眼、荔枝、夏橙等热量要求高的果木。贵州境内气候的地域差异大，若采用对农业生产影响较大的热量和水分两个因子来划分气候类型（热量条件采用稳定的日均温≥10℃的积温作为划分指标，水分条件采用干燥指数来划分干湿型，干燥指数用彭曼公式求得），则省内各地的干燥指数为 0.5～0.8，均<1，属于湿润和常湿润土壤水分状况；如果采用春（3～4 月）和夏（7～8 月）的干燥指数作为划分气候类型的水分指标，全省共划分出四种干湿型：春湿润夏半湿润、春夏半湿润、春半干夏湿润、春干夏湿润。

1.2.3 不同区域气候的差异

贵州可划分为黔西北、黔中和黔北、黔东、黔南 4 个气候区，各区域气候有所差异。

（1）黔西北气候区

黔西北气候区海拔多在 1700～2400 m，属暖温带气候区，素有“高寒山区”之称，气候冷湿，年平均气温 13℃以下，≥10℃积温 2500～3500℃，无霜期 220 d 左右，年降水量 900～1000 mm，多集中在夏秋两季，年平均相对湿度为 80%左右；但是由于冬、夏两季季风的影响，冬春两季降水量很少，不足全年降水量的 15%，湿润度为 0.7～0.8，而日照时数较多，所以春温高于秋温，具有暖温带气候区夏湿冬干的气候特征。该气候区形成和分布的土壤类型主要为淋溶土和雏形土。

（2）黔中和黔北气候区

黔中和黔北气候区是贵州高原的主体，地势起伏不大，海拔多在 1000 m 左右，年平均气温 15～17℃，≥10℃积温 4000～4500℃，仅个别河谷地区（如赤水河谷等）可超过 5000℃，无霜期 240～280 d，年降水量 1000～1200 mm，局部地区如梵净山地区、都柳江上游、乌江与北盘江上游分水岭地带，其中心降水量均在 1400 mm 以上，夏秋降水量占全年降水量的 78%。从降水量看有干湿季之分，但因高原上冷气团和暖湿气团的经常交绥，全年阴雨、雾日的天数较多，>0.1 mm 雨日为 170～200 d，且各季分配较匀，日照率 30%左右，日照时数较少，相对湿度大，而年变化不明显，一般在 80%左右，最冷月平均气温–7～–5℃，最热月平均气温 23～25℃，夏季气温与春季气温比值为 1.4，具有温带气候区温和湿润的气候特征。该气候区形成和分布的土壤类型为淋溶土、雏形土和新成土。

（3）黔东气候区

黔东气候区海拔在 600～700 m 及以下，气候比较湿热，年平均气温 16～18℃，≥10℃积温 5000～5500℃，无霜期 270～300 d，年降水量 1200～1300 mm，日照率 27%，夏温较高，但东北部易受寒潮侵袭，冬春温度较南部地区为低，夏季气温与春季气温差别大，比值可达 1.61。秋季绵雨现象常有发生，湿润度在 1.15 左右，个别地区（如碧江区）可达 1.38。黔东气候区也是贵州水分充足、湿润度较高的地区，具有亚热带气候区夏热春凉湿润的气候特征。该气候区的地带性土壤类型以淋溶土、雏形土为主，并有少量富铁土分布。

（4）黔南气候区

黔南气候区包括红水河、北盘江和南盘江河谷，海拔多在 700～900 m 及以下，热量资源丰富，年平均气温 18～20℃，≥10℃积温 5500～6500℃，无霜期 350 d 以上，年降水量 1100～1200 mm，日照率达 35%以上。南盘江、北盘江和红水河谷地区，热量条件优越，温度更高，如望谟全年年平均气温可达 20.4℃。局部深切和东西走向的河谷地段雨量充沛，湿度较大，冷暖气流因受河谷两侧山体所阻，加之沟谷焚风增温作用的影响，干热季节较长而湿热季节短，具有北亚热带气候区冬温夏热的气候特征。该气候区形成和分布的土壤为淋溶土和富铁土及雏形土。

1.2.4 主要农业气象灾害

由于贵州多为喀斯特地貌，地势较为复杂，自然灾害多种多样，且频繁发生，常见的自然灾害高达 20 多种，包括暴雨、泥石流、水土流失等。在这 20 多种自然灾害中，气象灾害给农业生产带来的损失最为严重，高达 70%。喀斯特地貌十分脆弱，再加上对自然资源的人为破坏，加大了自然灾害的发生频率。在贵州，每年都有不同程度的自然灾害发生，而且灾情日益严重。

（1）干旱

贵州的干旱主要有春旱、夏旱及秋冬旱，干旱是困扰贵州农业发展的主要气象灾害。其中，危害程度和发生频率最高的是春旱，其次是夏旱，而秋冬旱造成的危害最小。春旱主要分布在贵州省西部，包括黔西南、六盘水、毕节西部，春旱出现的天数要高于 60 d；轻春旱区主要分布在遵义东部、黔南的南部和东部、铜仁西部等地区，多年的平均春旱日数不高于 40 d。贵州夏旱主要分布在东部地区，正好与春旱的分布相反，主要集中分布在黔东南、铜仁及遵义南部，多年平均夏旱日数高于 60 d；而中等夏旱主要分布在毕节、贵阳、遵义大部分地区等；轻夏旱主要集中在毕节和安顺大部分地区、黔南的西南部，多年夏旱平均天数为 30～40 d。在出现严重干旱的年份中，干旱往往会导致溪河断流，人畜饮水困难。

（2）低温冷害

低温冷害在贵州农业发展中造成的影响也很大。例如，1991 年出现在贵州的倒春寒天气，持续时间长，造成遵义地区 40%的农作物出现了不同程度的烂秧烂种。雨淞、降雪及霜冻也是贵州常见的低温冷害形式。北方冷空气入侵贵州之后很容易形成雨凇，人们常常将雨淞称为“凝冻”，对农作物造成的危害极大。贵州在冬季常见的天气现象是降雪，因出现降雪天气时的气温比较低，也会影响农作物的正常生长，降雪和雨淞同时出现则被称为“雪凝”。霜冻主要集中分布在贵州的习水和黔东南的南部地区，多年平均霜冻日数要高于 30 d，威宁霜冻日数高达 89 d。霜冻灾害性天气对喜温农作物造成的影响最大，是贵州常见的农业气象灾害之一。

（3）冰雹、大风

冰雹、大风是贵州常见的农业气象灾害之一。冰雹主要出现在春季，春季降雹日数占全年总降雹日数的 75%。大多数冰雹、大风天气会影响农作物的丰产丰收，尤其是重雹天气对农作物造成的危害更大。贵州严重冰雹区主要集中在六盘水和毕节。由于冰雹和大风天气出现的时间短，地域分布呈现出插画型和跳跃式分布，所造成的危害十分明显。贵州春季多是夏粮成熟和秋粮作物幼苗的生长期，如果在此阶段出现冰雹天气，将会对农业生产带来极大的损失。这类灾害主要由极端强对流天气造成，影响范围不大，但强度大、突发性强、破坏严重、危害大。

（4）暴雨洪涝

贵州各地每年每月均可出现不同程度的降水天气，每年的 5～9 月降水比较集中，此时的降水量是全年降水量的 70%。贵州暴雨洪涝天气出现的频率较大，因降水强度大和降水时间集中的特点，很容易造成大范围和成片发生，严重的暴雨洪涝会对农业基础设施和人们生命财产造成严重破坏。贵州西南部地区是暴雨范围大和频率高的地区，年平均暴雨天数高达 5.1 d，其次多暴雨地区集中在黔西南的东北部，贵州省东北部地区也是暴雨的多发区。现代洪涝的特点是发生频率高、影响范围广、持续时间长、灾害强度大。

1.2.5 对土壤形成和性状的影响

贵州省内大部分地区年降水量在 1000 mm 以上，且集中在夏季，这种水热同季的气候有利于有机物质的合成和矿物质的风化。贵州大部分地区年平均土温为 15～17℃，日均温≥0℃的天数为 350 d 左右，可见大部分地区土壤风化强度大于温带而小于热带。因省内不同气候带风化潜力有较大差异，位于南部的红水河流域及其支流海拔 300 m 以下的河谷地带，土壤风化强度高于广大的中部和东部地区；位于北亚热带的毕节、六盘水和安顺北部地区的土壤风化强度低于贵州中部和东部地区，因而出现不同区域土壤的发育度不同。

贵州省内阴雨天数多，约占全年总日数的一半，大部分地区多达 165～190 d，而年日照时数只有 1200～1600 h，相对湿度较高，这种气候条件下可使土体经常保持较为湿润状态，土壤矿物结合水含量高，土壤多呈黄色。全省各地的年干燥度和干燥系数均小于 1，说明土壤水分以淋溶型为主，这种状况显然有利于土壤中盐基的淋洗。土壤中盐基的淋溶状况可用土壤的风化淋溶系数（ba 值）衡量，据贵州省第二次土壤普查，全省土壤的风化淋溶系数一般在 0.25～0.47，显示了一定的淋溶强度。

贵州虽然是全国年降水量相对变率比较稳定的地区，但各季节的降水量相对变率较大，土壤干旱和侵蚀较为严重。一般规律是东部地区夏旱，西部地区春旱。春末和夏季，全省各地均有大雨和暴雨，降水强度过大，加之森林覆盖率低，水分来不及渗入土层和受植被阻留，以致形成地表径流，甚至引起山洪暴发，水土流失严重，致使坡耕地土层变薄，新成土面积不断扩大。

贵州良好的水热条件为有机质的合成创造了条件。据贵州省第二次土壤普查，在亚热带湿润气候的白栎、枫香的次生植被下，年凋落物量每公顷有 4581.6 kg，混有马尾松的杂木林可达 4999 kg，杉木成林也有 2031.8 kg。不同气候带热量条件和水分状况的不同，对有机质的合成和分解速度的差异，导致土壤有机质的累积量有较大差异。据贵州省第二次土壤普查的大量样品分析，处于中亚热带林草地上的土壤比处于北亚热带林草地上的土壤淋溶层有机质平均含量低 46 g/kg；而同处于中亚热带的富铁土和雏形土，也会因湿度和温度上的差异，有机质含量相差较大，低海拔土壤有机质含量较高海拔土壤有机质低。

1.3 地形与地貌及其对土壤形成的影响

1.3.1 地貌的基本轮廓

贵州地貌属于中国西部高原山地，通称贵州高原，境内地势西高东低，向北、东、南三面倾斜，平均海拔在 1100 m 左右。地势上，处于第二阶梯的高原山地向东部第三阶梯的丘陵平原的过渡地带，处于长江水系和珠江水系的分水岭地区，因而成为高耸于四川盆地和广西丘陵之间的一个受到河流强烈切割的岩溶化高原山地。其地貌的特征之一是高原山地居多，素有“八山一水一分田”之说。全省地貌可概括分为高原山地、丘陵和盆地三种类型，其中 92.5%的面积为山地和丘陵。境内山脉众多，重峦叠峰，绵延纵横，山高谷深。北部有大娄山，自西向东北斜贯北境，川黔要隘娄山关海拔 1444 m；南部苗岭横亘，主峰雷公山海拔 2178 m；东北境有武陵山，由湘蜿蜒入黔，主峰梵净山海拔 2572 m；西部高耸乌蒙山，属此山脉的赫章县珠市彝族乡韭菜坪海拔 2900.6 m，为贵州境内最高点。而黔东南的黎平县地坪乡水口河出省界处，海拔高程为 147.8 m，为境内最低点。最高点与最低点的高差达 2752.8 m。特征之二是境内岩溶地貌分布范围广泛。喀斯特地貌（出露）面积 109 084 km^2，约占全省总面积的 61.9%，且形态类型齐全，地域分异明显，构成了一种特殊的岩溶生态系统。

贵州地貌区域分异明显，类型复杂多样，有山地（含高原、山原）、丘陵、盆地（坝子）等，不仅形态和海拔不同，而且成因及组成物质也各不相同，与周围的云南高原、四川盆地、广西丘陵、湖南丘陵有着显著差异。贵州地貌深受地质构造控制，山脉高耸、切割强烈、岭谷高差明显，整个地貌以丘陵和山地为主。山原是贵州分布面积较大的地貌类型之一，主要由起伏的高原受河流侵蚀切割而成，有相当一部分是岩溶作用形成的岩溶山原。

山地是贵州分布面积最大的地貌类型，成因各异，按海拔可分为海拔 900 m 以下的低山、海拔 900～1600 m 的中低山、海拔 1600～1900 m 的中山、海拔 1900～2900 m 的高中山。丘陵常分布在高原的边缘和高原面上，呈孤立状、垅岗状或丛聚状。盆地形态多样，按海拔可分为海拔 900 m 以下的低盆地、海拔 900～1900 m 的中盆地、海拔 1900 m 以上的高盆地，这些盆地散布于贵州各地，它们的共同特征是规模都不大，面积超过 5 km^2 的盆地为数不多。而贵州大型盆地多位于各河流所经之地，与其他省区大型盆地都位于河流中、下游的情况很不相同，不少大型盆地位于河流的上游，如贵阳盆地位于清水江上游，都匀盆地位于清水河上游，遵义盆地位于湘江上游等。

贵州高原分布着脉络清晰、绵延展布的五大山脉。北部的大娄山，东部的武陵山，西部的乌蒙山，西部的老王山（即乌蒙山的东南支）和横亘中部的苗岭，构成了贵州高原的地形骨架。大娄山为东北-西南走向，西起毕节，东北延伸到四川，在贵州境内的一段长约 300 km，宽约 150 km，海拔 1500～200 m，相对高度常达 500 m，是乌江水系和赤水河的分水岭，也是贵州高原与四川盆地的界山。武陵山位于贵州东北部，呈北东走向，由湖南延伸入境，是乌江水系和元江水系的分水岭，海拔一般在 1500～2500 m，相对高度 700～1500 m，在贵州境内的一段地势起伏大，如梵净山的最高峰凤凰顶高达 2573 m，这些山峰不仅显著地高出周围地区 800～2000 m，而且侵蚀切割强烈，重峦叠嶂，河谷幽深，地形崎岖。 由于特定的地理位置和复杂的地形地貌，贵州的气候和生态条件复杂多样，立体农业特征明显，农业生产的地域性较强，适宜进行农业的整体综合开发和发展特色农业。

乌蒙山位于贵州的西北部，呈东北-西南走向，由云南延伸入黔，是牛栏江、横江与北盘江、乌江的分水岭，海拔一般在 2000～2600 m，主脉常有超过 2800 m 的山峰，位于东南支山脉西北端的韭菜坪，海拔 2900.6 m，是乌蒙山的最高峰，也是贵州全省海拔最高的山峰。乌蒙山区常有坦荡的夷平面、宽阔的盆地和湖泊散布其间，威宁盆地是乌蒙山区最大的盆地，草海是乌蒙山区著名的湖泊。老王山位于贵州西南部，北起威宁，南达望谟，长约 250 km，宽约 30 km，呈西北-东南走向，是北盘江与三岔河的分水岭，海拔一般为 1300～2600 m。此山脉切割强烈，相对高度常达 700 m 以上，山高坡陡，岭谷平行相间，在韭菜坪与乌蒙山主脉相连，过去习惯将其西段称为乌蒙山东南支，而将东段划归苗岭。苗岭横亘于贵州中部，是珠江水系和长江水系的分水岭，一般指西起惠水、东达雷山的分水岭高地，长约 180 km，宽约 50 km。一般海拔 1200～1600 m，其东部受到强烈切割，地面起伏较大，相对高度常达 500～700 m，是一片中山区，间有河谷盆地。

1.3.2　地貌的基本特征

（1）地貌类型复杂多样，以山地为主

贵州地貌以山地和丘陵为主。全省盆地（包括河谷平原和洼地）面积较少，占全省土地总面积 7.5%。盆地一般范围都不大，3.3 km^2 以上的盆地 101 个，超过 6.6 km^2 的不足 20 个。这些盆地土层深厚，灌溉方便，农业集约度高，是贵州主要的商品粮生产基地。

（2）岩溶地貌分布广泛，发育强烈

贵州是岩溶极为发育的省份，岩溶地貌类型齐全，分布广泛，碳酸盐类岩石出露面积占全省总面积的 73%。除黔东南东部 8 县和黔西北赤水一隅外，全省 90%的县市都有面积较大、程度不同的岩溶发育。贵州几乎可见到岩溶区所有的地貌形态和类型，地表有石牙、溶沟、漏斗、落水洞、峰林、溶盆、槽谷、岩溶湖、潭、多潮泉等，地下有溶洞、地下河（暗河）、暗湖，各种钙质沉积形态千姿百态、丰富多彩，如石钟乳、石笋、石花、石幔、石瀑布、莲花盆、卷曲石等，还有流痕、贝窝等各种洞穴溶蚀，极具价值和观赏性，如织金洞等众多洞穴。

据贵州省第二次土壤普查，全省直接裸露于地表的碳酸盐类岩石分布面积约占全省总面积的 55%，这种裸露型的碳酸盐岩层，有的形成石质山地，有的仅在位置较低处有极薄的土层，形成石灰岩发育的土壤。全省碳酸盐岩出露地区常见两种情况，一是在碳酸盐岩上覆盖着深厚的黏土质老风化壳（第四纪红色黏土），尤以下伏白云岩的缓坡丘陵地貌最为常见；另一种是覆盖着厚度不等的碎屑岩或黏土岩。这两种覆盖型的岩溶上大多形成酸性土壤。

（3）高原隆升显著，第四纪沉积物极不发育

贵州是新构造运动十分强烈的地区，自东向西大面积、大幅度间歇性掀斜上升。自古近纪末以来，贵州高原上升幅度大部分地区达 500～1500 m，主要表现在断陷盆地和断块、断穹山地十分醒目地镶嵌在各级高原面上，各大河及其支流普遍都有 4～5 级阶地分布，与阶地相对应的多层溶洞普遍存在。由于贵州是新构造运动间歇性上升区，也是一个蚀源区，因而第四纪堆积物极不发育，不仅分布零星、面积小，而且厚度小，分布在全省各地大小河流两岸的河流沉积物面积仅占全省土地面积的 0.2%左右。

（4）地貌呈现明显的多层性和发育的阶段性

贵州层状地貌明显，这不仅表现在由西向东具有明显的三大梯级，而且在一定范围的流城内，从分水岭到河谷地貌也呈梯级状下降，因而出现土壤分布的垂直差异和地域差异。贵州河流由于上、下游常常处于不同的发育阶段，土壤环境条件和土地利用具有明显差别。上游段谷宽水缓，浅丘、坝子较多；下游段河流强烈下切，比降大，地形起伏显著，田高水低，灌溉不便，望天水田多，农业生产环境恶劣。

（5）地貌深受地质构造的控制

主要表现在：①大地构造单元控制了区域地貌景观。如黔东系由元古宙的浅变质岩组成的江南古隆，长期遭受剥蚀-侵蚀，形成低山丘陵地貌区；又如西北部的赤水、习水一隅，是四川台地的组成部分，沉积有侏罗纪、白垩纪紫红色砂页岩地层，形成了以侵蚀低山、丘陵和台地为主的红岩地貌；再如广大的黔中地区，沉积了震旦纪至三叠纪以

碳酸盐岩为主、间有碎屑岩或黏土岩的浅海相沉积盖层，褶皱、断裂强烈，形成了条带状的岩溶地貌和常态地貌。②构造形态、性质制约着中、小地貌形态。通常向斜发育为河谷盆地，背斜则多形成山地。如惠水、都匀、贵定、平塘、福泉、瓮安和贵阳中曹盆地以及大娄山、乌蒙山、武陵山、云归山、蟒山等均是由褶皱运动形成的盆地和山地。此外，主要受断裂控制形成的盆地也很普遍，如黄平的旧州、贵阳的乌当、金沙的安底、六枝的毛口、晴隆碧痕营以及榕江、施秉、余庆、水城、罗甸、望谟等。

1.3.3 对土壤形成的影响

贵州土壤的发育与分布在大范围受贵州地势由西向东梯级下降控制，在海拔 1800 m 以上的西部地区是贵州第一个大梯级面分布区，气候上属凉亚热带，冬季较长，夏季短而凉爽，多形成雏形土；广大中部地区海拔 800～1400 m，是第二个大梯级面分布区，温暖湿润，属温亚热带，具有大面积的淋溶土发育；东部的高原边缘海拔 700 m 以下地区是贵州第三个大梯级面分布区，热量最为丰富，夏季较长且炎热，冬季很短或基本无冬季，属暖亚热带，发育少量的富铁土。

贵州多山，>25°的坡耕地分布十分广泛，部分坡耕地虽然修筑了梯田，但因山高坡陡，运肥困难，加之水土冲刷严重，水源缺乏，因而形成大面积低肥力的水耕人为土。在山地、丘陵地貌中的低洼槽谷，常年积水难排，形成潜育土和潜育水耕人为土。在山谷或山冲地段，稻田常受山坡侧裂隙水的影响或岩溶地下水的侵入，易形成冷性的水田。宽谷盆地是贵州水耕人为土集中分布的地貌类型，但由于微地形的影响，出现的水耕人为土类型也可有较大的差别，在河流两岸可出现简育水耕人为土、铁聚水耕人为土，在坝子中部碟形洼地分布有“底潜”型水耕人为土，局部地形较高的台地上可出现“漂白”型水耕人为土。

由剥夷面为核心组成的高原区，岩溶地貌以峰林盆地、残丘坡地为主，在盆地和残丘坡地上常常有发育良好的红色黏质风化壳，形成土层深厚的地带性酸性土，峰林则多为基岩裸露发育成的石牙，仅在溶沟中形成浅薄的黑色石灰土或石质土。峡谷区是河流强烈下切侵蚀区，地形起伏大，河流两侧常形成典型的峰丛洼地，峰丛多形成薄层土壤和石质土壤，洼地土层厚，多数已开辟为旱地。从分水岭到深切峡谷，岩溶地貌类型变化序列为峰林盆地或峰林坡地→峰丛谷地或峰林洼地→峰丛洼地或峰丛峡谷。地面物质组成也由浅覆盖型（上有残积型或蚀余堆积型的较厚风化壳）、半裸露型，逐渐变为完全裸露型的岩溶。主要土壤也由厚层黏土质地带性土壤逐渐变为隐域性的石灰土和石质土。

地形变化对土壤性质也产生了一定的影响。贵州各地海拔相差悬殊，随着海拔升高，土壤类型更替，有机质和全氮量也随之增加。同一山体，因海拔不同，土壤有机质含量和全氮量也表现出较大差异，总的趋势也是随着海拔升高，有机质和全氮含量增多。贵州省第二次土壤普查结果表明，胡敏酸占腐殖酸的含量有随着海拔升高而减少的趋势，胡敏酸与富里酸比值也相应减少。地面坡度的大小决定着地表现代侵蚀作用的强度，从而影响土层及腐殖质层的厚薄。贵州属山区，坡地多，因此，一旦植株遭到破坏，极易发生水土流失。据毕节市第二次土壤普查（未公开发表资料），10°～30°的坡耕地上，每年流失表土约 5 cm；30°～50°的坡耕地上，每年流失表土约 10 cm；50°以上的坡耕地上，几乎把熟土冲光。坡度因素是造成全省旱地土壤多、水田土壤少、土层和耕层浅、土壤石质化和砾石化的主要原因之一。

坡向也可对土壤形成产生影响。阳坡因直接受太阳照射多，气温和土温比阴坡要高些，而阴坡土壤比较阴湿，土壤含水量较高。南坡植被较差，地表枯枝落叶量残留少，北坡植被较好，地表常常残留枯枝落叶和半分解的有机质层。同一山体、同一类型的土壤，阳坡与阴坡分布的海拔往往也有差异。例如，梵净山的东南坡同一海拔的气温要比西北坡高 0.2～0.7℃，而降水量则高 200～300 mm，因而植被和土壤水分条件的垂直分布高度也受坡向影响，在东南坡山地，常湿润水分分布在海拔为 700～1400 m 的范围内，而西北坡则分布在 800～1500 m 的范围内。

即使在相对高差不大的山地，同一土类的土壤，由于地形部位的不同，则表现出不同的水肥状况。如据黔南州第二次土壤普查调查，坡顶坡度较大，植被生长稀疏，水土流失较严重，常形成薄层土，多生长耐瘠、耐干旱的植物，如余甘子、扭黄茅等；坡腰土层稍厚，为中层土，可生长次生乔木和灌木，植被覆盖较好，林下有较多的粗有机质；坡脚和下坡地段，土层较深，为厚层土，土壤水分条件良好，湿度较大，有机质累积也较多。

1.4 水文条件及其对土壤形成的影响

1.4.1 水系分布状况

水是土壤的组成成分之一，也是土壤中物质转化迁移的基础，因此，水文条件可对土壤的形成和分布产生重要影响。贵州河流处在长江和珠江两大水系上游交错地带。全省水系顺地势由西部和中部向北、东、南三面分流。苗岭是长江和珠江两流域的分水岭，以北属长江流域，流域面积 115 747 km^2，占全省面积的 65.7%，主要河流有乌江、赤水河、清水江、洪州河、舞阳河、锦江、松桃河、松坎河、牛栏江、横江等；苗岭以南属珠江流域，流域面积 60 420 km^2，占全省面积的 34.3%，主要河流有南盘江、北盘江、红水河、都柳江、打狗河等。

大体上，贵州河流为山区雨源型河流，数量较多，长度在 10 km 以上的河流有 984 条，全省水力资源丰富。主要河流多发源于西部，由于受地貌及水文地质条件的制约，分别从西部和中部向北、东、南呈扇形放射，河道大都迂回曲折。另外，河流的山区性特征明显，大多河流上游河谷开阔，水流平缓，水量小；中游河谷束放相间，水流湍急；下游河谷深切狭窄，水量大，水力资源丰富。由于上游水少耕地集中、下游水多、水低田高，农田用水困难。但中游和下游水量丰富、落差较大，则为开发利用水力资源提供了优越条件。

贵州河流均为山区雨源型河流，即靠降水补给河流水量，再加上森林覆盖率低，调节作用小，因之河流的洪枯流量变化大，洪枯比一般大于 100，河流暴涨暴落现象十分严重，一般 15 d 的洪水量约占全年径流量的 20%以上。由于暴雨集中，降雨在年内的分配极不均匀，旱涝灾害（尤其是旱灾）和水土流失十分严重。

由于碳酸盐类岩石分布广泛，因而贵州河流多穿行于碳酸盐类岩石地区，岩溶发育，河床大量透水，有的河流潜入地下，成为伏流；有的河流河床中为软弱岩层，特别是部分石灰岩被溶蚀，残留下来的坚硬岩石，阻挡河道，形成暗礁、险滩和激流；有的河流河床不断下切，岩壁陡立，成为幽邃的峡谷，在岩石断裂的地方，水流呈悬帘状直降，形成汹涌的瀑布。有的河流（或洼地），由于泄水洞堵塞，形成长年性或季节性湖泊，俗称“海子”，其中以威宁的“草海”面积为最大，近 45 km^2。

1.4.2 水资源

贵州的水资源主要靠天然降雨补给。贵州年降水量平均为 1100～1300 mm，年径流系数（P）大部分地区在 45%～55%。据水利部门测算，全省多年平均河流水资源总量为 1035 亿 m^3，其中，省内长江流域为 668 亿 m^3，珠江流域为 367 亿 m^3，年径流深 588 mm。丰水年（P=20%）水资源总量为 1201 亿 m^3，年径流深 682 mm；一般枯水年（P=75%）水资源总量为 900 亿 m^3，年径流深 511 mm；枯水年（P=95%）水资源总量为 735 亿 m^3，年径流深 417 mm。

因岩溶发育，贵州地下水比较丰富。地下水与地表水一样，同为降水补给。全省除极少部分地下水向深部补给外，绝大部分地下水经过一段流程后，又流出地面，成为地表水的一部分。据水利部门测算，全省地下水资源总量为 258.68 亿 m^3，其中，省内长江流域 184 亿 m^3，占 71.13%，珠江流域 74.68 亿 m^3，占 28.87%。据不完全统计，省内枯水流量大于 10 L/s 的泉水有 1913 处，水量约 67 亿 m^3，大于 100 L/s 的大型岩溶水 873 处，水量为 100.9 亿 m^3。贵州地下水有第四纪孔隙水、裂隙孔隙水、基岩孔隙水、岩溶水等类型，其中以岩溶水最丰富，占全部地下水资源的 80%以上。

贵州地表水、地下水的水质在一般自然条件下是良好的，但受岩石成分的影响，大部分河流及岩溶地下水的总硬度大于 80 mg/L，pH 一般大于 7，水质偏碱性，仅变质岩地区的清水江总硬度比较小，为 40～70 mg/L，pH 为 5.8～7.3。贵州二氧化硫及烟尘污染严重，全省大范围内出现了酸雨，对于水资源和土壤都有一定的影响。酸雨 pH 最低的地区主要为贵阳、安顺、都匀、遵义等，其 pH 为 3.3～4.3。

1.4.3 水文条件对土壤发育的影响

贵州水资源较丰富，但利用率低，上游水少，耕地集中，下游水多，田高水低，利用难度大，加之水利化程度不高，水资源利用率较低。贵州尚有 50%左右稻田无灌溉保证，形成了缺水型的淹育性稻田。

贵州地下水与地表水一样，上游少，下游多，但下游埋藏深，利用难度大，如乌江下游地区，不仅旱作土多，且望天水稻田所占比例大。贵州有不少河谷盆地，由于水土流失、河床抬高，地下水上升出现了次生潜育化稻田。基岩裂隙水在贵州东部浅变质岩区十分丰富，且在山区分布可高达高、中山上部，是高山梯田的主要水分给源之一。但是，在阴山峡谷中或地形低洼处，由于排水困难，则多形成冷浸田和山阴烂田。在岩溶泉群和龙潭等地，局部地区由于田中冒有泉眼或长期用地下岩溶水灌溉，则形成冷水田和冷烂田。

在岩溶地区的缓坡地上，常分布有碳酸盐类残积古老风化壳，形成酸性土壤，但由于受坡上部岩溶水的长期作用，这种黏重酸性母质形成的土壤便成为含有少量碳酸盐的复盐基土壤，用岩溶水灌溉，则可使酸性土壤变为微碱性土壤。此外，贵州煤炭资源丰富，但大都含有硫酸或硫化物，当这些矿物氧化后随降水或灌溉进入稻田，形成锈水田。据贵州省第二次土壤普查统计，贵州受煤锈水污染的锈水田和烂锈田面积为 1.15 万 hm^2，铜仁、万山、丹寨等地汞矿区稻田则受汞污染十分严重，某些地块土壤中汞含量达 7 mg/kg 以上，高的多达 200 mg/kg。这种重金属污染物形成的汞毒田，通过食物链的富集，影响人体健康。

1.5　地层与成土母质及其对土壤形成的影响

母质是土壤的物质基础，对土壤理化性质有很大的影响。这种影响在土壤形成过程的初级阶段尤为显著。母质的物质组成、理化性质和化学成分常常又与母岩的矿物成分和化学成分有关，这在残坡积的母质中表现十分明显。贵州是一个以山地和丘陵为主的省份，残坡积母质占绝大多数，因而地质构造、岩层产状和组成对于母岩分布与土壤性状有着密切关系。

1.5.1　地质构造及区域地质特点

贵州地质构造上主要属扬子准地台的上扬子台褶皱带，西北与四川台拗相接，东、南分别向江南台隆和华南褶皱系过渡。元古宙浅变质岩系构成其基底，古生代至中生代沉积岩形成其盖层，燕山运动使白垩纪以前的整个沉积盖层发生强烈褶皱、断裂。由于盖层沉积以浅海相碳酸盐岩为主，厚度大，出露广，成为贵州喀斯特高原形成的基础，加之褶皱断裂发育，存在着不同规模、不同构造形态和展布方向的构造体系及新构造运动大面积、大幅度的隆升，从而使贵州成为高原山区，且在不同的地质构造单元上各具不同的地貌类型，地貌的区域差异也很明显。

大地构造上，贵州有明显的三大单元：①黔东是江南台隆（即江南古陆）和梵净古陆，这是贵州最老地层——元古宙浅变质岩分布区，主要分布着晚震旦世的浅变质板岩、变余砂岩和变余凝灰岩；②西北隅的赤水、习水一带是川中台坳，沉积有侏罗纪、白垩纪红色、紫红色砂、泥层陆相地层，是贵州最晚脱离湖盆上升为陆的地区；③在上述两大构造单元之间的广大黔中地区是属于扬子准地台的上扬子台褶皱带，这一构造单元约占贵州面积的 4/5，由于在漫长的地质历史中，这一地区累遭海侵，因而沉积了自震旦纪至三叠纪以碳酸盐岩为主的浅海相沉积盖层，其间也有砂、页岩夹层发育，由于褶皱、断裂运动，与碳酸盐岩常呈相间带状分布。

贵州区域地质的主要特征：①沉积地层发育齐全，自中元古界至第四系均有出露，海相地层层序连续。中、古元古代以海相碎屑沉积为主，古生代至晚三叠世中期则海相碳酸盐沉积占优势，晚三叠世晚期以后全为陆相碎屑沉积。地层中富含古生物化石，并赋存丰富的煤、磷、铝、锰等沉积矿产。②沉积岩发育，不仅分布广泛，岩类繁多，且形成环境多变，相带发育齐全，其中碳酸盐岩最为发育，约占全省陆地总面积的 61.9%，尤以生物碳酸盐岩占绝对优势。③火成岩出露面积不大，分布零星，但岩类较多，属性较全，从超基性到酸性的岩石皆可见及，尤以基性岩发育最佳。岩浆活动时间漫长，在中元古代—古生代—中生代十余亿年间的地质历史时期内均有活动，以中元古代和二叠纪两期最为强烈。火成岩成因类型复杂，既有幔源岩浆喷溢的基性熔岩和侵位的基性岩、超基性岩，又有陆壳改造型花岗岩，其形成的原始构造背景以伸展为主。④变质岩以层状浅变质岩系为主，属绿片岩相，具面型分布、相带宽阔、单相变质的特点，原岩以硅质碎屑岩为主。⑤在长达十余亿年的地质历史时期中，构造经历了武陵、雪峰、加里东、海西—印支和燕山—喜马拉雅 5 个阶段，构造运动既有激烈的褶皱运动，又有缓和的升降运动。雪峰运动奠定了扬子陆块的基底，广西运动使黔东南地区褶皱隆起与西北的扬子陆块融为一体，而后又经受了后期的裂陷作用和俯冲造山作用。多次造山运动形成了复杂的构造形迹，其中以规模宏大的侏罗山式褶皱分布最广，发育最好。⑥矿产资源较丰富，矿种较多，但以沉积矿产和低温热液矿产为主。

贵州处于我国西南部连片喀斯特的核心部位，出露面积约 11 万 km^2，约占全省面积的 61.9%。贵州的碳酸盐岩主要有石灰岩、白云岩两大类，其次为它们的过渡类型。贵州碳酸盐岩中 CaO 含量较高，平均为 48.93%，一些层位的纯石灰岩 CaO 含量高达 55%，有利于喀斯特作用的进行，因此，一般 CaO 含量高的石灰岩喀斯特发育都较好。贵州喀斯特地貌发育、分布广泛、类型多样。碳酸盐岩分布区以溶蚀作用为主，碳酸盐岩及碳酸盐岩夹碎屑岩区则为溶蚀-侵蚀或溶蚀-构造作用。贵州喀斯特地貌可划分为溶蚀地貌、溶蚀-侵蚀地貌和溶蚀-构造地貌三大成因类型。①溶蚀地貌：该类型是贵州喀斯特地貌的主体，是以碳酸盐岩为物质基础和以溶蚀作用为地貌成因的主要营力而形成的，其形态组合类型多样。②溶蚀-侵蚀地貌：在贵州以碳酸盐岩与硅质陆源碎屑岩间互成层分布的地区，地貌成因以线状水流侵蚀为主并伴有溶蚀作用。由于水流的强烈侵蚀作用，该喀斯特地貌类型常表现为以线状负地形为主，而溶蚀地貌形态则处于次要地位。按照地形切割程度不同，可分为峰丛峡谷和峰丛沟谷两种形态组合类型。③溶蚀-构造地貌：该类型以碳酸盐岩夹硅质陆源碎屑岩为主，岩石建造类型较为复杂，地貌成因不仅有构造剥蚀作用，还有溶蚀作用和流水侵蚀作用，但对该喀斯特地貌类型的地貌形态起主要控制作用的是构造剥蚀作用，其次为溶蚀作用。其地貌形态组合类型可进一步分为断块山沟谷、溶蚀构造平台状山沟谷、溶蚀断陷谷（盆）地和垄脊槽谷（垄岗谷地）四种。由于不同的碳酸盐岩岩性组合和地貌形成条件的差异，所形成的喀斯特地貌类型也有差别。李宗发（2011）根据喀斯特主体地貌形态组合类型及区域连片分布发育情况，将贵州连片发育的喀斯特地貌分为黔中—黔西南喀斯特峰林区、黔南—黔西北喀斯特峰丛区、黔北—黔东北喀斯特丘丛-峰丛区这三个喀斯特地貌区，并按喀斯特峰丛地貌分布的地理位置不同又可将黔南—黔西北喀斯特峰丛区划分为盘州—威宁和紫云—罗甸两个喀斯特峰丛亚区。

1.5.2　地层分布

贵州地层完备，从最古老的早震旦世至第四纪各时代的地层都有出露。由于境内各地质构造曾表现出不同程度的活化性与多轮回性，近代地貌形成过程同时也受内外营力不同程度的影响，因而各地出露的岩相种类、组合也不同。东部及东南部为下震旦统轻变质的板岩、千枚岩、变余砂岩、变余凝灰岩等；黔北主要出露震旦系、寒武系、奥陶系等的白云岩、白云质灰岩、石灰岩、泥灰岩等，三叠系和二叠系白云质灰岩、杂色泥页岩及细砂岩在区内也有分布，东段的德江、沿河等地间有志留系黄色砂页岩，西段赤水、习水、桐梓等地间有侏罗系、白垩系紫色砂页岩，尤以赤水分布较广；黔西和黔西北主要有三叠系和二叠系灰岩和砂岩分布，间有二叠系玄武岩出露；黔西南出露三叠系的石灰岩和砂页岩；黔南则以出露巨厚的泥盆系、石炭系石灰岩、白云质灰岩、白云岩及砂页岩、泥岩为其主要特征，还有寒武系和奥陶系的钙质白云岩、石炭系的白云质灰岩分布，间有小面积侏罗系紫色砂页岩和古近系紫红色砾岩出露。就全省来说，地层分布呈现出东部地层老、西部地层新的趋势。

1.5.3　成土母质类型

贵州在长达十余亿年的地质演化过程中，形成了复杂多样的地质条件及岩石种类。沉积地层发育比较齐全，沉积岩分布广泛，岩类繁多，在生物、地形、气候的作用下，形成了十分复杂的母质条件。贵州是以山地为主的省份，成土母质以各种岩石风化的残积物和残坡积物为主，还有零星的河流冲积物、湖泊静水沉积物和洪积物等。在碳酸盐岩地区，缓坡地带还有较大面积的古风化壳（第四纪红色黏土）的覆盖。根据母岩和母质对土壤形成及性状的影响，贵州省第二次土壤普查把区内成土母质划分为以下类型。

（1）砂、页岩互层

该类岩石面积为 2.80 万 km^2，占全省各类岩石总面积的 17.58%，以黔西南的南盘江、北盘江及红水河流域最为集中。此类岩石化学成分中 SiO_2 的含量为 60%～80%，Al_2O_3 含量为 15%～18%，Fe_2O_3 含量为 5.6%左右。砂、页岩互层风化物是贵州形成地带性土壤的主要母质之一。砂、页岩种类较多，化学成分也不尽一致，因此，形成的土壤矿物养分和理化性状有别。砂、页岩互层风化物发育的土壤质地一般为壤土，土壤通透性、保水性协调；发育程度较浅的土壤含钾量较高，但钙、磷则较为缺乏，土壤呈酸性反应。一些煤系地层的砂页岩风化物（约占全省土地面积的 6%），伴生较多的黄铁矿，含铁、硫多，硫经氧化呈强酸性，铁经氧化流经稻田则成锈水田。

（2）泥质岩类，包括页岩、泥岩、板岩

该类岩石面积为 3.38 万 km^2，占全省各类岩石总面积的 21.20%，其中，泥岩、页岩面积为 1.92 万 km^2，板岩、千枚岩等面积为 1.46 万 km^2。前者以遵义、黔东南为多，后者以黔东南最集中。本组岩石化学组成中 SiO_2 含量为 65%左右，Al_2O_2 含量为 15%～16%（板岩可达 18%），Fe_2O_3 含量为 4%～8%。泥质岩类岩性松软而易风化，形成的土壤质地黏重，吸附阳离子的能力强，蓄水保肥性能好，宜农、宜林程度高，但在土壤侵蚀严重地区，当表土侵蚀后，页岩常风化不彻底，因而含半风化岩石碎片多，群众称其为“豆瓣砂”，土壤性状变差。

（3）石英岩类

该类岩石包括普通砂岩、石英砂岩、硅质岩、变余砂岩及砾岩，该类岩石的面积为 1.25 万 km^2，占各类岩石总面积的 7.88%，其中砂岩、变余砂岩类 1.10 万 km^2，砾岩类

0.15 万 km^2，主要分布于黔南，其次是遵义和黔东南。砂岩类的化学组成中一般 SiO_2 含量约为 90%，Al_2O_3、Fe_2O_3 较砂页岩和泥质岩类低。贵州泥盆系的石英砂岩多为硅胶结而成，岩性坚硬，难于化学分解，在地貌上多形成陡峭的山体，如贵定云雾山、都匀的斗篷山等。三叠系的黄色石英砂岩多为黏土胶结，岩性较松散，易于物理风化。长石石英砂岩较易风化，且含钾素丰富。通常该组岩石形成的土壤质地轻，砂砾多，通透性强而对养分和水分的保蓄力差，盐基成分缺乏，土壤呈酸性。

（4）碳酸盐岩类

该类岩石面积为 6.59 万 km^2，占全省各类岩石总面积的 41.38%，其中，石灰岩 4.83 万 km^2，白云岩 1.76 万 km^2 （泥灰岩、白云质灰岩归入石灰岩统计，灰质白云岩、泥质白云岩归入白云岩统计），主要分布于遵义和毕节两地区，其次是黔南。石灰岩中 CaO 含量在 54%以上，MgO 含量为 0.5%～1.5%，硅、铝氧化物含量仅为 0.32%～1.38%；白云岩中 CaO 含量为 31%左右，MgO 含量为 20%～22%，硅、铝氧化物含量仅为 0.06%～1.54%。可以看出，碳酸盐类岩石风化后形成的土粒数量很少，因此需要漫长的时间才能形成一定厚度的土壤，据韦启蹯在广西弄岗国家级自然保护区考察研究报道，纯质石灰岩风化后形成的土壤残留约为 0.15%左右（贵州省农业厅和中国科学院南京土壤研究所，1980），据此推算，形成 1 cm 厚的土壤需要溶蚀风化 627 cm 厚的基础，以年溶蚀率 0.12～0.30 mm 计算，则形成 1 cm 厚的土层需要 2.1 万～5.2 万年，加上径流的侵蚀作用，则所需时间更长，所以石灰岩成土的土层浅薄。白云岩形成的土壤其土层也较浅薄，但因其节理发育，且易物理崩解，因此，土层下有较厚的半风化母岩碎颗粒，状如食盐，群众称其为“盐砂”。通常纯质石灰岩和泥灰岩形成的土壤质地黏重；而白云岩和含硅白云岩形成的土壤砂性重，且含砾石，燧石灰岩风化形成的土壤含有难以风化的燧石。碳酸盐类岩石因含钙较多，形成的土壤结构好，盐基丰富，但不纯灰岩经强度淋溶变成地带性土壤后则盐基含量少，土壤呈酸性。

（5）紫色岩类

该类岩石包括三叠系飞仙关组紫色砂岩、侏罗系紫红色砂页岩、白垩系砖红色泥岩以及古近系褐红色泥岩，面积共 1.06 万 km^2，占全省各类岩石面积的 6.69%，主要分布于贵州北部及西部、西北部，以遵义和毕节为多，其次是六盘水，紫色岩成土有以下特点：①紫色岩类都是中、新生代产物，成岩年龄较轻，胶结程度较低，易于风化成土。②其分布区地下水径流量小，径流模数一般每平方千米在 1 L/s 以下，地表径流量大，片流发育，土壤侵蚀强烈，如赤水河流域年侵蚀模数达 404～473 t/km^2。粗略估计，在紫色岩分布区，平均每百年即要侵蚀 3.3 cm 厚的土层，整个土体在几百年至 1000 年左右就要更新一次，侵蚀严重地区，甚至只有数十年就会更新。③紫色岩大都是在半干旱气候下，处在地壳强烈下陷过程中内陆盆地碎屑沉积而成，沉积速率很快，矿物成分复杂而很少分解。碎屑矿物中石英含量较低，正长石、斜长石、黑云母、角闪石、辉石等含量较高，并含有各种岩屑，在胶结物中一般又含有百分之几至十几的碳酸钙，所以紫色岩是一类含盐基较丰富的岩石。据研究，紫色岩中黏土矿物以伊利石占绝对优势，次为绿泥石和高岭石，还有微量蒙脱石。在飞仙关组中，蒙脱石含量占黏土矿物总量的 12%。④不同时期形成的紫色岩，由于沉积物质和环境不同，其化学成分和矿质养分差别较大，形成的土壤的肥力水平也有差异，按肥力水平由高到低大致排序如下：沙溪庙组、飞仙关组、蓬莱镇组、夹关组、遂宁组。⑤紫色岩形成的土壤，土体更新频繁，岩石风化快，但风化程度一般很低，养分淋溶少，土壤的组成和性状大多取决于母岩的组成和性状，除少数岩石形成的土壤较为瘠薄外，由紫色岩形成的土壤自然肥力大都较高。

（6）基性岩类

该类岩石主要是玄武岩，此外有小面积的辉绿岩，面积为 0.33 万 km^2，占全省各类岩石面积的 2%。该类岩石呈条带状分布于贵州西部和西北部，以毕节和六盘水为多。贵州玄武岩 SiO_2 含量为 47%～48%，Fe_2O_3 含量为 13.5%～16.5%，Al_2O_3 含量为 13%～16%，钙、镁、钾、钠等盐基元素含量在 12%以上，P_2O_5 含量为 0.2%～0.4%。铁元素含量为省内各类岩石之冠。因基性岩类的磷素和盐基元素丰富，发育的土壤一般矿质养分也较丰富，自然肥力较高，但发育程度深的土壤则盐基淋溶多，呈酸性，且土壤质地黏重。

（7）花岗岩类

该类岩石包括花岗岩和花岗混合岩，分布于贵州东南部与广西交界的从江县高武乡，面积不足 0.067 万 km^2。花岗岩类化学成分中 SiO_2 含量为 70%～75%，Fe_2O_3 含量为 0.5%～3.5%，Al_2O_3 含量为 11%～14.5%，K_2O 含量为 2%～5%，钙、镁、磷含量低。该类岩石在风化过程中易于崩解破碎，形成质地适中、肥力较高的酸性土，但因其石英部分不易分解而残留为砂粒，故土体疏松，易受冲刷而土壤沙化。

（8）老风化壳（第四纪黏土）

该类岩石面积为 0.27 万 km^2，占各类母岩（母质）总面积的 1.72%，全省以遵义和黔东南分布稍多，老风化壳多为褐黄、黄红、棕红色，厚度在 3～8 m，含有铁锰结核或铁磐。老风化壳化学组成较复杂，SiO_2 含量为 50%左右，Al_2O_3 含量约为 25%，Fe_2O_3 含量为 10%左右，K_2O 含量为 1.14%～2.10%，钙、镁、钠和磷含量低，形成的土壤呈酸性甚至强酸性，缺磷，且质地较黏重，<0.002 mm 黏粒含量为 34.5%～84.5%。

（9）其他

该类岩石主要包括河流冲积物、洪积物和湖积物、冰川堆积物，面积为 0.24 万 km^2，占各类成土母岩母质面积的 1.5%，以铜仁最多，其次是六盘水和黔南。河流冲积物分布于河流沿岸大小河谷盆地上，剖面常具二元结构，下部为河床相砂卵石层，上部为河漫滩相砂质土层，一般厚度在 2 m 以上。其上发育的土壤成土年龄短，矿质养分较丰富，质地较好，地下水位不低，所处地势好，因而多开垦为农田，少部分地段因河水渗入而土壤次生潜育。洪积物大都分布在山前扇形缓坡地，颗粒分选性差，质地较粗，含砾石多；冰川堆积物一般较深厚（有达 10 余米者，如惠水盆地两侧），质地为粉砂黏土。湖沼沉积物散见于贵州山间盆地、洼地，如威宁草海，可见不同厚度的泥炭层。

1.5.4　母岩、母质对土壤理化性质的影响

母岩（母质）类型可影响土壤性状。首先，母质的颗粒组成对土壤的质地有直接影响，这种影响在土壤形成的前期尤为明显，如砂岩发育的土壤质地多为砂土、砂壤土；老风化壳发育的土壤质地多为黏土；白云岩发育的土壤其颗粒组成以砂粒和粉粒为主，

质地多为砂壤土；纯质石灰岩和泥灰岩发育的土壤则以黏粒为主。质地差异可影响土壤水分物理性质，如白云岩形成的土壤的渗水性高于泥质灰岩发育的土壤，玄武岩发育的土壤储水量较高，而石灰岩发育的土壤因土层较薄其储水能力较弱。发育于不同母质的土壤化学组成和性质有差异，如由砂岩发育的土壤氮、磷、钾含量和盐基交换量都较古老风化壳上发育的土壤低，但盐基饱和度则比古老风化壳上发育的土壤高。砂岩发育的土壤完全继承了母岩的特性，具有 SiO_2 含量高，铁、铝含量低的特点，而古老风化壳上发育的土壤则是铁、铝氧化物含量相对高，SiO_2 含量相对低。

不同土壤母岩、母质地球化学特征“先天性”分异，常常导致土壤营养状况迥然不同。不同母岩、母质发育的土壤全磷量以玄武岩为最高，砂岩最低。紫色土矿质层有效磷含量除紫砂岩发育的中性紫色土稍高外，其他一般都在 5 mg/kg 以下。碳酸盐类岩石形成的土壤，其自然土壤的有效磷多为 3～4 mg/kg，其原因之一是该类土壤含钙较多易形成难溶性的磷酸钙而使有效磷固定。贵州土壤含钾量多在 10 g/kg 左右，除玄武岩外，砂页岩和泥页岩发育的土壤含钾量较高，砂岩含钾量较低，这显然受母岩含钾量的影响。紫色岩形成的紫色土，因其母岩种类不同，钾含量相差较显著，中性紫砂岩和紫页岩含钾量高于酸性紫砂岩和紫页岩，前者为 15.0～17.6 g/kg，后者为 9.7～10.4 g/kg。碳酸盐类岩石发育的土壤含钾量也较高，为 10.3～18.5 g/kg。贵州不同母岩发育的土壤其有效钾含量在 50～125 mg/kg，其中，紫色砂页岩发育的土壤含量较高，有效钾含量平均为 80～100 mg/kg，属中等水平；石灰岩发育的土壤有效钾含量为 40～60 mg/kg；老风化壳和砂岩发育的土壤的有效钾含量较低。岩石是土壤微量元素的主要来源，不同母岩和母质微量元素的丰度不一。据贵州省第二次土壤普查统计，贵州母岩、母质对土壤中的有效铜、铁、锰含量影响较大，对有效态硼、锌、钼元素含量影响小些。一般玄武岩发育的土壤除有效硼含量不高，其他微量元素可满足作物要求；砂岩发育的土壤除缺硼元素，部分缺锌和钼；老风化壳发育的土壤缺有效锌、硼；石灰岩发育的土壤水溶性硼和有效铁含量较低；紫色岩发育的土壤有效微量元素含量处于中等水平。

母岩（母质）类型也可影响土壤类型。例如，在贵州喀斯特地貌下广泛分布着石灰性土壤，其占全省土地面积的 25%。在成土因素作用下，石灰岩和白云岩中游离碳酸钙对石灰性土壤的形成影响极大。纯质石灰岩为强可溶性碳酸盐岩，风化过程以溶蚀作用为主，土层薄，质地黏重，含钙丰富，在植被作用下，有利于钙凝腐殖质的积累，多发育为黑色石灰性土壤。白云岩、白云质灰岩、燧石灰岩、泥灰岩等弱可溶性碳酸盐岩，其风化残积、坡积物发育为相应的石灰性土壤。在地形平缓、侵蚀轻微、钙淋溶较强的地段，则多发育为相应的非地带性土壤。又如，贵州全省约有 4.5%的紫色砂页岩母质发育的非地带性土壤，其中发育于钙质紫色砂页岩上的土壤多呈中性或弱碱性，而发育于酸性紫色砂页岩上的土壤呈现微酸性或酸性。再如，雏形土可由不同母质发育而成，但母质可影响其化学组成，其中发育在玄武岩上的土壤富含铁质，而发育在砂岩风化物上的土壤富硅，发育在第四纪红色黏土母质上的土壤为硅铁质。

1.6　植物及其对土壤形成的影响

1.6.1　植物概况

贵州植被具有明显的亚热带性质，组成种类繁多，区系成分复杂。全省维管束植物（不含苔藓植物）共有 269 科、1655 属、6255 种（变种）。植物区系以热带及亚热带性质的地理成分占明显优势，如泛热带分布、热带亚洲分布等地理成分占较大比重，温带性质的地理成分也不同程度存在。此外，还有较多的中国特有成分。由于特殊的地理位置，贵州植被类型多样，既有中国亚热带型的地带性植被常绿阔叶林，又有近热带性质的沟谷季雨林、山地季雨林；既有寒温性亚高山针叶林，又有暖性针叶林；既有大面积次生的落叶阔叶林，又有分布极为局限的珍贵落叶林。植被在空间分布上又表现出明显的过渡性，从而使各种植被类型在地理分布上相互重叠、错综，各种植被类型组合变得复杂多样。

贵州植物种类繁多。在全省 6255 种维管束植物中，药用植物 3700 余种，占全国中草药品种的 80%。贵州是我国野生生物多样性较为丰富的地区之一，保存了许多珍稀、特有或古老的类群，是我国生物多样性重要类群分布较为集中并具有国际意义的陆地生物多样性关键地区之一。野生经济植物资源中，工业用植物 600 余种，以纤维、鞣料、芳香油、油脂植物资源为主；食用植物 500 余种，以维生素、蛋白质、淀粉、油脂植物为主；可供绿化、美化环境及有观赏价值的园林植物 200 余种；具有抗污能力的环保植物 40 余种。全省有 70 余种珍稀植物列入国家重点保护植物名录，银杉、珙桐、红豆杉等 14 种属国家一级保护植物，桫椤、秃杉、连香树等 57 种属国家二级保护植物。贵州地处中亚热带湿润季风气候区，自然植被包括针叶林、阔叶林、混交林、灌丛、灌草丛、水生植被等；农田植被包括旱地植被、水田植被、经济林、果木林等。贵州农作物植物品种丰富，栽培的粮食作物、油料作物、纤维植物和其他经济作物近 600 个品种，粮食作物以水稻、玉米、小麦、薯类为主，经济作物以烤烟、油菜籽为主要品种。经济林木主要有油桐、油茶、乌桕、漆树、核桃等，“大方生漆”“六马桐油”为贵州名优土特产品。全省饲养的主要畜品种有 30 余种，优良牧草资源 2500 余种，具有发展畜牧业的良好条件。

贵州属亚热带高原山区，地势起伏剧烈，地貌类型多样，地表组成物质及土壤类型复杂，因而植物种类丰富，植被类型较多。自然植被可分为针叶林、阔叶林、竹林、灌丛及灌草丛、沼泽植被和其他水生植被五类。针叶林是贵州现存植被中分布最广、经济价值最高的植被类型，以杉木林、马尾松林、云南松林、柏木林等为主；阔叶林以壳斗科、樟科、木兰科、山茶科植物等为主，常绿阔叶林是本省的地带性植被。多种森林植被破坏后发育形成的灌丛及灌草丛分布最为普遍。

贵州省境内大部分地区在三叠纪印支运动后就隆为陆地，从而为许多古老陆生高等植物生长发育创造了条件，并使众多的植物获得了一个漫长的物种演变过程。漫长的地质年代和特殊的地势地形条件，使贵州山区成了高纬度植物区系南移的避难所，同时又

常绿阔叶林。钙质土壤地区，则在常绿阔叶林中混有榆科、桦木科等落叶树种。常绿阔叶林破坏后则为次生的针叶林，在东部的酸性土壤上，以马尾松、杉木为主，在西部的酸性土壤上，则为云南松和华山松。钙质土壤地区以柏木及油杉属植物为多。在南部，地带性植被是南亚热带具有热带成分的常绿阔叶林，其主要成分虽然仍以壳斗科、樟科、木兰科、山茶科为主，但其中还有不少热带成分，尤其在局部的河谷形成豆科、楝科、桑科及桃金娘科较多的沟谷季雨林，并出现了一些羽状复叶种属，如仪花、毛麻楝、细子龙、无忧花，以及榕属、蒲桃属等。经济林中有柑橘、芭蕉，局部地方还有龙眼、荔枝、香蕉、黄皮等栽培。

（2）经度地带性分布规律

贵州东部、中部与西部由于水分条件的差异，反映在植被上也有不同，中部和东部地区，降水较为充沛，且没有明显的雨季与旱季更替，地带性植被典型的是湿润中亚热带常绿阔叶林，常见的乔木有甜槠、钩栲、青冈、小红栲、香樟、木荷、木莲、深山含笑等。林下常见的为柃木、茶、油茶、山矾、冬青等。常绿阔叶林破坏后，落叶阔叶木以响叶杨、枫香、桤木最为常见。经济林以油茶、油桐、乌桕最多。省内西部的赫章、水城、盘州、威宁等地，降水量较少，且干湿季节交替较为明显，反映在植被上与中部和东部有较大差异，地带性植被为中亚热带半湿润（偏干性）常绿阔叶林，如出现高山栲、滇青冈、毛枝青冈、元江栲、瓦山栲、扁刺栲、刺叶高山栎、灰背栎、黄背栎、川滇高山栎、毛脉山栎、银木荷、红木荷、云南蕈树等。常绿阔叶林破坏后，落叶阔叶树种常见的有滇杨、云南柳、滇朴、旱冬瓜等。经济林则以漆树、核桃最为普遍。

（3）垂直分布规律

贵州相对高差较大的山体，从山麓到山顶可以明显地看到不同植被类型有规律地出现，形成有一定顺序的演替系列——山地垂直地带谱。以梵净山东南坡山地为例，海拔500～1300 m 为常绿阔叶林带，1300～2100 m 为常绿、落叶阔叶混交林带，2100～2350 m 为亚高山针叶林带，2350～2572 m 为亚高山灌丛草甸带。

1.6.4 植被对土壤形成和性质的影响

植物群落的组成、结构对于土壤形成、土壤肥力和性质的影响十分明显。据贵州省第二次土壤普查调查，20 年生的马尾松林可使土壤酸化，减低土壤 pH 约 0.5 单位，苔藓植物可使土壤发生还原离铁作用，钙质土壤上生长的植物可促进土壤中钙的富集，湿性水生植物可使土壤泥炭化。至于森林植被和草坡植被遭到破坏而造成的土壤流失，则使土壤退化，形成石质性土壤，甚至出现基岩裸露的石质山地。

自然植被的破坏是引起贵州土壤侵蚀的根本原因，由于省内森林面积小，而且分布不均匀，森林覆盖率高的流域水土流失就比较轻；反之，水土流失就严重。例如，西部的六盘水和毕节，20 世纪 50 年代初期森林覆盖率为 30%左右，至 20 世纪 80 年代初减少到 4%左右，而垦殖指数分别高达 43.96%和 47.70%，导致了中低产田面积的不断扩大，如六盘水中低产田面积占总耕地面积的 90.60%。不同的植被类型虽然都有保持水土、涵养水源的功能，据调查，农田系统、灌丛系统和森林系统的蓄水量有明显差异，其大小顺序为森林系统>灌丛系统>农地系统，原因是森林系统层次结构复杂，且地上部分有枯枝落叶层，森林土壤疏松多孔，非毛管孔隙多，故蓄水量大。据测定，马尾松和华山松林枯落物层最大蓄水量可达 4～6 mm，土壤蓄水量可达 217～294 mm；以水青冈为主的落叶阔叶残落物层每公顷可持水 40～70 m^3，一次降水（雨）过程中，树冠截留量至少可达 3.6 mm，可见，只要有森林覆盖，水土流失状况必然将大大减轻。

植被类型对土壤有机质积累也有明显的影响。贵州地处亚热带，植物生产量大，特别是森林植物，每年不仅有大量的枯落物进入地表，且死亡后的细根腐解后可形成腐殖质。因未受人为干扰破坏，森林土壤中，地表残落物层厚、土壤腐殖质含量丰富。据对宽阔水林区以亮叶水青冈为主的阔叶林下残落物层数量和土壤有机质含量的测定，地表残落物每公顷有 23～75 t 干物质。森林类型不同，地表残落物的数量也有一定差别，以亮叶水青冈-箭竹林下的残落物数量为最高，每公顷干物质为 61～88 t；次为亮叶水青冈-多脉青冈林，每公顷干物质为 31～40 t；亮叶水青冈-多穗石栎林较低，每公顷干物质为 20～27 t。这说明有机物质的累积量与森林组成有较为密切的关系。由于森林有机质来源丰富，故宽阔水林区土壤有机质含量高，表土腐殖质含量达 20%～30%，70 cm 深处土壤腐殖质含量为 1.0%～1.5%，10 cm 表土内腐殖质储量每公顷可达 270～315 t（干物质）。从有机残落物的分解来说，比较 3 种不同分解程度的枯落物层数量可看出，以几乎完全分解的枯落物数量为最高，可占全部残落物总量的 55.6%～80.6%，说明腐解速度较为迅速，这对维持生物营养元素的循环是有益的。

土壤腐殖质数量和组成在不同植被下也有差别，据贵州省第二次土壤普查调查测定，酸性土壤的森林下表土腐殖质组成中胡敏酸碳含量多数占全碳量的 10%以下，胡敏酸与富里酸比值<0.3；山地灌丛草甸、灌丛沼泽地胡敏酸碳可占全碳量 30%左右，胡敏酸与富里酸比值较大；石灰岩地表由藤刺植物组成的灌丛土壤、高产水耕人为土胡敏酸碳占全碳量的 12%～15%，胡敏酸与富里酸比值>0.6。酸性土壤上森林植被下的胡敏酸主要是游离态或与无定形三二氧化物结合的；而石灰岩上森林或灌丛植被下的胡敏酸大多与钙结合，所以此类土壤上的腐殖质不易矿化，有利于累积。

植被类型也可对土壤氮素和灰分元素组成产生影响。据测定，阔叶树种灰分含量明显高于针叶树种，前者为 3.73%～6.30%，6 个树种平均含量为 4.6%，后者为 2.49%～3.42%，4 个树种平均为 2.9%。钙、钾、钠氧化物总量也不同，前者 6 个树种平均值为 2.33%，后者 4 个树种平均值仅有 1.70%，其中主要是 CaO 和钾元素。阔叶树种比针叶树种高，阔叶树种 CaO 和 K_2O 平均含量为 1.28%和 0.98%，针叶树种为 0.94%和 0.67%。土壤氮的含量虽然相差不大，但总的看来，仍然是阔叶林大于针叶林，前者平均值为 1.34%，后者平均值为 1.17%。

贵州主要建群种和优势种的落叶阔叶乔木和林下灌木的灰分元素和氮素组成也有较大的变化。据测定，落叶阔叶乔木和灌木的灰分含量均比较高，平均为 6.10%，其中白栎、茅栗、柃木、杜鹃、乌饭树等是松、杉林下常见的灌木，其灰分含量为 4.14%～9.95%，平均为 6.29%，均比针叶林高，因而对于马尾松、杉木等针叶林下的土壤肥力的提高是有益的，其中，特别是 CaO 含量较高，为 1.05%～2.59%，平均为 1.56%，比针叶林高 60%以上。石灰岩山地常见的优势种和建群种乔木与灌木枝叶的化学组成具有以下特点：①粗灰分含量普遍较高，大多都在 10%左右，灯台树、朴树和竹叶椒高达 12%～17%，明显高于酸性土上的植物；②粗灰分中，CaO 含量一般比酸性土植物高 1～3 倍，如化香树、鹅耳枥等含量都高达 3.2%～7.4%，这对于土壤中的钙起到富集作用。

阔叶林与针叶林凋落物中的营养元素含量相差较大，如以白栎、枫香为主的杂木林中凋落物的粗灰分和氮、磷、钾、钙、镁等元素就明显地高于杉木林中凋落物的含量。不论是阔叶乔木还是灌木的凋落物对于维持土壤肥力都是有益的，而长期经营针叶树种则对于维持土壤肥力不利。不同的植被类型由于生境条件的不同和植物本身的选择吸收能力不同，残落物中灰分元素含量也会有明显差异：在石灰土上生长的常绿落叶阔叶林中其残落物 CaO 的含量就要比生长在酸性土上的高 3 倍。说明了酸性生境条件对于植物吸收养分具有胁迫性，但生境相似因植物对于营养元素需求的差异也会导致残落物中某些灰分元素含量的不同。如同为酸性土壤，阔叶林中的残落物钙和镁的含量比马尾松针叶林高 4 倍和 2 倍，表明阔叶林比针叶林更有利于土壤肥力的维持和提高。

1.7　人为活动及其对土壤形成的影响

土壤既是历史自然体，又是人类从事农业生产的重要生产资料。除五大自然成土因素（气候、生物、地形、母质、时间）之外，人类生产活动对土壤形成的影响亦不容忽视，主要表现在通过改变成土因素作用于土壤的形成与演化，其中以改变地表生物状况的影响最为突出。人类活动对于土壤形成和演化的影响表现在两个方面：一方面是通过基本农田建设，发展灌溉和排除渍水，客土施肥，合理轮作和套种等，改善土壤不良土体构型和不良性状，消除对农作物生长的障碍因子，逐渐培育成良田好土，使之适合于多种农作物的生长，这是积极的一面；另一方面则是对土壤进行掠夺式的经营，破坏土壤资源，消耗地力，使良田沃土不断减少，低产田土不断扩大，土壤生态条件日趋恶化，这是消极的一面。

人类对土壤的作用和影响与自然成土因素比较，在速度上较快而剧烈，远远超过自然土壤演化过程，特别是人们为发展社会经济，改善生活条件，为获得农作物和经济林木的好收成而定向培育、培肥土壤，在较短时间内就可消除林草地土壤长期发育过程中产生的某些不良性状和障害因子，而使土壤肥力发生质变飞跃，极大地改变原有自然因素的影响，因此，人类活动也是一个重要的成土因素。

贵州历史源远流长，随着农业的发展，稻、麦、玉米、大豆等一年生草本农作物代替天然植被，大大改变了物质和能量的循环。人类通过耕耘改变土壤的结构、保水性、通气性；通过灌溉改变土壤的水分、温度状况；通过农作物的收获将本应归还土壤的部分有机质剥夺，改变土壤的养分循环状况；再通过施用化肥和有机肥补充养分的损失，从而改变土壤的营养元素组成、数量和微生物活动等。最终将自然土壤改造成为各种耕作土壤。耕地是数千年来各族劳动人民劳动的结果，通过长期的增肥，贵州已有一定面积的耕地成为高产稳产的农田。

林草地土壤的某些土壤性质常常不适于农作物的生长，如碳氮比大、钙和镁等矿质元素少、胶体品质差等。人们为了获得较高的作物收成，除了对土壤进行适时耕作、炕冬，用冻融交替和干湿交替创造一个疏松的耕层之外，还采用种植绿肥、施用有机肥、合理灌溉、排除渍涝、施用石灰、客土及针对地形坡度修筑梯田等措施建设农田和培肥土壤。千百年来，贵州农民群众为解决水稻生长所需水分而大兴水利工程，如拦河坝、山塘水库、提灌设施等，稻田有效灌溉面积已有明显的扩大。贵州稻田一半左右是处于坡度在 5°以上的丘陵山地上，修建梯田是培育水稻土的必由之路，为稻田的淹水栽培创造了条件。全省 83%左右的旱地处于坡度在 5°以上的丘陵山地上，通过梯化平整等整治后的旱地为旱作的生长发育创造了稳定的环境。有机肥是贵州历来主要的肥源，不断施用以维持地力。长期以来，施用厩肥、绿肥以及轮作中安排豆科作物，从而改善了土壤的质量，提高了土壤肥力。贵州石灰资源丰富，石灰改土在贵州也有多年历史，不仅施用面广，而且用量较多。

长期以来人口失控，森林覆盖率下降，复种指数不断提高，养地作物和有机肥的施用减少，生态环境恶化，导致中、低产田土面积占全省耕地面积的 3/4 以上，其中尤以贵州西部地区最为严重。由于森林覆盖率低，贵州的坡耕地又多，且多采用顺坡耕种，因此，在降雨集中的春夏之交，水土流失十分严重，从而导致：①岩石裸露石山面积逐年增加；②新成土（石质土和粗骨土）面积不断增加；③淤塞河流和水库，河床升高，稻田渍水，产生次生潜育化；④大-暴雨常造成水打沙壅，毁坏农田旱地。近年来，由于重视化肥，轻视有机肥和绿肥，加之不少地区耕作粗放，缺乏应有的保土、培肥措施，地力消耗过大，造成一些地区的土壤肥力下降。此外，某些地区垦殖指数高，而复种指数低，前者造成土壤冲刷加剧，后者不仅浪费土地生产力，而且冬闲板土多，造成土壤板结。徐燕和龙健（2005）的研究表明，不同土地利用方式下土壤物理性质具有明显的差异，林地、草地和台耕地的土壤物理性状良好，避免了土壤侵蚀的发生，能有效地发挥保持水土的作用，而大面积坡耕地和裸坡地的土壤物理性状极差，促进了山区土壤侵蚀的发生，是引起土壤侵蚀的主要因素。喀斯特山区不同土地利用类型的土壤抗蚀能力依次为台耕地> 林地、草地> 坡耕地、裸坡地。赵东等（2006）的研究认为，人类活动因素是石漠化的重要原因，石漠化的形成是以人为活动为主导因素而引起的环境恶化与土地退化过程，主要与不合理的耕作、经济建设、不合理的林业开发、不合理的矿产资源开发等有关，并认为在没有人为的干预下，顺向的演化可以阻止石漠化的进程。罗乃兴等（2013）的研究表明，由于工业的发展，贵阳地区的酸雨污染严重，强酸雨频率则随降水量的增大呈上升趋势，这可促进土壤的酸化。

第 2 章　主要土壤形成过程与土层特征

土壤是成土母质在气候、生物、地形的影响下，随时间延续而发生物理、化学、生物化学性质的变化，形成具有一定的剖面形态、内在性质和肥力特征的历史自然体。土壤形成的各种过程都受不同成土因素或其不同组合的支配，成土因素的不同导致土壤形成过程的差异，从而导致形成土壤类型的差别。贵州地处亚热带，境内多山，地形起伏大，成土条件复杂，土壤类型多样。省内既有地域差异明显的地带性土壤，又有垂直分带明显的山地和高原土壤，其间夹杂受成土母质（石灰岩、紫色砂页岩等）影响明显的土壤类型；盆地平原内则多分布冲积母质发育的雏形土、水耕人为土、新成土等非地带性土。由于成土条件多变，省内不同区域的土壤形成过程也有较大的差异，形成了多种诊断层、诊断特性。其中，脱硅富铁铝化和生物富集过程是该省最主要的土壤形成过程。

2.1　主要土壤形成过程

2.1.1　风化淋溶与脱硅富铁铝化过程

土壤的风化淋溶作用的强弱，取决于热能和水分状况，同时也受生物过程的影响。贵州地处湿润温暖的亚热带，土壤进行不同程度的富铝化过程。脱硅富铁铝化过程是贵州富铁土、某些淋溶土和雏形土形成的主要过程，它是矿物的风化形成弱碱性条件，可溶性盐、碱金属和碱土金属盐基及硅酸大量流失，从而造成铁铝在土体内相对富集的过程。该过程包括两方面的作用，即脱硅作用和铁铝相对富集作用。贵州水热丰沛、化学风化强烈、生物循环活跃，因而元素迁移十分强烈。在此条件下，形成了富铝风化壳及其上面的红色酸性土壤。涉及的化学过程主要是矿物的分解和合成、盐基的释放和淋失、部分二氧化硅的释放和淋溶以及铁铝氧化物的释放与富集，同时产生高岭石等次生黏土矿物。

据贵州省第二次土壤普查调查，成土母质可影响土壤脱硅富铁铝化过程。比较 5 种不同母岩发育的常湿润雏形土的脱硅程度，由深到浅依次是玄武岩、砂岩、老风化壳、石英砂岩、紫色岩。黏粒硅铝率一定程度上显示了土壤的脱硅富铁铝化程度，贵州省第二次土壤普查测定，玄武岩和砂岩发育的常湿润雏形土的黏粒硅铝率为 1.45～1.70，黏土岩和石灰岩发育的常湿润雏形土的黏粒硅铝率为 2.10～2.54。由砂岩、玄武岩发育的常湿润雏形土以高岭石为主，次为蛭石，老风化壳发育的常湿润雏形土以水云母为主，次为蛭石和高岭石；而以黏土岩和碳酸盐类岩石风化物形成的常湿润雏形土则以蛭石为主，次为高岭石。山地土壤黏粒的硅铝率和硅铁铝率呈现随海拔升高而下降的趋势，高海拔西北地区山地土壤的黏粒硅铝率高达 2.96～3.04。据分析，东南部低海拔的湿润富铁土黏土矿物以高岭石和水云母为主，并含有极少量蛭石，中海拔常湿润雏形土的黏粒矿物以蛭石为主，含有少量高岭石和水云母，而高海拔的湿润淋溶土的黏粒矿物则以蒙脱石最多，次为水云母，并含有少量高岭石、蛭石和绿泥石。

贵州主要地带性土壤的风化淋溶系数（ba 值）一般如下：A 层为 0.274～0.464，B 层为 0.202～0.493。同一母质发育的土壤，其 ba 值随海拔升高而增加，表明一价盐基元素淋溶强度随海拔升高有所下降。同一土壤类型但发育的母质不同，其 ba 值也有区别，白云岩发育的土壤 ba 值低于由页岩发育的土壤 ba 值，表明白云岩发育的土壤盐基淋溶程度较页岩发育的土壤更深。

总体上，贵州丘陵山地土壤的脱硅富铁铝化过程有以下特点：①原生矿物风化较为强烈，但仍残存一定数量的岩屑和可风化矿物（如长石类矿物），说明土壤风化未达到最深阶段；②受区内石灰岩风化物的影响，盐基元素淋溶中等，盐基饱和度较高；③铁、铝、钛氧化物呈中等程度的聚积；④次生黏土矿物不断形成，黏粒含量较高，但因受海拔和母质的影响，黏土矿物组成变化较大。

2.1.2　生物物质循环与腐殖质的积累过程

贵州气温较高、雨量充沛，土壤温度较大，既有利于植物的生长，又有利于有机质的分解，因此，植被良好的地区，植物生长量大，生物与土壤间的物质和能量交换十分活跃，土壤有机质积累明显。据贵州省第二次土壤普查测定，在中亚热带地区 20 年生的常绿阔叶林每公顷凋落物（干物质）为 9.51 t，马尾松林为 3.50 t，28 年生的落叶阔叶林为 8.00 t，23 年生的人工杉木林为 2.04 t。数量如此巨大的有机物进入土壤中，无疑为腐殖质的积累提供了大量的物质基础，加之贵州大部分地域湿度大，有机物质的分解矿化过程较弱，所以腐殖质累积量很大。据贵州省第二次土壤普查对 7033 个表层土样的统计，有机质平均含量达 40.6 g/kg。不同植被类型对土壤有机质的贡献不尽相同，通常是阔叶林>灌丛草被>针叶林，贵阳阔叶林下表土层土壤有机质平均含量为 78.9 g/kg（n=13）、灌丛草被下表土层土壤有机质平均含量为 48.8 g/kg（n=25）、针叶林下表土层土壤有机质平均含量为 35.2 g/kg（n=32）。据统计，山地自然土壤有机质含量呈现随海拔升高而增加的趋势，丘陵地区土壤有机质平均含量为 49.2 g/kg，而低山、中山和高山土壤的有机质平均含量分别为 71.0 g/kg、73.9 g/kg 和 160.8 g/kg。然而，山地土壤经垦殖为旱地土壤后，土壤有机质呈现下降趋势，但仍然随海拔升高而增加，丘陵、低山和中山旱地土壤的有机质平均含量分别为 20.6 g/kg、46.6 g/kg 和 52.8 g/kg。

据贵州省第二次土壤普查对全省 14 313 个稻田土壤耕层农化样分析统计，种植水稻后由于特殊的淹水环境，土壤有机质积累通常较旱地高，有机质平均含量达 43.2 g/kg，而 15 709 个旱地土壤耕层有机质平均含量为 34.6 g/kg，二者相差 8.6 g/kg。

贵州不同海拔土壤腐殖质的组成也不一样，以胡敏酸与富里酸比值为例，丘陵地区为 0.40～2.13，低山土壤为 0.20～1.62，中山土壤为 0.40～1.20，呈现随海拔升高而下降的趋势。不同利用方式对土壤胡敏酸与富里酸比值也有影响，一般是稻田土壤>林草地和旱地土壤，说明淹水耕作条件下，有利于胡敏酸的形成。

2.1.3　耕作熟化过程

贵州农业生产历史悠久，漫长的人为灌溉、耕作、施肥以及年复一年的种植和收获，对土壤的形成条件、成土过程均带来了深刻影响。人为活动的结果使起源土壤逐步形成具有人工培育特征的土壤，这种特殊的成土过程称为“熟化过程”，是形成人为土的主要成土过程，这一过程也是贵州农业土壤的主导成土过程。根据利用方式和发育方向不同，可将熟化过程分为水耕熟化和旱耕熟化。

（1）水耕熟化

水耕熟化是水耕人为土特有的成土过程，包括有机质的分解和合成、还原淋溶和氧化淀积、黏粒的淋移和淀积、盐基淋溶与复盐基等一系列矛盾统一过程。一般水耕熟化比旱耕熟化对土壤肥力的提高要快些，原因如下：①由于灌溉，土壤水分处于饱和状态，除了可使酸性土壤在淹水后 pH 有上升外，更重要的是土壤处于还原状态，矿化作用减弱，腐殖化系数高于自然土壤和旱作土壤，有利于腐殖质形成和有机质的积累。与起源土壤相比，水耕人为土有机质含量常常较高，变幅较小。同时，淹水条件有利于胡敏酸的形成。随着熟化度提高，土壤有机质含量相应增加，胡敏酸与富啡酸比值明显提高，表明腐殖质质量有所改善。②季节性灌溉加剧土壤氧化还原过程。季节性灌溉造成的土壤干湿交替的环境，使土壤氧化还原过程明显加剧，铁、锰的还原淋溶和氧化淀积尤为活跃。随着水耕人为土发育程度的提高，铁、锰在剖面中的分异渐趋明显。稻田中淋溶层段，尤其是耕作层和犁底层，铁、锰及游离铁的含量较低，表明铁、锰的淋溶明显；而斑淀层铁、锰及游离铁含量普遍高于上下土层。③淋溶作用加强，复盐基过程明显。淹水灌溉增加了土壤渗漏水量，加剧了水田土壤中 Ca、Mg、K、Na 等盐基元素及 P、Si 等元素的淋溶。另外，生物的积累和人为灌溉与施肥又不断给土壤带来大量有机和无机矿质元素，使土壤中盐基元素得到补充和重新分配。这不仅改善了作物的营养条件，而且使土壤一系列性状产生了深刻的变化。随着熟化度提高，不仅耕层交换性钙离子增加，而且逐渐向土体下层扩展。④土壤颗粒重新分配，耕层质地趋向改善。在水耕熟化过程中，一方面灌溉水的浸渍和下渗导致土壤黏粒的机械淋移和化学淋溶，使耕层黏粒明显减少，而淀积层黏粒含量增加，黏粒的淀积层位逐渐下移，有利于形成既爽水又保水的理想土体构型。另一方面长期灌溉水挟带泥沙的沉积，导致稻田耕层逐年增高，颗粒组成明显改变。

贵州低产田不良性状除了酸、黏、砂、瘦和耕层浅薄之外，还有干、潜、冷、锈等不良性状，因而在熟化过程中除了采用旱作土的改良措施之外，针对干和潜采取了灌、排措施，针对冷和锈，采用提高水温和防锈、除锈措施，这对改善土壤肥力也有很大的影响。

（2）旱耕熟化

自然土壤经人为耕垦，种植茶、果及旱作物之后，在长期人为耕作、施肥等影响下，逐步形成与自然土壤形态和性状不同的旱作土壤，这个过程称为旱耕熟化过程。贵州旱作土壤面积较大，其形成很大程度上受地带性生物气候条件制约，地带性烙印相当明显。与水耕熟化过程相比，旱耕熟化过程较为缓慢。但耕垦之后，人们因土因作物制宜进行改良和培育，其成土条件、成土的方向和速度均有明显变化，在生物物质的分解和合成、土壤复盐基作用上表现突出，在植被茂密、有机质含量丰富的自然土壤上进行垦殖，自然植被被栽培植被所代替，有机质供给源减少，疏松耕层形成，水热条件明显改变，有机质矿化作用得到加强，耕垦初期有机质含量急剧下降，只有再增加物质投入，才能维持一定的物质基础水平，并在人们的定向培育下，肥力才能逐步提高。耕垦之后，随着熟化度提高，土壤有机质含量显著提高。由于施肥和生物积累作用，旱作土壤复盐基作用十分明显。与起源土壤相比，旱作土壤盐基饱和度较高，并随熟化度加深，钾、钙、镁等矿质营养有所改善。

贵州旱地土壤主要不良性状有酸、瘦、黏、砂、薄。对于酸度的改良，主要措施是施用草木灰、石灰，以提高土壤的 pH、盐基饱和度及消除活性铝的危害；对瘦土的改良，主要是采用多施厩肥，施用磷肥氮肥和钾肥，种植绿肥、合理轮作；对黏土的改良，除了上述措施外，很多地方采用客土或白云砂压黏，也取得良好效果；砂、薄主要是土壤侵蚀造成的，因而改坡地为梯地、进行基本农田建设、加厚耕作层以及种植护土林是改造砂、薄土壤的基本途径。

2.1.4　黏化过程

黏化过程是指土壤中由黏粒的生成或淋溶、淀积而导致黏粒含量增加的过程。黏化作用既是土壤中普遍存在的，又是某些土壤在特定条件下进一步发生的一种成土过程。土壤中发生的黏化过程可分为残积黏化和淀积黏化。前者是土内风化作用形成黏粒产物的过程，由于缺乏稳定的下降水流，黏粒没有向深土层移动，而就地积累，形成一个明显黏化或铁质化的土层，其特点是土壤颗粒只表现由粗变细，结构体上的黏粒胶膜不多，黏粒的轴平面方向不定（缺乏定向性），黏化层厚度随土壤湿度的增加而增加。后者是风化和成土作用形成黏粒的过程，上部土层向下悬迁和淀积，这种黏化层有明显的泉华状光性定向黏粒，结构面上胶膜明显。残积黏化过程多发生在温暖的半湿润和半干旱地区的土壤中，而淀积黏化则多发生在暖温带和北亚热带湿润地区的土壤中。

贵州山地土壤的黏化是残积黏化和淀积黏化共同作用的结果。由于贵州降水量大，山地土壤的黏化较为普遍。据贵州省第二次土壤普查对 176 个黄壤（相当于系统分类的淋溶土和雏形土）的统计，达到和超过黏化指标的有 72 个，占剖面数的 40.9%。不同水、热条件下土壤黏化率有差异，一般是在中低海拔地段的剖面黏化率较低，而在高海拔地段剖面黏化率较高。

黏化作用的进行必须在稳定的地形之上，经漫长的历史阶段里的不断作用才能产生明显的层次分异，形成可识别的黏化层，而产生明显的黏化层所经历的时间则更长。因此，贵州黏化土壤主要出现在山地丘陵地区。

2.1.5　黄化过程

黄化过程是由于土壤湿度较大，土壤颜色向黄色方向发展的成土过程。黄化作用的结果使心土层形成以黄色土层为主的层次，出现此黄色土层的原因大致有两种情况：一是在成土环境中阴雨日多，相对湿度大，土体经常保持湿润状态，导致铁的氧化物水化；二是继承了母质中的黄色，使土体除表层以外，其下土层与母质颜色十分一致。土壤呈现黄色是土壤中含铁矿物水化作用的结果（形成针铁矿）。森林植被对于土壤黄化作用有明显的影响，例如，紫色岩在一般情况下都是形成紫色的土壤，但在成林时间长、覆盖度大的常绿阔叶林下则可发育为具有黄化层的土壤，这与森林植被具有良好的保水蓄水性能有关。土壤继承母质的颜色也是土壤颜色偏黄的原因，由泥页岩、砂岩、砂页岩风化母质发育的土壤，B层（心土层）多以黄色为主，次为棕色。贵州是一个长期沉积区，成土母质除碳酸盐岩外，发育成土壤的母质主要是各种黄色、黄棕色和棕色的砂岩、砂页岩和黏土岩的风化物，因而土壤中黄色土层的形成除了湿度大、氧化铁易水化之外，母质原有颜色的残存也是重要原因。至于土壤剖面中有少数出现红色、紫色和灰色的现象，也是与母岩本身的颜色有关，如志留系的砂页岩，就具有红、紫、黄等杂色。

2.1.6 潜育化过程和脱潜过程

潜育化过程主要发生在贵州境内的山间洼地或盆地沼泽地带，是潜育土和某些水耕人为土形成的主要成土过程。潜育化过程是长期积滞水导致的土体还原过程，在土壤长期渍水的环境下，土壤受到有机质嫌气分解，而铁锰强烈还原，形成灰蓝-灰绿色的土体。有时，由于“铁解”作用，土壤胶体破坏，土壤变酸。该过程主要出现在排水不良的水耕人为土中，往往发生在剖面下部。当土壤处于常年淹水时，土壤中水、气比例失调，土体几乎完全处于闭气状态下，其氧化还原电位（Eh）较低，一般都在250 mV以下。因而，发生潜育化过程，形成具潜育特征的土层（常常称为潜育层或青泥层）。具潜育特征土层中氧化还原电位低，还原性物质多，尤其是亚铁、亚锰的含量高，甚至含有 H_2S 等还原性气体。此外，土壤的一些物理特性如软硬度、浸水容重等也与一般水稻土不同。存在潜育化作用的土壤由于长期的渍水影响，土粒分散、土体软糊、容重低，通常不显示棱柱状结构，说明不受或少受干缩及湿胀交替的影响。据测定，强度潜育化土层的浸水容重仅为0.45左右，中等程度潜育化土层的浸水容重为0.5～0.6，而一般稻田土壤的浸水容重则为0.75左右。

根据形成潜育作用的水文特点，贵州发生潜育化的情况可分为以下3种类型：①地表水影响下的潜育。主要为地势低洼，排水困难而造成的潜育作用，土体中某一层段比较黏重或出现不透水层使土体终年滞水而导致潜育；稻田长期泡水（泡冬田）而造成的潜育。②地表水与地下水终年连接影响下的潜育。如在低洼积水地段，或有地下水出口的地段，地表水与地下水终年连接，而发生潜育。潜育土属于这一类。③以地下水为主，地表水为辅的潜育。如地下水位一般较低，稳定在60 cm，在旱季潜育作用主要发生在下层的60 cm以下层段。但到雨季灌溉栽插水稻后，则地表水与地下水相接，使整个土体处于还原状态而发生潜育，但主要还是以地下水为主的潜育，因其上层土壤还有一段干湿交替过程。

与上述潜育化过程相反的过程即脱潜过程，其基本原理是使地下水位下降，土体有一个良好的氧化条件，还原性物质逐渐减少，氧化还原电位升高，从而排除有毒物质对作物的危害，加速土壤养分的分解释放。脱潜的原因有两个方面：一是由于地质运动，特别是新构造运动，上升地区原来的沼泽型潜育土因排水条件改善而脱潜；二是人们对已形成的潜育化土壤进行开沟排水，或老泡冬田进行水旱轮作而使之脱潜。脱潜的结果：①土体中氧化还原电位升高；②有机质逐渐矿化，含量下降，有效养分增加；③土壤结构逐渐由整体状而分化为棱柱状或棱块状。

2.1.7　潴育化过程

潴育化过程实质上是一个氧化还原交替过程，指土壤渍水带经常上下移动，土体中干湿交替比较明显，促使土壤中氧化、还原反复交替，结果在土体内出现锈纹、锈斑、铁锰结核和红色胶膜等物质。产生潴育的条件是土壤中的渍水带经常处于移动状态，同时有一定的干湿过程，在这种情况下，土壤中易变价的铁、锰氧化物出现还原、氧化交替。渍水季节铁、锰被还原迁移，当排水或地下水位下降时，又被氧化形成高价铁、锰氧化物淀积。这种干湿交替的结果：①在土体中形成一层具有锈纹、锈斑以及黑色锰斑和铁锰结核新生体的土层，即潴育层。②由于长期的干湿交替，使土体的潴育层形成棱柱状结构。在贵州具有潴育层的土壤主要出现在发育时间较长、熟化度高的水旱轮作稻田。在冲积平原地区的旱地土壤中，也常常发生潴育化过程。

2.1.8　溶蚀脱钙过程和复钙过程

贵州分布有大面积的石灰岩，这类岩石的成土过程主要表现为明显的溶蚀脱钙作用。在贵州湿润的亚热带气候条件下，作为石灰岩主成分的碳酸钙、碳酸镁易被溶蚀淋失；而母岩中的副成分铁、锰、铝氧化物和硅酸盐类的黏土物质，在钙质丰富的中性或微碱性环境中，易在钙、镁离子的凝聚作用下被滞留在母质中，成为主要的成土物质。石灰岩土可以经常见到非石灰性的泥炭或页岩碎片，其以黏粒矿物以及伊利石、蛭石等中间产物为主，有时甚至还出现与目前生物气候带不相适应的蒙脱石，这些都足以说明它们是母岩风化的残余积累。

碳酸钙虽然是一种难溶性的盐，但当土壤溶液中有碳酸时，碳酸钙可以与碳酸作用，形成重碳酸钙，从而明显地提高其溶解度。碳酸钙的溶解度还受温度的影响，降低温度可急剧提高碳酸钙的溶解度，这表明碳酸钙在冬春低温季节容易溶解。由于贵州降水丰富，从岩石中风化产生的钙较易随地表水流失，土壤不断向脱碳酸盐的方向发展。

由于贵州碳酸盐岩分布广泛，在溶蚀过程中可产生富含重碳酸盐的岩溶水，当其长期渗入周围的酸性土壤地段，可增加这些土壤的碳酸盐，从而降低土壤酸度，提高盐基饱和度（这一现象称为复钙作用），使这些土壤难于发育成为与湿润的气候带相一致的地带性土壤。据分析，复盐基以前的老风化壳和页岩形成的雏形土、淋溶土基本不含碳酸盐，pH 在 4.5～5.5，但经复钙后的土壤，pH 一般可提高至 6.0～7.0，有的甚至可提高到 7.5 以上，且含有 0.5%～8.0%的碳酸钙。

此外，在酸性土壤施用石灰也是贵州西北部地区土壤复钙的一种方式。酸性土壤施用石灰后，pH 显著提高，水解酸和交换酸下降，阳离子交换量与盐基饱和度明显增加。据贵州省第二次土壤普查中对毕节市的统计，由于岩溶水和大量施用石灰的复盐基作用，全市复钙土壤面积已占全市土壤总面积的 12.8%。

2.1.9　漂洗过程

漂洗作用是一种在特殊地貌单元上的淋溶离铁作用，在亚热带地区是与脱硅富铝化作用同时进行的一个附加成土过程。一般认为漂洗过程是在特定的地形上，由于侧渗水长期漂洗作用，土体中铁、锰离子和盐基逐渐淋失，产生一个酸性较强、有机质和盐基饱和度低、养分贫乏的灰白色或白色土层的过程。贵州出现白色漂洗层的土壤，一般有3 种情况：一是泥灰岩中碳酸盐及锰、铁等有色离子长期遭受溶蚀和漂洗作用，其残余物为白色黏土或粉砂黏土；二是在盆地的边缘阶地，或稍有倾斜的台地上，或高坡平缓倾斜的台地上，因侧渗水流的作用，土体中有色金属离子长期漂失而形成，如毕节和六盘水的老风化物母质上形成的漂白层和贵阳花溪高坡砂岩上所形成的白砂层就属于此例；三是母质原来就具备白色的漂洗土层，如在有些泥质岩中，可见到夹有灰白色或白色的黏土或松质黏土层。显然，第三种情况属于地质时期的漂洗作用。

根据贵州省第二次土壤普查分析，具有漂白层的土壤全铁和游离铁的含量均低，如贵阳高坡厚白散泥漂洗层的全铁量仅有 8.3 g/kg，游离铁仅有 1.6 g/kg；再如天柱、黄平的白鳝泥田和白胶泥田，其漂白层的游离铁含量与黄泥田和大土泥田相比也较低，前者分别为 4.9 g/kg 和 5.3 g/kg，后者则为 8 g/kg 和 24 g/kg，这表明漂洗作用使土层经受明显的离铁过程。

2.2 诊断层与诊断特性的形成与表现

2.2.1 主要诊断层

土壤诊断层是指用于鉴定土壤类别，在性质上有定量指标的土层。由于诊断层产生于成土过程，因此，诊断层的形成与一定的成土过程相联系。根据贵州成土环境及土壤形成特点，对贵州主要诊断层及其与土壤形成过程的关系分析如下。

（1）泥炭化过程与有机质表层的形成

有机质表层可分为有机表层和草毡表层两种，贵州只出现的有机表层主要是在泥炭化作用下形成的，即土壤中有机物质积累超过它的分解作用，土壤中有机碳含量极高，从而产生有机土壤物质性质。该土层主要出现在地势低洼、水分多、大气湿度大、土壤常年为水饱和甚至地表季节性或终年积水、植被以莎草科湿生植物为主、土壤质地黏重的地区，由于在这种环境下微生物活动微弱，有机物质腐殖化不彻底，有利于以泥炭质有机物质为主的有机物质的积累。贵州具有有机表层的土壤分布零星，根据贵州省第二次土壤普查资料分析，在威宁草海、赫章大海子、花溪洛平、盘州坪地、毕节朱昌及黔东南雷公坪有少量分布。

（2）腐殖化过程与腐殖质表层的形成

腐殖质表层的形成主要是土壤腐殖化过程的结果。贵州地处亚热带地区，生物生长旺盛，有利于土壤有机质的积累，但由于成土条件的差异，贵州境内可分别形成暗沃表层、暗瘠表层和淡薄表层。暗沃表层的有机碳含量较高，盐基饱和，结构良好，具有较低润态明度和彩度（均<3.5）的暗色腐殖质表层。若土体厚度<75 cm，暗沃表层厚度应为土体层的 1/3，至少应为 18 cm；若土体厚度>75 cm，暗沃表层厚度应≥25 cm，有机碳≥6 g/kg，盐基饱和度≥50%，粒状结构。暗沃表层零星出现在植物生长繁茂的林地和高山草地，每年进入土壤中有机物质较多、母质中盐基物质丰富或淋溶作用较弱的区域，由于分布处气温较低，微生物活动受到抑制，有机物质得不到充分分解而以腐殖质形态积累于土壤中，形成较厚、腐殖质含量较高的腐殖质层。暗瘠表层除盐基不饱和及土壤结构比暗沃表层稍差外，其余均同暗沃表层。暗瘠表层主要出现在湿润多雨、植物生长旺盛的林地，也是每年进入土壤中有机物质较多的地区，但由于淋溶作用较强或母质呈酸性，该腐殖质层的盐基饱和度较低（＜50%）。淡薄表层在贵州主要出现在人为活动过强、地表植物生长较差、水土流失明显、有机质进入少、矿化作用强、不利于有机物质积累的地区，因而土壤有机物质含量很低（＜6 g/kg）。

（3）土壤熟化过程与人为表层、耕作淀积层和水耕氧化还原层的形成

贵州人为活动频繁，影响历史悠久，可出现肥熟表层和水耕表层等人为表层。这些人为表层的形成是土壤熟化过程的结果，其是在人类长期种植作物，并经耕作、培肥、灌溉和人工搬运等活动的结果，包括水耕熟化过程和旱耕熟化过程。其中肥熟表层是长期种植蔬菜，大量施用人畜粪尿、厩肥、有机垃圾和土杂肥等，并经精耕细作，频繁灌溉而形成的高度熟化、富含磷素的表层。水耕表层是在淹水植稻耕作条件下形成的表土层。

此外，贵州广泛分布的水耕人为土中耕作淀积层和水耕氧化还原层的形成也是土壤熟化过程的结果。耕作淀积层是在旱耕熟化过程中形成的一种淀积层，是旱地土壤受耕作影响，在耕作层下形成的具有腐殖质-黏粒胶膜或腐殖质-粉砂-黏粒胶膜淀积或盐基物质或磷素等物质淀积的土层。水耕氧化还原层是水耕条件下铁锰自水耕表层或（和）下土层的上部亚层还原淋溶或兼有自下面潜育层或具有潜育现象的土层还原上移，并在一定深度中氧化淀积的土层，是水耕条件下氧化还原作用的结果。其特征是氧化还原形态的存在或游离氧化铁锰的淀积。

（4）富铁铝化过程与低活性富铁层的形成

贵州地处亚热带，存在中等程度的脱硅富铁铝化，可出现小面积的含低活性富铁层的土壤。低活性富铁层主要出现在贵州东部和南部的低丘地区，是高含量氧化铁富集的土层，其形成与富铁铝化过程有关，是在湿热或温热气候条件下，土壤脱硅、脱盐基、铁铝相对富集的结果。由于缺乏强度脱硅富铁铝化的环境，贵州不存在铁铝层。低活性富铁层是矿物中度风化，单、双硅铝化矿物并存，强烈盐基淋失作用，明显脱硅和铁铝氧化物富集，低活性黏粒淀积的中度富铁铝化作用形成的土层。其厚度>30 cm，具有极细砂、壤质极细砂或更细的质地，色调为 5YR 或更红或游离铁占全铁的 40%以上，其部分亚层（厚度≥10 cm）和阳离子交换量(CEC_7)<24 cmol/kg 黏粒。

（5）黏化作用与黏化层的形成

黏化层的形成与黏化作用有关，是黏粒在土体中形成和积聚的结果，其中黏化层的黏粒含量一般超过上覆土层的 20%。贵州黏化层主要是在残积黏化与淀积黏化共同作用下形成的。其诊断标准是在均一母质上的土壤，上覆淋溶层黏粒含量为 15%～40%，此层黏粒含量至少为上覆土层黏粒含量的 1.2 倍。若上覆淋溶层黏粒含量为<15%或>40%，此层黏粒含量则至少分别比上覆土层的黏粒含量增大 3%或 8%，黏化层的厚度为≥10 cm。

（6）聚铁网纹化过程与聚铁网纹层的形成

聚铁网纹层是由黏粒与石英等混合并分凝成多角状或网纹呈红色的富铁、贫腐殖质聚铁网纹体组成的土层，是聚铁网纹化过程的结果。其诊断标准是厚度>15 cm，聚铁网纹（按体积计）≥10%，土壤裸露地表硬化成不可逆的硬磐或不规则形聚集体。总体上，与东部的江西、浙江、湖南等省比较，贵州聚铁网纹层出现并不普遍。

（7）土壤（风化）初育化过程与雏形层的形成

土壤风化程度较弱的初育化过程可形成无物质淀积或基本上无物质淀积、未发生明显黏化、有一定数量氧化铁形成、土壤结构已初步发育的雏形层。其诊断依据是风化成土过程中形成的无物质淀积或基本上无物质淀积，带棕色或红色色调，且有结构发育的B层；雏形层厚度≥10 cm，且其底部至少在土表以下25 cm；具有极细砂、壤质极细砂或更细的质地；有土壤结构发育并至少占土层体积的50%，保持岩石或沉积物构造的体积<50%；或与下层相比，彩度更高，色调更红或更黄；若成土母质含有碳酸盐时，土层中有碳酸盐下移的迹象。

（8）漂洗作用与漂白层的形成

贵州土壤中的漂白层主要出现在丘陵或山地及高原的缓坡地带，它是指土壤中黏粒和（或）游离氧化物淋失或氧化铁分凝后形成的灰白色土层，其成因可能与氧化铁锰的侧渗淋洗有关。黏粒的机械淋溶（侧渗和直渗）和铁锰的化学还原离铁离锰，使某些土层发生“淡化”而形成。氧化物被分离，以致呈原始砂粒或粉砂粒色调，以其较差的结构、较高的明度和彩度同其下垫土层相区别；又以其较高的明度、较低的腐殖质含量有别于表土层。其诊断要点是厚度≥1 cm，由85%（按体积计）的漂白物质组成（包括分凝的铁锰凝团、结核、斑块等）；漂白物质的彩度≤2，以及或是润态明度≥3，干态明度≥6，或是润态明度≥4，干态明度≥5；或彩度≤3，以及或是润态明度≥6，干态明度≥7；或是粉粒、砂粒色调为5YR或更红，以及或是润态明度≥3，干态明度≥6，或是润态明度≥4，干态明度≥5。

2.2.2　主要诊断特性

（1）有机土壤物质

经常被水分所饱和，具高有机碳的泥炭、腐泥等物质，或被水分饱和的时间很短，具极高有机碳的枯枝落叶物质或草毡物质。贵州出现的有机土壤物质主要有半腐、高腐有机土壤物质。

（2）岩性特性

根据贵州成土母质类型的分布及对土壤性状的影响，贵州土壤符合土表下125 cm范围内土壤性状明显保留母岩或母质的岩石学性质的岩性特征类别有冲积物岩性特征，砂质沉积物岩性特征，紫色砂岩、页岩岩性特征，红色砂岩、页岩、砾岩岩性特征，碳酸盐岩岩性特征等。冲积物岩性特征和砂质沉积物岩性特征主要出现在河谷地区和沿海地区；紫色砂岩、页岩岩性特征及红色砂岩、页岩、砾岩岩性特征和碳酸盐岩岩性特征等主要分布在境内的低丘地区。

（3）石质接触面和准石质接触面

石质接触面是指土壤与坚实黏结的下垫物质（岩石）之间的界面，不能用铁铲挖开。准石质接触面是指土壤与连续黏结的下垫物质（一般为部分固结的砂岩、粉砂岩、页岩或泥灰岩等沉积岩）之间的界面层，湿时用铁铲可勉强挖开。贵州山体坡度较大，且受人为影响强烈，许多山体存在明显的水土流失，不少区域的山地土壤的土层较薄，在离土表较浅的位置可出现石质接触面（主要为石灰岩）和准石质接触面（主要为泥页岩和砂岩等）。

（4）人为扰动层次

人为扰动层次是指由平整土地、修筑梯田等形成的耕翻扰动层。近年来贵州不少县区开展了土地整理，城市建设也可对土壤产生人为扰动。人为扰动层次零星出现在贵州不同区域的农业土壤中和城市周边的土壤中。

（5）土壤水分状况

土壤水分状况指年内各时期土壤内或某个土层内地下水或<1500 kPa 张力持水量的有无或多寡。一般可细分为干旱、半干润、湿润、常湿润、滞水、人为滞水和潮湿土壤水分状况。

土壤水分状况可用干燥度反映。干燥度的大小主要取决于蒸发量和降水量的大小。影响蒸发量的因子很多，主要有太阳辐射、蒸发面的温度、风速和空气湿度等。综合贵州各地的降水量、蒸发量、地形及土地利用方式，贵州土壤水分状况大致有湿润、常湿润、滞水、人为滞水和潮湿土壤水分状况等几类。其中，沿河地区的平原地区或山地丘陵排水不畅的低洼地区为潮湿状况。种植水稻的土壤受人为灌溉排水影响明显，土壤属于人为滞水水分状况。滞水水分状况主要出现在山垄农田及威宁草海、赫章大海子、花溪洛平、盘州坪地、毕节朱昌及黔东南雷公坪等一些低洼地土壤中。湿润和常湿润土壤水分状况是贵州山地、高原、丘陵土壤的主要水分状况。其中，湿润土壤水分状况主要分布在黔南和黔东的丘陵地区及西部高原地区；常湿润土壤水分状况广泛分布于贵州全省各地，并主要分布于黔中（遵义市、贵阳市、安顺市）、黔南（黔南州、黔西南州、黔东南州）和黔北（铜仁市）的高海拔（500 m 以上）山地，西部地区（毕节市、六盘水市）也有零星分布。

（6）潜育特征

潜育特征是长期被水饱和，导致土壤发生强烈还原的特征，腐殖质储量比（RH）≤19。贵州具有潜育特征的土壤主要分布于山垄农田及威宁草海、赫章大海子、花溪洛平、盘州坪地、毕节朱昌及黔东南雷公坪等一些低洼地土壤中。

（7）氧化还原特征

氧化还原特征是指由于潮湿水分状况、滞水水分状况或人为滞水水分状况的影响，大多数年份某一时期土壤受季节性水分饱和，发生氧化还原交替作用所形成的特征。具有氧化还原特征的土壤在贵州有较为广泛的分布。贵州山地与丘间凹垄、河流冲积平原及不同地区的水耕人为土中都有出现。

（8）土壤温度状况

土壤温度状况是指土表以下 50 cm 深度处或浅于 50 cm 的石质或准石质接触面处的

土壤温度。一些学者对贵州土壤温度状况曾做过研究，在《土壤发生与系统分类》一书的“成土过程的土壤温度状况”一章中，将贵州土温特性划分为三种，即温性、热性和高热性。其中习水、威宁为温性土壤区域；毕节、遵义、贵阳、桐梓、湄潭、思南、铜仁、黔西、凯里、三穗、榕江、安顺、独山、兴仁、望谟、盘州共16个地区为热性土壤区域；黔南的罗甸为高热性土壤区域。董宇博等（2016）和陆晓辉等（2016）对贵州土壤温度状况也做过专门的研究。陆晓辉等（2016）以贵州省86个气象站点（1951年和1971～1980年）地面气候资料为基础，应用不同的土壤温度估算方法（土温内插法、土温直接估算法、气温回归估算法、纬度海拔回归估算法等），判定贵州各县（市）的土壤温度状况。结果表明，贵州有80个县（市）的估算结果属于热性土壤温度状况，威宁、大方属于温性土壤温度状况，有4个县（市）的估算结果处在不同土壤温度状况临界值附近，存在两种土壤温度状况，其中水城、开阳和习水存在温性和热性两种土壤温度状况，而罗甸则存在高热性和热性两种土壤温度状况，并认为将土壤温度状况作为诊断特性应用于土壤系统分类时，应综合考虑成土环境条件。

贵州山地起伏大，气温和土壤温度也有明显的垂直变化。在一个地区、一个县甚至一个乡镇，也都存在着平坝、高山等气候的差异。例如，罗甸海拔400 m，年平均气温为19.6℃；到六枝海拔升高到1200 m，年平均气温降低至14.5℃；到威宁海拔升高到2300 m，年平均气温降低至10.4℃。又如，雷公山的山麓海拔680 m，年平均气温为16.1℃，山顶海拔为2178 m，年平均气温只有9.0℃，降水量由1200 mm增加到1700 mm。若根据纽荷模型，以年平均气温加2.5℃来估算土壤温度，其土壤温度状况可随海拔由热性向温性转变，在海拔1400 m左右开始出现温性土壤温度状况。

（9）均腐殖质特性和腐殖质特性

均腐殖质特性是指土表至20 cm与土表至100 cm的腐殖质储量比（Rh）≤0.4。腐殖质特性是指热带、亚热带地区土壤或黏质开裂土壤中A层或A+AB层有腐殖质物质积累外，B层中有腐殖质淋淀积累或重力积累特性。这两个特性可零星出现在贵州的山地和高原土壤中。

（10）铁质特性与铝质特性

铁质特性是指土壤盐基色调为5YR或更红，B层细土部分DCB（连二亚硫酸钠-枸橼酸钠缓冲溶液）游离铁≥14 g/kg（游离Fe_2O_3≥20 g/kg）或游离铁占全铁的40%以上。铝质特性是指阳离子交换量≥24 cmol/kg黏粒，黏粒部分盐基总储量占土体部分的80%以上，KCl浸提Al≥12 cmol/kg黏粒，并占黏粒CEC_7的35%以上，铝饱和度≥60%，pH（KCl浸提）≤4.0。贵州地处亚热带地区，丘陵与山地土壤脱硅富铝铁化过程明显，因此，铁质特性在贵州土壤中有较为广泛的分布，但铝质特性仅零星出现在东部和南部低丘陵地区。

（11）石灰性与盐基饱和度

石灰性是指土表至50 cm范围内所有亚层中$CaCO_3$相当物均≥10 g/kg。贵州石灰岩分布广泛，多数土壤具有石灰反应。盐基饱和度是指吸收性复合体被K、Na、Ca、Mg等交换性阳离子吸附饱和的程度（NH_4OAC法），饱和的盐基饱和度≥50%，不饱和的盐基饱和度<50%。

第3章 土壤分类

3.1 贵州土壤调查与分类的沿革

3.1.1 土壤调查历史

贵州土壤调查始于20世纪30年代前期，美国土壤学家詹姆士·梭颇（James Thorp）曾将贵州列为灰化红壤区，后改为灰化黄壤区，这是最早涉及贵州土壤的分区。1938年李连捷、熊毅、侯学煜受经济部中央地质调查所委派来黔在贵阳、惠水、罗甸、清镇4县市开展了为期10个月的土壤调查，拉开了贵州土壤工作的序幕，也为以后的土壤工作奠定了基础。1940年，侯学煜对贵州中北部贵阳、遵义、湄潭、息烽、修文、龙里诸县市的土壤调查，实际上是1938年土壤工作的继续。1956～1957年，侯光炯率西南农业科学研究所科技人员与贵州土壤工作者一道在湄潭、毕节、独山、玉屏4地开展了土壤调查，调查重点为农业土壤，为土壤科学面向农业生产迈出了一大步。1958～1960年，贵州全省开展了第一次土壤普查，这是一次由全国土壤普查办公室统一部署，由省农业厅土地利用局领导和组织的以耕地为对象的群众性土壤普查鉴定。1960～1961年，贵州开展了亚热带生物资源考察，考察工作也涉及土壤研究，1963～1965年，中国科学院西南地区综合考察队贵州分队以及1977～1978年贵州土壤工作队多次进行了贵州土壤调查。在这些调查的基础上，贵州省农业厅和中国科学院南京土壤研究所于1980年出版了《贵州土壤》一书，对贵州土壤研究进行了较为全面的总结。这些调查不仅为全省农、林、牧业发展提供了科学依据，而且为土壤分类积累了较丰富的资料。20世纪80年代初，贵州在全省范围内开展了第二次土壤普查，大量的土壤工作者参与了这一次土壤详查，这一次土壤调查有全国统一的技术规程和分类原则，较重视土壤性态特征在土壤划分中的作用，尽量向分类的数据化、指标化方向发展。这次普查，查清了贵州土壤资源及其分布特点、土壤养分状况和肥力特征，基本掌握了影响农业生产的土壤障碍因素，调查了全省土壤资源的利用现状，普及了识土、用土、改土知识。

3.1.2 土壤分类沿革

（1）早期马伯特分类

我国的土壤分类研究始于20世纪30年代，工作机构主要是当时的中央地质调查所土壤研究室，另外还有省级地质及土壤调查所、农业肥料试验机构和部分大学农学院的土壤研究室。尽管当时人员很少且设备简陋，但也做出了一定成绩，如出版了《土壤专报》和《土壤特刊》及很多地区性土壤调查报告等。这一时期土壤分类深受美国土壤分类学派的影响，以土系为基础进行调查，将南方丘陵山地的富铝化土壤划分为砖红壤、红壤、黄壤、灰棕壤等土壤。其中，红壤类又划分为老红壤和幼红壤等亚类。将水稻土划作独立土类也是这一时期提出的。这些研究为贵州土壤分类奠定了基础。

1938 年，李连捷、熊毅、侯学煜通过对贵阳、惠水、罗甸、清镇的土壤调查，把调查区的土壤类型划分为灰化黄壤、灰化红壤、准灰壤、灰棕壤、紫棕壤、紫色土、黑色石灰土、红色石灰土、棕色石灰土、水稻土、冲积土 11 类。土类之上依地理性划为显域土、隐域土、泛域土 3 个总类；土类之下依母岩类型和土壤性态续分为 55 个土系。当时的土系划分主要是按“具有相似的发生土层所组成的剖面，发育在相同的母质上，分布在相同的景观地位的一些土壤”，并以首先发现的地名命名土系。这次土壤调查命名的紫色土、黑色石灰土、水稻土土类为以后历次土壤调查所接受，并继承了下来；红色石灰土、棕色石灰土、冲积土也为以后的土壤分类所引用。其中的紫棕壤在以后的土壤调查中更名为酸性紫色土，仅在定名上有异。

1940 年，侯学煜对贵州中北部的贵阳、遵义、湄潭、息烽、修文、龙里的土壤开展了调查，共划分 3 个大土类，34 个土系。该次土壤调查在土壤分类方面又有新的发展，在显域土总土类中具体列出了一个淋余土大土类，下辖准灰壤、灰化黄壤及灰化红壤、灰棕壤、紫棕壤几个土类；隐域土总土类下列出钙成土和水成土两大土类，钙成土包括黑色石灰土、紫色土两大类；水成土仅列水稻土，即将水稻土提升为大土类，其下依土壤反应区分为微石灰性、中性和酸性 3 个水稻土类，土类之下划分为土系。

以上两次土壤调查所定的准灰壤、灰棕壤、灰化黄壤、灰化红壤均与灰化作用有关，后人争议颇多。由于对“灰化”的概念有不同理解，又加上当时条件有限，在土壤分类上仅根据野外土壤剖面形态观察及简单化学性态进行鉴定，较多地依赖于颜色在识土上的作用，易将“灰化”扩大，如果避开“灰化作用”不谈，那么黄壤、红壤的定名也具有历史意义。

（2）土壤发生分类

中华人民共和国成立后，在学习苏联土壤发生分类的基础上，我国土壤分类进行了重大变革。中华人民共和国成立初期，结合国家生产建设任务，我国开展了土地资源综合考察、流域规划和荒地勘测开发等土壤分类研究，开始学习和运用苏联土壤地理发生学观点，改循苏联土壤发生学派的土壤分类体制，采用土种、变种为土壤基层分类单元，以成土过程、母质、主要土性等作为修饰词，串联成很长的土壤名称。这种分类体制十分烦琐，未能广泛应用。1954 年拟订的“中国土壤系统分类表”是我国第一个按照苏联土壤发生学理论拟订的土壤分类，很大程度上是照搬，它对我国以后的土壤分类有重要影响。以后历次（1963 年、1976 年、1978 年、1984 年）修订颁布的中国土壤分类系统，都是在这个分类的基础上，做些修改补充，在分类体制上没有实质性变化。

1956～1957 年，西南农业科学研究所科技人员与贵州土壤工作者一起开展了湄潭、毕节、独山、玉屏 4 地的土壤调查，这次调查在土壤类型划分上独具一格，林草地土壤按成土条件和土壤剖面形态特征划分出土壤发生型，其下的耕地土壤则根据土壤肥力特征划分农业土壤型，水稻土则双重划分。土壤发生型与农业土壤型各成系统，相辅相成，通过对 4 县市的土壤调查，共划分出黄壤、粗骨土、生草灰化土、腐殖质碳酸盐土、紫色土、红黄壤、黄棕色森林土、灰化棕色森林土、水稻土 9 个发生型土壤，在发生型之下再按剖面性态差异续分，如腐殖质碳酸盐土（即黑色石灰土）续分为 3 种：①夹中量或多量燧石的；②不夹燧石，土色较黄的；③不夹燧石，土色红棕的。紫色土按照酸碱度的不同分为酸性紫色土和中性紫色土。水稻土发生型则根据水分动态导致的土壤层次分异续分为淹育性水稻土、潴育性水稻土、潴育淹育性水稻土、潜育性水稻土等发生型。其下的农业土壤型则根据土壤质地和土壤肥力的组合状况划分出柔质、重质、轻质和坚质的高、中低肥力土型，并采用群众土壤命名的俗称。例如，血沙泥属柔质高肥力型、黄泥属柔质中肥力型、鸭屎泥属柔质低肥力型、冷沙土属轻质中肥力型、死黄泥属坚质低肥力型。将耕地土壤按肥力发挥状况分型，并从群众习惯性土壤命名中挑选，提炼土壤名称，在贵州尚属第一次，具有开创性，土壤科学面向农业生产迈出了一大步。

1958～1960 年，贵州全省开展了第一次土壤普查，通过普查将全省耕地分为 15 个土类，18 个亚类，42 个土组，83 个土种。其中土类有山地砂石土（山砂土）、黄泥土、紫泥土、黑泡土、红泥土、灰泡土（以上为旱作土类型）；黄泥、白鳝泥、紫泥、大土潮泥、红泥、黑泡泥、红黄泥、冷浸田、砂土田（以上为水稻土类型）。由于是农业土壤分类，不涉及非耕地土壤，所以在划分依据上颇具特色。总的来看，主要是以农业土壤形成、熟化条件、熟化过程、肥力特性与农业生产性能作为区分土壤的依据，体现出耕作土与非耕作土的差别，水稻土与旱作土的差别，以及肥力发展阶段上的差别。例如，燧石灰岩、砂岩、硬质页岩初度发育开垦而成的旱作土，其熟化过程、发育层次、熟化方向大致相同，统归为山地砂石土类，土类之下依耕种特性及农业生产性状上的差异分为山砂土亚类和石渣土亚类；同为石渣土亚类又因母质和肥力水平差异分为砂石土土组与石渣土土组；在同为石渣土中，由于土壤颜色和肥力上较小的差异分为黑石渣土、黄石渣土和青石渣土。在土壤命名方面，以群众土壤命名为基础，采用逐级提炼、分级命名的方法，分别以“土”“泥”“田”结尾以区别旱作土和水稻土；以“油”“死”冠于土种之上以区别熟化程度和肥力高低。该农业土壤分类有利于因土利用、因土耕作、因土改良，具有较强的生产性和群众性；不足之处在于难以体现非耕作土和耕作土在发生上的联系，此外土组以下的划分依据如土壤肥力特征、熟化程度等没有明确的指标，难以把握。

《贵州土壤》一书对贵州的土壤进行了重新划分，该分类采用土类、亚类、土属、土种四级分类制，以土壤发生学为指导，注重土壤的地带性，强调生物气候对土壤形成的作用，同时也给以非地带性土壤的地位，其特点是将非耕作土壤与耕作土壤统一于一个分类系统中。旱作土从亚类一级分开，并与其起源的非耕作土并列。在土类一级中继承了以往土壤分类中为土壤界争议不多的土壤类型，如山地黄棕壤（黄棕色森林土）、山地黄壤、红壤、石灰土（腐殖质碳酸盐土）、紫色土、水稻土，又根据生物气候的不同和土性上的差异增加了山地灌丛草甸土、砖红壤性红壤和红褐色土（南北盘江低热河谷地带）；土类、亚类一级根据土壤发生程度上的差异、附加成土过程以及利用方向的不同而划分，如黄壤土类分出典型黄壤亚类、表潜黄壤亚类、黄壤性土亚类、灰化黄壤亚类以及耕种黄壤亚类，石灰土土类分为黑色石灰土、红色石灰土、棕色石灰土、黄色石灰土、次生黄色石灰土和耕种黄色石灰土 6 个亚类；土属一级划分对地带性土壤而言以风化壳的地球化学类型来区分，而非地带性土壤则以母质、水热状况区分；土种以土层厚度、有机质厚度和熟化度区分。贵州全省土壤共分为 9 个土类、28 个亚类、53 个土属、47 个耕作土种（林草地土壤未列土种）。总的来看，该土壤分类的系统性较强，耕作土在分类中以亚类的地位存在较有利于土壤利用规划，各级分类单元划分依据较以往土壤分类明确，尤其是林草地土壤土种一级划分向指标化、数据化迈出了一大步，对全省第二次土壤普查的土壤分类、命名影响较大，具有生产性、科学性和群众性。但由于该分类在高级单元划分时过分依赖成土条件，因而在地带性土壤划分中，有时往往忽略了土壤的性态指标，不可避免地将深度发育的土壤与初度发育的土壤归为一个土类中。

20 世纪 80 年代初，贵州省开展了第二次土壤普查，根据 1988 年 2 月全国土壤普查办公室（1998）颁发的中国土壤分类系统表，将贵州土壤划分为 6 个土纲、10 个亚纲、15 个土类、36 个亚类、144 个土属、417 个土种。这次土壤的划分，遵循发生学原则、统一性原则和综合指标原则。在研究土壤分类时，把成土因素、成土过程和土壤属性三者综合考虑。由于土壤属性能够确切地反映成土条件和成土过程，因此，在具体土壤分类时，把其作为分类的基础。同时，在进行土壤分类时，把自然土壤和农业土壤纳入同一分类系统；其中水稻土具有独立成土的过程，单独划分为一个土类；旱作土则一般在土种一级与非耕作土给予区分，这既不割断耕作土壤与非耕作土壤的发生联系，又顾及其性态上实质性的差别。在进行土壤分类时，强调土壤综合指标的应用，即强调各级分类要考虑成土因素、成土过程和土壤属性的综合指标，尤其是诊断层和诊断特性的综合指标。在划分地带性土壤时，既注重“中心”概念，也尽量结合考虑“边缘”概念，并以土壤本身具备的特征特性为依据而不生搬硬套，在基层单元划分时尽可能应用数值和指标，以弥补在地带性土壤按中心概念划分时的不足，以逐渐向土壤诊断分类靠近。

这个分类系统，在土类、亚类高级分类单元上与全国土壤分类系统保持一致，在基层分类单元上则根据贵州土壤的特征、特性加以区分。在土壤分类中综合考虑了土壤的形成条件、形成过程和土壤属性，较重视土壤性态特征在土壤划分中的作用，尽量向分类的数据化、指标化方向发展，其分类保留了历次土壤调查分类中争议不多、划分较科学的土壤类型，并在名称上略加更动，以便与全国土壤分类一致。这些土类有红壤、黄壤、黄棕壤、棕壤、紫色土、石灰土、粗骨土、潮土、山地草甸土，此外按贵州的客观实际增加了新积土、石质土、沼泽土、泥炭土。土壤名称采取分级、分段命名法，既避免土壤名称过于冗长，又能体现相互间的联系。土纲、亚纲为一段，土类、亚类为一段；土属或单独成段或与土种成段；低级分类单元土属、土种采用群众俗名。

第二次土壤普查的基层分类单元包括土属、土种和变种三个级别。贵州土属划分主要考虑了地方性成土因素对土壤性状的影响，在具体应用时主要根据成土母质对土壤质地、地球化学类型和 pH 的影响来归类母质并用于土属分类，在水稻土各亚类土属划分时重点考虑了水稻土起源土壤的差异，另外还考虑了水文状况的差异对土壤热量状况的影响，在潜育型水稻土亚类中划出冷浸田土属，在潴育型水稻土亚类中划分出冷水田土属。此外，个别土壤还考虑了土壤污染物对土壤性状的影响，例如，煤水（富含铁、硫）渗入稻田后其中的铁经氧化可形成黄褐色油状“锈水”，会影响水稻生长，据此在潜育型水稻土亚类中划出了烂锈田土属，在渗育型水稻土亚类中划出了煤锈水田土属。土种是发育在相同母质上，具有类似的发育程度和土体构型的一群土壤，贵州土壤分类时规定了同一土种在发生层次的排列、土层厚度、质地、结构、颜色、有机质含量和酸碱度等相类似或变异较小。对于非耕作土壤的土种划分主要以土体厚度为依据，分为厚层（>80 cm）、中层（40～80 cm）、薄层（<40 cm），如砂岩发育的黄砂土土属中非耕地划分出厚黄砂、黄砂、薄黄砂3个土种。

耕作土壤依熟化程度划分，常以有机质含量为指标，通常有机质含量>40 g/kg为高熟化度，有机质含量<20 g/kg为低熟化度，介于两者之间的为中熟化度。如黄砂土土属开垦的耕地划分出黄砂土（中熟化度）、寡黄砂土（低熟化度）和熟黄砂土（高熟化度）3个土种。剖面中障碍层次出现的部位也被用于土种的划分，如白胶泥田土属分为重白胶泥田（20 cm以内出现白黏层）、中白胶泥田（20～40 cm出现白黏层）和轻白胶泥田（40 cm以下出现白黏层）3个土种。在某些土属的土种划分时还考虑了质地和砾石含量的差异，如紫泥土土属划分为紫泥土（壤质）土种、紫胶泥土（黏质）土种和砾紫泥土（多砾石）土种。由于贵州石灰岩分布广泛，在土种划分时还考虑了长期经受石灰岩岩溶水浸润对某些地带性土壤的影响（酸性消失、盐基离子增加、pH上升），如黏土质黄壤土属下划分出复钙黄黏泥土土种（A和B层pH均大于7.0，有石灰反应）。变种是土种的辅助单元，是土种范围内的细分，划分依据是以典型土种为标准，在某些性状上产生的微小差异，主要考虑表层质地上的变化。例如，黄泥土种中含黏粒较多（轻黏）则划分为黄泥夹胶变种，含砂粒较多（轻壤）则划分为黄泥夹砂变种，含煤灰渣较多则划分为灰渣黄泥土变种。

通过第二次土壤普查，贵州土壤分类有了较大的发展，主要表现在：①土壤分类的理论水平不断提高，应用发生学的观点，加强了土壤分类的理论基础，并逐步渗透到耕作土壤发生分类中去；②对基层分类的研究更加重视，从而使土壤分类与农业生产的联系更加密切；③定量化分类有一定的发展。

（3）土壤系统分类

1984年开始，由中国科学院南京土壤研究所牵头组织相关单位开始了中国土壤系统分类研究，先后提出了《中国土壤系统分类》初稿（1985年）、二稿（1987年）、三稿（1988年）、首次方案（1991年），并在此基础上提出了《中国土壤系统分类》修订方案（1995年），出版专著《中国土壤系统分类——理论·方法·实践》（1999年）、《中国土壤系统分类检索》（第三版）（2001年）和《土壤发生与系统分类》（2007年），使中国土壤分类学发展步入定量化分类的崭新阶段。

21世纪以来，一些研究者开始应用中国土壤系统分类的分类思想开展贵州土壤研究。杨胜天（2000）选取了贵州中部具有典型代表性的黔灵山进行土壤系统分类研究，将《中国土壤系统分类》（修订方案）应用到喀斯特环境中，鉴定出3个诊断层和5个诊断特性，并在此基础上将研究区的土壤划分为7个亚类。杨胜天等（2001）以贵州贵阳为研究区，在深入细致的土壤分类工作基础上，建立了土壤类型与发生条件的判别模式，并应用RS和GIS技术完成了研究区的土壤系统分类制图。宁婧等（2009）根据黔北地区碳酸盐岩上发育的9个土壤剖面的理化分析结果，探讨了土壤的发生特征与诊断特性，并按中国土壤系统分类体系对研究土壤进行鉴别、检索、分类，将研究的9个碳酸盐岩上发育土壤归为均腐土、雏形土、富铁土、人为土4个土纲，并分析了成土环境条件对土壤发育的影响。杨柳等（2011）选取贵州喀斯特地区草地生态条件下5个不同区域的石灰（岩）土为研究对象，根据理化性质及发生特性及诊断标准，鉴定出暗沃表层、雏形层和黏化层等诊断层和热性土壤温度状况、常湿润土壤水分状况、均腐殖质特性、腐殖质特性、盐基饱和、碳酸盐岩岩性、铁质特性、石灰性等诊断特性，并把研究土壤划分为普通黑色岩性均腐土、腐殖钙质常湿雏形土和腐殖钙质常湿淋溶土等诊断分类类型。土壤温度状况是土壤系统分类重要的土壤诊断特性，董宇博等（2016）和陆晓辉等（2016）从系统分类的角度开展了贵州土壤温度状况的估算研究。以上这些研究对推动贵州土壤的定量化研究做出了重要的贡献。

3.2　中国系统分类高级分类单元

3.2.1　土壤系统分类的分类原则

中国土壤系统分类是遵循土壤发生的理念，依据单个土体本身可测量的、与发生过程有联系的诊断层的诊断特性进行分类。中国土壤系统分类为多级分类，共六级，即土纲、亚纲、土类、亚类、土族和土系。前四级为高级分类级别，主要供中小尺度比例尺土壤调查与确定制图单元用；后两级为基层分类级别，主要供大比例尺土壤图确定制图单元用。整个系统共划分出 14 个土纲、39 个亚纲、138 个土类和 588 个亚类。高级分类单元的分类原则简述如下。

（1）土纲

土纲为最高土壤分类级别，根据主要成土过程产生的或影响主要成土过程的诊断层和诊断特性划分。在 14 个土纲中，除火山灰土纲和变性土纲是根据影响成土过程的火山灰物质和由高胀缩性黏土物质所造成的变性特征划分之外，其他 12 个土纲均是依据主要成土过程所产生的性质划分。根据主要成土过程产生的性质划分的有有机土、人为土、灰土、干旱土、盐成土、均腐土、铁铝土、富铁土、淋溶土；根据影响主要成土过程的性质如土壤水分状况、母质性质划分的有潜育土、火山灰土。有机土、人为土、灰土、盐成土、潜育土、淋溶土和均腐土分别根据泥炭化、人为熟化、灰化、盐渍化、潜育化、黏化和腐殖化过程及在这些过程下形成的诊断层和诊断特性划分；富铁土和铁铝土根据富铁铝化过程及相关的低活性富铁层与铁铝层划分；雏形土和新成土是土壤形成的初期阶段，分别只有矿物蚀变形成的雏形层和淡薄表层；至于干旱土则以在干旱水分状况下，弱腐殖化过程形成的干旱表层为其鉴别特征。

贵州涉及的土纲有人为土、潜育土、均腐土、富铁土、淋溶土、雏形土和新成土等土纲。

（2）亚纲

亚纲是土纲的辅助级别，主要根据影响现代成土过程的控制因素所反映的性质（如水分状况、温度状况和岩性特征）划分。

按水分状况划分的亚纲：人为土纲中的水耕人为土和旱耕人为土；火山灰土纲中的潮湿火山灰土；铁铝土纲中的湿润铁铝土；变性土纲中的潮湿变性土、干润变性土和湿润变性土；潜育土纲中的滞水潜育土和正常（地下水）潜育土；均腐土纲中的干润均腐土和湿润均腐土；淋溶土纲中的干润淋溶土和湿润淋溶土；富铁土纲中的干润富铁土、湿润富铁土和常湿富铁土；雏形土纲中的潮湿雏形土、干润雏形土、湿润雏形土和常湿雏形土。

按温度状况划分的亚纲：干旱土纲中的寒性干旱土和正常（温暖）干旱土；有机土纲中的永冻有机土和正常有机土；火山灰土纲中的寒性火山灰土；淋溶土纲中的冷凉淋溶土；雏形土纲中的寒冻雏形土。

按岩性特征划分的亚纲：火山灰土纲中的玻璃质火山灰土；均腐土纲中的岩性均腐土；新成土纲中的砂质新成土、冲积新成土和正常新成土。

此外，个别土纲中影响现代成土过程的控制因素差异不大，所以直接按主要成土过程发生阶段表现的性质划分，如灰土土纲中的腐殖灰土和正常灰土；盐成土纲中的碱积盐成土和正常（盐积）盐成土。

（3）土类

土类是亚纲的续分。土类类别多根据反映主要成土过程强度、次要成土过程或次要控制因素的表现性质划分。按主要成土过程强度的表现性质划分：正常有机土反映泥炭化过程强度的高腐正常有机土、半腐正常有机土、纤维正常有机土土类。按次要成土过程强度的表现性质划分：正常干旱土中反映钙积、石膏积聚、盐积、黏化、土内风化等次要过程的钙积正常干旱土、石膏正常干旱土、盐积正常干旱土、黏化正常干旱土和简育正常干旱土等土类。按次要控制因素的表现性质划分：反映母质特征的钙质干润淋溶土、钙质湿润富铁土、钙质湿润雏形土、富磷岩性均腐土等；反映气候控制因素的寒冻冲积新成土、干旱冲积新成土、干润冲积新成土和湿润冲积新成土等。

（4）亚类

亚类是土类的辅助级别，主要根据是否偏离中心概念，是否具有附加过程的特性和是否具有母质残留的特征划分。代表中心概念的亚类为普通亚类，具有附加过程特征的亚类为过渡性亚类，如灰化、漂白、黏化、龟裂、潜育、斑纹、表蚀、耕淀、堆垫、肥熟等；具有母质残留特性的亚类为继承亚类，如石灰性、酸性、含硫等。

3.2.2 高级分类单元的检索

中国土壤系统分类是一个检索性分类，其各级类别是通过有诊断层和诊断特性的检索系统确定的。使用者如能按照检索顺序，自上而下逐一排除那些不符合某种土壤要求的类别，就能找出它的正确分类位置。因此，土壤检索既要包括各级类别的鉴别特性，又要列出它们的检索顺序。

首先是检索依据，主要是诊断层、诊断特性，没有诊断层和诊断特性无法正确地进行检索。为鉴别土壤提供一个相同的基础，同时要注意控制层段（control section）。矿质土的控制层段，一般从矿质土表层到C层或ⅡC层上部界线以下25 cm，或最大到地表以下200 cm深处。若从矿质土表到C层或ⅡC层上部界线的深度<75 cm，则控制层段可延伸到1 m；若基岩出现深度<1 m，则控制层段可延伸到石质接触面。有机土的控制层段，一般自土表向下到160 cm，或到石质接触面。有机土控制层段可细分为三个层，即表层（从土表向下到60 cm或30 cm深处），表下层（通常厚60 cm或出现石质接触面、

水层或永冻层时则止于较浅深度），以及底层（厚 40 cm 或出现石质接触面、水层或永冻层时止于较浅深度）。

其次是检索顺序，这是在一定的理论基础上根据我国实践制订的，必须严格按照检索顺序进行检索。检索顺序就是土壤类别在检索系统中检出的先后次序。由于土壤的发生或性质十分复杂，除占优势的过程及其产生的性质外，可能还有其他居次要位置的过程及其产生的性质。所以各土壤类别的主要鉴别性质尽管不同，但其中某种土壤的次要鉴别性质可能和另一土壤的主要鉴别性质相同，如果没有一个合理的检索顺序，这些鉴别性质相同，但优势过程不同的土壤就可能并入同一类别。例如，干润均腐土有两种发育强度不同的土壤，一类已发育到黏化阶段，以黏化过程占优势；另一类只发育到钙积阶段，以钙积过程占优势。但在黏化类别中有的尚处于过渡阶段，在黏化层以下还有由已退居次要位置的钙积过程所产生的钙积层。如果先检有钙积层的，则会把既有钙积层、又有黏化层的土壤归入钙积类别；如果先检有黏化钙积层的，就可以把所有已进入黏化阶段的土壤归入黏化类别，而把有钙积层、但无黏化层的土壤归入钙积类别。

最后是土壤系统分类是开放的体系，若性质确定，但在现行分类系统中（主要是指亚类一级）找不到其分类位置，可以增添。

中国土壤系统分类中 14 个土纲是根据土壤的诊断层和诊断特性划分的，其中，有富含有机物质的有机土和均腐土；深受母质地形影响的火山灰土、变性土和潜育土；形成于干旱气候条件下的干旱土和盐成土；形成于湿润温带条件下的淋溶土和灰土；形成于热带条件下的富铁土和铁铝土；发育程度较浅的新成土和雏形土；还有人为作用下形成的人为土。中国土壤系统分类 14 个土纲检索简表如表 3-1 所示。

表 3-1　中国土壤系统分类 14 个土纲检索简表

诊断层和（或）诊断特性	关键依据	土纲
土壤中有机土壤物质总厚度≥40 cm，若容重<0.1 mg/m^3，则≥60 cm，且其上界在土表至 40 cm 范围内	有机土壤物质	有机土
其他土壤中有水耕表层和水耕氧化还原层；或肥熟表层和磷质耕作淀积层；或灌淤表层；或堆垫表层	人为层	人为土
其他土壤在土表下 100 cm 范围内有灰化淀积层	灰化淀积层	灰土
其他土壤在土表至 60 cm 至更浅的石质接触面范围内 60%或更厚的土层具有火山灰特性	火山灰特性	火山灰土
其他土壤中有上界在土表至 150 cm 范围内的铁铝层	铁铝层	铁铝土
其他土壤中土表至 50 cm 范围内黏粒≥30%，且无石质接触面，土壤干燥时有宽度>0.5 cm 的裂隙，和土表至 100 cm 范围内有滑擦面或自吞特征	变性特征	变性土
其他土壤中有干旱表层和上界在土表至 100 cm 范围内的下列任一诊断层：盐积层、超盐积层、盐磐、石膏层、超石膏层、钙积层、超钙积层、钙磐、黏化层或雏形层	干旱表层	干旱土
其他土壤中土表至 30 cm 范围内有盐积层，或土表至 75 cm 范围内有碱积层	盐积层和碱积层	盐成土
其他土壤中土表至 50 cm 范围内有一土层厚度≥10 cm 有潜育特征	潜育特征	潜育土
其他土壤中有暗沃表层和均腐殖质特性，且矿质土表下 180 cm 或至更浅的石质或准石质接触面范围内盐基饱和度≥50%	暗沃表层和均腐殖质特性	均腐土
其他土壤中有上界在土表至 125 cm 范围内的低活性富铁层，且无冲积物岩性特征	低活性富铁层	富铁土
其他土壤中有上界在土表至 125 cm 范围内的黏化层或黏磐	黏化层	淋溶土

续表

诊断层和（或）诊断特性	关键依据	土纲
其他土壤中有雏形层；或矿质土表至 100 cm 范围内有如下任一诊断层：漂白层、钙积层、超钙积层、钙磐、石膏层、超石膏层；或矿质土表下 20～50 cm 范围内有一土层（≥10 cm 厚）的 n<0.7；或黏粒含量<80 g/kg，并有有机表层或暗沃表层或暗瘠表层；或有永冻层和矿质土表至 50 cm 范围内有滞水土壤水分状况	雏形层	雏形土
其他土壤仅有淡薄表层，且无鉴别上述土纲所要求的诊断层或诊断特性		新成土

注：n 是中国土壤系统分类中用于鉴定土壤类型的一个指标，是根据田间含水量、质地、有机质等土壤性状计算而来的参数。

3.2.3 土壤命名

中国土壤系统分类单元的名称以土纲为基础，其前叠加反映亚纲、土类和亚类性状的术语，就分别构成了亚纲、土类和亚类的名称。土壤性状术语尽量简化，限制为2个汉字，土纲名称一般为3个汉字，亚纲为5个汉字，土类为7个汉字，亚类为9个汉字。各级类别名称均选用反映诊断层或诊断特性的名称，部分或选有发生意义的性质或诊断现象名称。复合亚类在两个亚类形容词之间加连接号“–”，如石膏-磐状盐积正常干旱土。其中土纲名称中的有机土、灰土、火山灰土、变性土、干旱土和新成土等均直接引自美国系统分类；铁铝土、淋溶土、雏形土、潜育土和人为土参照世界土壤图图例单元，其中，铁铝土和雏形土与美国系统分类中的氧化土和始成土相同；均腐土取自法国土壤分类的名称；盐土和碱土合称盐成土，人为土和富铁土是中国自己提出的。命名中亚纲、土类和亚类一级中有代表性的类型，分别称为正常、简育和普通予以区别。“简育”一词原词是 Haplie，即指构成这一土类应具备的最起码的诊断层和诊断特性，而无其他附加过程。

3.3 土 系 调 查

本次贵州土系调查在2014～2017年进行。参考“我国土系调查与《中国土系志》编制”（2008FY110600）项目组提出的“粗化的空间单元（地形、母质、利用）＋历史土壤图＋内部空间分析（模糊聚类）＋专家经验”的土系调查样点确定的方法，采用路线调查与第二次土壤普查成果图，结合地形、母质和景观特征，确定了200多个观察点的土系调查观察点点位图。以布点图为基础，最终采集了180个剖面和近700个分层土样，同时观察了150多个检查剖面。对采集土壤剖面的地理位置、成土条件、性态特征进行了全面的描述；根据系统分类检索需要，对采集样品的发生学性质进行了全面的分析（包括分层土样的 pH、有机质、CEC_7、交换性酸、交换性盐基、氧化铁形态（游离氧化铁和无定形氧化铁）、颗粒组成，部分土壤的黏土矿物类型、养分等）。观察的土壤剖面覆盖了整个贵州的所有地级市。每一剖面均有一套剖面和景观照片及剖面记载表。某些剖面的特殊土层还拍摄了新生体、结构体等照片。田间土壤剖面调查描述、采样依据《土壤野外描述、水热动态观测方法及土壤信息系统（中国土壤系统分类用）》（中国科学院南京土壤研究所土壤系统分类课题组，1991），土壤颜色比色依据日本《标准土色贴》（日本农林水产省农林水产技术会议事务局，1967），分析测定方法参照《土壤调查实验室分析方法》，系统分类高级单元确定依据《中国土壤系统分类检索》（第三版），基层单元土族和土系划分方法按“中国土壤系统分类土族和土系划分标准”一文（张甘霖等，2013）。

3.4　土系划分方法与土系记录

3.4.1　土系的概念及其与聚合土体、景观的关系

（1）土系定义

土系是土壤系统分类中最基层的分类单元，是发育在相同母质上、处于相同景观部位、具有相同土层排列和相似土壤属性的土壤集合。土系是土壤系统分类最低级别的分类单元，它由自然界中性态相似的单个土体组成的聚合土体所构成，是直接建立在实体基础上的分类单元。其性状的变异范围较窄，在分类上更具直观性。同一土系的土壤组成物质、所处地形部位及水热状况均相似。在一定垂直深度内，土壤的诊断土层种类、性态、排列层序和层位，以及土壤生产利用的适宜性能大体一致。

（2）土系与聚合土体的关系

聚合土体是确定土系的基础，它是田间真实存在的和可以观察的实体。聚合土体由一系列相互毗邻且土层和特性相似的单个土体组合而成。构成同一聚合土体的单个土体的特征符合某一土系所定义的土壤性质范围。而某一个聚合土体的周围或是“非土壤”，或是另一些具有不同特征的单个土体。聚合土体之间特性的差异，实际上反映了它们之间的土层类型、排列及理化性质的差别。一个聚合土体的范围小到可接近于单个土体的面积（最小面积约 1 m^2），其最大面积不定，至少大到比单个土体更能反映土壤的所有特征。聚合土体在土系的划分和建立上具有重要的意义。具有相同性质的聚合土体构成了土系，在田间聚合土体之间的空间界线也是土系之间的界线，即每一个聚合土体都能划分为一个土系，但是一个土系一般比一个单独的聚合土体具有更宽的特征范围和分布面积。土系在空间上可重复出现。

（3）土系与小区景观的关系

土系作为一个实体，其占有一定的空间和地理分布特征，同一土系具有相似的小区景观。在小区景观内，形成土壤的微地形、成土母质、小气候、生物群落等都有很好的一致性，在小区景观内构成土壤的土层种类、排列及特征具相似性，变化幅度很窄，因此，同一小区景观内土壤的性状都落在同一土系的范围内。而在空间上具相似小区景观的土壤，构成它的土层及特征也相似，因此，它们所属的土系是相同的。由于土系与小区景观存在密切的联系，所以在田间常根据不同景观单元中土壤性质的变化特征来分析和判断土系的过渡和划分土系。

3.4.2　土系划分的方法

土系的划分是一个逐渐归纳、较为复杂的过程，是对现有土壤知识的组织和整理过

程。一般可概括为景观分析、单个土体和聚合土体的研究、土系鉴别特征的选取和鉴定、特征范围的确定、土系的建立和验证。

（1）符合土系概念的典型单个土体的选取

单个土体是理想的最小的取样体积单位，面积为1 ～10 m^2不等，若干相邻且相似的单个土体可组成聚合土体，而具有相同性质的聚合土体即为土系。所以研究土系实际上是从研究单个土体开始的。典型的单个土体是用来说明土系中心概念的参照土体，这个单个土体和其他很相似的单个土体一起构成了一个土系的基本定义范围。因此，选择典型单个土体对正确划分土系十分重要。典型单个土体的选取需要一些现有的土壤形态、特性和地理分布资料，典型单个土体的部分理化性状应能够较合理地体现所划分土系的特征。

（2）剖析单个土体的特性

典型单个土体选定后，可通过剖面描述、野外记录和实验室分析等来剖析土壤的形态特征和土壤组成。可供研究的土壤特性：在土系控制层段内一些部位的质地，在一限定深度或其上的碳酸盐含量，石质、准石质接触面等出现的深度，土壤中岩石碎屑含量，颜色，土壤氧化还原特征，土壤温度状况和土壤水分状况，诊断土层的种类、层位和厚度，土壤反应，土壤矿物组成，土壤结持性等。区别土系的核心是诊断土层和特征性状。一般来说，凡是符合土系划分原则的诊断土层和特征性状都可作为土系划分的指标。供鉴别土系之用的诊断土层包括各种诊断层、岩性或特定母质土层（如质地土层）、障碍土层、特殊土层，其内容包括土层厚度、层位和层序。除《中国土壤系统分类检索》（第三版）中的诊断层、诊断特性外，用于贵州土系划分的诊断土层和特征性状还有：①诊断层的质地和砾石含量。质地一般可分为砂（砂质及壤质）、壤（黏壤质至壤黏质）、黏（黏土质）三级。②障碍土层及层位。主要选用的障碍土层：（A）漂白层，浅灰白色、粉砂壤土，具淀浆板结特性，有时常有锈纹斑，厚度≥10 cm；（B）砾石层，砾石的形状和大小不等，容积占35%以上，厚度≥10 cm；（C）砂层，包括砂土和壤质砂土；（D）泥炭层，黑色泥炭物质含量≥50%，厚度≥10 cm；（E）青泥层，青灰色，具潜育特征、软糊无结构土层，厚度≥10 cm；（F）铁钙结核层，结核大小不等，数量≥15%，厚度≥5 cm；（G）焦砾层，石砾与铁锰淀积物胶结形成的硬磐层，铁锰结核数量≥15%，砾石含量≥35%，或比上土层高出20%，厚度≥10 cm。上述的障碍土层厚度大于5 cm才考虑，否则不在土系划分时考虑。③土壤颜色。④腐殖质层厚度和含量。⑤母质异源。包括异源母质的位置和厚度。⑥某些土壤化学性状。主要为对土壤改良利用或土壤发育程度有较大影响的性状，包括可溶性盐含量、盐酸反应等。

（3）土系鉴别特征的选取

用来鉴别土系的土壤属性指标因土而异，但同一土族内划分土系的属性指标应当一致，以利于土系间的对比。用来鉴别土系的土壤特性的观察和测量一定要在土系的控制层段内使用。用于土系鉴别的属性指标应能影响土壤利用与管理。因此，在选择与权衡哪些土壤特性用来鉴别土系时，应慎重分析。当研究一个土系的鉴定特征时，应同时考虑（比较）同一土族内其他土系的鉴定特征。一般情况下，用作划分土系的土壤特性不止一个，土系差异通常反映在土壤的多个特性中，不同土系差异特性的个数又不一样，但所选的特征应该在土壤形态和组成方面与其他土壤有明显大于所规定的正常误差，在利用和管理上有重要意义。在多数情况下，特定土族内的土系之间在土壤诊断土层排列、土层缺失、土系控制层段内土壤物理性质和土壤的水分、温度状况都存在一定的差异，而这些差异往往是土壤在自然环境、气候、母质等差异的综合反映，对土壤利用有重要影响，所以这些性质常被作为土系划分的特征指标。基于经验或研究发现的一些土壤间的重要性质，影响和制约土壤利用方式的性质和特性应考虑作为鉴别土系的特征。总之，在一个土族内划分土系的主要目的是便于对土壤的行为和性质做定量解释。

（4）土系鉴定特征范围的确定

土系鉴定特征范围是通过统计若干个相似单个土体的鉴定特征来确定变异范围和界线的，但必须全面考虑，并经一定的比较研究后进行限定。首先，任何一个土系与其相似土系之间的差异都必须能被辨认，并存在明显的差异；同一土族内，拟建土系的鉴别特征的变幅不能与已建土系重叠，拟建土系的鉴别特征可宽至其所属土族的最大允许范围，但不能跨出土族以上分类单元的界线。这个变幅也不能只为了所谓的精度或便于与其他土系区别而设定太窄，这个鉴别特性的范围应宽于其观测的正常误差，并且具有可操作性。此外，不同于其上的分类单元，土系鉴定指标的变幅不仅是明确的，而且变化范围界线在该分类级别上是连续的，土系之间的界线可随新土系的增加做必要的调整。

（5）土系的建立

确定拟增土系的特征范围后，首先需验证所设土系是否真正需增设。通过土壤出现的地貌、景观组成与所在位置等信息总结研究，将所获得的信息与现有的土系比较，若发现拟建立的土系特征落在已建土系的范围内，那么应归入现有的土系，否则可建立新土系。通过评比，确实符合土系划分原则，在土系之间差异足够大，满足实用目的，可提出建立土系，但还需符合下述条件：①建立的新土系，有一定的分布面积；②必须具有符合新土系概念的多个单个土体的正式记录，以便决定该土系的特性变幅；③具有有效的分析数据；④具代表性土壤的有效原始资料与信息。

3.4.3 土系的记录

（1）土系记录的目的

土系记录是对一个国家土壤系统分类中有关土系一级分类单元的有关信息的记述，主要用于对土壤的鉴别和分类，便于保存野外观察的和实验室分析的土壤信息资料，利于与国内外不同土壤分类系统之间的交流与对比，是土壤分类和比土评土的基础工作，也是建立土壤信息系统和土壤质量评价的基础，农业化学、农艺学家和土地管理者可从土系的记录中了解土壤的特性。

（2）土系记录的要求

每一个土系的记录应包括规定的有关内容，记录项必须完整，便于应用，土系的记录必须能清楚地反映记录土系与所有其他土系在土壤特性、诊断层或诊断特性等方面的差异（包括定义该土系的土壤特性，区分于其他相关土系的土壤特性，确定该土系所属土族以上高级分类单元的土壤特性和解释该土系形成的有关特性），用于土系记录的名词和术语应规范。

（3）土系记录的内容

土系记录的内容包括土系分布与环境条件、土系分类归属、代表性单个土体、土系特征与变幅、对比土系、利用性能综述等部分。

①土系分布与环境条件：指土系所分布的范围，指明该土系分布的地（市）、县（区），该土系所处的地理环境，包括地形、地势、海拔、母质、气候和其他所有的特别是有助于鉴别该土系土壤的景观特征，要指明土壤的地形名称、坡度变化范围，同时也包括如岩石露头、侵蚀面或沉积面等景观特征，气候特征可用温度、降水量、无霜期和有效积温等表示。另外还应包括排水状况和渗透性、主要的利用方式及分布的面积。

②土系分类归属：确定土系在《中国土壤系统分类检索（第三版）》中所属土族的分类名称。若有疑问，应加以说明或提出建议。

③代表性单个土体：土系典型单个土体的描述应体现该土系的中心概念，起定性、定量、定型和定位的作用。应具体地记述剖面的观察地点（包括经纬度）、地形部位、海拔、母质、植被和利用、土壤水热状况，然后对各土层进行记录。一般包括：土层的类别；土层的深度用 cm 表示；土层的特征描述，颜色、质地、斑纹、结构、根系状况、孔隙状况、土壤反应、下界面以及滑擦面、硬结核、聚铁网纹体、胶膜、盐分、石灰反应、含石块及粗骨性物质状况、氧化还原特性等。

④土系特征与变幅：指明目前已知的土系一级可观察到的土壤特性变化的范围，重点叙述定义该土系的特征和那些能影响土壤利用方式与管理的土壤特性，尽可能给定这些性质以数量和可操作的变幅界线。这些特性的变化范围必须在该土系所属土族的特征变化范围内，若某个土壤特性的允许变幅与其所在土族或更高级单元一致，则该特性的变幅可省略。一般先叙述某个土壤特性最常出现的变幅，再记述该特性的全部变化范围。

⑤对比土系：主要讨论该土系与其分类上主要近似土系的差异，要列出同土族内该土系与其他土系相区分的主要鉴别特征。侧重在划分其与相似土系的那些鉴别特征，尽可能做明确和定量的比较。也可记录与该土系在实际地理环境上相连的土系间的差异。

⑥利用性能综述：重点记述反映该土系的水肥气热特点、作物的适宜性、种植制度、生产力水平、产量、限制因素和灾害情况及改良利用的建议。

下篇　区域典型土系

第4章 人 为 土

4.1 铁聚潜育水耕人为土

4.1.1 大塘系（Datang Series）

土　族：黏壤质混合型非酸性热性-铁聚潜育水耕人为土
拟定者：章明奎

分布与环境条件　广泛而零星地分布在黔东南、黔南及黔西南等地势低洼、排水困难的山垄谷地，由于地势低洼和常年泡水，上层土壤长期处于还原状态。属中亚热带湿润气候，年均日照时数约 1200 h，年均温 14.0～17.0℃，年均降水量 1100～1300 mm，无霜期 280 d 左右，年干燥度小于 1。海拔一般在 800 m 以下，起源于洪冲积物，经长期水耕熟化而成，利用方式为水田。地下水位一般在 20～30 cm。

大塘系典型景观

土系特征与变幅　该土系诊断层包括水耕表层、水耕氧化还原层；诊断特性包括热性土壤温度状况、人为滞水土壤水分状况和潜育特征。由于分布处地势低洼而成为地表水汇集的场所，地下水位高，终年渍水；土体上部还原作用强烈，耕作层和犁底层呈青灰色，土体呈软糊状，具潜育特征；土体构型为 Apg1-Apg2-Br，剖面中下部具明显的铁锰斑及铁锈纹，游离氧化铁显著高于表层土壤；土体厚度在 80～125 cm，土壤质地主要为黏壤土，砾石含量在 25%以下；润土色调在 5Y～10YR；pH 在 5.5～7.5。

对比土系　西江系，母质为河流冲积物。西江系所处地块排水良好，地面不渍水，土壤无潜育特征；土壤黏粒含量较少，颗粒大小级别为壤质。

利用性能综述　大塘系土壤有机质、全氮和有效磷中等，速效钾较低。土壤保肥性能一般，水土温度较低，养分低且释放慢，渍水是其主要障碍因素。该土种植水稻起苗迟、分蘖少、产量低，中后期易发赤枯病；该土耕性较差，宜耕期短。在利用改良上，应做好开沟排水，冬季推广垄作栽培；增磷补钾。

参比土种 青黄泥田。

代表性单个土体 于 2017 年 9 月 2 日采自贵州省黔东南苗族侗族自治州雷山县大塘镇羊场村，26°18'16.9"N, 107°58'55.9"E。母质为洪冲积物，海拔 717 m，地形为山谷低洼地，坡度<10°；50 cm 深度土壤年均温度约 17.0℃。土地利用方式为水田，编号为 52-169。

大塘系代表性单个土体剖面

Apg1：0～20 cm，灰色（5Y 4/1，润），灰白色（5Y 7/1，干）；细土质地为黏壤土；湿；软糊；疏松；大量植物残体和根系；土体中不见铁锈纹，根表可见少量铁胶膜；强亚铁反应；微酸性；向下层水平状清晰过渡。

Apg2：20～32 cm，灰黑色（5Y 4/2，润），灰白色（5Y 7/1，干）；细土质地为黏壤土；湿；软糊；稍疏松；大量中细根，不见铁锈纹，根表可见极少量铁胶膜；强亚铁反应；微酸性；向下层水平状清晰过渡。

Br1：32～55 cm，暗黄橙色（10YR 6/3，润），灰白色（2.5Y 8/1，干）；细土质地为黏壤土；湿；小块状结构；坚实；局部区块可见少量铁锰斑，但数量较少（占结构面的 5%左右），见少量根孔状锈纹；夹杂约 15%砾石，弱亚铁反应；微酸性；向下层水平状渐变过渡。

Br2：55～100 cm，暗黄橙色（10YR 6/3，润），灰白色（2.5Y 8/1，干）；细土质地为黏壤土；湿；小块状结构；稍疏松；中量铁锰斑及铁锈纹；夹杂约 25%砾石；微酸性。

大塘系代表性单个土体物理性质

土层	深度/cm	砾石(>2 mm，体积分数)/%	细土颗粒组成(粒径：mm)/(g/kg)			细土质地(美国制)	容重/(g/cm^3)
			砂粒 2～0.05	粉砂 0.05～0.002	黏粒<0.002		
Apg1	0～20	0	318	468	214	黏壤土	0.89
Apg2	20～32	0	279	498	223	黏壤土	1.11
Br1	32～55	15	278	474	248	黏壤土	1.25
Br2	55～100	25	331	453	216	黏壤土	1.36

大塘系代表性单个土体化学性质

深度/cm	pH		有机质/(g/kg)	全氮(N)/(g/kg)	有效磷/(mg/kg)	速效钾/(mg/kg)	CEC_7/(cmol/kg)	盐基饱和度/%	游离氧化铁/(g/kg)	$CaCO_3$相当物/(g/kg)
	H_2O	KCl								
0～20	6.23	5.74	32.14	2.01	13.56	69	14.57	100.00	17.85	0.00
20～32	5.98	5.48	16.32	1.11	5.26	54	12.34	98.51	21.33	0.00
32～55	6.14	5.73	11.31	0.67	1.32	67	12.87	98.86	23.25	0.00
55～100	6.47	6.05	5.41	0.63	1.11	87	10.78	100.00	28.14	0.00

4.2 漂白铁聚水耕人为土

4.2.1 永兴系（Yongxing Series）

土 族：黏壤质硅质混合型非酸性热性-漂白铁聚水耕人为土

拟定者：章明奎

分布与环境条件 零星分布在遵义、铜仁、安顺等地的丘陵缓坡、低山坡麓及坝地边缘台地上。属中亚热带湿润气候，年均日照时数约 1250 h，年均温 14.0～16.0℃，年均降水量 1100～1200 mm，无霜期 275 d 左右，年干燥度小于 1。海拔一般在 1000 m 以下，起源于近代洪积物，经长期水耕熟化而成，利用方式为水田，水旱轮作。地下水位一般在 80 cm 以下。

永兴系典型景观

土系特征与变幅 该土系诊断层包括水耕表层、水耕氧化还原层和漂白层；诊断特性包括人为滞水土壤水分状况和热性土壤温度状况。剖面构型为 Ap1-Ap2-Br-E-C，水耕氧化还原层中有明显的铁锰斑纹，游离氧化铁显著高于表层土壤。土体厚度在 80～125 cm，土壤质地主要为粉砂质黏壤土和粉砂质黏土，砾石含量小于 25%；因地处坡地，土体内受侧渗水的长期漂洗，在地表 50 cm 以下形成漂白层，厚度在 30～50 cm；润土色调在 2.5Y～7.5YR；pH 主要在 5.5～7.5。

对比土系 冷水溪系、威远系，同一亚类。但冷水溪系和威远系成土母质分别为泥页岩坡积物和石灰岩坡积物，黏粒含量较高，颗粒大小级别为黏质。

利用性能综述 永兴系土壤有机质、全氮较高，速效钾中等，有效磷较低，表土偏酸。土壤保肥性能较高，生产潜力较高。在改良上，应开沟截断侧渗水，防止侧向淋洗；增施磷肥，同时施用少量石灰，逐渐降低土壤酸度。在利用上，可采取稻-油、稻-肥复种轮作，用养结合，精耕细作。

参比土种 白鳝泥田。

代表性单个土体 于 2015 年 7 月 31 日采自贵州省遵义市湄潭县永兴镇狮子山村，27°52'57.2"N, 107°36'19.7"E。母质为近代洪积物，海拔 835 m，地形为低山坡麓地带，梯田，坡度<15°；50 cm 深度土壤年均温度约 17.5℃。土地利用方式为水田，水旱轮作，编号为 52-042。

永兴系代表性单个土体剖面

Ap1：0～15 cm，黄棕色（2.5Y 5/3，润），灰黄色（2.5Y 6/2，干）；细土质地为粉砂质黏壤土；潮；小块状结构，疏松；中量根系；见中量根孔状铁锰斑纹；酸性；向下层平滑清晰过渡。

Ap2：15～26 cm，暗灰黄色（2.5Y 5/2，润），灰黄色（2.5Y 7/2，干）；细土质地为砂质黏壤土；潮；大块状结构，坚实；见大量根孔状铁锰斑纹；酸性；向下层平滑清晰过渡。

Br1：26～37 cm，暗灰黄色（2.5Y 5/2，润），灰黄色（2.5Y 7/2，干）；细土质地为粉砂质黏壤土；潮；块状结构，较坚实；中量铁锰斑纹及根孔状锈纹；微酸性；向下层平滑清晰过渡。

Br2：37～55 cm，亮棕色（7.5YR 5/8，润），亮棕色（7.5YR 5/6，干）；细土质地为黏壤土；潮；块状结构，稍坚实；大量铁锰斑纹；微酸性；向下层平滑清晰过渡。

E：55～90 cm，灰白色（5Y 6/1，润），灰白色（5Y 7/1，干）；细土质地为粉砂质黏壤土；湿；块状结构，稍坚实；少量铁锰斑纹；微酸性。

永兴系代表性单个土体物理性质

土层	深度/cm	砾石(>2 mm，体积分数)/%	细土颗粒组成(粒径：mm)/(g/kg)			细土质地(美国制)	容重/(g/cm^3)
			砂粒 2～0.05	粉砂 0.05～0.002	黏粒<0.002		
Ap1	0～15	1	173	400	427	粉砂质黏壤土	1.19
Ap2	15～26	1	604	196	200	砂质黏壤土	1.33
Br1	26～37	1	171	510	320	粉砂质黏壤土	1.36
Br2	37～55	2	297	341	362	黏壤土	1.43
E	55～90	0	158	529	313	粉砂质黏壤土	1.38

永兴系代表性单个土体化学性质

深度/cm	pH		有机质/(g/kg)	全氮(N)/(g/kg)	有效磷/(mg/kg)	速效钾/(mg/kg)	CEC_7/(cmol/kg)	盐基饱和度/%	游离氧化铁/(g/kg)	$CaCO_3$相当物/(g/kg)
	H_2O	KCl								
0～15	5.43	4.32	38.72	3.47	9.63	109	16.87	91.52	15.82	0.00
15～26	5.36	4.23	36.54	2.45	5.64	78	9.87	78.52	17.75	0.00
26～37	5.84	4.67	32.16	—	—	—	12.65	94.86	18.89	0.00
37～55	6.15	5.01	15.88	—	—	—	11.65	95.97	60.64	0.00
55～90	6.01	4.89	21.30	—	—	—	12.65	91.30	13.50	0.00

4.2.2　冷水溪系（Lengshuixi Series）

土　族：黏质混合型石灰性热性-漂白铁聚水耕人为土
拟定者：章明奎

分布与环境条件　零星分布在铜仁、贵阳等地的丘陵缓坡、低山坡麓及坝地边缘台地上。属中亚热带湿润气候，年均日照时数约 1200 h，年均温 14.0～17.0℃，年均降水量 1200～1300 mm，无霜期 275 d 左右，年干燥度小于 1。海拔一般在 1000 m 以下，梯田，起源于泥页岩坡积物，经长期水耕熟化而成，利用方式为水田，水旱轮作。地下水位一般在 70 cm 以下。

冷水溪系典型景观

土系特征与变幅　该土系诊断层包括水耕表层、水耕氧化还原层和漂白层；诊断特性包括人为滞水土壤水分状况和热性土壤温度状况。剖面构型为 Ap1-Ap2-E-C，土体厚度在 80～125 cm；剖面中下部有明显的铁锰胶膜，其氧化铁含量显著高于表土；因地处缓坡地，土体内受侧渗水的长期漂洗形成了漂白层，出现在地表 20～50 cm，厚度在 50～80 cm；土壤质地主要为粉砂质黏壤土和粉砂质黏土，砾石含量小于 25%；润土色调在 2.5Y～10YR；由于长期受周围石灰石山体风化液的影响，土壤有石灰反应，pH 主要在 7.5～8.5。

对比土系　永兴系、威远系，同一亚类。但永兴系成土母质为近代洪积物，黏粒含量较低，颗粒大小级别为黏壤质，土壤反应为非酸性，漂白层出现在地表 50 cm 以下；威远系成土母质为石灰岩坡积物，土壤反应为非酸性。

利用性能综述　冷水溪系土壤有机质、全氮和速效钾中等，有效磷较低，土壤保肥性能较高，但土质偏黏，适耕期较短。在改良上，应开沟截断侧渗水，防止侧向淋洗；同时增施有机肥和磷肥，逐渐改善土壤物理性状，增加土壤肥力。在利用上，可采取稻-油、稻-肥复种轮作，用养结合。

参比土种　重白鳝泥田。

代表性单个土体　于 2015 年 8 月 1 日采自贵州省铜仁市印江土家族苗族自治县缠溪镇冷水溪村，27°50'59.3"N, 108°29'19.1"E。母质为泥页岩坡积物，海拔 891 m，地形为低山坡脚，坡度为 35°～45°；50 cm 深度土壤年均温度约 18.5℃。土地利用方式为水田，水旱轮作，编号为 52-049。

冷水溪系代表性单个土体剖面

Ap1：0～13 cm，暗灰黄色（2.5Y 5/2，润），灰白色（5Y 7/1，干）；细土质地为粉砂质黏土；潮；块状结构，疏松；少量根系；少量铁斑及锈纹；中性；向下层平滑较清晰过渡。

Ap2：13～24 cm，暗灰黄色（2.5Y 5/2，润），灰白色（5Y 7/1，干）；细土质地为粉砂质黏壤土；潮；大块状结构，坚实；中量铁斑及锈纹；微碱性；向下层平滑清晰过渡。

E1：24～38 cm，灰色（5Y 6/1，润），灰白色（5Y 7/1，干）；细土质地为粉砂质黏土；潮；棱柱状结构，稍坚实；大量铁锰胶膜（占结构面的 85%）；微碱性；存在轻微漂洗，向下层平滑渐变过渡。

E2：38～90 cm，黄灰色（2.5Y 5/1，润），灰白色（2.5Y 7/1，干）；细土质地为粉砂质黏壤土；潮；块状结构，稍坚实；大量铁锰胶膜（占结构面的 75%）；微碱性。

冷水溪系代表性单个土体物理性质

土层	深度/cm	砾石(>2 mm，体积分数)/%	细土颗粒组成(粒径：mm)/(g/kg)			细土质地(美国制)	容重/(g/cm^3)
			砂粒 2～0.05	粉砂 0.05～0.002	黏粒<0.002		
Ap1	0～13	0	91	452	457	粉砂质黏土	1.22
Ap2	13～24	0	44	558	397	粉砂质黏壤土	1.38
E1	24～38	0	22	527	451	粉砂质黏土	1.45
E2	38～90	0	23	579	398	粉砂质黏壤土	1.43

冷水溪系代表性单个土体化学性质

深度/cm	pH		有机质/(g/kg)	全氮(N)/(g/kg)	有效磷/(mg/kg)	速效钾/(mg/kg)	CEC_7/(cmol/kg)	盐基饱和度/%	游离氧化铁/(g/kg)	$CaCO_3$相当物/(g/kg)
	H_2O	KCl								
0～13	7.44	—	26.61	2.84	7.48	87	15.32	100.00	8.53	3.00
13～24	7.63	—	18.44	2.28	4.32	67	12.65	100.00	12.62	5.18
24～38	7.64	—	15.26	—	—	—	14.65	100.00	15.13	4.37
38～90	7.69	—	14.74	—	—	—	13.88	100.00	22.15	4.37

4.2.3 威远系（Weiyuan Series）

土 族：黏质混合型非酸性热性-漂白铁聚水耕人为土
拟定者：章明奎

分布与环境条件 零星分布在黔南、安顺等地的低山坡麓、丘陵坝地边缘的缓坡地带。属中亚热带湿润气候，年均日照时数约 1250 h，年均温 14.0～16.0℃，年均降水量 1200～1400 mm，无霜期 285 d 左右，年干燥度小于 1。海拔一般在 800～1300 m，梯田，起源于石灰岩坡积物，经长期水耕熟化而成，利用方式为水田，水旱轮作。地下水位一般在 100 cm 以下。

威远系典型景观

土系特征与变幅 该土系诊断层包括水耕表层、水耕氧化还原层和漂白层；诊断特性包括人为滞水土壤水分状况和热性土壤温度状况。剖面构型为 Ap1-Ap2-E-Br-C，土体厚度在 80～125 cm；剖面中下部有明显的铁锰胶膜，其氧化铁含量显著高于表土；因地处缓坡地，土体内长期受侧渗水的漂洗形成了漂白层，漂白层出现在地表 25 cm 以下，厚度在 20～50 cm；土壤质地多为黏土和黏壤土，砾石含量小于 25%；润土色调变化较大，在 10YR～5YR；土壤 pH 主要在 5.5～7.5。

对比土系 永兴系、冷水溪系，同一亚类。但永兴系成土母质为近代洪积物，黏粒含量较低，颗粒大小级别为黏壤质，漂白层出现在地表 50 cm 以下；冷水溪系成土母质为泥页岩坡积物，因受周围石灰岩山体风化液的长期影响，土壤反应为石灰性。

利用性能综述 威远系土壤有机质和全氮较高，速效钾和有效磷较低，土壤保肥性能较高，但土质偏黏，土体坚实，土体胀缩性强，脱水后开大而深的裂隙，耕性较差。在改良上，应开沟截断侧渗水，减轻横向漂洗；同时增施钾肥和磷肥，逐渐改善土壤供肥性能；加强水浆管理，防止开大裂。在利用上，提倡水旱轮作，多熟利用。

参比土种 白胶泥田。

代表性单个土体 于 2015 年 9 月 23 日采自贵州省黔南布依族苗族自治州长顺县威远镇永增村，26°1'33.3"N, 106°30'3"E。母质为石灰岩坡积物，海拔 1054 m，地形为中山中下坡，梯田，坡度<10°；50 cm 深度土壤年均温度约 17.5℃。土地利用方式为水田，水旱轮作，编号为 52-134。

威远系代表性单个土体剖面

Ap1：0～20 cm，淡黄棕色（10YR 4/3，润），灰黄棕色（10YR 6/2，干）；细土质地为粉砂质黏壤土；润；块状结构，稍疏松；少量根系；少量铁锈纹；微酸性；向下层平滑清晰过渡。

Ap2：20～28 cm，灰黄棕色（10YR 5/2，润），灰白色（10YR 7/1，干）；细土质地为黏壤土；润；大块状结构，坚实；中量淡黄色铁斑及锈纹（占结构面的 25%）；中性；向下层平滑清晰过渡。

E：28～50 cm，灰白色（7.5YR 8/1，润），灰白色（7.5YR 8/1，干）；细土质地为粉砂质黏壤土；润；棱柱状结构，垂直向裂隙明显；结构面上全被灰黄棕色（10YR 6/2，润）黏粒胶膜覆盖；坚实；少量铁锈纹；微酸性；向下层平滑渐变过渡。

Br：50～95 cm，橙色（5YR 6/8，润），橙色（5YR 7/8，干）；细土质地为黏土；润；棱柱状结构，垂直向裂隙明显；结构面上全被灰黄棕色（10YR 5/2，润）黏粒胶膜覆盖；坚实；少量铁锈纹；酸性；向下层平滑清晰过渡。

C：95～140 cm，半风化石灰岩母质。灰黄棕色（10YR 4/2，润），灰黄棕色（10YR 6/2，干）；细土质地为黏壤土；润；散块状结构，坚实；中性。

其他：胶膜很明显。

威远系代表性单个土体物理性质

土层	深度/cm	砾石(>2 mm，体积分数)/%	细土颗粒组成(粒径：mm)/(g/kg)			细土质地(美国制)	容重/(g/cm^3)
			砂粒 2～0.05	粉砂 0.05～0.002	黏粒<0.002		
Ap1	0～20	4	192	523	285	粉砂质黏壤土	1.24
Ap2	20～28	1	218	402	380	黏壤土	1.42
E	28～50	3	172	466	362	粉砂质黏壤土	1.49
Br	50～95	9	141	361	498	黏土	1.52
C	95～140	0	431	263	306	黏壤土	1.42

威远系代表性单个土体化学性质

深度/cm	pH		有机质/(g/kg)	全氮(N)/(g/kg)	有效磷/(mg/kg)	速效钾/(mg/kg)	CEC$_7$/(cmol/kg)	盐基饱和度/%	游离氧化铁/(g/kg)	$CaCO_3$相当物/(g/kg)
	H_2O	KCl								
0～20	6.42	5.32	45.04	3.43	6.75	64	13.65	97.95	34.55	0.00
20～28	6.92	5.77	12.06	0.74	3.54	58	16.52	99.39	20.17	0.00
28～50	5.54	4.48	8.95	0.56	2.54	74	15.33	99.59	40.49	0.00
50～95	5.18	4.03	12.03	—	—	—	18.65	87.12	62.41	0.00
95～140	6.72	5.64	10.77	—	—	—	13.65	100.00	40.44	0.00

4.3 普通铁聚水耕人为土

4.3.1 台拱系（Taigong Series）

土 族：黏质混合型非酸性热性-普通铁聚水耕人为土

拟定者：章明奎

台拱系典型景观

分布与环境条件 分布在黔东南、铜仁、黔西南、黔南低山、丘陵的中下坡。属中亚热带湿润气候，年均日照时数 1200～1400 h，年均温 14.0～17.0℃，年均降水量 1200～1400 mm，无霜期 285～300 d，年干燥度小于1。海拔大多在 800 m 以下，梯田，起源于泥页岩残坡积物，经长期水耕熟化而成，利用方式为水田，水旱轮作。地下水位一般在 100 cm 以下。

土系特征与变幅 该土系诊断层包括水耕表层和水耕氧化还原层；诊断特性包括人为滞水土壤水分状况和热性土壤温度状况。剖面构型为 Ap1-Ap2-Br-C，土体厚度在 125 cm 以上；受地下水和灌溉水的双重影响，剖面中下部有明显的铁锰胶膜，其氧化铁含量显著高于表土；水耕氧化还原层深厚，在 100 cm 以上；土壤质地主要为粉砂质黏土，砾石含量低于 25%；润土色调在 10YR～7.5YR；土壤剖面上下 pH 变化较大，水耕表层 pH 主要在 4.0～5.5，水耕氧化还原层 pH 主要在 5.5～7.5。

对比土系 乐理系、邦洞系、採塘村系、西江系，同一亚类。但採塘村系、西江系成土母质分别为白云岩残坡积物和河流冲积物，土体浅薄，在 40～80 cm，颗粒大小级别为壤质盖粗骨壤质或壤质；乐理系和邦洞系成土母质也为泥页岩残坡积物，但两者土体较薄，在 80～125 cm，颗粒大小级别均为黏壤质。

利用性能综述 台拱系土壤有机质较高，但全氮和有效磷较低，速效钾中等，土壤保肥性能较高，但土质偏黏，下渗水流比较缓慢，雨季易形成临时积水层，冬季作物应注意开沟排水。在施肥上，应适当增施钾肥和磷肥。在水源保障的地区可种植双季稻；水源不足地区宜发展菜-稻轮作。适量施用石灰，降低土壤酸度。

参比土种 斑红泥田。

代表性单个土体 于 2016 年 8 月 31 日采自贵州省黔东南苗族侗族自治州台江县台拱镇

朗等村附近，26°40'16.2"N, 108°17'54.9"E。母质为泥页岩残坡积物，海拔 745 m，地形为梯田，坡度约 10°；50 cm 深度土壤年均温度约 17.5℃。土地利用方式为水田，编号为 52-150。

台拱系代表性单个土体剖面

Ap1：0～13 cm，淡橙色（7.5YR 7/3，润），灰白色（7.5YR 8/1，干）；细土质地为粉砂质黏土；润；块状结构，稍坚实；少量根系；少量黄色铁锈斑；酸性；向下层平滑渐变过渡。

Ap2：13～23 cm，亮棕灰色（7.5YR 7/2，润），灰白色（7.5YR 8/1，干）；细土质地为粉砂质黏土；润；大块状结构，坚实；可见明显的铁斑及锈纹；酸性；向下层平滑清晰过渡。

Br1：23～70 cm，橙色（7.5YR 7/6，润），淡黄橙色（7.5YR 8/3，干）；细土质地为粉砂质黏土；润；棱块状结构，坚实；结构面上有大量氧化铁淀积（占结构面的 60%以上）；中性；向下层平滑清晰过渡。

Br2：70～150 cm，淡黄橙色（10YR 7/3，润），淡黄橙色（10YR 8/3，干）；细土质地为粉砂质黏壤土；润；块状结构，稍坚实；结构面上有少量铁斑纹；微酸性。

台拱系代表性单个土体物理性质

土层	深度/cm	砾石(>2 mm，体积分数)/%	细土颗粒组成(粒径：mm)/(g/kg)			细土质地(美国制)	容重/(g/cm³)
			砂粒 2～0.05	粉砂 0.05～0.002	黏粒<0.002		
Ap1	0～13	1	126	445	429	粉砂质黏土	1.23
Ap2	13～23	3	109	470	421	粉砂质黏土	1.46
Br1	23～70	1	105	453	442	粉砂质黏土	1.58
Br2	70～150	13	190	454	355	粉砂质黏壤土	1.61

台拱系代表性单个土体化学性质

深度/cm	pH		有机质/(g/kg)	全氮(N)/(g/kg)	有效磷/(mg/kg)	速效钾/(mg/kg)	CEC_7/(cmol/kg)	盐基饱和度/%	游离氧化铁/(g/kg)	$CaCO_3$相当物/(g/kg)
	H_2O	KCl								
0～13	4.31	3.41	36.06	1.14	6.82	71	17.54	64.88	27.49	0.00
13～23	4.32	3.45	23.30	1.12	5.41	68	13.62	60.65	29.55	0.00
23～70	6.60	5.46	12.30	—	—	—	13.25	98.64	63.00	0.00
70～150	6.42	5.34	8.04	—	—	—	10.32	99.03	37.57	0.00

4.3.2 乐理系（Leli Series）

土 族：黏壤质硅质混合型非酸性热性-普通铁聚水耕人为土
拟定者：章明奎

分布与环境条件 分布在黔东南、安顺、铜仁、黔西南、黔南、遵义及贵阳等地低山的中下坡及坡麓地带，在村寨附近和水源条件较好的大坝区分布最为集中。属中亚热带湿润气候，年均日照时数1200～1400 h，年均温13.0～16.0 ℃，年均降水量1100～1400 mm，无霜期275～290 d，年干燥度小于1。海拔在600～1400 m，梯田，起源于泥页岩残坡积物，经长期水耕熟化而成，利用方式为水田，水旱轮作。地下水位一般在100 cm以下。

乐理系典型景观

土系特征与变幅 该土系诊断层包括水耕表层和水耕氧化还原层；诊断特性包括人为滞水土壤水分状况和热性土壤温度状况。剖面构型为Ap1-Ap2-Br-C，土体厚度在80～125 cm；受灌溉水的长期影响，剖面中下部有明显的铁锰胶膜或铁锰斑纹，其氧化铁含量显著高于表土；水耕氧化还原层深厚，大多在80～100 cm；土壤质地多为粉砂质黏壤土、砂质黏壤土和粉砂壤土，砾石含量低于25%；润土色调在2.5Y～10YR；土壤pH主要在5.5～7.5。

对比土系 邦洞系，同一土族，母质相同。但两者表土质地和全剖面土壤黏粒含量差异明显，邦洞系表土质地为壤土，全剖面黏粒含量在250 g/kg以下；而乐理系表土质地为砂质黏壤土，全剖面黏粒含量在250 g/kg以上。

利用性能综述 乐理系是中高度熟化的水耕人为土。虽然土壤较黏，但因土壤有机质、全氮较高，土壤结构和耕性良好，水耕软而不陷；多数土壤有效磷和速效钾为中等，供肥快、稳、长，适合水旱轮作。在改良利用上，应继续增施有机肥，保持和提高土壤肥力，同时，应适量增加磷、钾肥的施用。缺水地区，要大力兴修水利，扩大稳产、高产田的面积。

参比土种 斑黄泥田。

代表性单个土体　于 2015 年 7 月 30 日采自贵州省遵义市遵义县播州区乐理村，27°36'20.3"N, 106°45'18.0"E。母质为泥页岩残积物，海拔 919 m，地形为低山坡地，梯田，坡度为 5°左右；50 cm 深度土壤年均温度约 17.0℃。土地利用方式为水田，水旱轮作，编号为 52-036。

乐理系代表性单个土体剖面

Ap1：0～13 cm，黄褐色（2.5Y 4/3，润），暗黄色（2.5Y 6/3，干）；细土质地为砂质黏壤土；潮；小块状结构，疏松；少量根系；见少量铁锰斑纹；中性；向下层平滑清晰过渡。

Ap2：13～26 cm，黄棕色（2.5Y 5/4，润），淡黄色（2.5Y 7/3，干）；细土质地为粉砂壤土；潮；大块状结构，坚实；见中量铁锰斑纹；中性；向下层平滑清晰过渡。

Br1：26～60 cm，黄褐色（2.5Y 4/6，润），淡黄色（2.5Y 7/4，干）；细土质地为粉砂质黏壤土；潮；棱柱状结构，较坚实；大量铁锰斑纹及根孔状锈纹；中性；向下层平滑渐变过渡。

Br2：60～90 cm，黄褐色（2.5Y 4/4，润），暗黄色（2.5Y 6/3，干）；细土质地为粉砂质黏壤土；潮；块状结构，稍坚实；大量铁锰斑纹；中性。

乐理系代表性单个土体物理性质

土层	深度/cm	砾石(>2 mm，体积分数)/%	细土颗粒组成(粒径：mm)/(g/kg)			细土质地(美国制)	容重/(g/cm³)
			砂粒 2～0.05	粉砂 0.05～0.002	黏粒<0.002		
Ap1	0～13	8	478	215	307	砂质黏壤土	1.23
Ap2	13～26	4	194	551	254	粉砂壤土	1.42
Br1	26～60	3	179	439	383	粉砂质黏壤土	1.51
Br2	60～90	4	102	614	284	粉砂质黏壤土	1.48

乐理系代表性单个土体化学性质

深度/cm	pH		有机质/(g/kg)	全氮(N)/(g/kg)	有效磷/(mg/kg)	速效钾/(mg/kg)	CEC_7/(cmol/kg)	盐基饱和度/%	游离氧化铁/(g/kg)	$CaCO_3$相当物/(g/kg)
	H_2O	KCl								
0～13	6.94	5.74	35.66	2.96	15.50	201	12.54	100.00	29.23	0.00
13～26	7.03	—	34.79	2.21	10.14	142	10.23	100.00	31.84	0.00
26～60	7.10	—	10.16	—	—	—	13.56	100.00	39.50	0.00
60～90	7.36	—	11.56	—	—	—	12.88	100.00	45.59	0.00

4.3.3 邦洞系（Bangdong Series）

土 族：黏壤质硅质混合型非酸性热性-普通铁聚水耕人为土
拟定者：章明奎

分布与环境条件 分布在黔东南、黔西南、黔南丘陵的中下坡，一般分布在村寨附近和水源较好的坝区。属中亚热带湿润气候，年均日照时数1200～1300 h，年均温 15.0～17.0℃，年均降水量 1200～1350 mm，无霜期 290～300 d，年干燥度小于 1。海拔大多在 500 m 以下，梯田，起源于泥页岩残坡积物，经长期水耕熟化而成，利用方式为水田，水旱轮作。地下水位一般在 100 cm 以下。

邦洞系典型景观

土系特征与变幅 该土系诊断层包括水耕表层和水耕氧化还原层；诊断特性包括人为滞水土壤水分状况和热性土壤温度状况。剖面构型为 Ap1-Ap2-Br-C，土体厚度在 80～125 cm；受地下水和灌溉水的双重影响，剖面中下部有明显的铁锰胶膜或铁锰斑纹，其氧化铁含量显著高于表土；水耕氧化还原层厚度在 80～100 cm；土壤质地主要为砂质黏壤土和壤土，砾石含量低于 25%；润土色调在 10YR～7.5YR；土壤 pH 主要在 5.5～7.5。

对比土系 乐理系，同一土族。但两者表土质地和全剖面土壤黏粒含量差异明显，乐理系表土质地为砂质黏壤土，全剖面黏粒含量在 250 g/kg 以上；而邦洞系表土质地为壤土，全剖面黏粒含量在 250 g/kg 以下。

利用性能综述 邦洞系土壤有机质丰富，全氮、有效磷和速效钾中等，土壤保肥能力较弱，但土壤结构和耕性良好。地处热量丰富的地域，生产潜力较高。该土适宜水旱轮作。在改良利用上，应继续增施有机肥，适量增加磷、钾、硅肥，保持和提高土壤肥力。

参比土种 斑红泥田。

代表性单个土体 于 2015 年 9 月 20 日采自贵州省黔东南苗族侗族自治州天柱县邦洞镇铁厂村，27°0'27.4"N, 109°9'38.7"E。母质为泥页岩残坡积物，海拔 469 m，地形为丘陵下坡，梯田，坡度<2°；50 cm 深度土壤年均温度约 18.5℃。土地利用方式为水田，编号为 52-116。

邦洞系代表性单个土体剖面

Ap1：0～12 cm，灰黄棕色（10YR 5/2，润），棕灰色（10YR 6/1，干）；细土质地为壤土；润；块状结构；疏松；少量根系；少量铁锈纹；微酸性；向下层平滑较清晰过渡。

Ap2：12～23 cm，灰黄棕色（10YR 5/2，润），棕灰色（10YR 6/1，干）；细土质地为砂质黏壤土；润；大块状结构，坚实；大量铁斑及锈纹；夹有 10%的砾石；中性；向下层平滑清晰过渡。

Br1：23～43 cm，黄橙色（7.5YR 7/8，润），淡黄橙色（7.5YR 8/6，干）；细土质地为砂质黏壤土；润；大块状结构，坚实；可见多量垂直向分布的铁锰斑纹；微酸性；向下层平滑渐变过渡。

Br2：43～90 cm，橙色（7.5YR 6/8，润），暗橙色（7.5YR 7/4，干）；细土质地为壤土；润；大块状结构，坚实；极少量铁斑纹；中性。

邦洞系代表性单个土体物理性质

土层	深度/cm	砾石(>2 mm，体积分数)/%	细土颗粒组成(粒径：mm)/(g/kg)			细土质地(美国制)	容重/(g/cm^3)
			砂粒 2～0.05	粉砂 0.05～0.002	黏粒<0.002		
Ap1	0～12	10	453	407	140	壤土	1.18
Ap2	12～23	5	510	253	237	砂质黏壤土	1.34
Br1	23～43	2	515	246	240	砂质黏壤土	1.39
Br2	43～90	2	494	282	224	壤土	1.42

邦洞系代表性单个土体化学性质

深度/cm	pH		有机质/(g/kg)	全氮(N)/(g/kg)	有效磷/(mg/kg)	速效钾/(mg/kg)	CEC_7/(cmol/kg)	盐基饱和度/%	游离氧化铁/(g/kg)	$CaCO_3$相当物/(g/kg)
	H_2O	KCl								
0～12	5.92	4.76	42.84	1.94	14.57	71	7.65	99.22	17.67	0.00
12～23	6.32	5.11	38.84	1.65	10.23	68	10.25	98.29	17.42	0.00
23～43	6.25	5.08	2.79	—	—	—	10.32	99.69	30.59	0.00
43～90	6.42	5.28	1.76	—	—	—	12.32	99.76	30.24	0.00

4.3.4 采塘村系（Caitangcun Series）

土 族：壤质盖粗骨壤质混合型非酸性热性-普通铁聚水耕人为土

拟定者：章明奎

分布与环境条件 广泛分布在黔东南、遵义、安顺、黔西南、黔南、铜仁、贵阳等岩溶地区的低山和高丘的中下坡和槽谷地，以黔南州分布最为广泛。属中亚热带湿润气候，年均日照时数1200～1300 h，年均温15.0～18.0℃，年均降水量1200～1400 mm，无霜期280～300 d，年干燥度小于1。海拔大多在1000 m以下，梯田，起源于白云岩残坡积物，经长期水耕熟化而成，利用方式为水田，水旱轮作。地下水位一般在100 cm以下。

采塘村系典型景观

土系特征与变幅 该土系诊断层包括水耕表层和水耕氧化还原层；诊断特性包括人为滞水土壤水分状况和热性土壤温度状况。剖面构型为Ap1-Ap2-Br-C，土体厚度在40～80 cm；受长期灌溉植稻的影响，剖面中下部有明显的铁锰胶膜或铁锰斑纹，其氧化铁含量显著高于表土；水耕氧化还原层厚度在20～60 cm；土壤质地主要为粉砂壤土，砾石含量低于25%；润土色调在10YR～7.5YR；土壤pH主要在5.5～7.5。

对比土系 西江系、雷山系，同一亚类。但西江系成土母质为河流冲积物，矿物学类型为硅质混合型；雷山系成土母质为泥页岩坡积物，土体较深厚，在80～125 cm，颗粒大小级别为粗骨壤质。

利用性能综述 采塘村系土壤有机质丰富，全氮中等，有效磷和速效钾较低，土壤保肥能力中等，土壤耕性良好。在施肥上要注意多施磷、钾肥和早期速效性氮肥。同时，应继续增施有机肥，保持和提高土壤肥力。

参比土种 大眼泥田。

代表性单个土体 于2015年9月21日采自贵州省黔东南苗族侗族自治州从江县谷坪乡采塘村，25°50'48.3"N, 108°51'45.6"E。母质为白云岩残坡积物，海拔616 m，地形为低山中下坡，梯田，坡度为45°；50 cm深度土壤年均温度约18.0℃。土地利用方式为水田，编号为52-121。

西江系代表性单个土体剖面

Ap1：0～15 cm，暗灰黄色（2.5Y 5/2，润），灰色（5Y 6/1，干）；细土质地为壤土；潮；块状结构，稍坚实；少量根系；少量黄色铁锈纹锈斑；酸性；向下层平滑较清晰过渡。

Ap2：15～26 cm，淡黄橙色（10YR 6/3，润），灰白色（10YR 8/1，干）；细土质地为壤土；潮；块状结构，坚实；有明显垂直向分布的黄色铁斑及锈纹；酸性；向下层平滑清晰过渡。

Br：26～63 cm，黄斑层。橙色（7.5YR 6/8，润），亮黄棕色（10YR 7/6，干）；细土质地为壤土；潮；块状结构，坚实；结构面上有大量黄色氧化铁淀积；微酸性；向下层平滑渐变过渡。

C：63～140 cm，亮黄棕色（2.5Y 6/6，润），淡黄色（2.5Y 7/3，干）；细土质地为砂质壤土；潮；散粒状；下部受地下水影响出现较多的氧化铁锈斑；微酸性。

西江系代表性单个土体物理性质

土层	深度/cm	砾石(>2 mm，体积分数)/%	细土颗粒组成(粒径：mm)/(g/kg)			细土质地(美国制)	容重/(g/cm^3)
			砂粒 2～0.05	粉砂 0.05～0.002	黏粒<0.002		
Ap1	0～15	2	493	353	154	壤土	1.28
Ap2	15～26	2	391	425	184	壤土	1.46
Br	26～63	2	383	413	205	壤土	1.43
C	63～140	10	530	355	115	砂质壤土	1.45

西江系代表性单个土体化学性质

深度/cm	pH		有机质/(g/kg)	全氮(N)/(g/kg)	有效磷/(mg/kg)	速效钾/(mg/kg)	CEC$_7$/(cmol/kg)	盐基饱和度/%	游离氧化铁/(g/kg)	$CaCO_3$相当物/(g/kg)
	H_2O	KCl								
0～15	5.32	4.23	38.52	2.15	7.33	34	6.56	87.04	4.98	0.00
15～26	5.08	4.02	8.38	0.87	4.23	29	7.23	78.42	20.58	0.00
26～63	5.52	4.23	7.45	—	—	—	7.23	92.12	39.33	0.00
63～140	5.72	4.42	4.17	—	—	—	4.51	88.14	23.72	0.00

4.4 漂白简育水耕人为土

4.4.1 黄泥坳系（Huangni'ao Series）

土 族：黏壤质硅质混合型非酸性热性-漂白简育水耕人为土

拟定者：章明奎

分布与环境条件 零星分布在安顺、黔东南、铜仁等地的低山坡麓、丘陵缓坡地带。属中亚热带湿润气候，年均日照时数1150～1200 h，年均温 16.0～18.0℃，年均降水量 1250～1400 mm，无霜期 285～300 d，年干燥度小于 1。海拔大多在1000 m 以下，起源于泥页岩坡积物，经长期水耕熟化而成，利用方式为水田，水旱轮作。地下水位一般在 80 cm 以下。

黄泥坳系典型景观

土系特征与变幅 该土系诊断层包括水耕表层、水耕氧化还原层和漂白层；诊断特性包括人为滞水土壤水分状况和热性土壤温度状况。剖面构型为 Ap1-Ap2-E-C，土体厚度在 80～125 cm；剖面中下部氧化铁淀积较弱；漂白层出现在地表 25 cm 以下，厚度 50～100 cm；土壤质地主要为黏壤土和壤土，砾石含量低于 25%；润土色调在 5Y～2.5Y；土壤 pH 主要在 5.5～7.5。

对比土系 芦山村系，同一土族。但芦山村系成土母质为河流冲积物，表土质地为粉砂壤土，并与犁底层间土壤颗粒组成相差明显，黏粒含量相差 150 g/kg 以上。

利用性能综述 黄泥坳系土壤养分较低，有机质、全氮、速效钾和有效磷多在中下水平，土壤保肥性能较低，基础地力一般。在改良上，应开沟截断侧渗水，防止侧向淋洗；增施有机肥，合理施用磷、钾肥，逐渐提高土壤肥力水平和供肥能力。在利用上，可采取稻-油、稻-肥复种轮作，用养结合。

参比土种 白胶泥田。

代表性单个土体 于 2015 年 7 月 31 日采自贵州省铜仁市石阡县聚凤仡佬族侗族乡黄泥坳自然村，27°50'19.8"N, 108°1'15.5"E。母质为泥页岩坡积物，海拔 746 m，地形为低山中坡，梯田，坡度为 25°左右；50 cm 深度土壤年均温度约 18.5℃。土地利用方式为水田，编号为 52-046。

黄泥坳系代表性单个土体剖面

Ap1：0～18 cm，黄棕色（2.5Y 5/3，润），淡黄色（5Y 7/3，干）；细土质地为黏壤土；湿；团粒状结构，稍坚实；少量根系；见少量根孔状铁斑纹；微酸性；向下层平滑清晰过渡。

Ap2：18～33 cm，暗灰黄色（2.5Y 5/2，润），灰白色（5Y 7/2，干）；细土质地为壤土；潮；大块状结构，坚实；见中量铁斑或锈纹；微酸性；向下层平滑渐变过渡。

E1：33～70 cm，暗灰黄色（2.5Y 5/2，润），灰白色（7.5Y 7/1，干）；细土质地为黏壤土；潮；大棱柱状结构，坚实；大量铁斑及锈纹；存在轻微漂洗，微酸性；向下层平滑渐变过渡。

E2：70～110 cm，灰色（5Y 5/1，润），灰色（7.5Y 6/1，干）；细土质地为壤土；潮；大块状结构，坚实；中量铁锰斑纹（占结构面的 15%～25%）；微酸性。

C：110 cm 以下，由石块（占 35%）与细土混合而成，散粒状。

黄泥坳系代表性单个土体物理性质

土层	深度/cm	砾石(>2 mm，体积分数)/%	细土颗粒组成(粒径：mm)/(g/kg)			细土质地(美国制)	容重/(g/cm^3)
			砂粒 2～0.05	粉砂 0.05～0.002	黏粒<0.002		
Ap1	0～18	7	230	479	290	黏壤土	1.25
Ap2	18～33	3	275	474	250	壤土	1.39
E1	33～70	0	201	521	278	黏壤土	1.42
E2	70～110	13	297	459	244	壤土	1.43
C	>110	35	—	—	—	—	—

黄泥坳系代表性单个土体化学性质

深度/cm	pH		有机质/(g/kg)	全氮(N)/(g/kg)	有效磷/(mg/kg)	速效钾/(mg/kg)	CEC_7/(cmol/kg)	盐基饱和度/%	游离氧化铁/(g/kg)	$CaCO_3$相当物/(g/kg)
	H_2O	KCl								
0～18	6.49	5.34	17.40	1.85	7.19	51	12.32	97.40	13.49	0.00
18～33	5.75	4.56	13.92	1.23	5.47	63	11.46	90.14	15.46	0.00
33～70	5.99	4.75	13.59	—	—	—	10.68	91.85	12.84	0.00
70～110	6.46	5.23	14.51	—	—	—	9.56	98.90	11.83	0.00

4.4.2 芦山村系（Lushancun Series）

土 族：黏壤质硅质混合型非酸性热性-漂白简育水耕人为土

拟定者：章明奎

分布与环境条件 零星分布在遵义、黔西南、六盘水、贵阳等地河流两岸阶地，被群山包围，地势由山地向河流倾斜。属中亚热带湿润气候，年均日照时数1150～1250 h，年均温 14.0～16.0℃，年均降水量 1100～1300 mm，无霜期 280～295 d，年干燥度小于 1。海拔大多在800～1350 m，起源于河流冲积物，经长期水耕熟化而成，利用方式为水田，水旱轮作。地下水位一般在 60 cm 以下。

芦山村系典型景观

土系特征与变幅 该土系诊断层包括水耕表层、水耕氧化还原层和漂白层；诊断特性包括人为滞水土壤水分状况和热性土壤温度状况。剖面构型为 Ap1-Ap2-E-C，土体厚度在80～125 cm，剖面中下部氧化铁淀积较弱；因耕作层与水耕氧化还原层间质地变化明显，Ap2 与 E 层间可见明显的侧渗水流，受侧渗水的影响，地表 25 cm 以下出现漂白层，厚度 50～100 cm；表土质地以粉砂壤土为主，心土质地多为粉砂质黏壤土和砂质黏壤土，砾石含量低于 25%；润土色调在 2.5Y～10YR；土壤剖面上下 pH 变化较大，在 4.5～7.5，上层土壤因受周围石灰岩山体风化液的影响，其 pH 明显高于底土。

对比土系 黄泥坳系，同一土族。但黄泥坳系成土母质为泥页岩坡积物，表土质地为黏壤土，表土与犁底层间土壤颗粒组成相差不大，黏粒含量相差 150 g/kg 以下。

利用性能综述 芦山村系土壤有机质和全氮较高，速效钾和有效磷多在中下水平，土壤保肥性能中等，肥效前劲足，后劲差；耕性良好，灌溉条件较有保障，适宜稻-油轮作。在改良上，应增施有机肥，配施磷、钾肥；重施底肥，适时看苗补施速效肥料；用养结合，不断培肥地力。

参比土种 潮砂泥田。

代表性单个土体 于 2015 年 8 月 21 日采自贵州省贵阳市修文县久长镇芦山村，26°57'38.4"N，106°43'28.0"E。母质为河流冲积物，海拔 1306 m，地形为坝地（冲积平原），坡度<2°；50 cm 深度土壤年均温度约 16.2℃。土地利用方式为水田，水旱轮作，编号为 52-063。

芦山村系代表性单个土体剖面

Ap1：0～18 cm，灰黄棕色（10YR 4/2，润），暗黄橙色（10YR 7/2，干）；细土质地为粉砂壤土；潮；小块状结构，疏松；中量根系；中性；向下层平滑清晰过渡。

Ap2：18～27 cm，灰黄棕色（10YR 4/2，润），暗黄橙色（10YR 7/2，干）；细土质地为粉砂质黏壤土；湿；块状结构，坚实；少量铁斑及锈纹；微酸性；向下层平滑清晰过渡。

E1：27～85 cm，灰白色（10YR 7/1，润），灰白色（7.5Y 8/1，干）；细土质地为砂质黏壤土；潮；棱柱状结构，坚实；中量铁锰锈纹；酸性；向下层平滑清晰过渡。

E2：85～110 cm，黄灰色（2.5Y 6/1，润），灰色（7.5Y 6/1，干）；细土质地为砂质壤土；湿；散块状结构，稍坚实；中量铁锰锈纹；酸性。

芦山村系代表性单个土体物理性质

土层	深度/cm	砾石(>2 mm，体积分数)/%	细土颗粒组成(粒径：mm)/(g/kg)			细土质地(美国制)	容重/(g/cm^3)
			砂粒 2～0.05	粉砂 0.05～0.002	黏粒<0.002		
Ap1	0～18	7	154	702	143	粉砂壤土	1.15
Ap2	18～27	4	109	500	391	粉砂质黏壤土	1.35
E1	27～85	0	545	221	233	砂质黏壤土	1.49
E2	85～110	19	580	221	198	砂质壤土	1.52

芦山村系代表性单个土体化学性质

深度/cm	pH		有机质/(g/kg)	全氮(N)/(g/kg)	有效磷/(mg/kg)	速效钾/(mg/kg)	CEC_7/(cmol/kg)	盐基饱和度/%	游离氧化铁/(g/kg)	$CaCO_3$相当物/(g/kg)
	H_2O	KCl								
0～18	6.60	5.54	38.96	2.86	13.98	52	9.87	96.76	10.18	0.00
18～27	6.46	5.32	17.71	1.32	8.45	67	15.65	99.71	8.99	0.00
27～85	4.90	4.12	5.45	0.54	3.24	38	12.35	81.54	8.10	0.00
85～110	4.63	3.74	4.96	—	—	—	8.74	62.81	4.48	0.00

4.5　普通简育水耕人为土

4.5.1　茶店系（Chadian Series）

土　族：极黏质混合型石灰性热性-普通简育水耕人为土

拟定者：章明奎

分布与环境条件　分布在遵义、铜仁、安顺、黔南等地的岩溶地区，多地处低山丘陵坡地。属中亚热带湿润气候，年均日照时数1100～1250 h，年均温 14.0～17.0 ℃，年均降水量 1100～1300 mm，无霜期 280～300 d，年干燥度小于 1。海拔在 300～1350 m，起源于石灰岩坡积物，经长期水耕熟化而成，利用方式为水田，水旱轮作。地下水位一般在 100 cm 以下。

茶店系典型景观

土系特征与变幅　该土系诊断层包括水耕表层和水耕氧化还原层；诊断特性包括人为滞水土壤水分状况和热性土壤温度状况。剖面构型为 Ap1-Ap2-Br-C，土体厚度在 50～80 cm，剖面中下部氧化铁淀积较少；水耕氧化还原层厚度在 30～60 cm；土壤质地多为黏土，砾石含量低于 25%；润土色调在 7.5YR～5YR；有石灰反应。

对比土系　龙广系，同一亚类，成土母质也为石灰岩坡积物。但龙广系土体深厚，在 125 cm 以上；黏粒含量稍低，颗粒大小级别为黏质。

利用性能综述　茶店系土壤有机质、全氮和速效钾中等，有效磷多在中下水平，保肥能力强，但因土质黏重，耕性不良，土壤通透性差；灌溉无保障，易旱；熟化程度较低。在改良上，应加强水利建设，提高保灌能力；重施有机肥，改善土壤物理性状；配施磷、钾肥，改善土壤供肥能力。有条件的区域，可掺砂改良。

参比土种　大土泥田。

代表性单个土体　于 2016 年 8 月 30 日采自贵州省铜仁市万山区茶店镇塘贤村，27°37'14.9"N, 109°8'28.0"E。母质为石灰岩坡积物，海拔 655 m，地形为低山梯田，坡度 <2°；50 cm 深度土壤年均温度约 17.5℃。土地利用方式为水田，水旱轮作，编号为 52-145。

茶店系代表性单个土体剖面

Ap1：0～15 cm，暗橙色（7.5YR 6/4，润），暗橙色（7.5YR 7/4，干）；细土质地为黏土；湿；块状结构，稍坚实；少量细根；少量氧化铁锈纹锈斑；微碱性；向下层平滑渐变过渡。

Ap2：15～23 cm，淡红棕色（5YR 4/4，润），暗橙色（7.YR 6/4，干）；细土质地为黏土；润；大块状结构，坚实；微碱性；向下层平滑渐变过渡。

Br：23～78 cm，红棕色（5YR 4/8，润），暗红棕色（5YR 5/3，干）；细土质地为黏土；润；大块状结构，坚实；夹 10%直径 5～10 mm 石块，结构面上见少量氧化铁斑；微碱性；向下层平滑清晰过渡。

C：78～120 cm，亮红棕色（5YR 5/6，润），暗红棕色（5YR 5/4，干）；细土质地为黏土；润；小块状结构，坚实，含 40%左右半风化石灰岩碎屑；微碱性。

茶店系代表性单个土体物理性质

土层	深度/cm	砾石(>2 mm，体积分数)/%	细土颗粒组成(粒径：mm)/(g/kg)			细土质地(美国制)	容重/(g/cm^3)
			砂粒 2～0.05	粉砂 0.05～0.002	黏粒<0.002		
Ap1	0～15	3	86	230	684	黏土	1.29
Ap2	15～23	3	51	223	726	黏土	1.53
Br	23～78	10	43	198	759	黏土	1.57
C	78～120	40	63	200	737	黏土	1.64

茶店系代表性单个土体化学性质

深度/cm	pH		有机质/(g/kg)	全氮(N)/(g/kg)	有效磷/(mg/kg)	速效钾/(mg/kg)	CEC$_7$/(cmol/kg)	盐基饱和度/%	游离氧化铁/(g/kg)	$CaCO_3$相当物/(g/kg)
	H_2O	KCl								
0～15	7.84	—	28.93	2.75	8.36	105	21.14	100.00	40.78	20.75
15～23	8.20	—	24.43	2.14	5.64	89	19.65	100.00	35.97	24.00
23～78	8.05	—	22.71	1.78	3.65	98	18.54	100.00	37.00	19.58
78～120	8.04	—	19.85	—	—	—	19.25	100.00	48.00	25.83

4.5.2 闵孝系（Minxiao Series）

土 族：黏壤质混合型酸性热性-普通简育水耕人为土

拟定者：章明奎

分布与环境条件 分布在黔西南、黔南、安顺、铜仁等地的低山、丘陵坡地及坡麓地带。属中亚热带湿润气候，年均日照时数1100～1200 h，年均温 15.0～18.0℃，年均降水量 1100～1300 mm，无霜期 285～300 d，年干燥度小于 1。海拔在 800 m以下，起源于泥页岩坡积物及其再积物，经长期水耕熟化而成，利用方式为水田，水旱轮作。地下水位一般在 100 cm 以下。

闵孝系典型景观

土系特征与变幅 该土系诊断层包括水耕表层和水耕氧化还原层；诊断特性包括人为滞水土壤水分状况和热性土壤温度状况。剖面构型为 Ap1-Ap2-Br-C，土体厚度在 80～125 cm，剖面中下部氧化铁淀积较弱；水耕氧化还原层厚度在 60～100 cm；土壤质地主要为粉砂质黏壤土，砾石含量低于 25%；润土色调在 7.5YR～5YR；土壤 pH 主要在 5.5以下。

对比土系 垣村系，同一土族。但垣村系成土母质为砂岩坡积物，其水耕表层土色比7.5YR 更黄。

利用性能综述 闵孝系土壤有机质中等，速效钾在中上水平，但全氮和有效磷多在中下水平，保肥能力一般，水源较有保障。但因其土质黏重，土壤坚实，耕性不良，土壤通透性差；土壤酸度较强。在改良上，应增施有机肥，配施石灰，增加钙镁磷肥和锌肥的施用；可推行稻-油菜、稻-肥复种轮作，用养结合，促进水耕熟化。

参比土种 红泥田。

代表性单个土体 于2016年8月30日采自贵州省铜仁市江口县闵孝镇闵孝收费站附近，27°41'14.5"N, 108°37'51.3"E。母质为泥页岩坡积物及其再积物，海拔 533 m，地形为山前低凹坡麓，梯田，坡度约 10°；50 cm 深度土壤年均温度约 18.5℃。土地利用方式为水田，编号为 52-146。

闵孝系代表性单个土体剖面

Ap1：0～17 cm，淡红棕色（5YR 5/3，润），亮棕灰色（5YR 7/1，干）；细土质地为粉砂质黏壤土；润；块状结构，稍坚实；中量根系；见少量黄色铁锈纹锈斑；酸性；向下层平滑渐变过渡。

Ap2：17～28 cm，灰棕色（5YR 5/2，润），亮棕灰色（5YR 7/2，干）；细土质地为粉砂质黏壤土；润；大块状结构，坚实；见少量锈纹；酸性；向下层平滑清晰过渡。

Br1：28～63 cm，灰棕色（7.5YR 5/2，润），亮棕灰色（7.5YR 7/2，干）；细土质地为粉砂质黏壤土；潮；大棱块状结构，稍坚实；结构面上有大量氧化铁斑（颜色为 5YR 5/4）；酸性；向下层平滑清晰过渡。

Br2：63～120 cm，灰棕色（7.5YR 5/2，润），亮棕灰色（7.5YR 7/2，干）；细土质地为粉砂质黏壤土；潮；块状结构，稍坚实；结构面上有少量铁锰斑；微酸性。

闵孝系代表性单个土体物理性质

土层	深度/cm	砾石(>2 mm，体积分数)/%	细土颗粒组成(粒径：mm)/(g/kg)			细土质地(美国制)	容重/(g/cm^3)
			砂粒 2～0.05	粉砂 0.05～0.002	黏粒<0.002		
Ap1	0～17	2	143	515	342	粉砂质黏壤土	1.25
Ap2	17～28	5	158	523	319	粉砂质黏壤土	1.52
Br1	28～63	2	121	529	349	粉砂质黏壤土	1.49
Br2	63～120	3	126	544	330	粉砂质黏壤土	1.68

闵孝系代表性单个土体化学性质

深度/cm	pH		有机质/(g/kg)	全氮(N)/(g/kg)	有效磷/(mg/kg)	速效钾/(mg/kg)	CEC_7/(cmol/kg)	盐基饱和度/%	游离氧化铁/(g/kg)	$CaCO_3$相当物/(g/kg)
	H_2O	KCl								
0～17	5.44	4.32	29.23	1.23	3.81	174	12.32	99.19	21.42	0.00
17～28	5.28	4.13	24.76	1.17	2.23	141	10.25	94.93	17.07	0.00
28～63	5.00	4.02	30.43	1.52	3.54	98	9.65	88.19	16.72	0.00
63～120	5.51	4.34	32.75	—	—	—	8.23	95.14	19.13	0.00

4.5.3 垣村系（Yuancun Series）

土　族：黏壤质混合型酸性热性-普通简育水耕人为土

拟定者：章明奎

分布与环境条件 分布在铜仁、遵义、黔东南、黔南、安顺、贵阳等地的低山坡地。属中亚热带湿润气候，年均日照时数1150～1250 h，年均温14.0～17.0℃，年均降水量1000～1200 mm，无霜期275～290 d，年干燥度小于1。海拔在800～1350 m，起源于砂岩坡积物，经长期水耕熟化而成，利用方式为水田，水旱轮作。地下水位一般在100 cm以下。

垣村系典型景观

土系特征与变幅 该土系诊断层包括水耕表层和水耕氧化还原层；诊断特性包括人为滞水土壤水分状况和热性土壤温度状况。剖面构型为Ap1-Ap2-Br-C，土体厚度在80～125 cm，剖面中下部氧化铁淀积较少；水耕氧化还原层厚度在60～100 cm；土壤质地在粉砂壤土与黏土之间变化，砾石含量低于25%；润土色调在10YR～7.5YR；土壤pH主要在5.5以下。

对比土系 闵孝系，同一土族。但闵孝系成土母质为泥页岩坡积物及其再积物，其水耕表层土色比5YR更红。

利用性能综述 垣村系土壤有机质和全氮较高，速效钾在中上水平，但有效磷多在中下水平，保肥能力较低；水源一般不能保障，易受旱灾；其耕性良好，土壤通透性较佳。在改良上，应加强水利建设，改善灌溉条件；适当增加磷肥的施用；可推行稻-肥复种轮作，用养结合，促进水耕熟化。

参比土种 幼黄泥田。

代表性单个土体 于2015年8月28日采自贵州省安顺市平坝县鼓楼街道城垣村森林公园附近，26°25'20.4"N, 106°16'43.9"E。母质为砂岩坡积物，海拔1309 m，地形为低山中下坡，梯田，坡度为5°左右；50 cm深度土壤年均温度约16.2℃。土地利用方式为水田，水旱轮作，编号为52-113。

垣村系代表性单个土体剖面

Ap1：0～15 cm，棕色（7.5YR 4/3，润），棕灰色（10YR 6/1，干）；细土质地为粉砂壤土；潮；块状结构，稍疏松；中量根系；少量根孔状锈纹；中性；向下层平滑较清晰过渡。

Ap2：15～26 cm，棕色（7.5YR 4/4，润），暗黄橙色（10YR 7/3，干）；细土质地为壤土；潮；大块状结构，坚实；少量铁斑及锈纹；酸性；向下层平滑渐变过渡。

Br1：26～40 cm，淡棕色（7.5YR 5/4，润），暗黄橙色（10YR 7/3，干）；细土质地为粉砂壤土；润；块状结构，稍坚实；少量铁锈纹斑；酸性；向下层平滑渐变过渡。

Br2：40～95 cm，橙色（7.5YR 7/6，润），淡黄橙色（10YR 8/4，干）；细土质地为壤土；润；大块状结构，坚实；大量铁斑纹；酸性；向下层波状清晰过渡。

Br3：95～110 cm，灰白色（7.5YR 8/2，润），灰白色（10YR 8/1，干）；细土质地为黏土；润；小块状结构，稍坚实；酸性。

垣村系代表性单个土体物理性质

土层	深度/cm	砾石(>2 mm，体积分数)/%	细土颗粒组成(粒径：mm)/(g/kg)			细土质地(美国制)	容重/(g/cm³)
			砂粒 2～0.05	粉砂 0.05～0.002	黏粒<0.002		
Ap1	0～15	0	273	579	148	粉砂壤土	1.20
Ap2	15～26	3	255	494	251	壤土	1.36
Br1	26～40	0	230	505	265	粉砂壤土	1.39
Br2	40～95	0	267	497	236	壤土	1.33
Br3	95～110	0	330	109	561	黏土	1.28

垣村系代表性单个土体化学性质

深度/cm	pH		有机质/(g/kg)	全氮(N)/(g/kg)	有效磷/(mg/kg)	速效钾/(mg/kg)	CEC_7/(cmol/kg)	盐基饱和度/%	游离氧化铁/(g/kg)	$CaCO_3$相当物/(g/kg)
	H_2O	KCl								
0～15	7.00	—	51.08	2.91	5.08	140	7.26	100.00	35.92	0.00
15～26	5.42	4.42	25.82	1.23	4.41	124	9.68	95.09	32.75	0.00
26～40	5.42	4.38	12.09	0.74	3.25	118	10.23	93.99	32.46	0.00
40～95	5.41	4.29	13.89	—	—	—	8.56	93.25	51.40	0.00
95～110	5.24	4.13	8.81	—	—	—	18.65	87.67	14.10	0.00

4.5.4 龙广系（Longguang Series）

土 族：黏质混合型石灰性热性-普通简育水耕人为土
拟定者：章明奎

分布与环境条件 分布在黔西南、遵义、安顺、黔东南等岩溶地区的低山坡麓地段。属中亚热带湿润气候，年均日照时数1100～1200 h，年均温 14.0～17.0℃，年均降水量 1100～1300 mm，无霜期 270～285 d，年干燥度小于 1。海拔在 600～1300 m，起源于石灰岩坡积物，经长期水耕熟化而成，利用方式为水田，水旱轮作。地下水位一般在 80 cm 以下。

龙广系典型景观

土系特征与变幅 该土系诊断层包括水耕表层和水耕氧化还原层；诊断特性包括人为滞水土壤水分状况和热性土壤温度状况。剖面构型为 Ap1-Ap2-Br-C，土体厚度在 125 cm 以上，剖面中下部氧化铁淀积较弱；水耕氧化还原层厚度在 100 cm 以上；土壤质地主要为黏土，砾石含量低于 25%；润土色调在 2.5Y～10YR；土壤有石灰反应。

对比土系 茶店系，同一亚类，成土母质也为石灰岩坡积物。但茶店系黏粒含量更高，其颗粒大小级别为极黏质。

利用性能综述 龙广系土壤有机质、全氮较高，速效钾和有效磷多在中等水平，保肥能力强，但因土质黏重，耕性不良，土壤通透性差；水源基本能够保障，水耕熟化程度较高，土壤呈微碱性反应。在改良上，应增加有机肥的投入，进一步改善土壤物理性状，适量增施磷肥，早施追肥；推行稻-油、稻-肥轮作，坚持秸秆还田，不断培肥地力。有条件的区域，可掺砂改良。

参比土种 大泥田。

代表性单个土体 于 2015 年 8 月 26 日采自贵州省黔西南布依族苗族自治州安龙县龙广镇纳桃村板拉自然村，25°5'39.4"N, 105°11'33.8"E。母质为石灰岩坡积物，海拔 1206 m，地形为低山坡麓，坡度<3°；50 cm 深度土壤年均温度约 16.5℃。土地利用方式为水田，编号为 52-101。

龙广系代表性单个土体剖面

Ap1：0～18 cm，暗棕色（10YR 3/4，润），暗黄橙色（10YR 6/3，干）；细土质地为黏土；湿；块状结构，疏松；少量根系；少量铁斑及锈纹；中性；向下层平滑较清晰过渡。

Ap2：18～32 cm，棕色（10YR 4/4，润），暗黄橙色（10YR 6/3，干）；细土质地为黏土；潮；大块状结构，坚实；少量铁斑及锈纹；微碱性；向下层平滑清晰过渡。

Br1：32～50 cm，淡黄棕色（10YR 5/4，润），暗黄橙色（10YR 6/3，干）；细土质地为粉砂质黏壤土；潮；大块状结构，坚实；中量铁锈斑纹；微碱性；向下层平滑渐变过渡。

Br2：50～90 cm，淡黄橙色（10YR 7/3，润），灰黄棕色（10YR 6/2，干）；细土质地为黏土；潮；大块状结构，坚实；大量铁斑纹；微碱性；向下层平滑渐变过渡。

Br3：90～140 cm，淡黄橙色（10YR 7/4，润），暗黄橙色（10YR 7/2，干）；细土质地为黏土；潮；块状结构，坚实；大量铁斑纹；微碱性；向下层平滑渐变过渡。

龙广系代表性单个土体物理性质

土层	深度/cm	砾石(>2 mm，体积分数)/%	细土颗粒组成(粒径：mm)/(g/kg)			细土质地(美国制)	容重/(g/cm^3)
			砂粒 2～0.05	粉砂 0.05～0.002	黏粒<0.002		
Ap1	0～18	4	251	293	456	黏土	1.13
Ap2	18～32	2	271	276	454	黏土	1.34
Br1	32～50	2	140	568	293	粉砂质黏壤土	1.54
Br2	50～90	1	118	343	539	黏土	1.47
Br3	90～140	1	180	359	461	黏土	1.52

龙广系代表性单个土体化学性质

深度/cm	pH		有机质/(g/kg)	全氮(N)/(g/kg)	有效磷/(mg/kg)	速效钾/(mg/kg)	CEC_7/(cmol/kg)	盐基饱和度/%	游离氧化铁/(g/kg)	$CaCO_3$相当物/(g/kg)
	H_2O	KCl								
0～18	7.36	—	68.85	2.10	12.32	101	21.23	100.00	54.52	95.92
18～32	7.85	—	31.71	1.34	8.45	97	20.66	100.00	62.40	122.31
32～50	7.87	—	48.11	1.87	5.46	68	15.65	100.00	73.35	89.75
50～90	7.83	—	12.43	0.54	3.56	71	23.65	100.00	58.19	14.09
90～140	7.74	—	10.94	—	—	—	21.23	100.00	75.81	16.73

4.5.5　久长系（Jiuchang Series）

土　族：黏质混合型非酸性温性-普通简育水耕人为土

拟定者：章明奎

分布与环境条件　零星分布在遵义、贵阳、安顺等岩溶地区的中山坡麓地段。属暖温带湿润气候，年均日照时数 1300～1400 h，年均温 13.0～14.0℃，年均降水量 1200～1300 mm，无霜期 250～265 d，年干燥度小于 1。海拔在 1300～1500 m，起源于石灰岩坡积物，经长期水耕熟化而成，利用方式为水田，水旱轮作。地下水位一般在 100 cm 以下。

久长系典型景观

土系特征与变幅　该土系诊断层包括水耕表层和水耕氧化还原层；诊断特性包括人为滞水土壤水分状况和温性土壤温度状况。剖面构型为 Ap1-Ap2-Br-C，土体厚度在 80～125 cm，剖面中下部氧化铁淀积较弱；水耕氧化还原层厚度在 80～100 cm；土壤质地多为粉砂质黏土和粉砂质黏壤土，砾石含量低于 25%；润土色调在 10YR～7.5YR；除表土受周围石灰岩山体风化液影响有石灰反应外，土壤 pH 主要在 5.5～7.5。

对比土系　缠溪系，同一亚类，成土母质同为石灰岩坡积物。但缠溪系分布海拔较低，土壤温度状况为热性，润土色调在 5YR～2.5YR。

利用性能综述　久长系土壤有机质、全氮、有效磷中等水平，速效钾中上水平，保肥能力强，但因土质黏重，耕性不良，土壤通透性差；水源常不能保障，水耕熟化程度一般，土壤呈微碱至中性反应。在改良上，应增加有机肥的投入，改善土壤物理性状，培肥地力；适量增施磷肥，早施追肥；推行稻-肥轮作、秸秆还田；建设水利设施，增强灌溉能力。

参比土种　大泥田。

代表性单个土体　于 2016 年 9 月 2 日采自贵州省贵阳市修文县久长镇久长收费站附近，26°55'42.7"N, 106°41'5.8"E。母质为石灰岩坡积物，海拔 1388 m，地形为中山坡麓地带，梯田，坡度<2°；50 cm 深度土壤年均温度约 15.8℃。土地利用方式为水田，编号为 52-152。

缠溪系代表性单个土体剖面

Ap1：0～20 cm，暗红棕色（2.5YR 3/2，润），暗红棕色（5YR 6/3，干）；细土质地为粉砂质黏壤土；潮；团块状结构，疏松；多量根系；中性；向下层平滑较清晰过渡。

Ap2：20～30 cm，暗红棕色（2.5YR 2/4，润），暗红棕色（5YR 5/3，干）；细土质地为粉砂质黏壤土；潮；块状结构，稍坚实；中性；向下层平滑清晰过渡。

Br1：30～45 cm，暗红棕色（2.5YR 3/3，润），暗红棕色（5YR 5/3，干）；细土质地为粉砂质黏壤土；潮；大棱柱状结构，致密、坚实；少量铁斑及锈纹（占结构面的 5%）；微碱性；向下层平滑清晰过渡。

Br2：45～100 cm，灰红棕色（2.5YR 5/4，润），暗橙色（5YR 6/3，干）；细土质地为粉砂质黏壤土；潮；大块状结构，非常坚实；少量铁锰斑纹（占结构面的 5%）；中性。

缠溪系代表性单个土体物理性质

土层	深度/cm	砾石(>2 mm，体积分数)/%	细土颗粒组成(粒径：mm)/(g/kg)			细土质地(美国制)	容重/(g/cm^3)
			砂粒 2～0.05	粉砂 0.05～0.002	黏粒<0.002		
Ap1	0～20	5	28	525	447	粉砂质黏壤土	1.17
Ap2	20～30	11	102	470	428	粉砂质黏壤土	1.32
Br1	30～45	11	57	504	439	粉砂质黏壤土	1.46
Br2	45～100	6	43	434	524	粉砂质黏壤土	1.49

缠溪系代表性单个土体化学性质

深度/cm	pH		有机质/(g/kg)	全氮(N)/(g/kg)	有效磷/(mg/kg)	速效钾/(mg/kg)	CEC_7/(cmol/kg)	盐基饱和度/%	游离氧化铁/(g/kg)	$CaCO_3$相当物/(g/kg)
	H_2O	KCl								
0～20	7.03	—	27.45	2.41	9.73	182	23.65	100.00	47.57	0.00
20～30	6.84	5.74	25.46	2.34	6.58	154	20.14	99.85	50.91	0.00
30～45	8.01	—	23.64	—	—	—	18.65	100.00	50.06	11.26
45～100	7.44	—	10.46	—	—	—	21.56	100.00	53.75	0.00

4.5.7 良村系（Liangcun Series）

土 族：砂质硅质混合型非酸性热性-普通简育水耕人为土

拟定者：章明奎

分布与环境条件 分布在黔东南、遵义、黔南、黔西南、安顺、六盘水等地的中低山和丘陵缓坡地。属亚热带湿润气候，年均日照时数 1200～1400 h，年均温 15.0～17.0 ℃，年均降水量 1050～1350 mm，无霜期 265～295 d，年干燥度小于 1。海拔在 500～1300 m，起源于砂岩坡积物，经长期水耕熟化而成，利用方式为水田，水旱轮作。地下水位一般在 100 cm 以下。

良村系典型景观

土系特征与变幅 该土系诊断层包括水耕表层和水耕氧化还原层；诊断特性包括人为滞水土壤水分状况和热性土壤温度状况。剖面构型为 Ap1-Ap2-Br-C，土体厚度在 80～125 cm，剖面中下部氧化铁淀积较弱。水耕氧化还原层厚度在 60～100 cm；土壤质地主要为砂质壤土，砾石含量低于 25%；润土色调在 2.5Y～10YR；土壤 pH 主要在 5.5～7.5。

对比土系 米粮村系，同一土族。但米粮村系成土母质为紫色砂页岩坡积物，土色偏红，全剖面土色比 5YR 更红。

利用性能综述 良村系土壤有机质和全氮中等水平，有效磷和速效钾在中下水平，保肥能力较差，耕性良好，水源基本能够保障，水耕熟化程度中等，土壤呈微酸至中性反应。在改良上，增施有机肥，改善土壤耕作性状，增加基础地力；增施钾肥和磷肥；推行稻-油、稻-肥复种轮作，用养结合。

参比土种 黄砂泥田。

代表性单个土体 于 2015 年 7 月 28 日采自贵州省遵义市习水县良村镇良村，28°24'21.0"N, 106°25'18.6"E。母质为砂岩坡积物，海拔 1095 m，地形为中山坡麓，梯田，坡度<5°；50 cm 深度土壤年均温度约 16.5℃。土地利用方式为水田，水旱轮作，编号为 52-024。

良村系代表性单个土体剖面

Ap1：0～20 cm，棕色（10YR 4/4，润），灰黄棕色（10YR 6/2，干）；细土质地为砂质黏壤土；潮；小块状结构，疏松；少量根系；见少量铁锰斑纹；少量砖块碎物；微酸性；向下层平滑清晰过渡。

Ap2：20～29 cm，灰黄棕色（10YR 5/3，润），暗黄橙色（10YR 7/2，干）；细土质地为砂质壤土；潮；大块状结构，坚实；中量铁锰斑；微酸性；向下层平滑较清晰过渡。

Br1：29～50 cm，暗棕色（10YR 3/4，润），灰黄棕色（10YR 6/2，干）；细土质地为砂质壤土；潮；块状结构，稍坚实；大量铁锰斑；中性；向下层平滑清晰过渡。

Br2：50～82 cm，亮黄棕色（10YR 6/8，润），暗黄橙色（10YR 7/4，干）；细土质地为砂质壤土；潮；小块状结构，疏松；见少量铁锰斑纹；中性；向下层平滑清晰过渡。

C：82～125 cm，暗棕色（10YR 3/4，润），灰黄棕色（10YR 5/2，干）；细土质地为砂质壤土；潮；小块状结构，疏松；见少量铁锰斑纹；中性。

良村系代表性单个土体物理性质

土层	深度/cm	砾石(>2 mm，体积分数)/%	细土颗粒组成(粒径：mm)/(g/kg)			细土质地(美国制)	容重/(g/cm^3)
			砂粒 2～0.05	粉砂 0.05～0.002	黏粒<0.002		
Ap1	0～20	0	777	5	218	砂质黏壤土	1.26
Ap2	20～29	0	589	258	153	砂质壤土	1.43
Br1	29～50	0	598	252	150	砂质壤土	1.45
Br2	50～82	2	560	250	190	砂质壤土	1.47
C	82～125	0	542	313	145	砂质壤土	1.42

良村系代表性单个土体化学性质

深度/cm	pH		有机质/(g/kg)	全氮(N)/(g/kg)	有效磷/(mg/kg)	速效钾/(mg/kg)	CEC$_7$/(cmol/kg)	盐基饱和度/%	游离氧化铁/(g/kg)	$CaCO_3$相当物/(g/kg)
	H_2O	KCl								
0～20	5.86	4.58	22.20	2.25	17.75	21	10.32	92.93	15.41	0.00
20～29	6.45	5.32	12.91	1.32	6.68	39	7.56	99.17	14.75	0.00
29～50	6.60	5.46	9.27	—	—	—	6.43	99.03	18.97	0.00
50～82	6.57	5.48	6.17	—	—	—	6.66	98.87	20.46	0.00
82～125	6.69	5.58	14.56	—	—	—	5.21	99.09	15.57	0.00

4.5.8　米粮村系（Miliangcun Series）

土　族：砂质硅质混合型非酸性热性-普通简育水耕人为土

拟定者：章明奎

分布与环境条件　分布在遵义、六盘水、毕节、黔东南、黔西南等地的低山和丘陵缓坡地。属亚热带湿润气候，年均日照时数 1200～1400 h，年均温 15.0～17.0℃，年均降水量 1100～1300 mm，无霜期 275～295 d，年干燥度小于 1。海拔在 400～1300 m，起源于紫色砂页岩坡积物，经长期水耕熟化而成，利用方式为水田，水旱轮作。地下水位一般在 100 cm 以下。

米粮村系典型景观

土系特征与变幅　该土系诊断层包括水耕表层和水耕氧化还原层；诊断特性包括人为滞水土壤水分状况和热性土壤温度状况。剖面构型为 Ap1-Ap2-Br-C，土体厚度在 80～125 cm，剖面中下部氧化铁淀积较少。水耕氧化还原层厚度在 50～100 cm；土壤质地主要为砂质壤土和砂质黏壤土，砾石含量低于 25%；受母质影响，润土色调主要在 5YR～10R；土壤 pH 主要在 5.5～7.5。

对比土系　良村系，同一土族。但良村系成土母质为砂岩坡积物，土色偏黄，全剖面润土色比 7.5YR 更黄。

利用性能综述　米粮村系基础肥力低，土壤有机质、全氮、有效磷和速效钾多在中下水平，保肥能力较差，但耕性良好，水源基本能够保障，土壤呈微酸至中性反应。在改良上，增施有机肥，做好秸秆还田，改善土壤耕作性状，增加基础地力；并根据作物生长状况，追施钾肥和磷肥；推行稻-油、稻-肥复种轮作，用养结合。

参比土种　血砂泥田。

代表性单个土体　于 2015 年 7 月 29 日采自贵州省遵义市赤水市元厚镇米粮村，28°19'41.9"N, 105°57'32.6"E。母质为紫色砂页岩坡积物，海拔 436 m，地形为丘陵中下坡，梯田，坡度为 15°～25°；50 cm 深度土壤年均温度约 18.5℃。土地利用方式为水田，水旱轮作，编号为 52-030。

米粮村系代表性单个土体剖面

Ap1：0～18 cm，红棕色（2.5YR 4/6，润），暗红棕色（2.5YR 5/4，干）；细土质地为砂质壤土；润；块状结构，稍坚实；少量根系；中性；向下层平滑清晰过渡。

Ap2：18～30 cm，红棕色（2.5YR 4/6，润），暗红棕色（2.5YR 5/4，干）；细土质地为砂质壤土；润；大块状结构，坚实；少量根系；中性；向下层平滑较清晰过渡。

Br：30～90 cm，红棕色（2.5YR 4/6，润），暗红棕色（2.5YR 5/4，干）；细土质地为砂质黏壤土；润；棱柱状结构，坚实；少量铁锰斑纹；中性；向下层波状渐变过渡。

C：90～125 cm，红色（10R 5/8，润），红色（10R 5/6，干）；细土质地为砂质壤土；润；小块状结构，坚实；夹杂有35%以上的石块；中性。

米粮村系代表性单个土体物理性质

土层	深度/cm	砾石(>2 mm，体积分数)/%	细土颗粒组成(粒径：mm)/(g/kg)			细土质地(美国制)	容重/(g/cm^3)
			砂粒 2～0.05	粉砂 0.05～0.002	黏粒<0.002		
Ap1	0～18	0	646	195	159	砂质壤土	1.20
Ap2	18～30	0	637	170	193	砂质壤土	1.39
Br	30～90	2	635	165	201	砂质黏壤土	1.42
C	90～125	35	628	173	199	砂质壤土	—

米粮村系代表性单个土体化学性质

深度/cm	pH		有机质/(g/kg)	全氮(N)/(g/kg)	有效磷/(mg/kg)	速效钾/(mg/kg)	CEC_7/(cmol/kg)	盐基饱和度/%	游离氧化铁/(g/kg)	$CaCO_3$相当物/(g/kg)
	H_2O	KCl								
0～18	6.42	5.38	9.22	0.88	2.88	48	6.12	99.18	13.53	0.00
18～30	7.14	—	6.22	0.54	1.98	53	12.35	100.00	13.35	0.00
30～90	7.28	—	6.26	—	—	—	11.32	100.00	13.12	0.00
90～125	7.06	—	4.27	—	—	—	10.45	100.00	12.73	0.00

4.5.9 雷山系（Leishan Series）

土 族：粗骨壤质混合型非酸性热性-普通简育水耕人为土
拟定者：章明奎

分布与环境条件 分布在铜仁、遵义、黔东南、黔南、安顺等地的低山和丘陵缓坡地。属亚热带湿润气候，年均日照时数1100～1300 h，年均温15.0～17.5℃，年均降水量1100～1300 mm，无霜期275～200 d，年干燥度小于1。海拔在350～1200 m，起源于泥页岩坡积物，经长期水耕熟化而成，利用方式为水田，水旱轮作。不见地下水位。

雷山系典型景观

土系特征与变幅 该土系诊断层包括水耕表层和水耕氧化还原层；诊断特性包括人为滞水土壤水分状况和热性土壤温度状况。剖面构型为Ap1-Ap2-Br-C，土体厚度在80～125 cm，剖面中下部氧化铁淀积较弱。水耕氧化还原层厚度在50～100 cm；土壤中下部多砾石，砾石平均含量大于25%，细土质地多为粉砂壤土和壤土；润土色调在2.5Y～10YR；土壤pH主要在5.5～7.5。

对比土系 采塘村系，同一亚类，分布地形较为接近。但采塘村系成土母质为白云岩残坡积物，颗粒大小级别为壤质盖粗骨壤质；土体较薄，在40～80 cm。

利用性能综述 雷山系基础肥力低，土壤有机质、全氮、有效磷和速效钾多在中下水平，保肥能力较差，水源有时不能保障，易受旱灾，土壤呈微酸至中性反应。在改良上，增施有机肥，做好秸秆还田，改善土壤耕作性状，增加基础地力；重视钾肥和磷肥的施用；加强水利设施建设，改善灌溉条件；推行稻-肥轮作，用养结合；对于灌溉水不能保证的区域，可改旱作。

参比土种 幼黄泥砂田。

代表性单个土体 于2017年9月2日采自贵州省黔东南苗族侗族自治州雷山县大塘镇平寨村，26°20'33.3"N, 108°5'14.0"E。母质为泥页岩坡积物，海拔919 m，地形为山地中坡，梯田，坡度为35°；50 cm深度土壤年均温度约17.5℃。土地利用方式为水田，编号为52-171。

雷山系代表性单个土体剖面

Ap1：0～12 cm，灰黄棕色（10YR 4/2，润），灰黄棕色（10YR 6/2，干）；细土质地为粉砂壤土；润；块状结构，疏松；中量细根；见少量铁锈纹；含 10%砾石块；微酸性；向下层平滑清晰过渡。

Ap2：12～22 cm，淡黄棕色（10YR 4/3，润），灰黄棕色（10YR 6/2，干）；细土质地为粉砂壤土；润；大块状结构，坚实；少量细根；见多量铁锈纹；含 10%石块；微酸性；向下层平滑清晰过渡。

Br1：22～60 cm，淡黄棕色（10YR 4/3，润），灰黄棕色（10YR 5/2，干）；细土质地为壤土；润；大块状结构，坚实；结构面上见垂直向根孔状铁锈纹；含 35%砾石块；见少量铁锰斑；微酸性；向下层平滑明显过渡；砂性。

Br2：60～100 cm，棕色（10YR 4/6，润），淡黄棕色（10YR 5/3，干）；细土质地为壤土；润；块状结构，含 50%砾石；稍坚实；见多量铁锈纹；微酸性。

雷山系代表性单个土体物理性质

土层	深度/cm	砾石(>2 mm，体积分数)/%	细土颗粒组成(粒径：mm)/(g/kg)			细土质地(美国制)	容重/(g/cm^3)
			砂粒 2～0.05	粉砂 0.05～0.002	黏粒<0.002		
Ap1	0～12	10	265	521	214	粉砂壤土	1.19
Ap2	12～22	10	241	532	227	粉砂壤土	1.39
Br1	22～60	35	314	452	234	壤土	1.42
Br2	60～100	50	332	479	189	壤土	1.53

雷山系代表性单个土体化学性质

深度/cm	pH		有机质/(g/kg)	全氮(N)/(g/kg)	有效磷/(mg/kg)	速效钾/(mg/kg)	CEC_7/(cmol/kg)	盐基饱和度/%	游离氧化铁/(g/kg)	$CaCO_3$ 相当物/(g/kg)
	H_2O	KCl								
0～12	5.98	5.56	21.41	1.02	8.35	98.52	10.34	94.56	19.65	0.00
12～22	6.15	5.74	12.32	0.65	3.52	75.24	8.79	96.23	21.45	0.00
22～60	6.24	5.79	8.56	0.48	2.41	95.32	9.32	98.56	16.35	0.00
60～100	5.88	5.46	5.41	0.32	1.36	91.25	8.03	91.23	15.23	0.00

第5章　潜　育　土

5.1　暗沃简育滞水潜育土

5.1.1　野马沟系（Yemagou Series）

土　族：黏壤质混合型酸性温性-暗沃简育滞水潜育土

拟定者：章明奎

分布与环境条件　零星分布在黔东南、安顺、六盘水、毕节等地的高原石灰岩峰间洼地中。属暖温带湿润气候，年均日照时数1400～1700 h，年均温 10.0～13.0℃，年均降水量 1000～1300 mm，无霜期 210～240 d，年干燥度小于 1。海拔在 1400～2600 m，起源于石灰岩风化物的再积物。植被为草甸（薹草、莎草、灯心草、眼子菜），地下水位一般在 20～40 cm。

野马沟系典型景观

土系特征与变幅　该土系诊断层包括暗沃表层；诊断特性包括潜育特征、滞水土壤水分状况和温性土壤温度状况。剖面构型为 Ah-Bg-C，土体厚度在 80～125 cm；潜育特征出现在矿物土表至 50 cm 范围内；具潜育特征土层厚度在 50～100 cm。全剖面土体疏松，有时可见到草根盘结的生草层。土壤质地主要为粉砂质黏壤土，砾石含量小于 25%；润土色调在 2.5Y～10YR；土壤 pH 主要在 4.5～5.5。

对比土系　草海系，同一土类。但草海系成土母质为湖积物，颗粒大小级别为黏质，土壤反应为非酸性，无暗沃表层。

利用性能综述　野马沟系土壤有机质和全氮积累明显，有效磷和速效钾多在中下水平，保肥能力较强，地表有季节性积水，土壤呈酸至微酸性。该土系分布在高海拔地区，因气温低、交通不便，很难用于农业，为林草地。应以保护为主，维护自然生态平衡。

参比土种　滥凼泥。

代表性单个土体　于 2017 年 8 月 29 日采自贵州省毕节市赫章县兴发苗族彝族回族乡阿西里西大草原野马沟附近，26°59'3.5"N, 104°51'33.5"E。母质为石灰岩风化物的再积物，海拔 2070 m，地形为高原石灰岩峰间洼地，坡度为 1°～3°；地下水位在 30 cm；50 cm 深度土壤年均温度约 11.5℃。土地利用方式为湿草地，编号为 52-161。

野马沟系代表性单个土体剖面

Ah1：0～20 cm，暗棕色（10YR 3/3，润），暗棕色（10YR 3/3，干）；细土质地为粉砂质黏壤土；潮；小块状结构，疏松；中量根系；见少量铁锰斑纹；酸性；向下层平滑渐变过渡。

Ah2：20～40 cm，暗棕色（10YR 3/3，润），淡黄棕色（10YR 5/4，干）；细土质地为粉砂质黏壤土；潮；小块状结构，疏松；中量根系；见多量铁锰斑纹；弱亚铁反应；酸性；向下层平滑清晰过渡。

Bg：40～120 cm，灰黄棕色（10YR 5/2，润），淡黄棕色（10YR 6/3，干）；局部润土为棕黑色（10YR 2/3，润）；细土质地为粉砂质黏壤土；湿；小块状结构，疏松；少量根系；见少量腐木块；亚铁反应；酸性。

野马沟系代表性单个土体物理性质

土层	深度/cm	砾石(>2 mm，体积分数)/%	细土颗粒组成(粒径：mm)/(g/kg)			细土质地(美国制)
			砂粒 2～0.05	粉砂 0.05～0.002	黏粒<0.002	
Ah1	0～20	0	134	579	287	粉砂质黏壤土
Ah2	20～40	0	81	600	319	粉砂质黏壤土
Bg	40～120	0	140	610	250	粉砂质黏壤土

野马沟系代表性单个土体化学性质

深度/cm	pH		有机质/(g/kg)	全氮(N)/(g/kg)	有效磷/(mg/kg)	速效钾/(mg/kg)	CEC_7/(cmol/kg)	盐基饱和度/%	游离氧化铁/(g/kg)	$CaCO_3$相当物/(g/kg)
	H_2O	KCl								
0～20	5.12	4.56	176.15	6.02	6.01	83	15.56	91.65	24.02	0.00
20～40	4.71	4.35	139.71	5.83	5.39	49	17.54	81.64	31.04	0.00
40～120	4.60	4.31	448.43	—	—	—	23.56	76.87	20.14	0.00

5.2　普通简育滞水潜育土

5.2.1　草海系（Caohai Series）

土　族：黏质伊利石混合型非酸性温性-普通简育滞水潜育土

拟定者：章明奎

分布与环境条件　零星分布在毕节市威宁彝族回族苗族自治县的高原湖泊边缘，主要分布在草海镇。属暖温带湿润气候，年均日照时数 1400～1600 h，年均温 9.0～10.0℃，年均降水量 900～1100 mm，无霜期 205～210 d，年干燥度小于 1。海拔在 2170～2800 m，起源于湖积物（物质来源为石灰岩风化物）。草滩地（芦苇、薹草、莎草、水葱、菖蒲等），地下水位一般在 10～30 cm。

草海系典型景观

土系特征与变幅　该土系诊断层包括淡薄表层；诊断特性包括潜育特征、滞水土壤水分状况和温性土壤温度状况。剖面构型为 Ah-Bg-C，土体厚度在 80～125 cm；潜育特征出现在矿物土表至 50 cm 范围内；具潜育特征土层厚度在 50～100 cm。因物质来源为石灰岩风化物，整个土体黏重，质地主要为黏土，砾石含量小于 25%；受石灰岩风化物质的影响，土色偏黄，润土色调在 2.5Y～10YR；土壤 pH 主要在 5.5～7.5。

对比土系　野马沟系，同一土类。但野马沟系成土母质为石灰岩风化物的再积物，颗粒大小级别为黏壤质，土壤反应为酸性，具暗沃表层。

利用性能综述　草海系土壤有机质和全氮积累较高，速效钾丰富，有效磷多在中下水平，保肥能力较强，一年内在数月地表积水，土壤呈中性。该土系地势较低，易涝，不适于农业生产，应以保护为主，维护自然生态平衡。

参比土种　海砂泥土。

代表性单个土体　于 2017 年 8 月 30 日采自贵州省毕节市威宁彝族回族苗族自治县草海镇卯家沟附近，26°51'46.9"N,104°15'9.0"E。母质为湖积物（物质来源为石灰岩风化物），海拔 2170 m，地形为高原湖泊（石灰岩峰间洼地），坡度<1°；地下水位在 10 cm；50 cm

深度土壤年均温度约 11.0℃。土地利用方式为芦苇，草滩地，编号为 52-162。

草海系代表性单个土体剖面

Ah：0～18 cm，暗灰黄色（2.5Y 5/2，润），棕色（10YR 4/6，干）；细土质地为黏土；湿；弱块状结构，松软；多芦苇根系；见少量铁锰斑纹；局部区域有亚铁反应；中性；向下层平滑渐变过渡。

Bg1：18～35 cm，黄棕色（2.5Y 5/3，润），棕色（10YR 4/4，干）；细土质地为黏土；湿；弱块状结构，松软；中量芦苇根系；亚铁反应；中性；向下层平滑渐变过渡。

Bg2：35～100 cm，淡黄色（2.5Y 6/3，润），淡黄橙色（10YR 6/4，干）；细土质地为黏土；湿；块状结构，稍坚实；少量根系；局部区域有亚铁反应；中性。

草海系代表性单个土体物理性质

土层	深度/cm	砾石(>2 mm，体积分数)/%	细土颗粒组成(粒径：mm)/(g/kg)			细土质地(美国制)
			砂粒 2～0.05	粉砂 0.05～0.002	黏粒<0.002	
Ah	0～18	0	59	400	541	黏土
Bg1	18～35	0	79	401	520	黏土
Bg2	35～100	0	101	343	556	黏土

草海系代表性单个土体化学性质

深度/cm	pH		有机质/(g/kg)	全氮(N)/(g/kg)	有效磷/(mg/kg)	速效钾/(mg/kg)	CEC_7/(cmol/kg)	盐基饱和度/%	游离氧化铁/(g/kg)	$CaCO_3$ 相当物/(g/kg)
	H_2O	KCl								
0～18	7.24	6.59	49.14	1.83	8.25	197	27.26	100.00	22.45	0.00
18～35	7.20	6.53	46.24	1.56	6.84	129	25.41	100.00	19.74	0.00
35～100	7.10	6.67	21.89	0.93	0.40	92	26.89	100.00	26.59	0.00

第6章 均 腐 土

6.1 普通黑色岩性均腐土

6.1.1 中塘村系（Zhongtangcun Series）

土 族：黏质混合型石灰性温性-普通黑色岩性均腐土

拟定者：章明奎

分布与环境条件 零星分布在毕节、安顺、六盘水等地的中山，主要出现在孤峰或山脉主峰的上部或中部，地表岩石露头占10%～20%。属暖温带湿润气候，年均日照时数 1400～1700 h，年均温 8.0～11.0℃，年均降水量 900～1400 mm，无霜期215～230 d，年干燥度小于1。海拔在 2000～2800 m，起源于石灰岩风化物的再积物或石灰岩的残坡积物；利用方式为草地。

中塘村系典型景观

土系特征与变幅 该土系诊断层包括暗沃表层；诊断特性包括均腐殖质特性、碳酸盐岩岩性特征、常湿润土壤水分状况和温性土壤温度状况。剖面构型为 Ah-Bw-R，土体厚度在 80～125 cm；暗沃表层厚度在 25～50 cm。土壤质地以黏土和黏壤土为主，砾石含量小于 25%；润土色调在 10YR～5YR；有石灰反应。

对比土系 二塘系、哈马村系，同一亚类，母质相同。但二塘系土体深厚，在 125 cm 以上，暗沃表层厚度在 50～100 cm，土壤反应为非酸性；哈马村系土体较薄，在 40～60 cm，颗粒大小级别为黏壤质。

利用性能综述 中塘村系土壤有机质和全氮积累较高，但速效钾和有效磷多在中下水平，保肥能力一般较高，呈中性或微碱性。由于所处海拔较高，热量条件不足，风较大，一般不适用于种植业，可用于放牧。但由于草地质量较差，放牧强度不宜过高，必要时可改良草被，可适量施用磷、钾肥，以增加生物量。该土系地面存在一定坡度，应严防地表裸露，降低水土流失。

参比土种　草甸大泥土。

代表性单个土体　于 2015 年 8 月 23 日采自贵州省毕节市威宁彝族回族苗族自治县草海镇中塘村，26°55'38.0"N，104°14'53.1"E。母质为石灰岩与砂岩互层残坡积物，海拔 2200 m，地形为中山中坡，坡度<25°；50 cm 深度土壤年均温度约 11.0℃。土地利用方式为林草地，编号为 52-077。

中塘村系代表性单个土体剖面

Ah1：0～20 cm，暗红棕色（5YR 3/3，润），灰棕色（5YR 5/2，干）；细土质地为黏壤土；润；小块状结构，稍坚实；少量根系；夹有 15%直径为 2～30 mm 的砾石；中性；向下层平滑渐变过渡。

Ah2：20～40 cm，暗红棕色（5YR 3/3，润），灰棕色（5YR 4/2，干）；细土质地为黏土；润；小块状结构，稍坚实；夹杂有 20%的砾石块；微碱性；向下层波状清晰过渡。

Bw1：40～76 cm，由亮黄棕色（10YR 6/8，润；占 35%）和红棕色（5YR 4/8，润；占 65%）二种土壤物质组成，暗橙色（7.5YR 6/4，干）；细土质地为粉砂质黏壤土；润；大块状结构，坚实；夹杂有 25%的砾石块；微碱性；向下层波状清晰过渡。

Bw2：76～120 cm，黄橙色（10YR 7/8，润），暗黄橙色（10YR 7/3，干）；细土质地为黏土；潮；大块状结构，坚实；微碱性。

中塘村系代表性单个土体物理性质

土层	深度/cm	砾石(>2 mm，体积分数)/%	细土颗粒组成(粒径：mm)/(g/kg)			细土质地(美国制)	容重/(g/cm^3)
			砂粒 2～0.05	粉砂 0.05～0.002	黏粒<0.002		
Ah1	0～20	15	230	421	349	黏壤土	1.13
Ah2	20～40	20	148	339	513	黏土	1.22
Bw1	40～76	25	154	412	434	粉砂质黏壤土	1.32
Bw2	76～120	0	45	282	673	黏土	1.43

中塘村系代表性单个土体化学性质

深度/cm	pH		有机质/(g/kg)	全氮(N)/(g/kg)	有效磷/(mg/kg)	速效钾/(mg/kg)	CEC$_7$/(cmol/kg)	C/N	盐基饱和度/%	游离氧化铁/(g/kg)	CaCO$_3$相当物/(g/kg)
	H_2O	KCl									
0～20	7.48	—	33.70	2.11	1.17	51	10.32	9.26	100.00	47.76	5.00
20～40	8.02	—	21.56	1.56	2.54	73	13.34	8.01	100.00	42.99	14.09
40～76	8.06	—	25.58	1.65	3.25	78	12.55	8.99	100.00	42.32	14.90
76～120	8.10	—	8.82	—	—	—	18.98	—	100.00	28.34	12.47

6.1.2 二塘系（Ertang Series）

土　族：黏质混合型非酸性温性-普通黑色岩性均腐土
拟定者：章明奎

分布与环境条件　分布在毕节、安顺、六盘水等地的中山顶部，主要出现在孤峰或山脉主峰的上部或中部，地表岩石露头占10%～20%。属暖温带湿润气候，年均日照时数 1500～1700 h，年均温 8.0～11.0℃，年均降水量 900～1400 mm，无霜期 215～230 d，年干燥度小于 1。海拔在 2200～2500 m，起源于石灰岩风化物的再积物；利用方式为草地。

二塘系典型景观

土系特征与变幅　该土系诊断层包括暗沃表层；诊断特性包括均腐殖质特性、碳酸盐岩岩性特征、常湿润土壤水分状况和温性土壤温度状况。剖面构型为 Ah-Bw-R，土体厚度在 125 cm 以上，暗沃表层厚度在 50～100 cm，但 50 cm 以下土壤中可出现不连续的石灰岩岩体。土壤质地多为粉砂质黏土，砾石平均含量小于 25%；润土色调在 10YR～7.5YR；土壤 pH 在 5.5～7.5。

对比土系　中塘村系、哈马村系、珠市系，同一亚类，成土母质和分布景观相似。但中塘村系和哈马村系土壤脱钙不完全，土壤反应均为石灰性；而珠市系土壤虽已脱钙，土壤反应为非酸性，但其颗粒大小级别为黏壤质。

利用性能综述　二塘系土壤有机质和全氮积累较高，但速效钾和有效磷多在中下水平，保肥能力较强，呈中性或微酸性。由于所处海拔较高，热量条件不足，风较大，一般不适于种植业，可保护其自然植被，以维护生态平衡。该土系地面存在一定坡度，应严防地表裸露，降低水土流失。

参比土种　草甸大泥土。

代表性单个土体　于 2017 年 8 月 30 日采自贵州省毕节市威宁彝族回族苗族自治县二塘镇梅花村附近，26°42'13.2"N, 104°37'38.2"E。母质为石灰岩残坡积物，海拔 2405 m，地形为高原山地中坡，坡度为 10°；50 cm 深度土壤年均温度约 10.0℃。土地利用方式为草地，编号为 52-163。

哈马村系代表性单个土体剖面

Ah1：0～24 cm，棕黑色（10YR 3/2，润），灰黄棕色（10YR 4/2，干）；细土质地为粉砂质黏壤土；润；团粒状结构，疏松；中量根系；夹有 10%直径为 2～20 mm 的砾石；中性；向下层平滑渐变过渡。

Ah2：24～48 cm，棕黑色（10YR 2/3，润），棕黑色（10YR 3/1，干）；细土质地为粉砂质黏壤土；润；块状结构，稍坚实；夹有 15%直径为 2～20 mm 的砾石；微碱性；向下层波状清晰过渡。

R：48～100 cm，破碎的石灰岩岩块。岩石间有亮棕色（7.5YR 5/8，润）或棕色（7.5YR 4/6，润）土壤物质，但数量低于 5%。

哈马村系代表性单个土体物理性质

土层	深度/cm	砾石(>2 mm，体积分数)/%	细土颗粒组成(粒径：mm)/(g/kg)			细土质地(美国制)	容重/(g/cm^3)
			砂粒 2～0.05	粉砂 0.05～0.002	黏粒<0.002		
Ah1	0～24	10	55	629	316	粉砂质黏壤土	1.18
Ah2	24～48	15	80	547	373	粉砂质黏壤土	1.34

哈马村系代表性单个土体化学性质

深度/cm	pH		有机质/(g/kg)	全氮(N)/(g/kg)	有效磷/(mg/kg)	速效钾/(mg/kg)	CEC_7/(cmol/kg)	C/N	盐基饱和度/%	游离氧化铁/(g/kg)	$CaCO_3$相当物/(g/kg)
	H_2O	KCl									
0～24	7.31	—	78.19	2.67	7.82	71	31.25	16.97	100.00	76.27	0.00
24～48	7.94	—	40.89	1.56	6.54	77	30.90	15.20	100.00	64.07	17.33

6.1.4 珠市系（Zhushi Series）

土 族：黏壤质混合型非酸性温性-普通黑色岩性均腐土

拟定者：章明奎

分布与环境条件 分布在毕节等地的中山顶部，主要出现在孤峰或山脉主峰的上部或中部，地表岩石露头占 20%～30%。属暖温带湿润气候，年均日照时数 1300～1500 h，年均温 8.0～10.0 ℃，年均降水量 900～1200 mm，无霜期 205～220 d，年干燥度小于 1。海拔在 2350～2700 m，起源于白云岩风化物；利用方式为草地。

珠市系典型景观

土系特征与变幅 该土系诊断层包括暗沃表层；诊断特性包括均腐殖质特性、碳酸盐岩岩性特征、常湿润土壤水分状况和温性土壤温度状况。剖面构型为 Ah-C，土体厚度在 50～100 cm。土壤质地多为粉砂壤土，砾石平均含量小于 25%；润土色调在 10YR～7.5YR；土壤已基本脱钙，pH 在 5.5～7.5。

对比土系 二塘系、哈马村系，同一亚类，成土母质同为碳酸盐岩风化物及其再积物。但二塘系质地黏重，颗粒大小级别为黏质；哈马村系脱钙不完全，土壤反应为石灰性。

利用性能综述 珠市系土壤有机质和全氮积累较高，但速效钾和有效磷多在中等水平，保肥能力较强，呈中性或微碱性。由于所处海拔较高，热量条件不足，风大、雾多，一般不适于种植业。应维持其自然状态，严防地表裸露。

参比土种 草甸大泥土。

代表性单个土体 于 2015 年 8 月 24 日采自贵州省毕节市赫章县珠市彝族乡倮左太坪子附近，26°51'48.0"N, 104°39'12.2"E。母质为白云岩坡积物，海拔 2404 m，地形为高原中山中上部宽敞平缓地带，坡度<15°；50 cm 深度土壤年均温度约 10.0℃。土地利用方式为草地，编号为 52-086。

珠市系代表性单个土体剖面

Ah1：0～10 cm，棕黑色（10YR 2/2，润），灰黄棕色（10YR 5/2，干）；细土质地为粉砂壤土；润；团粒状结构，疏松；大量根系；夹有 20%白云岩碎屑；酸性；向下层平滑较清晰过渡。

Ah2：10～80 cm，棕黑色（10YR 2/3，润），暗黄棕色（10YR 5/3，干）；细土质地为粉砂壤土；润；块状结构，稍坚实；少量细根；夹有 10%白云岩碎屑；微酸性；向下层平滑清晰过渡。

C：80～140 cm，主要由白云岩碎屑组成（占 85%）。棕色（10YR 4/4，润），灰黄棕色（10YR 6/2，干）；细土质地为粉砂壤土；润；碎块状结构，坚实；酸性。

珠市系代表性单个土体物理性质

土层	深度/cm	砾石(>2 mm，体积分数)/%	细土颗粒组成(粒径：mm)/(g/kg)			细土质地(美国制)	容重/(g/cm^3)
			砂粒 2～0.05	粉砂 0.05～0.002	黏粒<0.002		
Ah1	0～10	20	118	655	226	粉砂壤土	1.21
Ah2	10～80	10	251	530	218	粉砂壤土	1.42
C	80～140	39	190	563	247	粉砂壤土	1.46

珠市系代表性单个土体化学性质

深度/cm	pH		有机质/(g/kg)	全氮(N)/(g/kg)	有效磷/(mg/kg)	速效钾/(mg/kg)	CEC_7/(cmol/kg)	C/N	盐基饱和度/%	游离氧化铁/(g/kg)	$CaCO_3$相当物/(g/kg)
	H_2O	KCl									
0～10	5.55	4.75	155.53	5.57	25.13	95	17.89	16.20	94.28	30.19	0.00
10～80	5.55	4.81	39.36	1.74	17.14	87	18.33	13.12	92.36	35.91	0.00
80～140	5.56	4.79	35.95	1.02	8.54	68	16.54	16.47	94.92	23.24	0.00

6.1.5 凯德系（Kaide Series）

土 族：粗骨黏质混合型石灰性热性-普通黑色岩性均腐土
拟定者：章明奎

分布与环境条件 分布在遵义、铜仁、黔南、黔东南、黔西南等岩溶地区的低山和高丘中下坡，地表岩石露头不明显。属亚热带湿润气候，年均日照时数1300～1400 h，年均温 16.0～17.0℃，年均降水量 1100～1300 mm，无霜期275～285 d，年干燥度小于1。海拔在500～1100 m，坡度在25°～45°，起源于白云岩风化物；利用方式为林地，林下常有良好的草被覆盖。

凯德系典型景观

土系特征与变幅 该土系诊断层包括暗沃表层；诊断特性包括均腐殖质特性、碳酸盐岩岩性特征、常湿润土壤水分状况和热性土壤温度状况。剖面构型为 Ah-C，土体厚度在40～80 cm；地表10 cm以下可出现不连续的白云岩岩块。细土质地主要为黏土和黏壤土，砾石平均含量大于25%；润土色调在10YR～7.5YR；有石灰反应。

对比土系 周家院系，同一亚类，成土母质同为白云岩风化物。但周家院系所在地海拔较高，风化较弱，颗粒大小级别为粗骨壤质，土壤温度状况为温性。

利用性能综述 凯德系土壤有机质和全氮积累较高，速效钾在中等水平，有效磷较低，保肥能力较强，呈中性或微碱性。该土系分布处地面起伏较大，土层较薄、多砾石，不适宜农业利用，宜封山育林，应发展林业。可营造柏木、滇杨等适生树种。

参比土种 黑岩泥土。

代表性单个土体 于2015年8月1日采自贵州省铜仁市江口县凯德街道明星村，27°40'1.4"N，108°46'41.9"E。母质为白云岩残积物，海拔515 m，地形为高丘中坡，坡度为35°；50 cm深度土壤年均温度约18.5℃。土地利用方式为林地，林下生长杂草，编号为52-051。

凯德系代表性单个土体剖面

Ah1：0～10 cm，棕黑色（10YR 3/2，润），灰黄棕色（10YR 5/2，干）；细土质地为黏壤土；润；小块状结构，疏松；少量根系；夹有 25%的砾石；中性；向下层平滑清晰过渡。

Ah2：10～45 cm，由细土和石块组成（石块占 35%；细土占 65%）。暗棕色（10YR 3/3，润），灰黄棕色（10YR 5/2，干）；细土质地为黏土；润；块状结构，稍坚实；结构面上有明显的腐殖胶膜；微碱性；向下层波状清晰过渡。

C：45～70 cm，为白云岩半风化物。

凯德系代表性单个土体物理性质

土层	深度/cm	砾石(>2 mm，体积分数)/%	细土颗粒组成(粒径：mm)/(g/kg)			细土质地(美国制)	容重/(g/cm^3)
			砂粒 2～0.05	粉砂 0.05～0.002	黏粒<0.002		
Ah1	0～10	25	214	417	368	黏壤土	1.22
Ah2	10～45	35	175	320	505	黏土	1.34

凯德系代表性单个土体化学性质

深度/cm	pH		有机质/(g/kg)	全氮(N)/(g/kg)	有效磷/(mg/kg)	速效钾/(mg/kg)	CEC_7/(cmol/kg)	C/N	盐基饱和度/%	游离氧化铁/(g/kg)	$CaCO_3$相当物/(g/kg)
	H_2O	KCl									
0～10	7.42	—	68.55	5.10	4.45	139	19.65	7.79	100.00	29.64	0.00
10～45	7.85	—	35.52	2.68	6.24	124	18.35	7.69	100.00	34.00	64.27

6.1.6 周家院系（Zhoujiayuan Series）

土 族：粗骨壤质混合型石灰性温性-普通黑色岩性均腐土

拟定者：章明奎

分布与环境条件 分布在毕节等岩溶地区的中山顶部平缓地带，地表岩石露头约占10%。属暖温带湿润气候，年均日照时数1400～1600 h，年均温 9.0～11.0℃，年均降水量 900～1100 mm，无霜期225～235 d，年干燥度小于1。海拔在2100～2300 m，起源于白云岩风化物；利用方式为草地或旱地。

周家院系典型景观

土系特征与变幅 该土系诊断层包括暗沃表层；诊断特性包括均腐殖质特性、碳酸盐岩岩性特征、常湿润土壤水分状况和温性土壤温度状况。剖面构型为Ap-Ah-C，土体厚度在50～80 cm。细土质地主要为壤土，砾石平均含量大于25%；润土色调在7.5YR～5YR；有石灰反应。

对比土系 凯德系，同一亚类，成土母质同为白云岩风化物。但凯德系分布海拔较低，风化稍强，颗粒大小级别为粗骨黏质，土壤温度状况为热性。

利用性能综述 周家院系土壤有机质积累较高，但全氮、速效钾和有效磷在中下水平，保肥能力较差，呈中性或微碱性。在该土系地势较平缓的区域，可在夏季种植蔬菜、大豆等旱作，但需做好水土保持工作，并增施有机肥和磷、钾肥，以提高土壤基础地力，保持土壤良好的结构。

参比土种 草甸大泥。

代表性单个土体 于2015年8月23日采自贵州省毕节市威宁彝族回族苗族自治县草海镇周家院收费站附近，26°54'19.2"N, 104°17'23.9"E。母质为白云岩残积物，海拔2254 m，地形为中山中上坡，梯地，坡度<5°；50 cm深度土壤年均温度约11.5℃。土地利用方式为旱地，编号为52-076。

周家院系代表性单个土体剖面

Ap：0～20 cm，暗红棕色（5YR 3/3，润），灰棕色（5YR 5/2，干）；细土质地为壤土；润；小块状结构，稍坚实；少量根系；夹有 35%的砾石；微碱性；向下层平滑渐变过渡。

Ah：20～70 cm，暗红棕色（5YR 3/4，润），暗红棕色（5YR 5/3，干）；细土质地为壤土；润；小块状结构，稍坚实；夹杂有 50%的砾石；中性；向下层波状清晰过渡。

C：70～140 cm，主要由白云岩风化碎物组成，砾石含量占 90%以上。淡橙色（5YR 6/4，润），淡橙色（5YR 8/3，干）；细土质地为砂质壤土；润；散粒状；微碱性。

周家院系代表性单个土体物理性质

土层	深度/cm	砾石(>2 mm，体积分数)/%	细土颗粒组成(粒径：mm)/(g/kg)			细土质地(美国制)	容重/(g/cm^3)
			砂粒 2～0.05	粉砂 0.05～0.002	黏粒<0.002		
Ap	0～20	35	425	308	267	壤土	1.18
Ah	20～70	50	494	286	220	壤土	1.29
C	70～140	90	631	227	141	砂质壤土	1.45

周家院系代表性单个土体化学性质

深度/cm	pH		有机质/(g/kg)	全氮(N)/(g/kg)	有效磷/(mg/kg)	速效钾/(mg/kg)	CEC_7/(cmol/kg)	C/N	盐基饱和度/%	游离氧化铁/(g/kg)	$CaCO_3$相当物/(g/kg)
	H_2O	KCl									
0～20	7.76	—	41.62	1.66	3.62	30	14.26	14.50	100.00	38.54	8.83
20～70	7.47	—	36.34	1.56	4.69	53	11.62	13.51	100.00	29.88	3.00
70～140	7.66	—	11.43	0.87	3.88	48	6.25	7.62	100.00	19.67	3.56

6.2 暗厚滞水湿润均腐土

6.2.1 兴发村系（Xingfacun Series）

土 族：壤质混合型非酸性温性-暗厚滞水湿润均腐土

拟定者：章明奎

分布与环境条件 零星分布在毕节等地的中山峰间的低凹地带。属暖温带湿润气候，年均日照时数 1400～1500 h，年均温 8.0～10.0 ℃，年均降水量 1000～1200 mm，无霜期 210～220 d，年干燥度小于 1。雨季上部土层被地表水或上层滞水饱和，有侧渗水活动。海拔在 2300～2500 m，起源于白云岩风化物；林地与草地的过渡区域。

兴发村系典型景观

土系特征与变幅 该土系诊断层包括暗沃表层；诊断特性包括均腐殖质特性、滞水土壤水分状况和温性土壤温度状况。剖面构型为 Ah-Bw-C，土体厚度在 80～125 cm，暗沃表层厚度在 50～100 cm；地表以下 50～100 cm 可见侧渗地下水活动。土壤质地主要为粉砂壤土，砾石平均含量小于 25%；润土色调在 10YR～7.5YR；土壤 pH 主要在 5.5～7.5。

对比土系 放马坪系，相邻分布。但放马坪系成土母质为泥页岩残坡积物，颗粒大小级别为黏壤质，土壤反应为酸性，属雏形土纲。

利用性能综述 兴发村系土壤有机质和全氮积累明显，但速效钾和有效磷在中下水平，土壤保肥能力较低，土壤呈中性和微酸性。因分布区山高雾大，人口稀少，生态脆弱，宜封山育林，涵养水源。可适当施用磷、钾肥，改善牧草生长。

参比土种 草甸大泥土。

代表性单个土体 于 2015 年 8 月 23 日采自贵州省毕节市威宁彝族回族苗族自治县盐仓镇兴发村小白岩自然村，26°56'57.4"N，104°25'14.4"E。母质为白云岩残坡积物，海拔 2392 m，地形为中山峰间平凹地，坡度<10°；50 cm 深度土壤年均温度约 11.0℃。土地利用方式为林草地，编号为 52-081。

兴发村系代表性单个土体剖面

Ah1：0～10 cm，亮棕灰色（7.5YR 2/3，润），灰棕色（7.5YR 5/2，干）；细土质地为粉砂壤土；潮；小块状结构，稍坚实；大量根系；中性；向下层平滑渐变过渡。

Ah2：10～25 cm，棕黑色（7.5YR 3/2，润），暗棕色（7.5YR 5/3，干）；细土质地为粉砂壤土；潮；小块状结构，疏松；少量细根；微酸性；向下层平滑渐变过渡。

AB：25～50 cm，暗褐色（7.5YR 2/3，润），暗棕色（7.5YR 5/3，干）；细土质地为粉砂壤土；潮；小块状结构，稍坚实；微酸性；向下层平滑清晰过渡。

Bw：50～80 cm，黑色（7.5YR 2/1，润），棕灰色（7.5YR 4/1，干）；细土质地为砂质壤土；潮；小块状结构，稍疏松；酸性；向下层平滑清晰过渡。

C：80～110 cm，棕灰色（7.5YR 5/1，润），暗橙色（7.5YR 7/1，干）；细土质地为砂质壤土；湿；散粒状结构，稍坚实；酸性。

兴发村系代表性单个土体物理性质

土层	深度/cm	砾石(>2 mm，体积分数)/%	细土颗粒组成(粒径：mm)/(g/kg)			细土质地(美国制)	容重/(g/cm^3)
			砂粒 2～0.05	粉砂 0.05～0.002	黏粒<0.002		
Ah1	0～10	1	275	515	210	粉砂壤土	1.18
Ah2	10～25	0	366	551	82	粉砂壤土	1.23
AB	25～50	1	205	709	86	粉砂壤土	1.29
Bw	50～80	3	544	275	182	砂质壤土	1.32
C	80～110	12	671	193	136	砂质壤土	1.54

兴发村系代表性单个土体化学性质

深度/cm	pH		有机质/(g/kg)	全氮(N)/(g/kg)	有效磷/(mg/kg)	速效钾/(mg/kg)	CEC$_7$/(cmol/kg)	C/N	盐基饱和度/%	游离氧化铁/(g/kg)	$CaCO_3$相当物/(g/kg)
	H_2O	KCl									
0～10	6.88	5.65	52.58	3.61	2.64	23	14.23	8.45	99.28	34.09	0.00
10～25	5.92	4.87	42.55	2.89	4.56	38	8.56	8.54	90.36	41.44	0.00
25～50	6.16	5.03	43.61	2.27	4.88	45	7.54	11.14	89.49	34.29	0.00
50～80	5.15	4.11	34.99	2.14	5.87	63	12.56	7.12	73.08	19.57	0.00
80～110	5.08	4.12	22.46	1.32	8.56	73	9.56	9.87	62.17	14.12	0.00

6.3　暗厚黏化湿润均腐土

6.3.1　木怀村系（Muhuaicun Series）

土　族：黏壤质混合型非酸性热性-暗厚黏化湿润均腐土

拟定者：章明奎

分布与环境条件　零星分布在黔东南、黔西南、遵义、安顺、黔南、铜仁、毕节等地的中低山低凹部位。属亚热带湿润气候，年均日照时数1200～1400 h，年均温14.0～16.0℃，年均降水量1100～1400 mm，无霜期250～280 d，年干燥度小于1。海拔在600～1300 m，起源于泥页岩坡积物；利用方式为灌草地或林地。

木怀村系典型景观

土系特征与变幅　该土系诊断层包括暗沃表层、黏化层；诊断特性包括均腐殖质特性、常湿润土壤水分状况和热性土壤温度状况。剖面构型为Ah-Bt-C，土体厚度在125 cm以上；因地势低凹，土壤湿度大，有机质容易积累，暗沃表层厚度可达50 cm以上；黏化层出现在地表50 cm以下，厚度在50 cm以上。土壤质地可在壤土与黏土间变化，砾石平均含量小于25%；润土色调在10YR～7.5YR；土壤pH在5.0～7.5。

对比土系　野鸡坪系，同一亚类。但野鸡坪系成土母质为石灰岩坡积物，分布海拔高，土壤温度状况为温性。

利用性能综述　木怀村系土壤有机质有一定的积累，但全氮、速效钾和有效磷在中下水平，土壤保肥能力较低，土壤呈中性。因地面倾斜，土质较松，容易滑坡，不适农用，应以营造林地为主，做好水土保持措施。

参比土种　厚黄泥土。

代表性单个土体　于2015年8月27日采自贵州省黔西南布依族苗族自治州望谟县乐元镇木怀村，25°10'43.6"N, 105°57'50.4"E。母质为泥页岩坡积物，海拔948 m，地形为低山中坡低凹部位，坡度<25°；50 cm深度土壤年均温度约17.5℃。土地利用方式为林地，编号为52-106。

木怀村系代表性单个土体剖面

Ah：0～32 cm，暗棕色（10YR 3/3，润），灰黄棕色（10YR 5/2，干）；细土质地为黏壤土；润；团块状结构，疏松；中量根系；夹有 9%直径为 2～20 mm 的砾石；酸性；向下层平滑清晰过渡。

AB：32～105 cm，暗棕色（10YR 3/3，润），灰黄棕色（10YR 5/2，干）；细土质地为壤土；润；块状结构，稍坚实；夹有 12%直径为 2～30 mm 的砾石；酸性；向下层平滑清晰过渡。

Bt：105～180 cm，橙色（7.5YR 6/8，润），淡黄橙色（7.5YR 8/4，干）；细土质地为黏土；润；块状结构，结构面上见少量胶膜；坚实；夹有 35%直径＞2 mm 的砾石；酸性。

木怀村系代表性单个土体物理性质

土层	深度/cm	砾石(>2 mm，体积分数)/%	细土颗粒组成(粒径：mm)/(g/kg)			细土质地(美国制)	容重/(g/cm³)
			砂粒 2～0.05	粉砂 0.05～0.002	黏粒<0.002		
Ah	0～32	9	376	341	284	黏壤土	1.22
AB	32～105	12	385	405	210	壤土	1.37
Bt	105～180	35	349	234	417	黏土	1.48

木怀村系代表性单个土体化学性质

深度/cm	pH		有机质/(g/kg)	全氮(N)/(g/kg)	有效磷/(mg/kg)	速效钾/(mg/kg)	CEC_7/(cmol/kg)	C/N	盐基饱和度/%	游离氧化铁/(g/kg)	$CaCO_3$相当物/(g/kg)
	H_2O	KCl									
0～32	5.44	4.78	34.30	1.76	3.91	74	15.65	11.31	74.94	27.08	0.00
32～105	5.42	4.79	30.52	1.68	5.47	84	9.79	10.54	79.99	27.31	0.00
105～180	5.42	4.82	12.11	0.87	4.23	73	15.41	8.07	71.97	30.07	0.00

6.3.2 野鸡坪系（Yejiping Series）

土　族：黏壤质混合型酸性温性-暗厚黏化湿润均腐土

拟定者：章明奎

分布与环境条件　零星分布在毕节、安顺、六盘水等高原石灰岩峰丛洼地，周围被石灰岩山峰包围。属暖温带湿润气候，年均日照时数1300～1500 h，年均温9.0～10.0 ℃，年均降水量1000～1300 mm，无霜期225～235 d，年干燥度小于1。海拔在2100～2300 m，起源于石灰岩坡积物；利用方式为草地、玉米地或旱地。

野鸡坪系典型景观

土系特征与变幅　该土系诊断层包括暗沃表层、黏化层；诊断特性包括均腐殖质特性、常湿润土壤水分状况和温性土壤温度状况。剖面构型为Ah-Bt-C，土体厚度在125 cm以上，暗沃表层厚度在50～80 cm；黏化层出现在地表50 cm以下，厚度在50 cm以上。土壤质地主要为黏壤土和粉砂质黏土，砾石平均含量小于25%；润土色调在10YR～7.5YR；土壤pH在5.5以下。

对比土系　坪寨系、余家弯子系，同一土族，成土母质均为石灰岩坡积物，呈复区分布。但坪寨系和余家弯子系暗沃表层深厚，达80 cm以上。

利用性能综述　野鸡坪系土壤有机质和全氮积累较高，但速效钾和有效磷多在中等水平，保肥能力较强，土壤脱钙明显，呈微酸性。该土土体深厚，结构良好，适宜种植玉米和蔬菜。但因该土土质较松，抗蚀能力弱，农业利用应等高种植，做好水土保持措施。同时，应重视磷肥和钾肥的施用。

参比土种　草甸大泥土。

代表性单个土体　于2017年8月30日采自贵州省六盘水市水城县坪寨彝族乡野鸡坪村，26°27'40.5"N, 104°41'24.6"E。母质为石灰岩坡积物，海拔2205 m，地形为高原石灰岩峰丛洼地，坡度<5°；50 cm深度土壤年均温度约11.5℃。土地利用方式为草地和玉米地，编号为52-164。

野鸡坪系代表性单个土体剖面

Ah1：0～35 cm，黑色（10YR 2/1，润），灰黄棕色（10YR 4/2，干）；细土质地为黏壤土；润偏潮；团粒状结构，疏松；中量细根；酸性；向下层平滑渐变过渡。

Ah2：35～70 cm，黑色（10YR 2/1，润），灰黄棕色（10YR 4/2，干），细土质地为黏壤土；润偏潮；小块状结构，疏松；少量细根；酸性；向下层平滑明显过渡。

Bt：70～125 cm，暗棕色（10YR 3/3，润），灰黄棕色（10YR 5/2，干）；细土质地为粉砂质黏土；润偏潮；块状结构，结构面上见少量胶膜；稍坚实；酸性。

野鸡坪系代表性单个土体物理性质

土层	深度/cm	砾石(>2 mm，体积分数)/%	细土颗粒组成(粒径：mm)/(g/kg)			细土质地(美国制)	容重/(g/cm^3)
			砂粒 2～0.05	粉砂 0.05～0.002	黏粒<0.002		
Ah1	0～35	0	296	411	293	黏壤土	1.26
Ah2	35～70	0	222	463	315	黏壤土	1.35
Bt	70～125	0	123	422	455	粉砂质黏土	1.42

野鸡坪系代表性单个土体化学性质

深度/cm	pH		有机质/(g/kg)	全氮(N)/(g/kg)	有效磷/(mg/kg)	速效钾/(mg/kg)	CEC_7/(cmol/kg)	C/N	盐基饱和度/%	游离氧化铁/(g/kg)	$CaCO_3$相当物/(g/kg)
	H_2O	KCl									
0～35	4.82	4.38	151.23	5.29	13.02	59	18.22	16.57	61.58	15.89	0.00
35～70	4.62	4.31	168.23	6.05	3.14	32	19.32	16.12	57.46	23.17	0.00
70～125	4.73	4.41	69.65	2.56	2.21	35	17.43	15.78	61.65	14.48	0.00

6.3.3 坪寨系（Pingzhai Series）

土 族：黏壤质混合型酸性温性-暗厚黏化湿润均腐土
拟定者：章明奎

分布与环境条件 零星分布在毕节、安顺、六盘水等高原石灰岩峰丛洼地，周围被石灰岩山峰包围。属暖温带湿润气候，年均日照时数1300～1500 h，年均温9.0～10.0 ℃，年均降水量1000～1300 mm，无霜期225～235 d，年干燥度小于1。海拔在2100～2300 m，起源于石灰岩坡积物；利用方式为草地、玉米地或旱地。

坪寨系典型景观

土系特征与变幅 该土系诊断层包括暗沃表层、黏化层；诊断特性包括均腐殖质特性、常湿润土壤水分状况和温性土壤温度状况。剖面构型为Ah-Bt-C，土体厚度在125 cm以上，暗沃表层厚度在80～100 cm，黏化层厚度在30 cm以上。土壤质地主要为黏壤土和粉砂质黏土，砾石平均含量小于25%；润土色调在10YR～7.5YR；土壤pH在5.5以下。

对比土系 野鸡坪系、余家弯子系，同一土族，成土母质均为石灰岩坡积物，呈复区分布。但野鸡坪系暗沃表层较薄，小于80 cm；余家弯子系土壤有机质积累很高，100 cm土层中有机质平均含量高于150 g/kg，高于坪寨系。

利用性能综述 坪寨系土壤有机质和全氮积累较高，但速效钾和有效磷多在中等水平，保肥能力较强，土壤脱钙明显，呈微酸性。该土土体深厚，结构良好，适宜种植玉米和蔬菜。但因该土土质较松，抗蚀能力弱，农业利用应等高种植，做好水土保持措施。同时，应重视磷肥和钾肥的施用。

参比土种 草甸大泥土。

代表性单个土体 于2017年8月30日采自贵州省六盘水市水城县坪寨彝族乡野鸡坪村，26°27'40.5"N, 104°41'24.6"E。母质为石灰岩坡积物，海拔2205 m，地形为高原石灰岩峰丛洼地，坡度<5°；50 cm深度土壤年均温度约11.5℃。土地利用方式为草地和玉米地，编号为52-165。

坪寨系代表性单个土体剖面

Ah1：0～45 cm，黑色（10YR 1.7/1，润），棕黑色（10YR 3/2，干）；细土质地为黏壤土；润偏潮；团粒状结构，疏松；中量细根；酸性；向下层平滑渐变过渡。

Ah2：45～98 cm，黑色（10YR 1.7/1，润），灰黄棕色（10YR 4/2，干）；细土质地为黏壤土；润偏潮；小块状结构，疏松；少量细根；酸性；向下层平滑明显过渡。

Bt：98～140 cm，暗棕色（10YR 3/3，润），淡黄橙色（10YR 6/3，干）；细土质地为粉砂质黏土；润偏潮；块状结构，结构面上见少量胶膜；稍坚实；酸性。

坪寨系代表性单个土体物理性质

土层	深度/cm	砾石(>2 mm，体积分数)/%	细土颗粒组成(粒径：mm)/(g/kg)			细土质地(美国制)	容重/(g/cm^3)
			砂粒 2～0.05	粉砂 0.05～0.002	黏粒<0.002		
Ah1	0～45	0	292	424	284	黏壤土	1.19
Ah2	45～98	0	223	455	321	黏壤土	1.24
Bt	98～140	0	107	425	469	粉砂质黏土	1.42

坪寨系代表性单个土体化学性质

深度/cm	pH		有机质/(g/kg)	全氮(N)/(g/kg)	有效磷/(mg/kg)	速效钾/(mg/kg)	CEC_7/(cmol/kg)	C/N	盐基饱和度/%	游离氧化铁/(g/kg)	$CaCO_3$相当物/(g/kg)
	H_2O	KCl									
0～45	4.70	4.23	146.42	5.15	12.09	66	16.87	16.49	57.32	16.45	0.00
45～98	4.58	4.22	157.73	5.39	2.43	28	18.35	16.97	55.47	22.75	0.00
98～140	4.69	4.18	61.37	2.43	1.20	32	16.33	14.65	57.18	13.42	0.00

6.3.4 余家弯子系（Yujiawanzi Series）

土 族：黏壤质混合型酸性温性-暗厚黏化湿润均腐土

拟定者：章明奎

分布与环境条件 零星分布在毕节、六盘水、安顺等高原石灰岩峰丛凹地，周围被石灰岩山峰包围。属暖温带湿润气候，年均日照时数1350～1500 h，年均温9.5～10.5℃，年均降水量950～1300 mm，无霜期220～235 d，年干燥度小于1。地表以下80～125 cm可见地下水。海拔在2000～2250 m，起源于石灰岩坡积物；利用方式为草地。

余家弯子系典型景观

土系特征与变幅 该土系诊断层包括暗沃表层、黏化层；诊断特性包括均腐殖质特性、常湿润土壤水分状况和温性土壤温度状况。剖面构型为Ah-Bt-C，土体厚度在125 cm以上，暗沃表层厚度在80～100 cm，黏化层厚度在30 cm以上。土壤质地主要为粉砂质黏壤土，砾石平均含量小于25%；润土色调在10YR～7.5YR；土壤pH在5.5以下。心土层水分偏潮。

对比土系 野鸡坪系、坪寨系，同一土族，成土母质同为石灰岩坡积物，呈复区分布，但余家弯子系比野鸡坪系和坪寨系的分布位置更低凹。野鸡坪系和坪寨系有机质积累稍低，100 cm土层中有机质平均含量小于150 g/kg，低于余家弯子系；且野鸡坪系的暗沃表层稍薄，厚度小于80 cm。余家弯子系地下水埋深多在100 cm左右，土体比野鸡坪系和坪寨系更潮湿。

利用性能综述 余家弯子系土壤有机质和全氮积累很高，有效磷在中等水平，但速效钾较低，保肥能力较强，土壤脱钙明显，呈微酸性。该土土体深厚，结构良好，因地处人口稀少区域，适宜放牧，或作为生态保护地加以管理。

参比土种 草甸大泥土。

代表性单个土体 于2017年8月29日采自贵州省毕节市赫章县兴发苗族彝族回族乡阿西里西大草原余家弯子附近，26°59'1.8"N，104°51'34.2"E。母质为石灰岩坡积物，海拔2071 m，地形为高原石灰岩峰间凹地，坡度为1°～5°；地下水位约在120 cm；50 cm深度土壤年均温度约11.0℃。土地利用方式为草地，编号为52-160。

余家弯子系代表性单个土体剖面

Ah1：0～25 cm，黑色（10YR 2/1，润），棕黑色（10Y 3/1，干）；细土质地为粉砂质黏壤土；润；团粒结构，疏松；中量根系；酸性；向下层平滑清晰过渡。

Ah2：25～58 cm，棕黑色（10YR 2/2，润），灰黄棕色（10Y 4/2，干）；细土质地为粉砂质黏壤土；润；小块状结构，疏松；强酸性；向下层平滑清晰过渡。

ABt：58～130 cm，黑色（10YR 2/1，润），棕黑色（10Y 3/2，干）；细土质地为粉砂质黏壤土；潮；块状结构，结构面上见少量胶膜；稍坚实；酸性；向下层平滑渐变过渡。

余家弯子系代表性单个土体物理性质

土层	深度/cm	砾石(>2 mm，体积分数)/%	细土颗粒组成(粒径：mm)/(g/kg)			细土质地(美国制)	容重/(g/cm^3)
			砂粒 2～0.05	粉砂 0.05～0.002	黏粒<0.002		
Ah1	0～25	0	172	527	300	粉砂质黏壤土	1.25
Ah2	25～58	0	161	550	289	粉砂质黏壤土	1.39
ABt	58～130	0	194	444	362	粉砂质黏壤土	1.46

余家弯子系代表性单个土体化学性质

深度/cm	pH		有机质/(g/kg)	全氮(N)/(g/kg)	有效磷/(mg/kg)	速效钾/(mg/kg)	CEC_7/(cmol/kg)	C/N	盐基饱和度/%	游离氧化铁/(g/kg)	$CaCO_3$相当物/(g/kg)
	H_2O	KCl									
0～25	4.50	4.32	213.58	7.33	14.10	44	24.54	16.89	62.58	15.54	0.00
25～58	4.32	1.12	164.66	5.82	11.20	37	22.87	16.41	54.32	15.55	0.00
58～130	4.58	4.28	214.48	7.86	10.20	22	19.67	15.83	61.17	7.92	0.00

6.4 普通黏化湿润均腐土

6.4.1 妈姑系（Magu Series）

土 族：黏壤质混合型酸性温性-普通黏化湿润均腐土

拟定者：章明奎

分布与环境条件 分布在毕节、六盘水、黔西南、黔东南等地中山及高原丘陵上。属暖温带湿润气候，年均日照时数 1400～1600 h，年均温 9.0～13.0℃，年均降水量 1100～1300 mm，无霜期 230～245 d，年干燥度小于 1。海拔在 1500～2200 m，起源于砂页岩互层、砂质泥岩、砂质板岩风化物；利用方式为林地和草地。

妈姑系典型景观

土系特征与变幅 该土系诊断层包括暗沃表层、黏化层；诊断特性包括均腐殖质特性、准石质接触面、常湿润土壤水分状况和温性土壤温度状况。剖面构型为 Ah-Bt-C，土体厚度在 80～125 cm，暗沃表层厚度在 25～50 cm，黏化层厚度在 50 cm 以上，90～125 cm 出现准石质接触面，植被保存较好的区域在 Ah 层之上有 2～5 cm 的枯枝落叶层。土壤质地多为黏壤土和壤土，砾石平均含量小于 25%；润土色调在 10YR～7.5YR；土壤 pH 在 5.5 以下。

对比土系 安家坪子系，同一土类。但安家坪子系成土母质为基性岩残坡积物，黏粒含量较高，且上下层变化较大，土壤颗粒大小级别为黏壤质盖黏质。

利用性能综述 妈姑系土壤有机质和全氮积累较高，有效磷和速效钾较低，结构较好，通透性尚可，有一定的保肥、保水能力，呈微酸性。目前多生长喜酸的松、杉、桦、映山红、铁芒箕及金茅、白茅等灌丛草被，宜建为用材林基地，部分地势平缓处可辟为果园。农用后应增施磷、钾肥和有机肥。

参比土种 灰泡土。

代表性单个土体 于 2015 年 8 月 23 日采自贵州省毕节市赫章县妈姑镇麻风村与后河村之间，27°2'33.7"N, 104°35'24.4"E。母质为砂页岩坡积物，海拔 2041 m，地形为高原中山中坡，坡度为 15°～25°；50 cm 深度土壤年均温度约 11.5℃。土地利用方式为林地，编号为 52-083。

妈姑系代表性单个土体剖面

A0：+3～0 cm，枯叶层。

Ah：0～18 cm，棕黑色（10YR 2/2，润），棕黑色（10YR 3/1，干）；细土质地为砂质黏壤土；润；团粒状结构，疏松；大量根系；夹有 13%的砾石；酸性；向下层平滑较清晰过渡。

AB：18～40 cm，棕黑色（10YR 2/2，润），棕灰色（10YR 5/1，干）；细土质地为壤土；润；团块状结构，疏松；少量细根；夹杂有 15%的砾石；结构面上可见少量腐殖质胶膜；酸性；向下层波状清晰过渡。

Bt：40～100 cm，由淡黄橙色（10YR 7/4）和橙色（7.5YR 6/6）两种颜色的土壤物质组成（各占 50%），暗黄橙色（10YR 7/2，干）；细土质地为砂质黏壤土；润；块状结构，结构面上见少量胶膜；稍坚实；夹杂有 10%直径为 2～30 mm 的砾石；酸性；向下层波状渐变过渡。

C：100～140 cm，半固结的碎裂块状体。淡黄橙色（10YR 7/4，润），灰白色（2.5Y 8/2，干）；润；坚实；酸性。

妈姑系代表性单个土体物理性质

土层	深度/cm	砾石(>2 mm，体积分数)/%	细土颗粒组成(粒径：mm)/(g/kg)			细土质地(美国制)	容重/(g/cm^3)
			砂粒 2～0.05	粉砂 0.05～0.002	黏粒<0.002		
Ah	0～18	13	571	253	176	砂质黏壤土	1.11
AB	18～40	15	489	357	154	壤土	1.28
Bt	40～100	10	460	244	296	砂质黏壤土	1.42
C	100～140	75	294	326	380	黏壤土	—

妈姑系代表性单个土体化学性质

深度/cm	pH		有机质/(g/kg)	全氮(N)/(g/kg)	有效磷/(mg/kg)	速效钾/(mg/kg)	CEC_7/(cmol/kg)	C/N	盐基饱和度/%	游离氧化铁/(g/kg)	$CaCO_3$ 相当物/(g/kg)
	H_2O	KCl									
0～18	5.00	4.13	42.02	2.24	4.69	67	16.54	10.09	76.52	20.51	0.00
18～40	4.82	3.96	37.24	2.14	6.68	79	13.65	8.21	67.00	20.69	0.00
40～100	4.60	3.74	12.32	0.87	3.25	84	11.40	8.22	58.26	23.69	0.00
100～140	4.60	3.58	5.13	—	—	—	13.65	—	48.79	—	0.00

6.4.2 安家坪子系（Anjiapingzi Series）

土 族：黏壤质盖黏质混合型盖蒙脱石混合型酸性温性-普通黏化湿润均腐土
拟定者：章明奎

分布与环境条件 零星分布在毕节、六盘水等地中山及高原丘陵上。属暖温带湿润气候，年均日照时数 1300～1500 h，年均温 8.0～10.0℃，年均降水量 900～1200 mm，无霜期 210～220 d，年干燥度小于 1。海拔在 2300～2700 m，起源于玄武岩、辉绿岩的残坡积物；利用方式为灌丛地和草地。

安家坪子系典型景观

土系特征与变幅 该土系诊断层包括暗沃表层和黏化层；诊断特性包括常湿润土壤水分状况、均腐殖质特性、铁质特性、温性土壤温度状况。剖面构型为 Ah-Bw-Bt-C，土体厚度在 125 cm 以上，黏化层出现在地表 50 cm 以下的土层中，厚度在 30 cm 以上。土体内质地可有很大的变化，从黏壤土至黏土，部分上下层土壤黏粒含量可相差 250 g/kg 以上；润土色调主要为 7.5YR；砾石平均含量小于 25%；土壤 pH 在 5.5 以下。

对比土系 妈姑系，同一亚类。但妈姑系成土母质为砂页岩互层、砂质泥岩、砂质板岩风化物，土体上下质地变化较小，颗粒大小级别为黏壤质，土壤矿物类型为混合型。

利用性能综述 安家坪子系土壤有机质和全氮积累较高，有效磷和速效钾较低，质地偏重，保肥、保水能力较强，呈酸性。目前多生长松、高山杜鹃或金茅、白茅，宜营造耐寒的喜酸树种。

参比土种 螺子草甸土。

代表性单个土体 于 2017 年 8 月 31 日采自贵州省六盘水市盘州市坪地彝族乡乌蒙大草原安家坪子附近，26°8'42.0"N, 104°36'7.6"E。母质为玄武岩残坡积物，海拔 2376 m，地形为高原山地中下坡低凹处，坡度<25°；50 cm 深度土壤年均温度约 10.0℃。土地利用方式为草地和灌丛地，编号为 52-168。

安家坪子系代表性单个土体剖面

Ah：0～30 cm，棕黑色（7.5YR 3/2，润），棕色（7.5YR 4/4，干）；细土质地为粉砂质黏土；润；团粒状结构，疏松；少量细根；酸性；向下层平滑渐变过渡。

Bw：30～90 cm，棕黑色（7.5YR 3/2，润），暗棕色（7.5YR 3/3，干）；细土质地为黏壤土；润；块状结构，稍坚实；酸性；向下层平滑明显过渡。

Bt：90～150 cm，亮棕色（7.5YR 5/8，润），亮棕色（7.5YR 5/6，干）；细土质地为黏土；润；大块状结构，结构面上见中量胶膜；坚实；酸性。

安家坪子系代表性单个土体物理性质

土层	深度/cm	砾石(>2 mm，体积分数)/%	细土颗粒组成(粒径：mm)/(g/kg)			细土质地(美国制)	容重/(g/cm^3)
			砂粒 2～0.05	粉砂 0.05～0.002	黏粒<0.002		
Ah	0～30	0	37	521	441	粉砂质黏土	1.29
Bw	30～90	0	370	350	280	黏壤土	1.39
Bt	90～150	0	99	340	560	黏土	1.48

安家坪子系代表性单个土体化学性质

深度/cm	pH		有机质/(g/kg)	全氮(N)/(g/kg)	有效磷/(mg/kg)	速效钾/(mg/kg)	CEC_7/(cmol/kg)	C/N	盐基饱和度/%	游离氧化铁/(g/kg)	$CaCO_3$相当物/(g/kg)
	H_2O	KCl									
0～30	5.08	4.67	82.64	3.12	2.05	41	20.14	15.32	72.14	32.85	0.00
30～90	5.08	4.72	98.91	3.53	1.70	41	18.65	16.03	61.32	32.99	0.00
90～150	5.46	5.03	42.11	1.76	0.41	39	19.33	14.04	78.56	42.93	0.00

6.5 普通简育湿润均腐土

6.5.1 丫都系（Yadu Series）

土 族：黏壤质混合型非酸性温性-普通简育湿润均腐土

拟定者：章明奎

分布与环境条件 分布在毕节、六盘水等地高原中山上。属暖温带湿润气候，年均日照时数1200～1500 h，年均温 7.0～10.0 ℃，年均降水量 900～1200 mm，无霜期 205～220 d，年干燥度小于 1。海拔在 2100～2900 m，起源于碳酸盐岩风化物；利用方式为灌丛地和草地，主要植被为高山杜鹃、箭竹、禾本科草类。

丫都系典型景观

土系特征与变幅 该土系诊断层包括暗沃表层；诊断特性包括均腐殖质特性、常湿润土壤水分状况和温性土壤温度状况。剖面构型为 Ah-Bw-C，土体厚度在 125 cm 以上，暗沃表层厚度在 50～100 cm。土壤质地主要为黏壤土、粉砂质黏土和粉砂质黏壤土，砾石平均含量小于 25%；润土色调在 10YR～7.5YR；土壤 pH 在 5.5～7.5。

对比土系 石门坎系，同一土族，成土母质同为碳酸盐岩风化物。但石门坎系土色比 5YR 更红，暗沃表层厚度小于 50 cm。

利用性能综述 丫都系土壤有机质和全氮积累较高，有效磷和速效钾较低，质地偏重，保肥、保水能力较强，呈中性或微酸性。所处地势高耸，热量不足，风大，立地条件较差，不适宜农业。可适度放牧，保护其自然植被，以维护生态平衡。

参比土种 草甸大泥土。

代表性单个土体 于 2017 年 8 月 29 日采自贵州省毕节市赫章县兴发苗族彝族回族乡阿西里西大草原丫都村附近， 26°58'14.8"N, 104°43'50.3"E。母质为石灰岩坡积物，海拔 2489 m，地形为高原中山中坡，坡度为 5°；50 cm 深度土壤年均温度约 8.0℃。土地利用方式为草地，编号为 52-157。

丫都系代表性单个土体剖面

Ah1：0～32 cm，暗棕色（10YR 3/3，润），淡黄橙色（10YR 5/3，干）；细土质地为粉砂质黏壤土；润；小块状结构，疏松；夹杂 3%砾石块；中量根系；微酸性；向下层平滑渐变过渡。

Ah2：32～55 cm，暗棕色（10YR 3/3，润），淡黄橙色（10YR 5/3，干）；细土质地为粉砂质黏壤土；润；小块状结构，稍坚实；少量根系；中性；向下层平滑清晰过渡。

Bw1：55～83 cm，棕色（7.5YR 4/6，润），淡橙色（7.5YR 7/3，干）；细土质地为黏壤土；润；块状结构，稍坚实；微酸性；向下层平滑渐变过渡。

Bw2：83～125 cm，亮棕色（7.5YR 5/8，润），淡橙色（7.5YR 7/4，干）；细土质地为粉砂质黏土；润；块状结构，稍坚实；微酸性。

丫都系代表性单个土体物理性质

土层	深度/cm	砾石(>2 mm，体积分数)/%	细土颗粒组成(粒径：mm)/(g/kg)			细土质地(美国制)	容重/(g/cm^3)
			砂粒 2～0.05	粉砂 0.05～0.002	黏粒<0.002		
Ah1	0～32	3	48	588	364	粉砂质黏壤土	1.25
Ah2	32～55	0	164	511	325	粉砂质黏壤土	1.29
Bw1	55～83	0	235	449	316	黏壤土	1.33
Bw2	83～125	0	21	556	423	粉砂质黏土	1.43

丫都系代表性单个土体化学性质

深度/cm	pH		有机质/(g/kg)	全氮(N)/(g/kg)	有效磷/(mg/kg)	速效钾/(mg/kg)	CEC$_7$/(cmol/kg)	C/N	盐基饱和度/%	游离氧化铁/(g/kg)	CaCO$_3$相当物/(g/kg)
	H_2O	KCl									
0～32	6.30	5.54	67.04	2.35	8.81	43	29.23	16.55	96.58	27.80	0.00
32～55	6.56	5.83	69.04	2.62	17.77	29	30.14	15.28	98.45	33.01	0.00
55～83	6.45	5.72	27.07	1.06	5.86	32	27.66	14.81	97.66	31.54	0.00
83～125	6.47	5.66	21.20	0.92	18.76	55	29.87	13.37	96.72	40.63	0.00

6.5.2　石门坎系（Shimenkan Series）

土　族：黏壤质混合型非酸性温性-普通简育湿润均腐土

拟定者：章明奎

分布与环境条件　分布在毕节、六盘水等地高原中山上。属暖温带湿润气候，年均日照时数 1200～1500 h，年均温 7.0～10.0 ℃，年均降水量 900～1200 mm，无霜期 205～220 d，年干燥度小于 1。海拔在 2100～2900 m，起源于碳酸盐岩风化物；利用方式为灌丛地和草地，主要植被为高山杜鹃、箭竹、禾本科草类。

石门坎系典型景观

土系特征与变幅　该土系诊断层包括暗沃表层；诊断特性包括均腐殖质特性、常湿润土壤水分状况和温性土壤温度状况。剖面构型为 Ah-Bw-C，土体厚度在 80～125 cm，暗沃表层厚度在 25～50 cm。土壤质地主要为黏壤土和壤土，砾石平均含量小于 25%；润土色调在 5YR～2.5YR；土壤 pH 主要在 5.5～7.5。

对比土系　丫都系、蒋家湾系，成土母质同为碳酸盐岩风化物。但丫都系土色比 7.5YR 更黄，暗沃表层厚度大于 50 cm；蒋家湾系土壤黏粒含量较低，颗粒大小级别为壤质，暗沃表层厚度大于 50 cm。

利用性能综述　石门坎系土壤有机质和全氮积累较高，有效磷和速效钾较低，质地偏重，保肥、保水能力较强，呈中性或微酸性。所处地势高耸，热量不足，风大，立地条件较差，不适宜农业。可适度放牧，保护其自然植被，以维护生态平衡。

参比土种　草甸大泥土。

代表性单个土体　于 2015 年 8 月 24 日采自贵州省毕节市赫章县珠市彝族乡矿山村石门坎附近，27°0'2.1"N，104°40'6.7"E。母质为石灰岩残坡积物，海拔 2201 m，地形为高原中山中上坡平缓地带，坡度<15°；50 cm 深度土壤年均温度约 9.5℃。土地利用方式为草地，编号为 52-084。

石门坎系代表性单个土体剖面

Ah：0～30 cm，暗红棕色（5YR 2/3，润），灰棕色（5YR 4/2，干）；细土质地为粉砂质黏壤土；润；团块状结构，疏松；中量根系；酸性；向下层平滑清晰过渡。

Bw1：30～58 cm，红棕色（5YR 4/6，润），暗红棕色（5YR 5/4，干）；细土质地为壤土；润；块状结构，稍坚实；酸性；向下层平滑较清晰过渡。

Bw2：58～110 cm，暗红棕色（5YR 2/4，润），暗红棕色（5YR 3/2，干）；细土质地为黏壤土；润；块状结构，稍坚实；酸性；向下层平滑较清晰过渡。

C：110～140 cm，主要由半风化岩石碎屑物组成，细土比例低于 10%。暗红棕色（5YR 2/4，润），暗红棕色（5YR 4/2，干）；细土质地为黏壤土，散粒状；酸性。

石门坎系代表性单个土体物理性质

土层	深度/cm	砾石(>2 mm，体积分数)/%	细土颗粒组成(粒径：mm)/(g/kg)			细土质地(美国制)	容重/(g/cm^3)
			砂粒 2～0.05	粉砂 0.05～0.002	黏粒<0.002		
Ah	0～30	3	192	443	365	粉砂质黏壤土	1.29
Bw1	30～58	4	369	400	231	壤土	1.45
Bw2	58～110	5	243	424	333	黏壤土	1.47
C	110～140	6	241	439	320	黏壤土	1.53

石门坎系代表性单个土体化学性质

深度/cm	pH		有机质/(g/kg)	全氮(N)/(g/kg)	有效磷/(mg/kg)	速效钾/(mg/kg)	CEC_7/(cmol/kg)	C/N	盐基饱和度/%	游离氧化铁/(g/kg)	$CaCO_3$相当物/(g/kg)
	H_2O	KCl									
0～30	5.54	4.98	101.48	4.17	3.62	51	21.45	14.11	84.85	83.42	0.00
30～58	5.46	4.89	33.81	1.37	4.12	63	16.54	14.31	79.14	88.24	0.00
58～110	5.58	5.01	38.98	1.46	2.45	48	19.72	15.50	84.88	74.61	0.00
110～140	5.71	5.26	56.34	1.81	3.65	57	21.14	18.06	91.40	84.82	0.00

6.5.3 蒋家湾系（Jiangjiawan Series）

土 族：壤质混合型非酸性温性-普通简育湿润均腐土
拟定者：章明奎

分布与环境条件 分布在毕节、六盘水等地高原中山上。属暖温带湿润气候，年均日照时数 1200～1500 h，年均温 7.0～10.0 ℃，年均降水量 900～1200 mm，无霜期 205～220 d，年干燥度小于 1。海拔在 2100～2900 m，起源于碳酸盐岩风化物；利用方式为灌丛地和草地，主要植被为高山杜鹃、箭竹、禾本科草类。

蒋家湾系典型景观

土系特征与变幅 该土系诊断层包括暗沃表层；诊断特性包括均腐殖质特性、常湿润土壤水分状况和温性土壤温度状况。剖面构型为 Ah-Bw-C，土体厚度在 80～125 cm，暗沃表层厚度在 50 cm 以上。土壤质地主要为砂质壤土和壤土，砾石平均含量小于 25%；润土色调在 10YR～7.5YR；土壤 pH 在 5.5～7.5。

对比土系 丫都系、石门坎系，成土母质同为碳酸盐岩风化物。但丫都系和石门坎系黏粒含量较高，土壤颗粒大小级别均为黏壤质，且石门坎系暗沃表层较薄，在 25～50 cm。

利用性能综述 蒋家湾系土壤有机质和全氮积累较高，有效磷和速效钾较低，质地适中，保肥、保水能力较强，呈中性或微酸性。所处地势高耸，热量不足，风大，立地条件较差，不适宜农业。可适度放牧，保护其自然植被，以维护生态平衡。

参比土种 草甸大泥土。

代表性单个土体 于 2015 年 8 月 24 日采自贵州省毕节市赫章县珠市彝族乡矿山村蒋家湾附近，27°0'3.3"N, 104°40'6.5"E。母质为碳酸盐岩残坡积物，海拔 2206 m，地形为高原中山中上坡缓坡地带，坡度<15°；50 cm 深度土壤年均温度约 9.5℃。土地利用方式为草地，编号为 52-085。

蒋家湾系代表性单个土体剖面

Ah：0～30 cm，暗棕色（7.5YR 2/3，润），棕灰色（7.5YR 5/1，干）；细土质地为黏壤土；润；团块状结构，疏松；大量根系；酸性；向下层平滑渐变过渡。

AB：30～55 cm，暗棕色（7.5YR 3/3，润），棕灰色（7.5YR 5/1，干）；细土质地为壤土；润；小块状结构，稍坚实；酸性；向下层平滑较清晰过渡。

Bw：55～120 cm，暗棕色（7.5YR 3/3，润），灰棕色（7.5YR 4/2，干）；细土质地为砂质壤土；润；大块状结构，稍坚实；酸性；向下层波状清晰过渡。

C：120～150 cm，半风化岩石碎屑物，细土物质小于 5%。淡黄橙色（10YR 6/3，润），灰黄棕色（10YR 6/2，干）；细土质地为砂质黏壤土，散粒状；酸性。

蒋家湾系代表性单个土体物理性质

土层	深度/cm	砾石(>2 mm，体积分数)/%	细土颗粒组成(粒径：mm)/(g/kg)			细土质地(美国制)	容重/(g/cm^3)
			砂粒 2～0.05	粉砂 0.05～0.002	黏粒<0.002		
Ah	0～30	3	332	390	277	黏壤土	1.24
AB	30～55	1	409	414	177	壤土	1.35
Bw	55～120	0	753	121	127	砂质壤土	1.48
C	120～150	1	589	184	227	砂质黏壤土	1.46

蒋家湾系代表性单个土体化学性质

深度/cm	pH		有机质/(g/kg)	全氮(N)/(g/kg)	有效磷/(mg/kg)	速效钾/(mg/kg)	CEC_7/(cmol/kg)	C/N	盐基饱和度/%	游离氧化铁/(g/kg)	$CaCO_3$相当物/(g/kg)
	H_2O	KCl									
0～30	5.64	4.95	86.49	2.97	8.70	21	19.65	16.89	68.02	39.36	0.00
30～55	5.81	5.05	44.04	1.62	6.25	35	15.32	15.77	59.06	46.81	0.00
55～120	5.60	5.12	39.09	1.42	5.45	32	10.23	15.97	71.87	39.22	0.00
120～150	5.84	4.96	23.83	0.87	2.56	43	12.32	15.89	53.88	32.11	0.00

6.5.4 大海子系（Dahaizi Series）

土 族：壤质盖粗骨质混合型酸性温性-普通简育湿润均腐土

拟定者：章明奎

分布与环境条件 分布在毕节和六盘水等地高原中山上。属暖温带湿润气候，年均日照时数 1200～1400 h，年均温 7.0～9.0 ℃，年均降水量 900～1200 mm，无霜期 205～215 d，年干燥度小于 1。海拔在 2400～2800 m，起源于玄武岩、辉绿岩风化物；利用方式为灌丛地和草地，主要植被为高山杜鹃、箭竹、禾本科草类。

大海子系典型景观

土系特征与变幅 该土系诊断层包括暗沃表层和雏形层；诊断特性包括常湿润土壤水分状况、均腐殖质特性、准石质接触面和温性土壤温度状况。剖面构型为 Ah-Bw-C，土体厚度在 40～80 cm，暗沃表层厚度在 18～25 cm，40～80 cm 出现准石质接触面。土壤质地主要为壤土，砾石平均含量小于 25%；润土色调主要为 10YR；土壤 pH 在 4.5～5.5。

对比土系 蒋家湾系，同一亚类。但蒋家湾系成土母质为碳酸盐岩风化物，土壤反应为非酸性，土体厚度在 80～125 cm。

利用性能综述 大海子系土壤有机质和全氮积累较高，有效磷和速效钾较低，质地适中，保肥、保水能力较强，呈酸性。所处地势高耸，热量不足，风大，立地条件较差，不适宜农业。可适度放牧，保护其自然植被，以维护生态平衡。

参比土种 薄螺子草甸土。

代表性单个土体 于 2017 年 8 月 31 日采自贵州省六盘水市盘州市坪地彝族乡乌蒙大草原大海子附近，26°9'33.9"N，104°37'21.4"E。母质为玄武岩残坡积物，海拔 2521 m，地形为高原山地中上坡，坡度<10°；50 cm 深度土壤年均温度约 8.0℃。土地利用方式为草地、灌木（高山杜鹃），编号为 52-166。

大海子系代表性单个土体剖面

Ah：0～22 cm，棕黑色（10YR 3/2，润），棕黑色（10YR 3/2，干）；细土质地为壤土；润；团粒状结构，疏松；中量细根；夹杂 5%砾石块；酸性；向下层平滑渐变过渡。

Bw：22～55 cm，棕黑色（10YR 3/2，润），淡黄棕色（10YR 4/3，干）；细土质地为壤土；润；块状结构，稍坚实；酸性；向下层平滑明显过渡。

C：55～130 cm，半风化砾石（大小在 2～15 cm）。

大海子系代表性单个土体物理性质

土层	深度/cm	砾石(>2 mm，体积分数)/%	细土颗粒组成(粒径：mm)/(g/kg)			细土质地(美国制)	容重/(g/cm^3)
			砂粒 2～0.05	粉砂 0.05～0.002	黏粒<0.002		
Ah	0～22	5	336	496	168	壤土	1.25
Bw	22～55	0	400	428	172	壤土	1.38
C	55～130	98	—	—	—	—	—

大海子系代表性单个土体化学性质

深度/cm	pH		有机质/(g/kg)	全氮(N)/(g/kg)	有效磷/(mg/kg)	速效钾/(mg/kg)	CEC_7/(cmol/kg)	C/N	盐基饱和度/%	游离氧化铁/(g/kg)	$CaCO_3$相当物/(g/kg)
	H_2O	KCl									
0～22	5.12	4.74	159.63	5.46	2.15	138	15.64	16.96	53.47	34.52	0.00
22～55	5.22	4.87	110.87	4.64	0.63	90	13.45	13.86	57.52	28.18	0.00
55～130	5.48	5.03	—	—	—	—	—	—	—	—	—

第7章　富　铁　土

7.1　表蚀简育常湿富铁土

7.1.1　红花岗系（Honghuagang Series）

土　族：极黏质高岭石型酸性热性-表蚀简育常湿富铁土

拟定者：章明奎

分布与环境条件　零星分布在遵义、安顺、黔东南、黔西南、黔南、铜仁等地低山缓坡地。属亚热带湿润气候，年均日照时数1200～1400 h，年均温 15.0～16.0℃，年均降水量 1300～1600 mm，无霜期 260～275 d，年干燥度小于 1。海拔在 600～1000 m，起源于红色、黄色老风化壳；利用方式为荒草地，受人为活动的影响，存在明显的水土流失。

红花岗系典型景观

土系特征与变幅　该土系诊断层包括低活性富铁层；诊断特性包括常湿润土壤水分状况、热性土壤温度状况。表层土壤侵蚀消失，剖面构型为 Bw-C，土体厚度在 80～125 cm，低活性富铁层厚度在 60～100 cm。土壤质地主要为黏土，砾石平均含量小于 25%；润土色调在 7.5YR～5YR；土壤 pH 在 5.5 以下。

对比土系　回龙系，同一土类，成土母质同为红色、黄色老风化壳。但回龙系土壤反应为非酸性，且存在完整的表土层。

利用性能综述　红花岗系因受水土流失，土壤肥力低下，有机质、全氮、有效磷和速效钾都处于较低的水平，质地黏重，耕性不良，保肥能力尚好。在改良利用时，要注重水土保持工作。该土系适合茶树生长，开垦后的耕地宜发展粮食、油料、番薯等作物。但农用时需加强水土保持工作，增施有机肥、磷肥和钾肥。有水源保障的地区可垦殖为稻田。

参比土种　板红黏泥。

代表性单个土体　于 2015 年 7 月 30 日采自贵州省遵义市红花岗区新蒲镇大学城附近，27°43'22.3"N，107°3'45.5"E。母质为第四纪红土，海拔 923 m，地形为低山中坡，坡度为 15°～30°；50 cm 深度土壤年均温度约 18.0℃。土地利用方式为荒地，编号为 52-038。

红花岗系代表性单个土体剖面

Bw1：0～40 cm，橙色（7.5YR 6/8，润），淡黄橙色（7.5YR 8/6，干）；细土质地为黏土；稍干；块状结构，坚实；夹杂少量（<5%）小块砾石；酸性；向下层平滑模糊过渡。

Bw2：40～100 cm，橙色（7.5YR 6/8，润），淡黄橙色（7.5YR 8/6，干）；细土质地为黏土；润；块状结构，坚实；酸性。

红花岗系代表性单个土体物理性质

土层	深度/cm	砾石(>2 mm，体积分数)/%	细土颗粒组成(粒径：mm)/(g/kg)			细土质地(美国制)
			砂粒 2～0.05	粉砂 0.05～0.002	黏粒<0.002	
Bw1	0～40	4	46	332	662	黏土
Bw2	40～100	0	59	300	641	黏土

红花岗系代表性单个土体化学性质

深度/cm	pH		有机质/(g/kg)	全氮(N)/(g/kg)	有效磷/(mg/kg)	速效钾/(mg/kg)	CEC_7/(cmol/kg)	盐基饱和度/%	黏粒 CEC_7/(cmol/kg)	游离氧化铁/(g/kg)	$CaCO_3$ 相当物/(g/kg)
	H_2O	KCl									
0～40	5.07	4.06	26.55	2.67	1.32	19	15.32	56.42	23.14	82.88	0.00
40～100	5.43	4.32	7.28	0.85	2.14	34	15.15	65.02	23.62	74.45	0.00

7.2　盐基简育常湿富铁土

7.2.1　回龙系（Huilong Series）

土　族：黏质高岭石型非酸性热性-盐基简育常湿富铁土

拟定者：章明奎

分布与环境条件　分布在遵义、黔东南、黔西南、黔南、安顺、铜仁等地低山缓坡地。属亚热带湿润气候，年均日照时数 1200～1400 h，年均温 15.0～16.0℃，年均降水量 1300～1600 mm，无霜期 260～275 d，年干燥度小于 1。海拔在 600～1000 m，起源于红色、黄色老风化壳；利用方式为旱地、园地或荒地。

回龙系典型景观

土系特征与变幅　该土系诊断层包括淡薄表层、低活性富铁层、黏化层；诊断特性包括常湿润土壤水分状况、热性土壤温度状况。剖面构型为 Ap-Bw-Bt-C，土体厚度在 125 cm 以上，低活性富铁层厚度在 100 cm 以上，黏化层出现在地表下 50 cm 以内土层中，厚度在 60 cm 以上。土壤质地主要为粉砂质黏土，砾石平均含量小于 25%；润土色调在 7.5YR～5YR；土壤 pH 在 5.5～7.5。

对比土系　红花岗系，同一土类，成土母质同为红色、黄色老风化壳。但红花岗系土壤反应为酸性，因侵蚀无表土层。

利用性能综述　回龙系土壤有机质和全氮属中高水平，有效磷和速效钾多处于中等水平，质地黏重，耕性不良，保肥能力中等。在改良利用时，要注重水土保持工作，增加有机肥的投入，适量施用磷肥和钾肥，以维持和提升土壤地力。

参比土种　厚黄黏泥土。

代表性单个土体　于 2015 年 7 月 31 日采自贵州省遵义市湄潭县湄江镇回龙村，27°48'39.2"N，107°30'22.6"E。母质为第四纪红土，海拔 826 m，地形为低山坡地，坡度<10°；50 cm 深度土壤年均温度约 18.0℃。土地利用方式为旱地，编号为 52-040。

回龙系代表性单个土体剖面

Ap：0～17 cm，暗棕色（7.5YR 3/4，润），灰棕色（7.5YR 6/2，干）；细土质地为粉砂质黏土；润；块状结构，稍坚实；少量根系；见垂直向裂隙；中性；向下层平滑渐变过渡。

Bw：17～34 cm，棕色（7.5YR 4/4，润），暗橙色（7.5YR 7/3，干）；细土质地为粉砂质黏土；润；大块状结构，坚实；中性；向下层平滑清晰过渡。

Bt：34～125 cm，橙色（7.5YR 6/8，润），黄橙色（7.5YR 8/8，干）；细土质地为粉砂质黏壤土；润；大块状结构，结构面上见中量胶膜，稍坚实；中性。

回龙系代表性单个土体物理性质

土层	深度/cm	砾石(>2 mm，体积分数)/%	细土颗粒组成(粒径：mm)/(g/kg)			细土质地(美国制)
			砂粒 2～0.05	粉砂 0.05～0.002	黏粒<0.002	
Ap	0～17	4	57	500	444	粉砂质黏土
Bw	17～34	0	100	445	455	粉砂质黏土
Bt	34～125	0	31	404	565	粉砂质黏壤土

回龙系代表性单个土体化学性质

深度/cm	pH		有机质/(g/kg)	全氮(N)/(g/kg)	有效磷/(mg/kg)	速效钾/(mg/kg)	CEC_7/(cmol/kg)	盐基饱和度/%	黏粒 CEC_7/(cmol/kg)	游离氧化铁/(g/kg)	$CaCO_3$ 相当物/(g/kg)
	H_2O	KCl									
0～17	6.51	5.42	33.49	3.43	17.56	358	11.54	95.32	26.02	48.32	0.00
17～34	6.93	5.74	6.37	0.54	11.52	174	9.97	99.17	21.92	56.32	0.00
34～125	6.82	5.64	5.01	—	—	—	11.32	99.62	20.03	67.38	0.00

7.3　黏化钙质湿润富铁土

7.3.1　白杨坪系（Baiyangping Series）

土　族：黏质高岭石型非酸性热性-黏化钙质湿润富铁土
拟定者：章明奎

分布与环境条件　零星分布在黔东南等地高丘坡地。属亚热带湿润气候，年均日照时数 1300～1400 h，年均温 16.5～17.0 ℃，年均降水量 1200～1300 mm，无霜期 275～280 d，年干燥度小于 1。海拔在 500～700 m，起源于白云岩残坡积物；利用方式为林地或荒地。

白杨坪系典型景观

土系特征与变幅　该土系诊断层包括淡薄表层、低活性富铁层、黏化层；诊断特性包括碳酸盐岩岩性特征、准石质接触面、湿润土壤水分状况、热性土壤温度状况。剖面构型为 Ah-Bt-C，土体厚度在 80～125 cm，低活性富铁层厚度在 60～100 cm，黏化层出现在地表下 50 cm 以内土层中，厚度在 60 cm 以上。土壤质地主要为黏土，砾石平均含量小于 25%；润土色调在 7.5YR～5YR；土壤 pH 主要在 5.5～7.5。

对比土系　罗寨村系，同一亚纲。但罗寨村系成土母质为泥页岩残坡积物，无碳酸盐岩岩性特征，颗粒大小级别为黏壤质。

利用性能综述　白杨坪系土壤有机质和全氮属中高水平，速效钾多处于中高等水平，有效磷较低，质地非常黏重，耕性不良，保肥能力中等。因所处坡度较大、质地黏重，一般不适于农用，应以封山护草育林为主。

参比土种　棕大泥土。

代表性单个土体　于 2015 年 8 月 19 日采自贵州省黔东南苗族侗族自治州镇远县舞阳镇白杨坪自然村，27°4'20.3"N, 108°19'58.9"E。母质为白云岩残坡积物，海拔 693 m，地形为低山下坡，坡度为 25°左右；50 cm 深度土壤年均温度约 18.5℃。土地利用方式为荒地（灌草地），编号为 52-052。

白杨坪系代表性单个土体剖面

Ah：0～20 cm，暗棕色（7.5YR 3/3，润），棕色（7.5YR 4/3，干）；细土质地为黏土；润；块状结构，疏松；中量根系；中性；向下层平滑渐变过渡。

Bt：20～83 cm，红棕色（5YR 4/8，润），亮红棕色（5YR 5/6，干）；细土质地为黏土；润；大块状结构，结构面上见中量胶膜，稍坚实；少量中根；中性；向下层波状清晰过渡。

C：83～140 cm，半风化母岩，主要由直径 1～5 cm 的石块组成。淡黄橙色（7.5YR 8/3，润）；微碱性。

白杨坪系代表性单个土体物理性质

土层	深度/cm	砾石(>2 mm，体积分数)/%	细土颗粒组成(粒径：mm)/(g/kg)			细土质地(美国制)
			砂粒 2～0.05	粉砂 0.05～0.002	黏粒<0.002	
Ah	0～20	12	130	400	470	黏土
Bt	20～83	10	5	122	873	黏土
C	83～140	90	654	294	52	砂质壤土

白杨坪系代表性单个土体化学性质

深度/cm	pH		有机质/(g/kg)	全氮(N)/(g/kg)	有效磷/(mg/kg)	速效钾/(mg/kg)	CEC_7/(cmol/kg)	盐基饱和度/%	黏粒 CEC_7/(cmol/kg)	游离氧化铁/(g/kg)	$CaCO_3$相当物/(g/kg)
	H_2O	KCl									
0～20	7.27	—	55.12	4.40	2.49	225	15.24	100.00	32.45	35.38	0.00
20～83	7.37	—	18.57	1.87	2.55	189	18.75	100.00	21.48	44.05	0.00
83～140	8.28	—	21.49	—	—	—	3.25	100.00	62.95	5.87	65.89

7.4 盐基黏化湿润富铁土

7.4.1 罗寨村系（Luozhaicun Series）

土　族：黏壤质混合型非酸性热性-盐基黏化湿润富铁土

拟定者：章明奎

分布与环境条件 分布在黔东南、黔南和黔西南等地高丘坡地。属亚热带湿润气候，年均日照时数 1200～1400 h，年均温 17.0～18.0 ℃，年均降水量 1100～1300 mm，无霜期 285～300 d，年干燥度小于 1。海拔在 650 m 以下，起源于泥页岩残坡积物；利用方式为林地、荒地或旱地。

罗寨村系典型景观

土系特征与变幅 该土系诊断层包括淡薄表层、低活性富铁层、黏化层；诊断特性包括湿润土壤水分状况、热性土壤温度状况。剖面构型为 Ah-Bt-Bw-C，土体厚度在 125 cm 以上，低活性富铁层厚度在 100 cm 以上，黏化层出现在地表下 50 cm 以内土层中，厚度在 60 cm 以上。土壤质地主要为黏土和黏壤土，砾石平均含量小于 25%；润土色调主要为 2.5YR；土壤 pH 在 5.5～7.5。

对比土系 白杨坪系，同一亚纲。但白杨坪系成土母质为白云岩残坡积物，具碳酸盐岩岩性特征，颗粒大小级别为黏质。

利用性能综述 罗寨村系土壤有机质和全氮属中高水平，速效钾多处于中高等水平，有效磷较低，土层较厚，但质地较为黏重，保肥能力一般。因所处地域水热条件丰富，是发展亚热带经济林、用材林及生产粮油较好的土壤资源。对于林草地，需注意植被保护和经济林、果木林的种植；对于旱地，应加强有机肥的投入，合理施用化肥，等高种植。

参比土种 厚红泥土。

代表性单个土体 于 2015 年 9 月 21 日采自贵州省黔东南苗族侗族自治州黎平县德凤镇罗寨村，26°11'23.4"N, 109°7'37.2"E。母质为泥页岩残坡积物，海拔 619 m，地形为低山坡脚，坡度<15°；50 cm 深度土壤年均温度约 19.0℃。土地利用方式为林地，编号为 52-119。

罗寨村系代表性单个土体剖面

Ah：0～5 cm，淡黄棕色（10YR 4/3，润），灰黄棕色（10YR 6/2，干）；细土质地为黏壤土；润；小块状结构，疏松；中量根系；夹有 15%半风化泥页岩残积物；中性；向下层平滑清晰过渡。

Bt：5～80 cm，橙色（2.5YR 6/8，润），橙色（2.5YR 7/6，干）；细土质地为黏土；润；块状结构，结构面上见中量胶膜，稍坚实；夹杂有 15%半风化泥页岩残积物；中性；向下层平滑渐变过渡。

Bw：80～200 cm，亮红棕色（2.5YR 5/8，润），橙色（2.5YR 6/8，干）；细土质地为黏壤土；润；块状结构，坚实；夹杂有 25%半风化泥页岩残积物；微酸性；向下层波状清晰过渡。

C：200～300 cm，为半风化泥页岩残积物。由橙色（2.5YR 6/8，润）和黄橙色（10YR 8/8，润）组成，比例为 6∶4；细土质地为壤土；微酸性。

罗寨村系代表性单个土体物理性质

土层	深度/cm	砾石(>2 mm，体积分数)/%	细土颗粒组成(粒径：mm)/(g/kg)			细土质地(美国制)
			砂粒 2～0.05	粉砂 0.05～0.002	黏粒<0.002	
Ah	0～5	15	261	417	322	黏壤土
Bt	5～80	15	234	366	400	黏土
Bw	80～200	25	262	425	313	黏壤土
C	200～300	75	282	500	219	壤土

罗寨村系代表性单个土体化学性质

深度/cm	pH		有机质/(g/kg)	全氮(N)(g/kg)	有效磷/(mg/kg)	速效钾/(mg/kg)	CEC_7/(cmol/kg)	盐基饱和度/%	黏粒 CEC_7/(cmol/kg)	游离氧化铁/(g/kg)	$CaCO_3$ 相当物/(g/kg)
	H_2O	KCl									
0～5	7.18	—	72.81	2.30	4.10	126	9.41	100.00	29.20	28.99	0.00
5～80	6.68	5.56	3.49	0.23	2.14	87	10.58	80.01	26.42	42.80	0.00
80～200	5.60	4.48	3.47	—	—	—	6.67	71.27	21.34	48.67	0.00
200～300	5.54	4.43	2.47	—	—	—	5.19	67.63	23.72	34.98	0.00

7.5　表蚀简育湿润富铁土

7.5.1　高酿系（Gaoniang Series）

土　族：黏壤质硅质混合型非酸性热性-表蚀简育湿润富铁土
拟定者：章明奎

分布与环境条件　零星分布在黔东南、黔南和黔西南等地高丘坡地。属亚热带湿润气候，年均日照时数 1200～1400 h，年均温 17.0～18.0℃，年均降水量 1100～1300 mm，无霜期 285～300 d，年干燥度小于 1。海拔在 700 m 以下，起源于泥页岩残坡积物；利用方式为荒地，受人为影响，水土流失明显。

高酿系典型景观

土系特征与变幅　该土系诊断层包括低活性富铁层；诊断特性包括湿润土壤水分状况、热性土壤温度状况。因水土流失，表土遭受侵蚀。剖面构型为 Bw-C，土体厚度在 125 cm 以上，低活性富铁层厚度在 100 cm 以上。土壤质地主要为粉砂质黏壤土和粉砂质黏土，砾石平均含量小于 25%；润土色调主要为 2.5YR；土壤 pH 主要在 5.5～7.5。

对比土系　罗寨村系，同一亚纲。但罗寨村系具黏化层，且存在完整的表土层。

利用性能综述　高酿系因水土流失强烈，土壤肥力低下，土壤有机质、全氮、速效钾和有效磷都在较低的水平，质地较为黏重，保肥能力一般。该土系土层较厚，因所处地域水热条件丰富，是发展亚热带经济林、用材林及生产粮油较好的土壤资源。但利用时，需做好水土保持措施，同时加强有机肥的投入，合理施用化肥。

参比土种　红泥土。

代表性单个土体　于 2015 年 9 月 20 日采自贵州省黔东南苗族侗族自治州天柱县高酿镇大圭村高酿高速收费站附近，26°50'6.6"N，109°10'1.3"E。母质为泥页岩残坡积物，海拔 656 m，地形为低山中上坡，坡度<5°；50 cm 深度土壤年均温度约 19.5℃。土地利用方式为旱地或荒地，编号为 52-117。

高酿系代表性单个土体剖面

Bw1：0～20 cm，橙色（2.5YR 6/8，润），淡红橙色（2.5YR 7/4，干）；细土质地为粉砂质黏土；润；小块状结构，稍疏松；少量根系；酸性；向下层平滑渐变过渡。

Bw2：20～80 cm，橙色（2.5YR 6/8，润），淡红橙色（2.5YR 7/4，干）；细土质地为粉砂质黏壤土；润；块状结构，稍坚实；微酸性；向下层平滑渐变过渡。

Bw3：80～150 cm，橙色（2.5YR 6/8，润），淡红橙色（2.5YR 7/4，干）；细土质地为粉砂质黏壤土；润；块状结构，坚实；夹有 5%黄橙色（10YR 8/8，润）半风化泥岩残留物；微酸性。

高酿系代表性单个土体物理性质

土层	深度/cm	砾石(>2 mm，体积分数)/%	细土颗粒组成(粒径：mm)/(g/kg)			细土质地(美国制)
			砂粒 2～0.05	粉砂 0.05～0.002	黏粒<0.002	
Bw1	0～20	0	87	484	429	粉砂质黏土
Bw2	20～80	0	152	571	277	粉砂质黏壤土
Bw3	80～150	5	88	636	276	粉砂质黏壤土

高酿系代表性单个土体化学性质

深度/cm	pH		有机质/(g/kg)	全氮(N)/(g/kg)	有效磷/(mg/kg)	速效钾/(mg/kg)	CEC_7/(cmol/kg)	盐基饱和度/%	黏粒 CEC_7/(cmol/kg)	游离氧化铁/(g/kg)	$CaCO_3$相当物/(g/kg)
	H_2O	KCl									
0～20	5.20	4.13	5.52	0.53	2.93	18	9.56	83.53	22.28	36.74	0.00
20～80	5.89	4.74	3.93	0.41	1.23	26	5.85	72.41	21.12	36.50	0.00
80～150	6.00	4.98	5.33	—	—	—	6.12	84.15	22.20	28.64	0.00

第8章 淋 溶 土

8.1 腐殖钙质常湿淋溶土

8.1.1 当阳系（Dangyang Series）

土　族：粗骨黏壤质混合型石灰性热性-腐殖钙质常湿淋溶土
拟定者：章明奎

分布与环境条件 分布在遵义、安顺、铜仁、毕节、黔东南、黔南和黔西南等地岩溶地区的低山坡地。属亚热带湿润气候，年均日照时数 1300～1500 h，年均温 14.0～17.0℃，年均降水量 1100～1500 mm，无霜期 255～285 d，年干燥度小于 1。海拔在 700～1300 m，起源于白云岩残坡积物；利用方式为旱地或荒地。

当阳系典型景观

土系特征与变幅 该土系诊断层包括淡薄表层和黏化层；诊断特性包括碳酸盐岩岩性特征、常湿润土壤水分状况、腐殖质特性、铁质特性、热性土壤温度状况。剖面构型为 Ap-Bw-Bt-C，土体厚度在 125 cm 以上，黏化层出现在地表 50 cm 以下土层中，厚度在 30 cm 以上。土壤质地主要为粉砂壤土，存在大量砾石，平均含量大于 25%；润土色调在 2.5Y～7.5YR；土壤脱钙不彻底，有石灰反应。

对比土系 石灰窑系，同一亚类，成土母质同为白云岩残坡积物。但石灰窑系土壤砾石含量较低，颗粒大小级别为黏质。

利用性能综述 当阳系土壤有机质中等，速效钾和有效磷都在较低的水平，质地适中，土体深厚，耕性良好，水热条件较佳，是发展亚热带经济林、用材林及生产旱粮较好的土壤资源。坡地可发展漆、油桐、棕榈、杜仲、滇结香等经济林和桃、李、杏等果木；农业利用时，需做好水土保持措施，同时加强有机肥的投入，增加磷肥和钾肥的施用。

参比土种　大泥土。

代表性单个土体　于 2015 年 7 月 27 日采自贵州省遵义市务川仡佬苗族自治县涪洋镇当阳村，28°29'1.5"N, 107°40'14.3"E。母质为白云岩残坡积物，海拔 729 m，地形为低山下坡，坡度为 10°～15°，梯地；50 cm 深度土壤年均温度约 19.0℃。土地利用方式为旱地，编号为 52-015。

当阳系代表性单个土体剖面

Ap：0～25 cm，暗棕色（10YR 3/3，润），灰黄棕色（10YR 6/2，干）；细土质地为粉砂壤土；润；团粒结构，疏松；中量根系；夹杂有 20%砾石块；微碱性；向下层平滑渐变过渡。

Bw1：25～50 cm，暗棕色（10YR 3/4，润），灰黄棕色（10YR 6/2，干）；细土质地为粉砂壤土；润；小块状结构，稍坚实；少量细根；夹杂有 20%砾石块；微碱性；向下层平滑清晰过渡。

Bw2：50～90 cm，灰黄色（2.5Y 6/4，润），灰白色（5Y 8/1，干）；细土质地为粉砂壤土；干；块状结构，坚实；夹杂有 40%直径为 5～20 cm 的砾石块；结构面上有腐殖质胶膜；中性；向下层平滑清晰过渡。

Bt：90～125 cm，亮棕色（7.5YR 5/8，润），暗橙色（7.5YR 7/4，干）；细土质地为黏土；干；块状结构，结构面上见中量胶膜，坚实；夹杂有 10%直径为 2～10 cm 的砾石块；中性。

当阳系代表性单个土体物理性质

土层	深度/cm	砾石(>2 mm，体积分数)/%	细土颗粒组成(粒径：mm)/(g/kg)			细土质地(美国制)
			砂粒 2～0.05	粉砂 0.05～0.002	黏粒<0.002	
Ap	0～25	20	124	694	183	粉砂壤土
Bw1	25～50	20	132	649	218	粉砂壤土
Bw2	50～90	40	137	688	175	粉砂壤土
Bt	90～125	10	71	361	568	黏土

当阳系代表性单个土体化学性质

深度/cm	pH		有机质/(g/kg)	全氮(N)/(g/kg)	有效磷/(mg/kg)	速效钾/(mg/kg)	CEC_7/(cmol/kg)	盐基饱和度/%	游离氧化铁/(g/kg)	$CaCO_3$相当物/(g/kg)
	H_2O	KCl								
0～25	7.53	—	39.44	1.97	6.01	29	10.14	100.00	25.45	30.25
25～50	7.59	—	25.33	1.42	5.43	39	11.91	100.00	25.80	10.75
50～90	7.40	—	5.93	—	—	—	4.38	100.00	25.89	5.00
90～125	7.30	—	10.03	—	—	—	14.74	100.00	50.09	5.00

8.1.2 石灰窑系（Shihuiyao Series）

土 族：黏质混合型石灰性热性-腐殖钙质常湿淋溶土
拟定者：章明奎

分布与环境条件 分布在遵义、安顺、毕节、铜仁、黔东南、六盘水等地岩溶地区的低山坡地。属亚热带湿润气候，年均日照时数 1300～1500 h，年均温 14.0～17.0℃，年均降水量 1100～1500 mm，无霜期 255～285 d，年干燥度小于 1。海拔在 700～1300 m，起源于白云岩残坡积物；利用方式为林地、灌丛地或荒地。

石灰窑系典型景观

土系特征与变幅 该土系诊断层包括淡薄表层和黏化层；诊断特性包括碳酸盐岩岩性特征、常湿润土壤水分状况、腐殖质特性、铁质特性、热性土壤温度状况。剖面构型为 Ah-Bw-Bt-C，土体厚度在 125 cm 以上，黏化层出现在地表 50 cm 以下土层中，厚度在 30 cm 以上。土壤质地主要为黏土和粉砂质黏土，砾石平均含量小于 25%；润土色调在 7.5YR～5YR；土壤脱钙不彻底，有石灰反应。

对比土系 当阳系，同一亚类，成土母质同为白云岩残坡积物。但当阳系土壤砾石含量较高，颗粒大小级别为粗骨黏壤质。

利用性能综述 石灰窑系土壤有机质中等，速效钾和有效磷都在较低的水平，质地黏重，土体深厚，水热条件较佳，是发展亚热带经济林、用材林及生产旱粮较好的土壤资源。坡度较大处，宜封山护草育林为主；缓坡地可发展漆、油桐、棕榈、杜仲、滇结香等经济林和桃、李、杏等果木；农业利用时，需做好水土保持措施，同时加强有机肥料的投入，增加磷肥和钾肥的施用。

参比土种 厚大泥土。

代表性单个土体 于 2015 年 8 月 20 日采自贵州省黔东南苗族侗族自治州黄平县旧州镇石灰窑村，26°58'40.8"N, 107°49'17.7"E。母质为白云岩残坡积物，海拔 769 m，地形为低山下坡，坡度为 10°～25°；50 cm 深度土壤年均温度约 19.0℃。土地利用方式为林地及灌丛地，编号为 52-057。

石灰窑系代表性单个土体剖面

Ah： 0～20 cm，暗棕色（7.5YR 3/3，润），灰棕色（7.5YR 4/2，干）；细土质地为黏土；润；块状结构，疏松；中量根系；夹杂有10%大小在2～5 cm的半风化岩屑；微碱性；向下层平滑清晰过渡。

Bw1：20～80 cm，棕色（7.5YR 4/6，润），暗棕色（7.5YR 5/3，干）；细土质地为粉砂质黏土；润；块状结构，稍坚实；少量细根；夹杂有10%直径为2～5 cm的半风化岩屑；结构面上可见腐殖质胶膜；微碱性；向下层平滑渐变过渡。

Bw2：80～110 cm，淡红棕色（5YR 4/4，润），暗红棕色（5YR 5/3，干）；细土质地为黏土；润；大块状结构，稍坚实；夹杂有5%直径为2～5 cm的半风化岩屑；结构面上可见腐殖质胶膜；微碱性；向下层波状渐变过渡。

Bt：110～125 cm，红棕色（5YR 4/8，润），亮棕色（5YR 5/6，干）；细土质地为黏土；润；块状结构，结构面上见少量胶膜，稍坚实；夹有45%直径为2～5 cm的半风化岩屑；微碱性。

石灰窑系代表性单个土体物理性质

土层	深度/cm	砾石(>2 mm，体积分数)/%	细土颗粒组成(粒径：mm)/(g/kg)			细土质地(美国制)
			砂粒 2～0.05	粉砂 0.05～0.002	黏粒<0.002	
Ah	0～20	10	164	400	436	黏土
Bw1	20～80	10	164	412	424	粉砂质黏土
Bw2	80～110	5	136	390	473	黏土
Bt	110～125	45	101	188	711	黏土

石灰窑系代表性单个土体化学性质

深度/cm	pH		有机质/(g/kg)	全氮(N)/(g/kg)	有效磷/(mg/kg)	速效钾/(mg/kg)	CEC_7/(cmol/kg)	盐基饱和度/%	游离氧化铁/(g/kg)	$CaCO_3$相当物/(g/kg)
	H_2O	KCl								
0～20	7.98	—	45.39	2.71	2.10	48	28.96	100.00	40.55	46.49
20～80	8.08	—	22.70	1.42	4.25	64	27.24	100.00	35.35	14.09
80～110	7.54	—	17.32	—	—	—	26.74	100.00	38.62	6.40
110～125	7.57	—	20.80	—	—	—	32.14	100.00	48.18	68.93

8.1.3　新萝村系（Xinluocun Series）

土　族：黏质混合型非酸性热性-腐殖钙质常湿淋溶土
拟定者：章明奎

新萝村系典型景观

分布与环境条件　分布在毕节、贵阳、六盘水、安顺等地岩溶地区的低山坡地。属亚热带湿润气候，年均日照时数 1400～1600 h，年均温 14.0～16.0℃，年均降水量 1000～1200 mm，无霜期 250～275 d，年干燥度小于 1。海拔在 800～1300 m，起源于白云岩残坡积物；利用方式为林地或荒地。

土系特征与变幅　该土系诊断层包括淡薄表层和黏化层；诊断特性包括碳酸盐岩岩性特征、常湿润土壤水分状况、腐殖质特性、铁质特性、热性土壤温度状况。剖面构型为 Ah-Bw-Bt-R，土体厚度在 125 cm 以上，黏化层出现在地表 50 cm 以下土层中，厚度在 30 cm 以上。土壤质地主要为黏土和粉砂质黏壤土，砾石平均含量小于 25%；润土色调在 7.5YR～5YR。

对比土系　丁旗系，同一土族，成土母质同为白云岩残坡积物，呈复区分布。但丁旗系土壤主要呈中性，100 cm 内多数土层比 5YR 更红，土体较薄，在 80～125 cm。

利用性能综述　新萝村系土壤有机质中等，全氮、速效钾和有效磷都在较低的水平，质地黏重，耕性较差，土体深厚，水热条件较佳，是发展亚热带经济林、用材林及生产旱粮较好的土壤资源。坡地可发展漆、油桐、棕榈、杜仲、滇结香等经济林和桃、李、杏等果木；对现有耕地要进行工程化建设，坡地梯化，同时加强有机肥的投入，增加磷肥和钾肥的施用，以提高耕地地力。

参比土种　棕大泥土。

代表性单个土体　于 2015 年 8 月 21 日采自贵州省贵阳市息烽县青山苗族乡新萝村红骊坪自然村，27°0'56.3"N，106°43'27.8"E。母质为石灰岩残坡积物，海拔 1205 m，地形为低山中下坡，坡度<15°；50 cm 深度土壤年均温度约 16.5℃。土地利用方式为林地，编号为 52-064。

新萝村系代表性单个土体剖面

Ah：0～20 cm，棕色（7.5YR 4/6，润），暗橙色（7.5YR 6/3，干）；细土质地为粉砂质黏壤土；润；块状结构，疏松；中量根系；酸性；向下层平滑渐变过渡。

Bw：20～70 cm，棕色（7.5YR 4/6，润），暗橙色（7.5YR 6/4，干）；细土质地为粉砂质黏壤土；润；块状结构，稍坚实；少量细根；夹杂有 10%的半风化残留物；结构面上可见腐殖质胶膜；微酸性；向下层平滑较清晰过渡。

Bt：70～150 cm，亮红棕色（5YR 5/8，润），暗橙色（5YR 6/4，干）；细土质地为黏土；润；块状结构，结构面上见中量胶膜，稍坚实；含 15%的半风化残留物；微酸性。

R：150 cm 以下，石灰岩。

新萝村系代表性单个土体物理性质

土层	深度/cm	砾石(>2 mm，体积分数)/%	细土颗粒组成(粒径：mm)/(g/kg)			细土质地(美国制)
			砂粒 2～0.05	粉砂 0.05～0.002	黏粒<0.002	
Ah	0～20	3	120	450	430	粉砂质黏壤土
Bw	20～70	10	172	449	378	粉砂质黏壤土
Bt	70～150	15	94	252	654	黏土

新萝村系代表性单个土体化学性质

深度/cm	pH		有机质/(g/kg)	全氮(N)/(g/kg)	有效磷/(mg/kg)	速效钾/(mg/kg)	CEC_7/(cmol/kg)	盐基饱和度/%	游离氧化铁/(g/kg)	$CaCO_3$相当物/(g/kg)
	H_2O	KCl								
0～20	5.42	4.56	24.51	1.61	7.82	29	17.65	86.94	48.20	0.00
20～70	5.58	4.68	23.36	1.42	6.65	42	14.13	87.68	51.23	0.00
70～150	5.85	5.12	11.53	—	—	—	18.93	89.74	71.54	0.00

8.1.4　丁旗系（Dingqi Series）

土　族：黏质混合型非酸性热性-腐殖钙质常湿淋溶土
拟定者：章明奎

分布与环境条件　分布在毕节、贵阳、六盘水、安顺等地岩溶地区的低山坡地。属亚热带湿润气候，年均日照时数1400～1600 h，年均温14.0～16.0℃，年均降水量1000～1200 mm，无霜期250～275 d，年干燥度小于1。海拔在800～1300 m，起源于白云岩残坡积物；利用方式为林地或荒地。

丁旗系典型景观

土系特征与变幅　该土系诊断层包括淡薄表层和黏化层；诊断特性包括碳酸盐岩岩性特征、常湿润土壤水分状况、准石质接触面、腐殖质特性、铁质特性、热性土壤温度状况。剖面构型为Ah-Bw-Bt-R，土体厚度在80～125 cm，黏化层出现在地表50 cm以下土层中，厚度在30 cm以上。土壤质地主要为黏壤土和黏土，砾石平均含量小于25%；润土色调主要为5YR；土壤pH在5.5～7.5。

对比土系　新萝村系，同一土族，成土母质同为白云岩残坡积物，呈复区分布。但新萝村系土壤主要呈微酸性，100 cm内多数土层比7.5YR更黄，土体深厚，在125 cm以上。

利用性能综述　丁旗系土壤有机质中等，全氮、速效钾和有效磷都在较低的水平，质地黏重，耕性较差，土体较厚，水热条件较佳，适宜种植漆、油桐、棕榈、杜仲、滇结香等经济林和桃、李、杏等果木；农用时，应加强有机肥的投入，增加磷肥和钾肥的施用，以提高耕地地力和平衡土壤养分。

参比土种　棕大泥土。

代表性单个土体　于2015年8月28日采自贵州省安顺市镇宁布依族苗族自治县丁旗镇塘堡村，26°4'50.8"N，105°43'15.1"E。母质为白云岩残坡积物，海拔1234 m，地形为高原低山中上坡平缓地带，坡度<15°；50 cm深度土壤年均温度约16.5℃。土地利用方式为林地，编号为52-111。

丁旗系代表性单个土体剖面

Ah：0～23 cm，淡红棕色（5YR 4/3，润），暗橙色（5YR 7/4，干）；细土质地为砂质黏壤土；润；块状结构，稍疏松；中量根系；夹有 10%直径为 2～30 mm 的半风化岩石碎屑物；中性；向下层平滑清晰过渡。

Bw：23～60 cm，淡红棕色（5YR 4/4，润），暗红棕色（5YR 5/4，干）；细土质地为黏壤土；润；块状结构，结构面上有明显的腐殖质胶膜，稍坚实；少量细根；夹有少量（5%）半风化岩石碎屑物；中性；向下层平滑渐变过渡。

Bt：60～115 cm，红棕色（5YR 4/8，润），红棕色（5YR 4/6，干）；细土质地为黏土；润；大块状结构，结构面上有中量黏粒胶膜和少量腐殖质胶膜，坚实；中性；向下层波状清晰过渡。

R：115～180 cm，半风化的白云岩岩体，稍坚实；黄橙色（7.5YR 7/8，润），淡黄橙色（7.5YR 8/3，干）；中性。

丁旗系代表性单个土体物理性质

土层	深度/cm	砾石(>2 mm，体积分数)/%	细土颗粒组成(粒径：mm)/(g/kg)			细土质地(美国制)
			砂粒 2～0.05	粉砂 0.05～0.002	黏粒<0.002	
Ah	0～23	10	478	98	424	砂质黏壤土
Bw	23～60	5	232	381	387	黏壤土
Bt	60～115	5	75	284	642	黏土
R	115～180	95	185	506	309	粉砂质黏壤土

丁旗系代表性单个土体化学性质

深度/cm	pH		有机质/(g/kg)	全氮(N)/(g/kg)	有效磷/(mg/kg)	速效钾/(mg/kg)	CEC_7/(cmol/kg)	盐基饱和度/%	游离氧化铁/(g/kg)	$CaCO_3$相当物/(g/kg)
	H_2O	KCl								
0～23	7.23	—	26.15	1.81	3.32	37	17.65	100.00	42.14	0.00
23～60	7.11	—	37.87	2.23	5.74	54	14.43	100.00	90.17	0.00
60～115	7.19	—	24.09	1.54	2.35	41	19.01	100.00	59.75	0.00
115～180	7.22	—	3.51	—	—	—	9.65	100.00	19.80	0.00

8.1.5　双山系（Shuangshan Series）

土　族：黏质混合型非酸性温性-腐殖钙质常湿淋溶土
拟定者：章明奎

分布与环境条件　分布在黔西和黔中高原岩溶地区的中山坡地。属亚暖温带湿润气候，年均日照时数 1300～1600 h，年均温 12.0～14.0℃，年均降水量 1100～1400 mm，无霜期 230～250 d，年干燥度小于 1。海拔在 1300～1500 m，起源于白云岩残坡积物；利用方式为林地或荒地。

双山系典型景观

土系特征与变幅　该土系诊断层包括淡薄表层和黏化层；诊断特性包括碳酸盐岩岩性特征、常湿润土壤水分状况、腐殖质特性、铁质特性、温性土壤温度状况。剖面构型为 Ah-Bt-C，土体厚度在 80～125 cm，黏化层出现在地表下 50 cm 以内土层中，厚度在 30 cm 以上。土壤质地主要为粉砂质黏壤土和黏土，砾石平均含量小于 25%；地面岩石露头约占 20%；润土色调主要为 7.5YR；土体已基本脱钙，土壤 pH 在 5.5～7.5。

对比土系　新萝村系、丁旗系，同一亚类，成土母质同为石灰岩风化物。但新萝村系和丁旗系分布海拔较低，土壤温度状况均为热性。

利用性能综述　双山系土壤有机质中等，全氮、速效钾和有效磷都在较低的水平，质地黏重，耕性较差，土体较厚。因分布处海拔较高，热量条件一般，应该以封山护草育林为主，可发展经济林、用材林。

参比土种　厚大泥土。

代表性单个土体　于 2015 年 8 月 22 日采自贵州省毕节市大方县双山镇白鱼洞村大坡自然村，27°14'5.0"N, 105°28'43.9"E。母质为白云岩残坡积物，海拔 1378 m，地形为中山中下坡，坡度<25°；50 cm 深度土壤年均温度约 15.7℃。土地利用方式为荒地，编号为 52-069。

双山系代表性单个土体剖面

Ah：0～15 cm，棕色（7.5YR 4/6，润），暗棕色（7.5YR 5/4，干）；细土质地为粉砂壤土；润；小块状结构，稍疏松；少量根系；中性；向下层平滑模糊过渡。

Bt1：15～32 cm，棕色（7.5YR 4/6，润），暗橙色（7.5YR 6/4，干）；细土质地为粉砂质黏壤土；润；块状结构，结构面上可见中量黏粒胶膜和腐殖质胶膜，稍坚实；含 10%半风化物；中性；向下层平滑清晰过渡。

Bt2：32～110 cm，亮棕色（7.5YR 5/8，润），橙色（7.5YR 6/6，干）；细土质地为黏土；润；大块状结构，结构面上见少量胶膜，致密、坚实；含 10%半风化物；见少量铁锰结核；微酸性。

双山系代表性单个土体物理性质

土层	深度/cm	砾石(>2 mm，体积分数)/%	细土颗粒组成(粒径：mm)/(g/kg)			细土质地(美国制)
			砂粒 2～0.05	粉砂 0.05～0.002	黏粒<0.002	
Ah	0～15	5	133	631	236	粉砂壤土
Bt1	15～32	10	95	516	389	粉砂质黏壤土
Bt2	32～110	10	168	301	531	黏土

双山系代表性单个土体化学性质

深度/cm	pH		有机质/(g/kg)	全氮(N)/(g/kg)	有效磷/(mg/kg)	速效钾/(mg/kg)	CEC_7/(cmol/kg)	盐基饱和度/%	游离氧化铁/(g/kg)	$CaCO_3$相当物/(g/kg)
	H_2O	KCl								
0～15	7.17	—	33.14	1.76	2.54	81	10.23	100.00	54.79	0.00
15～32	7.24	—	23.44	1.56	2.56	93	14.32	100.00	62.70	0.00
32～110	6.46	5.35	7.31	—	—	—	17.85	99.72	69.33	0.00

8.1.6 羊凤系（Yangfeng Series）

土 族：黏壤质混合型石灰性热性-腐殖钙质常湿淋溶土

拟定者：章明奎

分布与环境条件 分布在遵义、毕节、贵阳、六盘水、安顺等地岩溶地区的低山坡地。属亚热带湿润气候，年均日照时数 1400～1600 h，年均温 14.0～16.0℃，年均降水量 1000～1300 mm，无霜期 250～275 d，年干燥度小于 1。海拔在 800～1300 m，起源于碳酸盐岩风化物；利用方式为林地、灌丛地或荒地。

羊凤系典型景观

土系特征与变幅 该土系诊断层包括淡薄表层和黏化层；诊断特性包括碳酸盐岩岩性特征、常湿润土壤水分状况、腐殖质特性、铁质特性、氧化还原特征、热性土壤温度状况。剖面构型为 Ah-Btr-C，土体厚度在 125 cm 以上，黏化层出现在地表下 50 cm 以内土层中，厚度在 30 cm 以上。土壤质地变化较大，主要为粉砂质黏土、黏壤土和壤土，砾石平均含量小于 25%；润土色调在 10YR～7.5YR；土壤脱钙不彻底，有石灰反应。雨季部分土层存在短期滞水现象。

对比土系 太翁系，分布相邻，成土母质同为石灰岩风化物。但太翁系剖面中黏化层出现在 125 cm 以下土层中。

利用性能综述 羊凤系土壤有机质中等，全氮、速效钾和有效磷都在较低的水平，质地黏重，耕性较差，土体较厚，水热条件较佳，适宜种植漆、油桐、棕榈、杜仲、滇结香等经济林和桃、李、杏等果木；平缓区域可用于农业生产，但应加强有机肥的投入，增加磷肥和钾肥的施用，以提高耕地地力和平衡土壤养分。

参比土种 厚大泥土。

代表性单个土体 于 2015 年 9 月 22 日采自贵州省黔南布依族苗族自治州独山县羊凤乡陈家坝村，25°47'18.7"N, 107°27'36.2"E。母质为石灰岩坡积物，海拔 1053 m，地形为低山下坡及坡麓地带，坡度<15°；50 cm 深度土壤年均温度约 14.7℃。土地利用方式为灌丛地，编号为 52-124。

长春堡系代表性单个土体剖面

Ah：　0～20 cm，暗棕色（7.5YR 3/4，润），暗棕色（7.5YR 6/3，干）；细土质地为粉砂质黏壤土；润；粒状结构，疏松；中量根系；夹有 15%直径为 2～20 cm 的半风化物；微碱性；向下层平滑渐变过渡。

Bt：　20～35 cm，棕色（7.5YR 4/3，润），暗橙色（7.5YR 6/4，干）；细土质地为粉砂质黏壤土，润，小块状结构，结构面上可见少量黏粒胶膜和腐殖质胶膜；疏松；少量细根；夹杂有 25%直径为 2～50 cm 的半风化物；微碱性；向下层平滑较清晰过渡。

BwC：35～120 cm，主要由直径为 2～20 cm 的砾石（占 80%以上）与细土组成。棕色（7.5YR 4/3，润），暗棕色（7.5YR 6/3，干）；细土质地为粉砂壤土；润；散块状结构，疏松；微碱性。

长春堡系代表性单个土体物理性质

土层	深度/cm	砾石(>2 mm，体积分数)/%	细土颗粒组成(粒径：mm)/(g/kg)			细土质地(美国制)
			砂粒 2～0.05	粉砂 0.05～0.002	黏粒<0.002	
Ah	0～20	15	159	437	403	粉砂质黏壤土
Bt	20～35	25	48	465	487	粉砂质黏壤土
BwC	35～120	80	118	669	213	粉砂壤土

长春堡系代表性单个土体化学性质

深度/cm	pH		有机质/(g/kg)	全氮(N)/(g/kg)	有效磷/(mg/kg)	速效钾/(mg/kg)	CEC_7/(cmol/kg)	盐基饱和度/%	游离氧化铁/(g/kg)	$CaCO_3$相当物/(g/kg)
	H_2O	KCl								
0～20	8.12	—	38.43	1.67	1.95	56	19.68	100.00	46.72	27.05
20～35	8.34	—	34.95	1.78	3.25	73	20.93	100.00	42.59	28.27
35～120	8.29	—	32.71	1.56	3.56	68	8.95	100.00	42.54	26.85

8.2 普通钙质常湿淋溶土

8.2.1 毛坪村系（Maopingcun Series）

土 族：粗骨黏质混合型非酸性热性-普通钙质常湿淋溶土

拟定者：章明奎

分布与环境条件 分布在遵义、安顺、铜仁、毕节、贵阳等地的岩溶地貌上。属亚热带湿润气候，年均日照时数 1200～1500 h，年均温 14.0～16.0℃，年均降水量 1200～1500 mm，无霜期 255～280 d，年干燥度小于 1。海拔在 600～1300 m，起源于石灰岩残积物；地表石灰岩露头占 25%～35%，利用方式为旱地或荒地。

毛坪村系典型景观

土系特征与变幅 该土系诊断层包括淡薄表层和黏化层；诊断特性包括碳酸盐岩岩性特征、常湿润土壤水分状况、铁质特性、热性土壤温度状况。剖面构型为 Ap-Bt-R，土体厚度在 80～125 cm，但 50 cm 以下土体中可出现大量不连续的石灰岩岩块，黏化层出现在地表下 50 cm 以内土层中，厚度在 30 cm 以上。细土质地主要为粉砂质黏壤土，砾石平均含量大于 25%；润土色调主要为 7.5YR；土壤已基本脱钙，pH 在 5.5～7.5。

对比土系 李家坡系，同一亚类，成土母质同为石灰岩残积物。但李家坡系分布海拔较高，颗粒大小级别为粗骨壤质，土壤温度状况为温性，润土色调比 5YR 更红，有暗沃表层。

利用性能综述 毛坪村系土壤有机质中等，全氮、速效钾和有效磷多在较低的水平，心土中可出现较多砾石，土质较黏，土体中等，保肥能力良好，热量条件丰富。坡度较小的区域，适宜旱作，但应重点做好水土保持措施，等高种植，增施有机肥或冬季种植绿肥，配施磷、钾肥，以提升土壤地力，平衡土壤养分。坡度较大的区域，应以植树造林、保持水土为宜。

参比土种 大泥土。

代表性单个土体 于 2015 年 7 月 28 日采自贵州省遵义市习水县仙源镇毛坪村，

28°26'3.6"N, 106°40'45.8" E。母质为石灰岩残积物，海拔 1252 m，地形为低山中坡，坡度为 5°～15°；50 cm 深度土壤年均温度约 14.3℃。土地利用方式为旱地，种植玉米等，编号为 52-021。

毛坪村系代表性单个土体剖面

Ap：0～20 cm，黄棕色（10YR 5/6，润），暗黄橙色（10YR 7/2，干）；细土质地为砂质黏壤土；湿；块状结构，疏松；少量根系；微酸性；向下层平滑清晰过渡。

Bt1：20～50 cm，亮棕色（7.5YR 5/8，润），淡黄橙色（10YR 8/4，干）；细土质地为粉砂质黏壤土；润；大块状结构，结构面上见少量胶膜，坚实；中性；向下层波状清晰过渡。

Bt2：50～100 cm，出现石灰岩岩体（占 50%），细土部分与 Bt1 层相似。亮棕色（7.5YR 5/8，润），暗黄橙色（10YR 7/4，干）；质地为粉砂质黏壤土；润；大块状结构，结构面上见少量胶膜，坚实；中性。

毛坪村系代表性单个土体物理性质

土层	深度/cm	砾石(>2 mm，体积分数)/%	细土颗粒组成(粒径：mm)/(g/kg)			细土质地(美国制)
			砂粒 2～0.05	粉砂 0.05～0.002	黏粒<0.002	
Ap	0～20	3	733	8	260	砂质黏壤土
Bt1	20～50	6	133	487	380	粉砂质黏壤土
Bt2	50～100	50	78	488	434	粉砂质黏壤土

毛坪村系代表性单个土体化学性质

深度/cm	pH		有机质/(g/kg)	全氮(N)/(g/kg)	有效磷/(mg/kg)	速效钾/(mg/kg)	CEC_7/(cmol/kg)	盐基饱和度/%	游离氧化铁/(g/kg)	$CaCO_3$ 相当物/(g/kg)
	H_2O	KCl								
0～20	5.62	4.45	23.73	1.97	5.33	88	18.41	86.47	40.48	0.00
20～50	6.71	5.58	13.36	1.23	2.56	89	26.45	96.64	40.77	0.00
50～100	6.72	5.62	11.83	—	—	—	21.45	96.88	46.50	0.00

8.2.2 李家坡系（Lijiapo Series）

土 族：粗骨壤质混合型非酸性温性-普通钙质常湿淋溶土

拟定者：章明奎

分布与环境条件 分布在毕节、六盘水等地的岩溶地貌上。属暖温带湿润气候，年均日照时数 1300～1500 h，年均温 9.0～14.0℃，年均降水量 1000～1200 mm，无霜期 225～255 d，年干燥度小于 1。海拔在 1300～2200 m，起源于石灰岩残积物；地表石灰岩露头占 75%左右，利用方式为荒地。

李家坡系典型景观

土系特征与变幅 该土系诊断层包括暗沃表层和黏化层；诊断特性包括碳酸盐岩岩性特征、常湿润土壤水分状况、铁质特性、温性土壤温度状况。剖面构型为 Ah-Bt-R，土体厚度在 40～80 cm，黏化层出现在地表下 50 cm 以内土层中，厚度在 30 cm 以上。细土质地主要为粉砂质黏壤土和粉砂壤土，土体中含较多的石灰岩岩块，砾石平均含量大于 25%；润土色调主要为 2.5YR；土壤基本脱钙，pH 在 5.5～7.5。

对比土系 毛坪村系，同一亚类，成土母质同为石灰岩残积物。但毛坪村系分布海拔较低，土壤湿度稍高，颗粒大小级别为粗骨黏质，土壤温度状况为热性，润土色调比 7.5YR 更黄。

利用性能综述 李家坡系土壤有机质和全氮积累较高，速效钾和有效磷多在较低的水平，心土中可出现较多的砾石，土质适中，保肥能力一般。但李家坡系地表岩石露头多，坡度大，热量条件稍差，不适合农业利用。应以植树造林种草、保持水土为宜。

参比土种 淡棕大泥土。

代表性单个土体 于 2015 年 8 月 25 日采自贵州省六盘水市盘州市水塘镇李家坡村护国寺附近，26°40'48.4"N, 104°37'49.5"E。母质为石灰岩残积物，海拔 1666 m，地形为高原中山中上坡，坡度为 35°～55°；50 cm 深度土壤年均温度约 12.3℃。土地利用方式为荒坡地，编号为 52-091。

李家坡系代表性单个土体剖面

Ah：0～35 cm，暗红棕色（2.5YR 2/3，润），暗红灰色（2.5YR 3/1，干）；细土质地为粉砂壤土；润；团块状结构，疏松；中量根系；夹有 15%的砾石；中性；向下层波状清晰过渡。

Bt：35～80 cm，由石灰岩岩块与细土组成，二者各约占 50%。暗红棕色（2.5YR 3/6，润），暗红棕色（2.5YR 3/4，干）；细土质地为粉砂质黏壤土；润；块状结构，结构面上见少量胶膜，稍坚实；中性；向下层波状清晰过渡。

R：　80 cm 以下，石灰岩。

李家坡系代表性单个土体物理性质

土层	深度/cm	砾石(>2 mm，体积分数)/%	细土颗粒组成(粒径：mm)/(g/kg)			细土质地(美国制)
			砂粒 2～0.05	粉砂 0.05～0.002	黏粒<0.002	
Ah	0～35	15	207	584	209	粉砂壤土
Bt	35～80	50	188	477	335	粉砂质黏壤土

李家坡系代表性单个土体化学性质

深度/cm	pH		有机质/(g/kg)	全氮(N)/(g/kg)	有效磷/(mg/kg)	速效钾/(mg/kg)	CEC_7/(cmol/kg)	盐基饱和度/%	游离氧化铁/(g/kg)	$CaCO_3$相当物/(g/kg)
	H_2O	KCl								
0～35	7.24	—	115.99	3.51	5.08	29	14.23	100.00	111.75	0.00
35～80	7.21	—	47.72	1.35	4.23	41	16.60	100.00	141.68	0.00

8.2.3　石门坝系（Shimenba Series）

土　族：黏质高岭石混合型非酸性热性-普通钙质常湿淋溶土

拟定者：章明奎

分布与环境条件　分布在毕节、六盘水、铜仁、安顺等地的岩溶地貌上。属亚热带湿润气候，年均日照时数 1300～1500 h，年均温 15.5～17.0℃，年均降水量 1100～1400 mm，无霜期 265～285 d，年干燥度小于 1。海拔在 700～1000 m，起源于石灰岩残积物；利用方式为旱地或荒地。

石门坝系典型景观

土系特征与变幅　该土系诊断层包括淡薄表层和黏化层；诊断特性包括碳酸盐岩岩性特征、常湿润土壤水分状况、铁质特性、热性土壤温度状况。剖面构型为 Ap-Bt-R，土体厚度在 80～125 cm，黏化层出现在地表下 50 cm 以内土层中，厚度在 30 cm 以上。土壤质地主要为粉砂质黏土和粉砂质黏壤土，砾石平均含量小于 25%；润土色调在 7.5YR～5YR；土壤 pH 在 5.5～7.5，部分土层有石灰反应。

对比土系　干板桥系，同一亚类。但干板桥系成土母质为白云岩残积物，矿物学类型为混合型。

利用性能综述　石门坝系土壤有机质积累较高，全氮和速效钾主要在中等水平，有效磷多在较低的水平，土质黏重，保肥能力一般。石门坝系土体深厚，分布区地面平坦，热量丰富，适宜农业利用或发展果木，但在利用时，需做好水土保持措施，等高种植，增施磷肥以平衡土壤养分。冬季种植绿肥，以培肥土壤地力。

参比土种　棕大泥土。

代表性单个土体　于 2015 年 7 月 25 日采自贵州省铜仁市松桃苗族自治县冷水溪镇石门坝村，28°8'14.1"N, 108°51'37.6"E。母质为石灰岩残积物，海拔 841 m，地形为低山坡脚，坡度为 5°～10°；50 cm 深度土壤年均温度约 17.5℃。土地利用方式为旱地，编号为 52-006。

石门坝系代表性单个土体剖面

Ap：0～20 cm，灰棕色（7.5YR 4/2，润），灰棕色（7.5YR 6/2，干）；细土质地为粉砂质黏壤土；润；大块状结构，坚实；少量根系；见明显垂直向裂隙；见少量白色石灰岩风化物；中性；向下层平滑清晰过渡。

Bt1：20～80 cm，亮棕色（7.5YR 5/6，润），灰橙色（7.5YR 7/4，干）；细土质地为粉砂质黏壤土；润；大块状结构，结构面上见中量胶膜，稍坚实；见明显垂直向裂隙；中性；向下层平滑渐变过渡。

Bt2：80～110 cm，亮红棕色（5YR 5/6，润），淡橙色（5YR 8/4，干）；细土质地为粉砂质黏壤土；润；大块状结构，结构面上见中量胶膜，稍坚实；局部出现石灰岩岩体；中性。

石门坝系代表性单个土体物理性质

土层	深度/cm	砾石(>2 mm，体积分数)/%	细土颗粒组成(粒径：mm)/(g/kg)			细土质地(美国制)
			砂粒 2～0.05	粉砂 0.05～0.002	黏粒<0.002	
Ap	0～20	7	192	537	271	粉砂质黏壤土
Bt1	20～80	5	100	483	417	粉砂质黏壤土
Bt2	80～110	15	132	506	362	粉砂质黏壤土

石门坝系代表性单个土体化学性质

深度/cm	pH		有机质/(g/kg)	全氮(N)/(g/kg)	有效磷/(mg/kg)	速效钾/(mg/kg)	CEC_7/(cmol/kg)	盐基饱和度/%	游离氧化铁/(g/kg)	$CaCO_3$相当物/(g/kg)
	H_2O	KCl								
0～20	7.14	—	35.83	2.22	19.95	153	9.41	100.00	28.41	0.00
20～80	7.50	—	9.31	0.68	11.42	135	13.62	100.00	30.69	8.23
80～110	7.24	—	9.21	—	—	—	11.23	100.00	30.55	0.00

8.2.4　碑塘村系（Beitangcun Series）

土　族：黏质混合型石灰性热性-普通钙质常湿淋溶土
拟定者：章明奎

碑塘村系典型景观

分布与环境条件　分布在遵义、黔南、黔西南、安顺、毕节、铜仁、贵阳等地的岩溶地貌上，以黔南和遵义地区为多，其土被斑块面积较小（连片面积多在数公顷至数十公顷）。属亚热带湿润气候，年均日照时数 1300～1400 h，年均温 14.0～16.0℃，年均降水量 1200～1400 mm，无霜期 260～275 d，年干燥度小于 1。海拔在 1000～1300 m，起源于白云岩残积物；岩石露头约占 30%，利用方式为荒地或旱地。

土系特征与变幅　该土系诊断层包括暗沃表层和黏化层；诊断特性包括碳酸盐岩岩性特征、常湿润土壤水分状况、铁质特性、热性土壤温度状况。剖面构型为 Ap-Bt-C，土体厚度在 80～125 cm，黏化层出现在地表下 50 cm 以内土层中，厚度在 30 cm 以上。土壤质地主要为黏土，砾石平均含量小于 25%；润土色调在 7.5YR～5YR；土壤脱钙不彻底，有石灰反应。

对比土系　干板桥系，同一亚类，成土母质同为白云岩残积物。但干板桥系分布的海拔稍低，土壤已基本脱钙，土壤反应为非酸性。

利用性能综述　碑塘村系土壤有机质和全氮积累较高，但速效钾和有效磷主要在中下水平，土质黏重，保肥能力较强，土体深厚，土壤呈中性至微碱性。对现有旱地应根据坡度大小砌坎保土，建设水平梯地，适当增施磷肥和钾肥；对于裸岩率较高或坡度较大的区域，应退耕还林、还草，封山育林，严禁烧荒、铲草，恢复植被。

参比土种　黑岩泥土。

代表性单个土体　于 2015 年 8 月 26 日采自贵州省黔西南布依族苗族自治州安龙县龙广镇碑塘村七星自然村，25°4'9.8"N, 105°12'55.8"E。母质为白云岩残积物，海拔 1262 m，地形为低山上部平缓地带，坡度<5°；50 cm 深度土壤年均温度约 16.3℃。土地利用方式为旱地，编号为 52-102。

碑塘村系代表性单个土体剖面

Ap：0～25 cm，黑土层。黑色（7.5YR 2/1，润），棕黑色（7.5YR 3/1，干）；细土质地为粉砂质黏壤土；润；团粒状结构，疏松；少量根系；微碱性；向下层波状清晰过渡。

Bt1：25～100 cm，棕色土层。亮棕色（7.5YR 5/6，润），暗橙色（7.5YR 6/4，干）；细土质地为黏土；润；块状结构，结构面上见中量胶膜，坚实；与上一层交接区有较多的白云岩碎屑物；微碱性。

Bt2：100～140 cm，亮红棕色（5YR 5/8，润），橙色（5YR 6/6，干）；细土质地为黏土；润；大块状结构，结构面上见中量胶膜，坚实；微碱性。

碑塘村系代表性单个土体物理性质

土层	深度/cm	砾石(>2 mm，体积分数)/%	细土颗粒组成(粒径：mm)/(g/kg)			细土质地(美国制)
			砂粒 2～0.05	粉砂 0.05～0.002	黏粒<0.002	
Ap	0～25	30	91	514	394	粉砂质黏壤土
Bt1	25～100	20	40	313	647	黏土
Bt2	100～140	5	50	411	539	黏土

碑塘村系代表性单个土体化学性质

深度/cm	pH		有机质/(g/kg)	全氮(N)/(g/kg)	有效磷/(mg/kg)	速效钾/(mg/kg)	CEC_7/(cmol/kg)	盐基饱和度/%	游离氧化铁/(g/kg)	$CaCO_3$相当物/(g/kg)
	H_2O	KCl								
0～25	7.93	—	44.87	2.56	2.44	80	19.65	100.00	45.00	28.47
25～100	7.78	—	10.69	0.65	3.58	67	24.53	100.00	48.50	5.99
100～140	7.85	—	—	—	—	—	—	100.00	—	—

8.2.5 干板桥系（Ganbanqiao Series）

土 族：黏质混合型非酸性热性-普通钙质常湿淋溶土
拟定者：章明奎

分布与环境条件 分布在黔西南、铜仁、黔南、安顺、黔东南、六盘水等地的岩溶地貌上，集中分布在东部和南部的低海拔地段和南盘江、北盘江、红水河、舞阳河等河谷。属亚热带湿润气候，年均日照时数 1300～1400 h，年均温 15.5～17.5℃，年均降水量 1100～1300 mm，无霜期 270～ 295 d，年干燥度小于 1。海拔在 1000 m 以下，起源于白云岩残积物；岩石露头小于 10%，利用方式为果园、林地或旱地。

干板桥系典型景观

土系特征与变幅 该土系诊断层包括淡薄表层和黏化层；诊断特性包括碳酸盐岩岩性特征、常湿润土壤水分状况、铁质特性、热性土壤温度状况。剖面构型为 Ah-Bw-Bt-C，土体厚度在 125 cm 以上，黏化层出现在地表下 50 cm 以内土层中，厚度在 30 cm 以上。土壤质地主要为黏土和粉砂质黏壤土，砾石平均含量小于 25%；土色由上至下转红，润土色调在 7.5YR～5YR；除表土外，土壤基本脱钙，pH 在 5.5～7.5。

对比土系 石门坝系、碑塘村系，同一亚类，成土母质同为碳酸盐岩风化物。但石门坝系土壤风化稍强，矿物类型为高岭石混合型，碑塘村系土壤脱钙不彻底，土壤反应为石灰性。

利用性能综述 干板桥系土壤肥力一般，有机质、全氮、速效钾和有效磷多在中等及以下，土质黏重，保肥能力较强，土体深厚，土壤呈中性至微酸性。该土分布在低海拔区域，热量资源丰富，具有较大的生产潜力。在利用上，可发展泡桐、楸、柏、香椿等用材林及油桐、棕榈、滇结香等经济林，或发展桃、李、杏等果园；对于地面平缓的区域及坡谷地，也可种植玉米等旱粮。在施肥上，应增加有机肥的投入，增施磷、钾肥，以提升和平衡土壤肥力。

参比土种 红大泥土。

代表性单个土体 于 2015 年 8 月 20 日采自贵州省黔东南苗族侗族自治州黄平县新州镇干板桥村，26°56'20.8"N, 107°53'53.9"E。母质为白云岩残积物，海拔 899 m，地形为低山下坡，坡度<15°；50 cm 深度土壤年均温度约 18.0℃。土地利用方式为果园或林地，编号为 52-055。

干板桥系代表性单个土体剖面

Ah：0～20 cm，暗棕色（7.5YR 3/3，润），暗棕色（7.5YR 6/3，干）；细土质地为粉砂质黏壤土；润；小块状结构，疏松；少量根系；见少量炭灰；微碱性；向下层平滑渐变过渡。

Bw：20～50 cm，淡棕色（7.5YR 5/4，润），淡黄橙色（10YR 8/3，干）；细土质地为粉砂壤土；润；块状结构，疏松；少量细根；见少量炭灰；中性；向下层平滑清晰过渡。

Bt1：50～120 cm，亮红棕色（5YR 5/8，润），橙色（5YR 6/6，干）；细土质地为黏土；润；块状结构，结构面上见中量胶膜，稍坚实；见 5%半风化岩屑；中性；向下层水平渐变过渡。

Bt2：120～140 cm，橙色（5YR 6/8，润），橙色（5YR 6/6，干）；细土质地为黏土；润；块状结构，结构面上见中量胶膜，坚实；见 20%半风化岩屑；微酸性。

干板桥系代表性单个土体物理性质

土层	深度/cm	砾石(>2 mm，体积分数)/%	细土颗粒组成(粒径：mm)/(g/kg)			细土质地(美国制)
			砂粒 2～0.05	粉砂 0.05～0.002	黏粒<0.002	
Ah	0～20	11	196	474	331	粉砂质黏壤土
Bw	20～50	11	196	572	232	粉砂壤土
Bt1	50～120	5	131	251	617	黏土
Bt2	120～140	20	84	301	615	黏土

干板桥系代表性单个土体化学性质

深度/cm	pH		有机质/(g/kg)	全氮(N)/(g/kg)	有效磷/(mg/kg)	速效钾/(mg/kg)	CEC_7/(cmol/kg)	盐基饱和度/%	游离氧化铁/(g/kg)	$CaCO_3$相当物/(g/kg)
	H_2O	KCl								
0～20	7.52	—	26.47	2.12	5.43	82	16.56	100.00	33.18	24.14
20～50	6.74	5.62	15.76	1.54	4.26	73	13.25	98.38	30.24	0.00
50～120	6.02	4.98	10.67	—	—	—	22.01	90.55	55.32	0.00
120～140	5.89	4.77	8.58	—	—	—	20.41	85.00	57.52	0.00

8.2.6 田坝村系（Tianbacun Series）

土 族：粗骨黏质混合型非酸性温性-普通钙质常湿淋溶土
拟定者：章明奎

分布与环境条件 广泛分布在黔西南、遵义、安顺、铜仁、毕节、铜仁、黔南、黔东南、贵阳、六盘水等地的岩溶地貌上，以黔南和遵义分布最为集中。属暖温带湿润气候，年均日照时数 1300～1400 h，年均温 11.0～14.0℃，年均降水量 1000～1500 mm，无霜期 230～260 d，年干燥度小于 1。海拔在 1300～2000 m，起源于石灰岩残坡积物；岩石露头约 35%，利用方式为果园、林地、荒地或旱地。

田坝村系典型景观

土系特征与变幅 该土系诊断层包括淡薄表层和黏化层；诊断特性包括碳酸盐岩岩性特征、常湿润土壤水分状况、铁质特性、温性土壤温度状况。剖面构型为 Ah-Bw-Bt-C，土体厚度在 125 cm 以上，黏化层出现在地表下 50 cm 以内土层中，厚度在 30 cm 以上。细土质地主要为黏土，砾石平均含量大于 25%；润土色调主要为 7.5YR；土壤已基本脱钙，pH 主要在 5.5～7.5。

对比土系 八步系，同一亚类，成土母质同为石灰岩残坡积物。但八步系分布海拔较低，土壤温度状况为热性，土壤颗粒大小级别为黏质，砾石平均含量小于 25%。

利用性能综述 田坝村系土壤肥力一般，有机质、全氮、速效钾和有效磷多在中等及以下，土质黏重，保肥能力较强，土体深厚，土壤呈中性至微酸性。该土分布在高海拔区域，热量资源稍差，土体内多砾石块，应以发展用材林及经济林为主。地势平缓的区域，可种植玉米、高粱和豆类等作物，同时做好水土保持工作。在施肥上，应增加有机肥的投入，增施磷、钾肥，以提升和平衡土壤肥力。

参比土种 厚大泥土。

代表性单个土体 于 2015 年 9 月 24 日采自贵州省黔西南布依族苗族自治州晴隆县大厂镇洒浇雨村田坝自然村，25°38'38.7"N，105°10'47.6"E。母质为石灰岩残坡积物，海拔 1545 m，地形为高原中山中上坡，坡度>35°；50 cm 深度土壤年均温度约 14.5℃。土地利用方式为荒坡地，编号为 52-138。

田坝村系代表性单个土体剖面

Ah：0～14 cm，亮棕色（7.5YR 5/6，润），暗棕色（7.5YR 5/4，干）；细土质地为黏土；润；块状结构，坚实；少量根系；夹杂有 35%直径为 2～25 mm 的砾石；微碱性；向下层平滑渐变过渡。

Bw：14～45 cm，亮棕色（7.5YR 5/8，润），橙色（7.5YR 7/6，干）；细土质地为壤土；润；块状结构，坚实；少量细根；夹有 25%直径为 2～25 mm 的砾石；中性；向下层波状渐变过渡。

Bt：45～125 cm，黄橙色（7.5YR 7/8，润），淡黄橙色（7.5YR 8/4，干）；细土质地为黏土；润；块状结构，结构面上见中量胶膜，坚实；25%直径为 2～25 mm 的砾石及 15%黑色或灰白色石灰岩半风化物；酸性。

田坝村系代表性单个土体物理性质

土层	深度/cm	砾石(>2 mm，体积分数)/%	细土颗粒组成(粒径：mm)/(g/kg)			细土质地(美国制)
			砂粒 2～0.05	粉砂 0.05～0.002	黏粒<0.002	
Ah	0～14	35	315	279	405	黏土
Bw	14～45	25	444	317	239	壤土
Bt	45～125	40	238	201	561	黏土

田坝村系代表性单个土体化学性质

深度/cm	pH		有机质/(g/kg)	全氮(N)/(g/kg)	有效磷/(mg/kg)	速效钾/(mg/kg)	CEC_7/(cmol/kg)	盐基饱和度/%	游离氧化铁/(g/kg)	$CaCO_3$相当物/(g/kg)
	H_2O	KCl								
0～14	7.80	—	28.20	1.92	8.51	54	15.65	100.00	90.88	76.99
14～45	6.65	5.56	16.05	0.97	5.41	63	8.54	97.31	102.55	0.00
45～125	5.49	4.35	7.41	—	—	—	18.65	87.16	69.56	0.00

8.2.7 八步系（Babu Series）

土 族：黏质混合型非酸性热性-普通钙质常湿淋溶土

拟定者：章明奎

分布与环境条件 广泛分布在黔西南、遵义、安顺、铜仁、毕节、黔南、黔东南、贵阳、六盘水等地的岩溶地貌上，以黔南和遵义分布最为集中。属亚热带湿润气候，年均日照时数 1300～1500 h，年均温 14.0～16.5℃，年均降水量 1100～1500 mm，无霜期 260～280 d，年干燥度小于 1。海拔在 700～1300 m，起源于石灰岩残坡积物；岩石露头约 35%，坡度多为 15°～35°，利用方式为果园、林地或旱地。

八步系典型景观

土系特征与变幅 该土系诊断层包括淡薄表层和黏化层；诊断特性包括碳酸盐岩岩性特征、常湿润土壤水分状况、铁质特性、热性土壤温度状况。剖面构型为 Ah-Bt-C，土体厚度在 125 cm 以上，黏化层出现在地表下 50 cm 以内土层中，厚度在 30 cm 以上。土壤质地主要为黏土，砾石平均含量小于 25%；润土色调主要为 7.5YR；土壤已基本脱钙，pH 在 5.5～7.5。

对比土系 田坝村系、中坪系，同一亚类。但中坪系成土母质为白云岩残坡积物，颗粒大小级别为黏壤质。田坝村系分布海拔较高，土壤温度状况为温性，土壤颗粒大小级别为粗骨黏质，砾石平均含量大于 25%。

利用性能综述 八步系土壤肥力一般，有机质稍高，但全氮、速效钾和有效磷多在中等及以下，土质黏重，保肥能力较强，土体深厚，土壤呈中性至微酸性。该土分布在海拔较低区域，热量资源丰富，但坡度较大，应以发展用材林及经济林为主。对地势平缓的区域，可种植玉米、小麦、油菜和豆类等作物，同时做好水土保持工作。在施肥上，应增加有机肥的投入，增施磷、钾肥，以提升和平衡土壤肥力。

参比土种 大泥土。

代表性单个土体 于 2016 年 9 月 4 日采自贵州省毕节市织金县八步镇营盘寨利民小学附近，26°47'12.0"N，105°47'24.0"E。母质为石灰岩残坡积物，海拔 1296 m，地形为中山下坡，坡度为 25°；50 cm 深度土壤年均温度约 16.3℃。土地利用方式为林地（柳杉），编号为 52-155。

八步系代表性单个土体剖面

Ah：0～22 cm，棕色（7.5YR 4/4，润），灰棕色（7.5YR 5/4，干）；细土质地为黏土；润；块状结构，稍坚实；少量中细根；夹杂 10%砾石块（直径在 2～5 cm）；微酸性；向下层平滑渐变过渡。

Bt1：22～75 cm，棕色（7.5YR 4/6，润），亮棕色（7.5YR 5/6，干）；细土质地为黏土；润；大块状结构，结构面上见中量胶膜，坚实；中量细根；夹杂 3%砾石块（直径在 2～5 cm）；中性；向下层平滑清晰过渡。

Bt2：75～125 cm，黄橙色（7.5YR 7/8，润），暗橙色（7.5YR 7/4，干）；细土质地为黏土；润偏潮；块状结构，结构面上见中量胶膜，坚实；局部（5%）见石灰岩碎块（直径在 10 cm 左右）；中性。

八步系代表性单个土体物理性质

土层	深度/cm	砾石(>2 mm，体积分数)/%	细土颗粒组成(粒径：mm)/(g/kg)			细土质地(美国制)
			砂粒 2～0.05	粉砂 0.05～0.002	黏粒<0.002	
Ah	0～22	10	80	343	576	黏土
Bt1	22～75	3	69	295	636	黏土
Bt2	75～125	5	43	273	685	黏土

八步系代表性单个土体化学性质

深度/cm	pH		有机质/(g/kg)	全氮(N)/(g/kg)	有效磷/(mg/kg)	速效钾/(mg/kg)	CEC_7/(cmol/kg)	盐基饱和度/%	游离氧化铁/(g/kg)	$CaCO_3$相当物/(g/kg)
	H_2O	KCl								
0～22	5.92	4.74	33.48	1.36	3.44	88	17.56	88.41	46.11	0.00
22～75	6.93	5.74	16.71	0.78	1.32	67	19.65	95.19	58.08	0.00
75～125	6.89	5.87	11.14	—	—	—	19.90	98.00	47.54	0.00

8.2.8 中坪系（Zhongping Series）

土 族：黏壤质混合型非酸性热性-普通钙质常湿淋溶土
拟定者：章明奎

分布与环境条件 分布在黔东南、黔西南、黔南、安顺等地的岩溶地貌上。属亚热带湿润气候，年均日照时数 1200～1500 h，年均温 14.0～16.5℃，年均降水量 1200～1500 mm，无霜期 260～280 d，年干燥度小于 1。海拔在 700～1300 m，起源于白云岩残坡积物；岩石露头约 15%，坡度多在 25°～35°，利用方式为果园或林地。

中坪系典型景观

土系特征与变幅 该土系诊断层包括淡薄表层和黏化层；诊断特性包括碳酸盐岩岩性特征、常湿润土壤水分状况、铁质特性、热性土壤温度状况。剖面构型为 Ah-Bt-C，土体厚度在 40～80 cm，黏化层出现在地表下 50 cm 以内土层中，厚度在 30 cm 以上。土壤质地多为黏壤土和粉砂质黏土，砾石平均含量小于 25%；润土色调在 10YR～7.5YR；土壤基本脱钙，pH 主要在 5.5～7.5。

对比土系 八步系，同一亚类。但八步系成土母质为石灰岩残坡积物，颗粒大小级别为黏质。

利用性能综述 中坪系土壤肥力较低，有机质、全氮、速效钾和有效磷多在中等及以下，土质黏重，保肥能力较低，土体较薄，土壤呈中性至微酸性。该土分布在海拔较低区域，热量资源丰富，但坡度较大，应以发展用材林及经济林为主。对地势平缓的区域，可种植玉米、烟草和豆类等作物，同时做好水土保持工作。在施肥上，应增加有机肥的投入，增施磷、钾肥，以提升和平衡土壤肥力。

参比土种 大泥土。

代表性单个土体 于 2015 年 8 月 20 日采自贵州省黔南布依族苗族自治州瓮安县中坪镇艾州村，27°8'14.4"N, 107°16'58.6" E。母质为白云岩残坡积物，海拔 1089 m，地形为低山中下坡，坡度<15°；50 cm 深度土壤年均温度约 17.5℃。土地利用方式为林地，编号为 52-061。

中坪系代表性单个土体剖面

Ah：0～18 cm，亮黄棕色（10YR 6/6，润），淡棕灰色（10YR 7/2，干）；细土质地为黏壤土；润；块状结构，稍疏松；少量根系；酸性；向下层平滑渐变过渡。

Bt：18～65 cm，橙色（7.5YR 6/8，润），橙色（7.5YR 6/6，干）；细土质地为粉砂质黏土；润；块状结构，结构面上见少量胶膜，稍坚实；微酸性；向下层平滑清晰过渡。

C：65～125 cm，主要由白云岩半风化物和少量细土组成，前者占 85%以上。橙色（7.5YR 6/6，润），橙色（7.5YR 7/6，干）；细土质地为砂质黏壤土；润；散粒状，稍坚实；微酸性。

中坪系代表性单个土体物理性质

土层	深度/cm	砾石(>2 mm，体积分数)/%	细土颗粒组成(粒径：mm)/(g/kg)			细土质地(美国制)
			砂粒 2～0.05	粉砂 0.05～0.002	黏粒<0.002	
Ah	0～18	22	425	297	277	黏壤土
Bt	18～65	13	110	406	484	粉砂质黏土
C	65～125	85	514	260	227	砂质黏壤土

中坪系代表性单个土体化学性质

深度/cm	pH		有机质/(g/kg)	全氮(N)/(g/kg)	有效磷/(mg/kg)	速效钾/(mg/kg)	CEC_7/(cmol/kg)	盐基饱和度/%	游离氧化铁/(g/kg)	$CaCO_3$相当物/(g/kg)
	H_2O	KCl								
0～18	4.83	3.98	18.61	1.47	2.15	23	13.65	58.13	34.48	0.00
18～65	5.51	4.42	8.78	0.56	3.56	35	21.08	79.28	37.72	0.00
65～125	5.82	4.68	4.26	—	—	—	10.25	78.98	22.94	0.00

8.3 普通铝质常湿淋溶土

8.3.1 尧棒系（Yaobang Series）

土 族：黏质高岭石混合型酸性热性-普通铝质常湿淋溶土

拟定者：章明奎

分布与环境条件 分布在遵义、安顺、铜仁、毕节、黔东南、黔西南、黔南等地的低山上，以黔东南和遵义分布最为集中。属亚热带湿润气候，年均日照时数 1200～1400 h，年均温 14.0～16.0℃，年均降水量 1300～1500 mm，无霜期 250～280 d，年干燥度小于 1。海拔在 600～1300 m，起源于泥页岩残坡积物；坡度多在 15°～35°，利用方式为荒地、林地、灌丛地或旱地。

尧棒系典型景观

土系特征与变幅 该土系诊断层包括淡薄表层和黏化层；诊断特性包括常湿润土壤水分状况、铁质特性、热性土壤温度状况和铝质特性或铝质现象。剖面构型为 Ah-Bt-C，土体厚度在 125 cm 以上，黏化层出现在地表下 50 cm 以内土层中，厚度在 30 cm 以上。土壤质地主要为黏土，砾石平均含量在 15%～25%；润土色调在 10YR～7.5YR；土壤 pH 在 5.5 以下。

对比土系 新蒲系，同一亚类。但新蒲系成土母质为砂页岩互层残坡积物，土壤反应为非酸性，无铝质特性，具腐殖质特性。

利用性能综述 尧棒系土壤有机质积累明显，但全氮、速效钾和有效磷多在中等及以下，土质黏重，保肥能力较低，土体较厚，土壤呈酸性。该土分布在海拔较低的区域，热量资源丰富，但坡度较大，应以发展用材林及经济林为主。对地势平缓的区域，可种植玉米等大田作物，同时做好水土保持工作。在施肥上，应增加磷、钾肥的施用，以平衡土壤养分。该土土质黏重，耕性不良，宜多施有机肥，种植绿肥。

参比土种 厚黄泥土。

代表性单个土体 于 2015 年 9 月 22 日采自贵州省黔南布依族苗族自治州荔波县水利水族乡新安村尧棒自然村，25°30'58.9"N，107°48'40.1"E。母质为泥页岩残坡积物，海拔 997 m，地形为低山下坡及坡麓地带，坡度为 15°；50 cm 深度土壤年均温度约 17.0℃。土地利用方式为灌丛地，编号为 52-126。

尧棒系代表性单个土体剖面

A0：+3～0 cm，草根层，由半腐殖化有机质及中细根组成，疏松。暗棕色（7.5YR 3/4，润）；向下层平滑清晰过渡。

Ah：0～14 cm，棕黑色（10YR 2/3，润），棕灰色（10YR 4/1，干）；细土质地为砂质壤土；润；团块状结构，疏松；中量根系；夹杂有 15%直径为 2～30 mm 的砾石；酸性；向下层平滑清晰过渡。

Bt1：14～88 cm，黄橙色（10YR 7/8，润），淡黄橙色（10YR 8/4，干）；细土质地为黏土；润；块状结构，结构面上见中量胶膜，稍坚实；少量细根；酸性；向下层波状渐变过渡。

Bt2：88～145 cm，主要有半风化泥页岩（硬度较低，研磨后即变为细土）与细土组成，前者占 45%。细土暗棕色（7.5YR 3/4，润），暗橙色（7.5YR 7/3，干）；细土质地为黏土；润；小块状结构，结构面上见少量胶膜，坚实；酸性。

尧棒系代表性单个土体物理性质

土层	深度/cm	砾石(>2 mm，体积分数)/%	细土颗粒组成(粒径：mm)/(g/kg)			细土质地(美国制)
			砂粒 2～0.05	粉砂 0.05～0.002	黏粒<0.002	
Ah	0～14	15	565	261	174	砂质壤土
Bt1	14～88	5	190	323	488	黏土
Bt2	88～145	45	271	179	550	黏土

尧棒系代表性单个土体化学性质

深度/cm	pH		有机质/(g/kg)	全氮(N)/(g/kg)	有效磷/(mg/kg)	速效钾/(mg/kg)	CEC_7/(cmol/kg)	盐基饱和度/%	游离氧化铁/(g/kg)	$CaCO_3$ 相当物/(g/kg)
	H_2O	KCl								
0～14	4.44	3.56	61.67	0.74	14.67	32	7.56	33.70	16.35	0.00
14～88	4.87	3.97	19.48	0.41	4.65	29	15.07	37.87	59.28	0.00
88～145	4.48	3.54	6.24	—	—	—	16.98	38.66	48.66	0.00

8.4 腐殖简育常湿淋溶土

8.4.1 新蒲系（Xinpu Series）

土 族：黏质高岭石混合型非酸性热性-腐殖简育常湿淋溶土

拟定者：章明奎

分布与环境条件 分布在遵义、安顺、铜仁、毕节、黔东南、黔西南、黔南等地的低山上，以黔东南和黔南分布最为集中。属亚热带湿润气候，年均日照时数1200～1400 h，年均温 14.0～16.0℃，年均降水量 1300～1500 mm，无霜期250～280 d，年干燥度小于1。海拔在600～1300 m，起源于砂页岩互层残坡积物；坡度多在15°～35°，利用方式为荒地、林地或旱地。

新蒲系典型景观

土系特征与变幅 该土系诊断层包括淡薄表层和黏化层；诊断特性包括常湿润土壤水分状况、腐殖质特性、铁质特性、热性土壤温度状况。剖面构型为 Ah-Bt-C，土体厚度在80～125 cm，黏化层出现在地表下50 cm以内土层中，厚度在30 cm以上。土壤质地主要为黏土，砾石平均含量小于25%；润土色调主要为7.5YR；土壤pH在5.5～7.5。

对比土系 徐家堡系，同一亚类。但徐家堡系成土母质为泥页岩残坡积物，土壤矿物类型为混合型。

利用性能综述 新蒲系土壤有机质和全氮积累较明显，但速效钾和有效磷多在中等及以下，土质黏重，土体较厚，保水、保肥能力较强，土壤呈中性和微酸性。该土分布在海拔较低的区域，热量资源丰富，适于杉、松、茶叶和阔叶林生长。地势平缓区，可种植烤烟、玉米和其他大田作物。在管理上，应等高种植，增加有机肥、磷、钾肥的施用，避免地力下降；冬季宜种植绿肥，以培肥土壤。

参比土种 厚黄砂泥土。

代表性单个土体 于2015年7月30日采自贵州省遵义市红花岗区新蒲镇中桥村，27°44'9.1"N, 107°4'6.8"E。母质为砂页岩互层残坡积物，海拔876 m，地形为低山中下坡，坡度为25°左右；50 cm深度土壤年均温度约17.3℃。土地利用方式为旱地或荒坡，编号为52-037。

新蒲系代表性单个土体剖面

Ah：0～20 cm，棕色（7.5YR 4/6，润），橙色（7.5YR 6/6，干）；细土质地为黏土；稍干；块状结构，稍坚实；中量根系；中性；见垂直向裂隙；向下层平滑渐变过渡。

Bt1：20～50 cm，亮棕色（7.5YR 5/6，润），暗橙色（7.5YR 7/4，干）；细土质地为黏土；润；大块状结构，结构面上见中量胶膜，坚实；见少量砾石；少量根系；见垂直向裂隙，裂隙面上有明显腐殖胶膜；中性；向下层平滑清晰过渡。

Bt2：50～115 cm，橙色（7.5YR 6/8，润），暗橙色（7.5YR 7/4，干）；细土质地为黏土；润；块状结构，结构面上见中量胶膜，稍坚实；见少量砾石；中性。

新蒲系代表性单个土体物理性质

土层	深度/cm	砾石(>2 mm，体积分数)/%	细土颗粒组成(粒径：mm)/(g/kg)			细土质地(美国制)
			砂粒 2～0.05	粉砂 0.05～0.002	黏粒<0.002	
Ah	0～20	4	52	370	578	黏土
Bt1	20～50	3	45	235	720	黏土
Bt2	50～115	4	70	218	712	黏土

新蒲系代表性单个土体化学性质

深度/cm	pH		有机质/(g/kg)	全氮(N)/(g/kg)	有效磷/(mg/kg)	速效钾/(mg/kg)	CEC_7/(cmol/kg)	盐基饱和度/%	游离氧化铁/(g/kg)	$CaCO_3$相当物/(g/kg)
	H_2O	KCl								
0～20	7.18	—	25.69	2.70	3.08	40	17.56	100.00	68.93	0.00
20～50	7.43	—	19.66	1.54	1.18	58	20.36	100.00	64.83	0.00
50～115	7.44	—	13.70	—	—	—	19.56	100.00	64.23	0.00

8.4.2 徐家堡系（Xujiapu Series）

土 族：黏质混合型非酸性热性-腐殖简育常湿淋溶土
拟定者：章明奎

分布与环境条件 分布在遵义、安顺、铜仁、毕节、黔东南、黔西南、黔南等地的低山缓坡地上。属亚热带湿润气候，年均日照时数 1200～1400 h，年均温 14.0～16.0℃，年均降水量 1300～1500 mm，无霜期 250～280 d，年干燥度小于 1。海拔在 600～1300 m，起源于泥页岩残坡积物；坡度多在 5°以下，利用方式为旱地或荒地。

徐家堡系典型景观

土系特征与变幅 该土系诊断层包括淡薄表层和黏化层；诊断特性包括常湿润土壤水分状况、腐殖质特性、铁质特性、热性土壤温度状况。剖面构型为 Ah-Bw-Bt-C，土体厚度在 125 cm 以上，黏化层出现在地表下 50 cm 以内土层中，厚度在 30 cm 以上。土壤质地主要为粉砂质黏壤土，砾石平均含量小于 25%；润土色调主要为 7.5YR；土壤 pH 在 5.5～7.5。

对比土系 光明村系、尧棒系，同一亚类。但光明村系成土母质为石灰岩残坡积物，分布海拔较高，土壤温度状况为温性。尧棒系成土母质虽也为泥页岩残坡积物，但其风化较强，土壤颗粒组成类别为黏质，矿物类型为高岭石混合型，土壤反应呈酸性。

利用性能综述 徐家堡系土壤有机质、全氮和有效磷以中等为主，速效钾多在中高水平，土体较厚，保水、保肥能力较强，土壤呈中性和微酸性。该土分布在海拔较低区域，热量资源丰富，地势平缓，适合烤烟、玉米和其他大田作物生长，也可发展水果生产。但该土质地黏重，应增施有机肥或种植绿肥，以培肥土壤地力，同时做好水土保持措施。

参比土种 厚黄泥土。

代表性单个土体 于 2015 年 8 月 28 日采自贵州省安顺市镇宁布依族苗族自治县城关镇徐家堡村黑石头自然村，26°2'24.7"N，105°43'38.7"E。母质为泥页岩残坡积物，海拔 1263 m，地形为高原低山坡麓地带，坡度<5°；50 cm 深度土壤年均温度约 16.5℃。土地利用方式为旱地，编号为 52-110。

徐家堡系代表性单个土体剖面

Ah：　0～18 cm，灰棕色（7.5YR 4/2，润），灰棕色（7.5YR 5/2，干）；细土质地为黏壤土；润；小块状结构，稍坚实；少量根系；夹有20%岩石碎屑；中性；向下层平滑清晰过渡。

Bw1：18～65 cm，灰棕色（7.5YR 5/2，润），灰棕色（7.5YR 6/2，干）；细土质地为粉砂质黏壤土；润；块状结构，坚实；少量粗根；结构面上有腐殖质胶膜；中性；向下层平滑清晰过渡。

Bw2：65～95 cm，暗棕色（7.5YR 3/4，润），暗棕色（7.5YR 5/3，干）；细土质地为粉砂质黏壤土；润；块状结构，坚实；见少量铁锰斑纹；夹有10%岩石碎屑；中性；向下层平滑清晰过渡。

Bt：　95～140 cm，亮棕色（7.5YR 5/6，润），暗橙色（7.5YR 6/4，干）；细土质地为粉砂质黏壤土；润；块状结构，结构面上见少量胶膜，坚实；中性。

徐家堡系代表性单个土体物理性质

土层	深度/cm	砾石(>2 mm，体积分数)/%	细土颗粒组成(粒径：mm)/(g/kg)			细土质地(美国制)
			砂粒 2～0.05	粉砂 0.05～0.002	黏粒<0.002	
Ah	0～18	20	226	437	337	黏壤土
Bw1	18～65	5	116	486	398	粉砂质黏壤土
Bw2	65～95	10	199	452	349	粉砂质黏壤土
Bt	95～140	10	88	425	487	粉砂质黏壤土

徐家堡系代表性单个土体化学性质

深度/cm	pH		有机质/(g/kg)	全氮(N)/(g/kg)	有效磷/(mg/kg)	速效钾/(mg/kg)	CEC_7/(cmol/kg)	盐基饱和度/%	游离氧化铁/(g/kg)	$CaCO_3$相当物/(g/kg)
	H_2O	KCl								
0～18	7.30	—	22.13	2.03	13.10	164	18.66	100.00	61.36	0.00
18～65	7.50	—	23.68	1.87	10.23	145	17.64	100.00	62.98	8.02
65～95	7.17	—	27.18	2.18	8.46	152	17.65	100.00	52.93	0.00
95～140	6.88	5.67	20.99	1.56	7.56	174	15.32	99.71	52.34	0.00

8.4.3　光明村系（Guangmingcun Series）

土　族：黏质混合型非酸性温性-腐殖简育常湿淋溶土

拟定者：章明奎

分布与环境条件　分布在遵义、安顺、铜仁、毕节、黔东南、黔西南、黔南等地的中山上。属暖温带湿润气候，年均日照时数 1300～1500 h，年均温 10.0～14.0℃，年均降水量 1100～1400 mm，无霜期 215～250 d，年干燥度小于 1。海拔在 1300～2200 m，起源于石灰岩残坡积物；岩石露头占 50%～75%，坡度多在 20°～50°，利用方式为荒地。

光明村系典型景观

土系特征与变幅　该土系诊断层包括淡薄表层和黏化层；诊断特性包括常湿润土壤水分状况、腐殖质特性、铁质特性、温性土壤温度状况。剖面构型为 Ah-Bt-C，土体厚度在 125 cm 以上，碳酸盐岩岩体出现在 125 cm 以下，黏化层出现在地表下 50 cm 以内土层中，厚度在 30 cm 以上。土壤质地主要为粉砂质黏土和黏土，砾石平均含量小于 25%；润土色调主要为 7.5YR；土壤 pH 在 5.5～7.5。土壤分布于石灰岩露头之间，连续分布面积多在几平方米至数十平方米。

对比土系　徐家堡系，同一亚类。但徐家堡系成土母质为泥页岩残坡积物，分布海拔较低，土壤温度状况为热性。

利用性能综述　光明村系土壤虽然有机质和氮素丰富，土体深厚，但其分布区海拔较高，坡度较大，且连片面积较小，不适合农业利用。应以封山育林、护草，保护生态环境、防止水土流失为主。

参比土种　黑岩泥土。

代表性单个土体　于 2015 年 8 月 25 日采自贵州省六盘水市水城县杨梅彝族苗族回族乡光明村，26°23'35.7"N, 104°49'12.8"E。母质为石灰岩残坡积物，海拔 1992 m，地形为高原中山中坡，坡度为 25°～45°；50 cm 深度土壤年均温度约 12.5℃。土地利用方式为荒坡草地，编号为 52-090。

光明村系代表性单个土体剖面

Ah：0～13 cm，暗棕色（7.5YR 3/4，润），灰棕色（7.5YR 4/2，干）；细土质地为粉砂质黏土；润；团粒状结构，疏松；中量根系；见少量石块（<5%）；中性；向下层平滑较清晰过渡。

Bt1：13～50 cm，棕色（7.5YR 4/6，润），棕色（7.5YR 4/4，干）；细土质地为粉砂质黏土；润；块状结构，稍坚实；结构面上可见少量黏粒胶膜和腐殖质胶膜；中性；向下层平滑渐变过渡。

Bt2：50～120 cm，棕色（7.5YR 4/6，润），棕色（7.5YR 4/4，干）；细土质地为黏土；润；大块状结构，结构面上见少量胶膜，稍坚实；中性。

光明村系代表性单个土体物理性质

土层	深度/cm	砾石(>2 mm，体积分数)/%	细土颗粒组成(粒径：mm)/(g/kg)			细土质地(美国制)
			砂粒 2～0.05	粉砂 0.05～0.002	黏粒<0.002	
Ah	0～13	5	158	509	333	粉砂质黏土
Bt1	13～50	2	126	426	448	粉砂质黏土
Bt2	50～120	7	164	374	462	黏土

光明村系代表性单个土体化学性质

深度/cm	pH		有机质/(g/kg)	全氮(N)/(g/kg)	有效磷/(mg/kg)	速效钾/(mg/kg)	CEC_7/(cmol/kg)	盐基饱和度/%	游离氧化铁/(g/kg)	$CaCO_3$相当物/(g/kg)
	H_2O	KCl								
0～13	6.96	5.89	61.53	5.25	3.42	50	14.23	100.00	7.41	0.00
13～50	7.15	—	28.58	2.45	4.87	69	16.13	100.00	104.27	0.00
50～120	7.13	—	23.53	1.69	3.24	74	18.65	100.00	114.18	0.00

8.5　普通简育常湿淋溶土

8.5.1　桥溪系（Qiaoxi Series）

土　族：粗骨壤质混合型非酸性热性-普通简育常湿淋溶土
拟定者：章明奎

分布与环境条件　分布在铜仁、遵义等地的低山坡地上。属亚热带湿润气候，年均日照时数 1300～1400 h，年均温 14.0～17.0℃，年均降水量 1200～1500 mm，无霜期 250～280 d，年干燥度小于 1。海拔在 600～1300 m，起源于砂岩、页岩互层残坡积物；坡度多在 25°～50°，利用方式为林地或荒地。

桥溪系典型景观

土系特征与变幅　该土系诊断层包括淡薄表层和黏化层；诊断特性包括常湿润土壤水分状况、热性土壤温度状况。剖面构型为 Ah-Bt-C，土体厚度在 80～125 cm；黏化层出现在地表下 50 cm 以内土层中，厚度在 30 cm 以上；细土质地主要为壤土，多砾石，平均含量大于 30%；润土色调主要为 10YR；土壤 pH 在 5.5～7.5。

对比土系　鄢家堡系、陈家坝系，同一亚类。但鄢家堡系成土母质为紫色、紫红色砂岩、页岩互层和砾岩残坡积物，土壤矿物类型为硅质混合型；陈家坝系成土母质也为砂岩、页岩互层残坡积物，但其侵蚀较弱，颗粒大小级别为黏质，土壤矿物类型为高岭石混合型。

利用性能综述　桥溪系土壤分布区坡度较大，侵蚀明显，土壤粗骨性较弱，抗蚀性差，土体较薄，土壤肥力水平较低。宜保护植被或造林植树、封山育林。一般不适宜农业开发利用。

参比土种　幼黄砂土。

代表性单个土体　于 2015 年 7 月 26 日采自贵州省铜仁市德江县长堡镇桥溪村，28°12'23.8"N,108°18'12.1"E。母质为砂岩、页岩互层残坡积物，海拔 671 m，地形为低山中坡，坡度为 35°左右；50 cm 深度土壤年均温度约 18.0℃。土地利用方式为林地（杉树、马尾松），编号为 52-010。

桥溪系代表性单个土体剖面

Ah：0～10 cm，灰黄棕色（10YR 5/3，润），灰白色（10YR 7/1，干）；细土质地为壤土；润；小块状结构，坚实；少量根系；夹杂约 15%砾石；微酸性；向下层平滑模糊过渡。

Bt：10～85 cm，灰黄棕色（10YR 5/3，润），灰白色（10YR 7/1，干）；细土质地为壤土；润；大块状结构，结构面上见中量胶膜，非常坚实；极少量细根；夹杂有 32%砾石；微酸性；向下层波状清晰过渡。

C：85～125 cm，灰黄棕色（10YR 5/3，润），灰白色（10YR 7/1，干）；有 70%砾石（其中>2 mm 砾石占 50%以上）；细土质地为壤土；润；小块状结构，坚实；微酸性。

桥溪系代表性单个土体物理性质

土层	深度/cm	砾石(>2 mm，体积分数)/%	细土颗粒组成(粒径：mm)/(g/kg)			细土质地(美国制)
			砂粒 2～0.05	粉砂 0.05～0.002	黏粒<0.002	
Ah	0～10	15	398	389	213	壤土
Bt	10～85	32	357	382	261	壤土
C	85～125	70	331	432	237	壤土

桥溪系代表性单个土体化学性质

深度/cm	pH		有机质/(g/kg)	全氮(N)/(g/kg)	有效磷/(mg/kg)	速效钾/(mg/kg)	CEC_7/(cmol/kg)	盐基饱和度/%	游离氧化铁/(g/kg)	$CaCO_3$相当物/(g/kg)
	H_2O	KCl								
0～10	5.70	4.68	20.81	1.54	7.19	104	9.26	84.49	16.07	0.00
10～85	5.84	4.73	8.80	0.74	3.56	98	10.76	86.10	14.82	0.00
85～125	6.18	5.08	16.39	—	—	—	9.89	94.37	14.41	0.00

8.5.2 鄢家堡系（Yanjiapu Series）

土 族：粗骨壤质硅质混合型非酸性热性-普通简育常湿淋溶土
拟定者：章明奎

分布与环境条件 分布在遵义、安顺、毕节、黔东南等地的低山坡地上，以遵义和毕节分布较为集中。属亚热带湿润气候，年均日照时数 1300～1500 h，年均温 14.0～17.0 ℃，年均降水量 1100～1400 mm，无霜期 250～280 d，年干燥度小于 1。海拔在 600～1300 m，起源于紫色、紫红色砂岩、页岩互层和砾岩残坡积物；坡度多在 20°～50°，利用方式为林地或荒地。

鄢家堡系典型景观

土系特征与变幅 该土系诊断层包括淡薄表层和黏化层；诊断特性包括常湿润土壤水分状况、铁质特性、热性土壤温度状况。剖面构型为 Ah-Bt-Bw-C，土体厚度在 50～80 cm，黏化层出现在地表下 50 cm 以内土层中，厚度在 30 cm 左右。细土质地主要为砂质黏壤土和壤土，有大量的砾石，平均含量大于 25%；润土色调在 7.5YR～5YR；土壤 pH 在 5.5～7.5。因侵蚀地表常可见数厘米厚的半风化碎屑物。

对比土系 桥溪系、陈家坝系，同一亚类。但桥溪系成土母质为砂岩、页岩互层残坡积物，土壤矿物类型为混合型；陈家坝系成土母质为砂岩、页岩互层残坡积物，颗粒大小级别为黏质，土壤矿物类型为高岭石混合型。

利用性能综述 鄢家堡系土壤分布区坡度较大，侵蚀明显，土壤粗骨性较弱，通透性强，抗蚀性差，土体较薄，除速效钾外，其他养分水平较低。宜保护植被或造林植树、封山育林。该土适宜松、杉、柏等用材林和油桐、漆树等经济林的生长。在坡度较缓处可种植玉米、番薯、花生、小麦等，但应采取等高种植，多种植绿肥或豆科作物，增施有机肥和化肥。

参比土种 紫砂泥土。

代表性单个土体 于 2015 年 7 月 31 日采自贵州省遵义市凤冈县何坝镇林光村鄢家堡自然村，27°54'43.2"N, 107°42'11.1"E。母质为紫色泥页岩残坡积物，海拔 802 m，地形为低山坡脚，坡度为 25°～45°；50 cm 深度土壤年均温度约 17.5℃。土地利用方式为荒地和林地，编号为 52-043。

鄢家堡系代表性单个土体剖面

Ah：0～10 cm，棕色（7.5YR 4/3，润），灰棕色（7.5YR 6/2，干）；细土质地为壤土；润；小块状结构，疏松；少量根系；夹杂有 45%半风化岩石碎屑；中性；向下层波状清晰过渡。

Bt：10～65 cm，棕色（7.5YR 4/4，润），暗棕色（7.5YR 5/3，干）；细土质地为黏土；润；小块状结构，结构面上见中量胶膜，稍坚实；夹杂有 10%～15%半风化岩石碎屑；中性；向下层波状模糊过渡。

Bw：65～78 cm，深红棕色（5YR 3/3，润），灰棕色（5YR 5/2，干）；细土质地为砂质黏壤土；润；散粒状结构，坚实；夹杂有 40%半风化岩石碎屑；中性；向下层波状清晰过渡。

C：78～125 cm，为松散的半风化物。深灰红色（2.5YR 3/1，润），灰红色（2.5YR 4/2，干）；散粒状结构。

鄢家堡系代表性单个土体物理性质

土层	深度/cm	砾石(>2 mm，体积分数)/%	细土颗粒组成(粒径：mm)/(g/kg)			细土质地(美国制)
			砂粒 2～0.05	粉砂 0.05～0.002	黏粒<0.002	
Ah	0～10	45	496	295	209	壤土
Bt	10～65	15	224	352	424	黏土
Bw	65～78	40	687	78	235	砂质黏壤土

鄢家堡系代表性单个土体化学性质

深度/cm	pH		有机质/(g/kg)	全氮(N)/(g/kg)	有效磷/(mg/kg)	速效钾/(mg/kg)	CEC_7/(cmol/kg)	盐基饱和度/%	游离氧化铁/(g/kg)	$CaCO_3$相当物/(g/kg)
	H_2O	KCl								
0～10	7.14	—	39.12	2.64	16.38	135	16.54	100.00	50.75	0.00
10～65	7.48	—	11.48	0.87	5.67	128	30.68	100.00	63.31	0.00
65～78	6.75	5.66	6.35	—	—	—	12.41	96.53	55.97	0.00

8.5.3 陈家坝系（Chenjiaba Series）

土 族：黏质高岭石混合型非酸性热性-普通简育常湿淋溶土
拟定者：章明奎

分布与环境条件 分布在黔东南、黔南、遵义、安顺、铜仁、毕节等地的低山坡地上，以黔东南、黔南分布较为集中。属亚热带湿润气候，年均日照时数 1300～1500 h，年均温 14.0～16.5 ℃，年均降水量 1200～1400 mm，无霜期 250～275 d，年干燥度小于 1。海拔在 800～1300 m，起源于砂岩、页岩互层残坡积物；坡度多在 25°以下，利用方式为林地或荒地。

陈家坝系典型景观

土系特征与变幅 该土系诊断层包括淡薄表层和黏化层；诊断特性包括常湿润土壤水分状况、铁质特性、热性土壤温度状况。剖面构型为 Ah-Bt-C，土体厚度在 125 cm 以上，黏化层出现在地表下 50 cm 以内土层中，厚度在 30 cm 以上。土壤质地主要为黏土和粉砂质黏土，砾石平均含量小于 25%；润土色调在 10YR～7.5YR；土壤 pH 在 5.5～7.5。

对比土系 桥溪系、鄢家堡系，同一亚类。但桥溪系和鄢家堡系成土母质分别为砂岩、页岩互层残坡积物与紫色、紫红色砂岩、页岩互层和砾岩残坡积物；鄢家堡系因侵蚀细土粒流失，颗粒大小级别为粗骨壤质；两者土壤矿物类型分别为混合型和硅质混合型。

利用性能综述 陈家坝系土壤肥力较低，有机质、全氮、有效磷和速效钾多在中等以下，质地黏重，耕性较差。但该土土体深厚，分布区热量条件较优，地面较为平缓，适宜发展多种经营。在坡度较缓处可等高种植玉米、番薯、花生、小麦，需种植绿肥或豆科作物及增施有机肥提升土壤肥力、改善土壤耕性，同时合理施用化肥以平衡土壤养分。坡度较大处，应以保护植被或造林植树、封山育林为主。该土适宜松、杉、柏等用材林和油桐、漆树等经济林的生长。

参比土种 黄砂泥土。

代表性单个土体 于 2015 年 9 月 22 日采自贵州省黔南布依族苗族自治州独山县羊凤乡陈家坝村，25°47'40.4"N, 107°28'56.6"E。母质为砂岩、页岩互层残坡积物，海拔 1070 m，地形为低山中下坡，坡度<15°；50 cm 深度土壤年均温度约 17.0℃。土地利用方式为林地，编号为 52-125。

陈家坝系代表性单个土体剖面

Ah：0～18 cm，淡黄棕色（10YR 4/3，润），灰黄棕色（10YR 6/2，干）；细土质地为壤土；润；团块状结构，稍疏松；中量根系；见少量石块；中性；向下层平滑清晰过渡。

Bt1：18～100 cm，黄橙色（7.5YR 7/8，润），淡黄橙色（7.5YR 8/3，干）；细土质地为黏土；润；块状结构，结构面上见中量胶膜，稍坚实；夹杂有 5%～10%直径为 5～10 cm 的石块；微酸性；向下层平滑渐变过渡。

Bt2：100～140 cm，黄橙色（10YR 7/8，润），淡黄橙色（10YR 8/4，干）；细土质地为粉砂质黏土；润；大块状结构，结构面上见中量胶膜，致密、坚实；微酸性。

陈家坝系代表性单个土体物理性质

土层	深度/cm	砾石(>2 mm，体积分数)/%	细土颗粒组成(粒径：mm)/(g/kg)			细土质地(美国制)
			砂粒 2～0.05	粉砂 0.05～0.002	黏粒<0.002	
Ah	0～18	20	492	334	174	壤土
Bt1	18～100	10	392	97	511	黏土
Bt2	100～140	10	55	517	427	粉砂质黏土

陈家坝系代表性单个土体化学性质

深度/cm	pH		有机质/(g/kg)	全氮(N)/(g/kg)	有效磷/(mg/kg)	速效钾/(mg/kg)	CEC_7/(cmol/kg)	盐基饱和度/%	游离氧化铁/(g/kg)	$CaCO_3$ 相当物/(g/kg)
	H_2O	KCl								
0～18	7.44	—	28.22	1.38	2.35	16	6.54	100.00	17.51	0.00
18～100	5.58	4.46	3.96	0.32	1.18	24	14.65	72.01	57.63	0.00
100～140	5.68	4.34	4.94	—	—	—	11.12	67.96	68.99	0.00

8.5.4 魏旗村系（Weiqicun Series）

土 族：黏质混合型非酸性温性-普通简育常湿淋溶土

拟定者：章明奎

分布与环境条件 零星分布在遵义、安顺、铜仁、毕节、黔东南、黔南、黔西南等岩溶地区的中山坡麓或平凹地带，集中分布在黔中高原面上。属暖温带湿润气候，年均日照时数 1300～1400 h，年均温 10.0～14.0℃，年均降水量 1100～1500 mm，无霜期 220～250 d，年干燥度小于 1。海拔在 1200～2000 m，起源于碳酸盐岩坡积物及其再积物；坡度多在 5°以下，利用方式为旱地或荒地。

魏旗村系典型景观

土系特征与变幅 该土系诊断层包括淡薄表层和黏化层；诊断特性包括常湿润土壤水分状况、铁质特性、温性土壤温度状况。剖面构型为 Ah-Bt-C，土体厚度在 125 cm 以上，黏化层出现在地表下 50 cm 以内土层中，厚度在 30 cm 以上，碳酸盐岩岩体出现在 125 cm 以下。土壤质地主要为黏土，砾石平均含量大于 25%，润土色调主要为 10YR；土壤已基本脱钙，pH 在 5.5～7.5。100 cm 以下有时可出现埋藏土层。

对比土系 大方系、英武系，同一土族。但大方系成土母质为泥页岩残坡积物，全剖面多数土层呈微酸性，100 cm 土体黏粒平均含量在 450 g/kg 以下；英武系成土母质为玄武岩、辉绿岩等基性岩残坡积物，氧化铁含量较高，润土色调比 5YR 更红。

利用性能综述 魏旗村系土壤肥力较低，有机质、全氮、有效磷和速效钾多在中等以下，质地黏重，耕性较差。但该土土体深厚，分布区地面较为平缓，在海拔稍低处，适宜种植玉米、高粱等农作物。应增加绿肥等养地作物的种植，增施有机肥，以改善土壤耕性，增加基础地力。同时适量施用磷肥和钾肥，以平衡土壤养分。海拔稍高处，可以封山育林护草以保护生态平衡，或发展人工草场。

参比土种 大泥土。

代表性单个土体 于 2015 年 8 月 28 日采自贵州省安顺市普定县白岩镇魏旗村讲义自然村，26°15'44.5"N, 105°49'34.8"E。母质为白云岩坡积物及再积物，海拔 1395 m，地形为高原中山坡麓平缓地带，坡度<5°；50 cm 深度土壤年均温度约 15.5℃。土地利用方式为旱地，编号为 52-112。

魏旗村系代表性单个土体剖面

Ah：0～10 cm，淡黄棕色（10YR 5/4，润），暗黄橙色（10YR 7/3，干）；细土质地为粉砂质黏土；润；块状结构，稍疏松；少量根系；夹有5%直径为2～20 mm半风化岩石碎屑物；中性；向下层平滑渐变过渡。

Bt：10～115 cm，亮黄棕色（10YR 6/8，润），黄橙色（10YR 7/8，干）；细土质地为黏土；润；大块状结构，结构面上见中量胶膜，坚实；偶见少量大石块；中性；向下层平滑清晰过渡。

Ab：115～140 cm，埋藏层。棕灰色（10YR 5/1，润），棕灰色（10YR 6/1，干）；细土质地为黏土；润；块状结构，稍坚实；中性。

魏旗村系代表性单个土体物理性质

土层	深度/cm	砾石(>2 mm，体积分数)/%	细土颗粒组成(粒径：mm)/(g/kg)			细土质地(美国制)
			砂粒 2～0.05	粉砂 0.05～0.002	黏粒<0.002	
Ah	0～10	6	132	458	410	粉砂质黏土
Bt	10～115	33	116	152	732	黏土
Ab	115～140	35	230	316	455	黏土

魏旗村系代表性单个土体化学性质

深度/cm	pH		有机质/(g/kg)	全氮(N)/(g/kg)	有效磷/(mg/kg)	速效钾/(mg/kg)	CEC_7/(cmol/kg)	盐基饱和度/%	游离氧化铁/(g/kg)	$CaCO_3$相当物/(g/kg)
	H_2O	KCl								
0～10	7.39	—	14.38	0.87	5.48	51	15.64	100.00	56.80	0.00
10～115	7.22	—	13.95	0.76	3.54	63	21.32	100.00	61.54	0.00
115～140	7.44	—	30.14	1.54	7.65	43	15.42	100.00	40.39	0.00

8.5.5 大方系（Dafang Series）

土 族：黏质混合型非酸性温性-普通简育常湿淋溶土

拟定者：章明奎

分布与环境条件 分布在遵义、黔东南、安顺、铜仁、黔南、毕节、黔西南等地的中山坡麓地带，集中分布在黔东南、黔西南和遵义。属暖温带湿润气候，年均日照时数 1300～1400 h，年均温 12.0～14.0℃，年均降水量 1300～1500 mm，无霜期 240～250 d，年干燥度小于 1。海拔在 1200～1500 m，起源于泥页岩残坡积物；坡度多在 15°以下，利用方式为旱地或荒地。

大方系典型景观

土系特征与变幅 该土系诊断层包括淡薄表层和黏化层；诊断特性包括常湿润土壤水分状况、氧化还原特征、铁质特性、温性土壤温度状况。剖面构型为 Ap-Bw-Bt-C，土体厚度在 125 cm 以上，黏化层出现在地表 50 cm 以下土层中，厚度在 30 cm 以上，50 cm 以下土层存在季节性滞水，有氧化还原特征。土壤质地主要为黏土和黏壤土，砾石平均含量小于 25%；润土色调主要为 7.5YR；土壤 pH 主要在 5.5～7.5。

对比土系 魏旗村系、英武系，同一土族。但魏旗村系成土母质为碳酸盐岩坡积物及其再积物，全剖面呈中性，100 cm 土体黏粒平均含量在 450 g/kg 以上；英武系成土母质为玄武岩、辉绿岩等基性岩残坡积物，氧化铁含量较高，润土色调比 5YR 更红。

利用性能综述 大方系土壤有机质积累明显，但全氮、有效磷和速效钾多在中等以下，质地黏重，耕性较差。但该土土体深厚，分布区地面较为平缓，适宜种植玉米、高粱等农作物，或种植茶叶与果树。在土壤改良与施肥方面，应加强农田基本建设，增加绿肥等养地作物的种植，增施有机肥，以改善土壤耕性，增加基础地力。同时适量施用磷肥和钾肥，以平衡土壤养分。

参比土种 黄泥土。

代表性单个土体 于 2015 年 8 月 22 日采自贵州省毕节市大方县大方镇岩下村白庄组，27°11'14.5"N, 105°34'35.6"E。母质为泥页岩残坡积物，海拔 1449 m，地形为中山坡麓地带，坡度<15°；50 cm 深度土壤年均温度约 15.1℃。土地利用方式为旱地，编号为 52-068。

大方系代表性单个土体剖面

Ap：0～18 cm，棕色（7.5YR 4/3，润），灰棕色（7.5YR 5/2，干）；细土质地为粉砂质黏壤土；润；块状结构，稍坚实；少量根系；夹有 15%直径为 2～10 mm 的砾石；微酸性；向下层平滑渐变过渡。

Bw：18～55 cm，棕色（7.5YR 4/3，润），暗棕色（7.5YR 5/3，干）；细土质地为黏壤土；润；块状结构，稍坚实；夹有 20%直径为 2～30 mm 的砾石；微酸性；向下层平滑清晰过渡。

Bt1：55～100 cm，淡棕色（7.5YR 5/3，润），暗橙色（7.5YR 7/3，干）；细土质地为黏土；润；大块状结构，结构面上见中量胶膜，坚实；夹有 10%直径为 2～50 mm 的砾石；见少量铁斑及锈纹；酸性；向下层平滑较清晰过渡。

Bt2：100～150 cm，淡棕色（7.5YR 5/4，润），暗橙色（7.5YR 7/4，干）；细土质地为黏土；润；大块状结构，结构面上见中量胶膜，坚实；夹有 10%直径为 20～50 mm 的砾石；见少量铁斑及锈纹；微酸性。

大方系代表性单个土体物理性质

土层	深度/cm	砾石(>2 mm，体积分数)/%	细土颗粒组成(粒径：mm)/(g/kg)			细土质地(美国制)
			砂粒 2～0.05	粉砂 0.05～0.002	黏粒<0.002	
Ap	0～18	15	174	434	392	粉砂质黏壤土
Bw	18～55	20	303	337	360	黏壤土
Bt1	55～100	10	153	398	448	黏土
Bt2	100～150	10	194	317	489	黏土

大方系代表性单个土体化学性质

深度/cm	pH		有机质/(g/kg)	全氮(N)/(g/kg)	有效磷/(mg/kg)	速效钾/(mg/kg)	CEC_7/(cmol/kg)	盐基饱和度/%	游离氧化铁/(g/kg)	$CaCO_3$相当物/(g/kg)
	H_2O	KCl								
0～18	6.22	5.04	46.91	2.00	5.77	27	14.52	95.31	80.67	0.00
18～55	5.72	4.65	42.03	1.87	4.25	39	12.54	77.01	70.33	0.00
55～100	5.38	4.23	16.90	—	—	—	11.32	76.78	69.48	0.00
100～150	5.66	4.65	19.73	—	—	—	11.98	73.38	80.61	0.00

8.5.6 韭菜坪系（Jiucaiping Series）

土　族：黏质混合型非酸性温性-普通简育常湿淋溶土

拟定者：章明奎

分布与环境条件　分布在毕节、安顺、六盘水等岩溶地貌的孤立中山坡地。属暖温带湿润气候，年均日照时数 1300～1400 h，年均温 8.0～11.0℃，年均降水量 1300～1500 mm，无霜期 215～230 d，年干燥度小于 1。海拔在 2100～2600 m，起源于碳酸盐岩残坡积物；坡度多在 10°以下，利用方式为草地或荒地。

韭菜坪系典型景观

土系特征与变幅　该土系诊断层包括淡薄表层和黏化层；诊断特性包括常湿润土壤水分状况、铁质特性、温性土壤温度状况。剖面构型为 Ah-Bw-Bt-C，土体厚度在 125 cm 以上，黏化层出现在地表 50 cm 以下土层中，厚度在 30 cm 以上，碳酸盐岩岩体出现在 125 cm 以下。土壤质地主要为黏土和壤土，砾石平均含量小于 25%；润土色调主要为 7.5YR；土壤基本脱钙，pH 主要在 5.5～7.5。

对比土系　大方系，同一土族。但大方系成土母质为泥页岩残坡积物，因地处坡麓，存在季节性滞水，50 cm 以下土层中有氧化还原特征。

利用性能综述　韭菜坪系土壤有机质积累明显，土体深厚，但全氮、有效磷和速效钾多在中等以下，质地黏重，耕性较差；分布区地面较为平缓。由于所处地势高耸，热量不足，风大雾多，立地条件较差，不适宜发展农业，可保护其自然植被，以维护生态平衡。

参比土种　草甸大泥土。

代表性单个土体　于 2015 年 8 月 24 日采自贵州省毕节市赫章县珠市彝族乡韭菜坪村，26°51'32.7"N, 104°41'55.2"E。母质为石灰岩残坡积物，海拔 2461 m，地形为高原中山中坡平缓地带，坡度<10°；50 cm 深度土壤年均温度约 12.0℃。土地利用方式为草地，编号为 52-088。

韭菜坪系代表性单个土体剖面

Ah：0～15 cm，棕色（7.5YR 4/3，润），暗棕色（7.5YR 6/3，干）；细土质地为壤土；润；团块状结构，稍坚实；中量根系；酸性；向下层平滑渐变过渡。

Bw：15～55 cm，暗棕色（7.5YR 5/4，润），暗棕色（7.5YR 5/3，干）；细土质地为壤土；润；块状结构，坚实；少量细根；微酸性；向下层平滑清晰过渡。

Bt：55～125 cm，黄橙色（7.5YR 7/8，润），亮黄棕色（10YR 7/6，干）；细土质地为黏土；润；块状结构，结构面上见中量胶膜，稍坚实；酸性。

韭菜坪系代表性单个土体物理性质

土层	深度/cm	砾石(>2 mm，体积分数)/%	细土颗粒组成(粒径：mm)/(g/kg)			细土质地(美国制)
			砂粒 2～0.05	粉砂 0.05～0.002	黏粒<0.002	
Ah	0～15	5	317	415	268	壤土
Bw	15～55	1	289	460	251	壤土
Bt	55～125	3	222	202	576	黏土

韭菜坪系代表性单个土体化学性质

深度/cm	pH		有机质/(g/kg)	全氮(N)/(g/kg)	有效磷/(mg/kg)	速效钾/(mg/kg)	CEC_7/(cmol/kg)	C/N	盐基饱和度/%	游离氧化铁/(g/kg)	$CaCO_3$相当物/(g/kg)
	H_2O	KCl									
0～15	5.00	3.89	59.74	2.58	3.71	121	17.23	13.42	76.77	67.35	0.00
15～55	5.58	4.65	42.38	2.21	4.85	104	15.56	11.12	84.42	95.61	0.00
55～125	5.51	4.46	16.55	0.84	2.14	98	25.32	13.48	83.68	76.20	0.00

8.5.7　英武系（Yingwu Series）

土　族：黏质混合型非酸性温性-普通简育常湿淋溶土
拟定者：章明奎

分布与环境条件　主要分布在六盘水和毕节等地的中山坡地。属暖温带湿润气候，年均日照时数 1300～1400 h，年均温 13.0～14.0℃，年均降水量 1200～1500 mm，无霜期 240～260 d，年干燥度小于 1。海拔在 1300～1500 m，起源于玄武岩、辉绿岩等基性岩残坡积物；坡度多在 15°以下，利用方式为旱地或荒地。

英武系典型景观

土系特征与变幅　该土系诊断层包括淡薄表层和黏化层；诊断特性包括常湿润土壤水分状况、铁质特性、温性土壤温度状况。剖面构型为 Ap-Bt-C，土体厚度在 125 cm 以上，黏化层出现在地表下 50 cm 以内土层中，厚度在 30 cm 以上。土壤质地主要为黏土，砾石平均含量小于 25%；润土色调主要为 2.5YR；土壤 pH 在 5.5～7.5。

对比土系　魏旗村系，同一土族。但魏旗村系成土母质为碳酸盐岩坡积物及其再积物，润土色调比 7.5YR 更黄。

利用性能综述　英武系土壤有机质积累明显，全氮、有效磷和速效钾多在中等以下，质地黏重，耕性较差，但分布区地面较为平缓，土体深厚，热量条件尚好，适于等高种植玉米等大田作物。在改良培肥方面，应增施有机肥，改善土壤耕性；同时配施磷、钾肥，以平衡土壤养分。

参比土种　桔黄泥土。

代表性单个土体　于 2015 年 8 月 25 日采自贵州省六盘水市盘州市英武镇大水井村大平子自然村，25°46'52.0"N, 104°51'44.7"E。母质为玄武岩坡积物，海拔 1476 m，地形为高原中山下坡及坡麓地带，坡度<15°；50 cm 深度土壤年均温度约 15.2℃。土地利用方式为旱地或荒地，编号为 52-094。

英武系代表性单个土体剖面

Ap：0～23 cm，暗红棕色（2.5YR 4/4，润），暗红棕色（2.5YR 4/3，干）；细土质地为黏壤土；润；小块状结构，疏松；少量根系；微酸性；向下层平滑渐变过渡。

Bt1：23～90 cm，红棕色（2.5YR 4/8，润），亮红棕色（2.5YR 5/6，干）；细土质地为黏土；润；小块状结构，结构面上见少量胶膜，稍坚实；夹有5%半风化岩石碎屑物；微酸性；向下层平滑渐变过渡。

Bt2：90～150 cm，红棕色（2.5YR 4/6，润），红棕色（2.5YR 4/6，干）；细土质地为黏土；润；小块状结构，结构面上见少量胶膜，稍坚实；夹有5%半风化岩石碎屑物；微酸性。

英武系代表性单个土体物理性质

土层	深度/cm	砾石(>2 mm，体积分数)/%	细土颗粒组成(粒径：mm)/(g/kg)			细土质地(美国制)
			砂粒 2～0.05	粉砂 0.05～0.002	黏粒<0.002	
Ap	0～23	10	286	383	331	黏壤土
Bt1	23～90	5	224	322	453	黏土
Bt2	90～150	5	210	274	516	黏土

英武系代表性单个土体化学性质

深度/cm	pH		有机质/(g/kg)	全氮(N)/(g/kg)	有效磷/(mg/kg)	速效钾/(mg/kg)	CEC_7/(cmol/kg)	盐基饱和度/%	游离氧化铁/(g/kg)	$CaCO_3$相当物/(g/kg)
	H_2O	KCl								
0～23	6.18	5.02	56.21	1.84	3.52	54	20.14	93.96	169.36	0.00
23～90	5.99	4.89	10.97	0.47	2.45	67	22.59	86.39	149.65	0.00
90～150	6.17	5.11	9.08	—	—	—	21.45	90.70	156.73	0.00

8.5.8　杨家冲系（Yangjiachong Series）

土　族：黏壤质混合型酸性温性-普通简育常湿淋溶土

拟定者：章明奎

分布与环境条件　主要分布在毕节、安顺和六盘水等岩溶地貌的孤立中山坡地。属暖温带湿润气候，年均日照时数 1300～1500 h，年均温 8.0～13.5 ℃，年均降水量 1100～1300 mm，无霜期 205～230 d，年干燥度小于 1。海拔在 2400～2900 m，起源于碳酸盐岩残坡积物；坡度多在 15°以下，利用方式为草地。

杨家冲系典型景观

土系特征与变幅　该土系诊断层包括淡薄表层和黏化层；诊断特性包括常湿润土壤水分状况、铁质特性、温性土壤温度状况。剖面构型为 Ah-Bw-Bt-C，土体厚度在 125 cm 以上，黏化层出现在地表 50 cm 以下土层中，厚度在 30 cm 以上，碳酸盐岩岩体出现在 125 cm 以下。土壤质地主要为粉砂质黏壤土和粉砂壤土，砾石平均含量小于 25%；润土色调主要为 10YR；土壤基本脱钙，pH 在 5.5 以下。

对比土系　龙山系，同一亚类，成土母质同为碳酸盐岩残坡积物。但龙山系土壤酸化不明显，土壤反应为非酸性。

利用性能综述　杨家冲系土壤有机质和全氮积累明显，土体深厚，但有效磷、速效钾多在中等以下，质地黏重，耕性较差，分布区地面较为平缓。由于所处地势高耸，热量不足，风大雾多，立地条件较差不适宜农业。可保护其自然植被，以维护生态平衡。

参比土种　草甸大泥土。

代表性单个土体　于 2017 年 8 月 29 日采自贵州省毕节市赫章县兴发苗族彝族回族乡阿西里西大草原杨家冲村附近，26°59'12.7"N, 104°50'57.2"E。母质为石灰岩残坡积物，海拔 2491 m，地形为高原中山上坡，坡度为 10°；50 cm 深度土壤年均温度约 12.0℃。土地利用方式为草地，编号为 52-158。

杨家冲系代表性单个土体剖面

Ah：0～20 cm，棕黑色（10YR 3/2，润），棕色（10YR 4/3，干）；细土质地为粉砂壤土；润；团粒状结构，疏松；中量根系；酸性；向下层平滑清晰过渡。

Bw：20～40 cm，亮棕色（10YR 5/6，润），淡橙色（10YR 6/4，干）；细土质地为粉砂壤土；润；块状结构，稍坚实；酸性；向下层平滑清晰过渡。

Bt1：40～80 cm，棕色（10YR 4/4，润），淡黄橙色（10YR 6/4，干）；细土质地为粉砂质黏壤土；润；大块状结构，结构面上见中量胶膜，坚实；酸性；向下层平滑渐变过渡。

Bt2：80～125 cm，橙色（10YR 6/8，润），亮黄棕色（10YR 7/6，干）；细土质地为粉砂质黏壤土；润；大块状结构，结构面上见中量胶膜，坚实；酸性。

杨家冲系代表性单个土体物理性质

土层	深度/cm	砾石(>2 mm，体积分数)/%	细土颗粒组成(粒径：mm)/(g/kg)			细土质地(美国制)
			砂粒 2～0.05	粉砂 0.05～0.002	黏粒<0.002	
Ah	0～20	0	188	603	209	粉砂壤土
Bw	20～40	0	267	533	200	粉砂壤土
Bt1	40～80	0	180	531	289	粉砂质黏壤土
Bt2	80～125	0	101	553	345	粉砂质黏壤土

杨家冲系代表性单个土体化学性质

深度/cm	pH		有机质/(g/kg)	全氮(N)/(g/kg)	有效磷/(mg/kg)	速效钾/(mg/kg)	CEC_7/(cmol/kg)	盐基饱和度/%	游离氧化铁/(g/kg)	$CaCO_3$相当物/(g/kg)
	H_2O	KCl								
0～20	5.01	4.43	132.62	4.56	3.84	87	31.45	48.65	25.81	0.00
20～40	5.00	4.39	70.41	2.65	1.20	81	28.65	45.32	32.70	0.00
40～80	5.19	4.53	52.86	1.86	0.80	46	32.14	49.66	30.37	0.00
80～125	5.43	4.97	32.46	1.12	0.61	21	33.56	—	29.99	0.00

8.5.9　合水系（Heshui Series）

土　族：黏壤质混合型非酸性热性-普通简育常湿淋溶土
拟定者：章明奎

分布与环境条件　主要分布在遵义、铜仁、安顺、黔东南和六盘水等低山坡地。属亚热带湿润气候，年均日照时数 1300～1400 h，年均温 14.0～16.5 ℃，年均降水量 1200～1500 mm，无霜期 255～290 d，年干燥度小于 1。海拔在 600～1300 m，起源于泥页岩坡积物；坡度多在 15°以下，利用方式为旱地或林地。

合水系典型景观

土系特征与变幅　该土系诊断层包括淡薄表层和黏化层；诊断特性包括常湿润土壤水分状况、铁质特性、热性土壤温度状况。剖面构型为 Ap-Bt-C，土体厚度在 125 cm 以上，黏化层出现在地表下 50 cm 以内土层中，厚度在 30 cm 以上。土壤质地主要为粉砂质黏壤土，全剖面土壤砂粒含量平均在 150 g/kg 以下，砾石平均含量小于 25%；润土色调主要为 10YR；土壤 pH 主要在 5.5～7.5。

对比土系　纳卡村系、龙山系，但纳卡村系成土母质为砂岩坡积物，全剖面呈微酸性或酸性，土壤砂粒含量平均在 350 g/kg 以上；龙山系成土母质为碳酸盐岩残坡积物，土体 50 cm 以下出现厚度 60 cm 以上的漂白层，土壤温度状况为温性。

利用性能综述　合水系土壤肥力尚好，有机质、全氮、有效磷、速效钾多在中等水平，地势平缓，土体深厚，耕性良好，热量充足，适宜种植玉米、油菜等大田农作物或茶叶、果树。在改良方面，应加强农田基础设施建设，改善生态环境，实施集约经营，增加有机物质的投入。

参比土种　黄泥土。

代表性单个土体　于 2015 年 7 月 25 日采自贵州省铜仁市印江土家族苗族自治县合水镇官庄村，27°5'7.3"N, 108°37'45.6" E。母质为泥页岩坡积物，海拔 733 m，地形为低山坡麓，坡度<10°；50 cm 深度土壤年均温度约 19.0℃。土地利用方式为旱地，编号为 52-008。

合水系代表性单个土体剖面

Ap：0～15 cm，黄褐色（2.5Y 4/4，润），灰黄色（2.5Y 6/2，干）；细土质地为粉砂壤土；润；小团块状结构，稍坚实；中量根系；夹杂有 5%直径为 2 cm 左右的砾石；中性；向下层平滑清晰过渡。

Bt1：15～65 cm，灰黄棕色（10YR 5/4，润），暗黄橙色（10YR 7/3，干）；细土质地为粉砂质黏壤土；润；块状结构，结构面上见中量胶膜，坚实；少量根系；夹杂有 10%～15%直径为 2～10 cm 的砾石；微碱性；向下层平滑渐变过渡。

Bt2：65～125 cm，暗黄棕色（10YR 5/4，润），淡黄色（2.5Y 7/3，干）；细土质地为粉砂质黏壤土；潮；大块状结构，结构面上见中量胶膜，坚实；局部夹杂有 15%～25%直径为 5～20 cm 的砾石；中性。

合水系代表性单个土体物理性质

土层	深度/cm	砾石(>2 mm，体积分数)/%	细土颗粒组成(粒径：mm)/(g/kg)			细土质地(美国制)	容重/（g/cm^3）
			砂粒 2～0.05	粉砂 0.05～0.002	黏粒<0.002		
Ap	0～15	5	170	674	156	粉砂壤土	1.25
Bt1	15～65	13	89	589	322	粉砂质黏壤土	1.32
Bt2	65～125	20	119	579	302	粉砂质黏壤土	1.43

合水系代表性单个土体化学性质

深度/cm	pH		有机质/(g/kg)	全氮(N)/(g/kg)	有效磷/(mg/kg)	速效钾/(mg/kg)	CEC_7/(cmol/kg)	盐基饱和度/%	游离氧化铁/(g/kg)	$CaCO_3$相当物/(g/kg)
	H_2O	KCl								
0～15	7.22	—	38.87	2.95	14.72	111	8.41	100.00	19.77	13.79
15～65	7.56	—	13.47	1.15	8.74	121	15.06	100.00	30.29	0.00
65～125	7.46	—	11.00	—	—	—	13.66	100.00	29.72	0.00

8.5.10 纳卡村系（Nakacun Series）

土 族：黏壤质混合型非酸性热性-普通简育常湿淋溶土

拟定者：章明奎

分布与环境条件 主要分布在黔南、黔东南、铜仁、安顺、黔东南等低山坡地。属亚热带湿润气候，年均日照时数 1300～1400 h，年均温 14.0～16.5 ℃，年均降水量 1200～1500 mm，无霜期 255～290 d，年干燥度小于 1。海拔在 600～1300 m，起源于砂岩坡积物；坡度多在 15°～35°，利用方式为林地或旱地。

纳卡村系典型景观

土系特征与变幅 该土系诊断层包括淡薄表层和黏化层；诊断特性包括常湿润土壤水分状况、铁质特性、热性土壤温度状况。剖面构型为 Ah-Bt-C，土体厚度在 80～125 cm，黏化层出现在地表下 50 cm 以内土层中，厚度在 30 cm 以上，Ah 层厚度在 20～30 cm。土壤质地主要为砂质黏壤土和黏壤土，全剖面土壤砂粒含量平均在 350 g/kg 以上，砾石平均含量小于 25%；润土色调主要为 10YR～7.5YR；土壤 pH 主要在 5.5～7.5。

对比土系 合水系、龙山系，但合水系成土母质为泥页岩坡积物，全剖面呈中性或微碱性，土壤砂粒含量平均在 150 g/kg 以下；龙山系成土母质为碳酸盐岩残坡积物，土体 50 cm 以下出现厚度 60 cm 以上的漂白层，土壤温度状况为温性。

利用性能综述 纳卡村系土壤肥力较差，有机质、全氮、有效磷、速效钾多在中下水平。土体较深，耕性良好，热量充足，但所处坡度较大，主要适宜发展用材林和经济林，种植茶叶和果树。地势平缓的坡麓地带，适宜种植玉米、油菜等大田农作物。在改良方面，应加强农田基础设施建设，等高种植；同时增加有机肥和磷、钾肥的投入。

参比土种 黄砂泥土。

代表性单个土体 于 2015 年 9 月 22 日采自贵州省黔南布依族苗族自治州平塘县卡蒲毛南族乡纳卡村，25°47'21.0"N, 107°25'20.8"E。母质为砂岩坡积物，海拔 857 m，地形为低山中下坡，坡度为 15°～25°；50 cm 深度土壤年均温度约 18.7℃。土地利用方式为林地，编号为 52-123。

纳卡村系代表性单个土体剖面

Ah：　0～25 cm，淡黄棕色（10YR 4/3，润），棕灰色（10YR 6/1，干）；细土质地为砂质黏壤土；润；小块状结构，疏松；中量根系；夹有 5%直径为 2～20 mm 的砾石；微酸性；向下层波状清晰过渡。

Bt：25～105 cm，黄橙色（7.5YR 7/8，润），淡黄橙色（7.5YR 8/4，干）；细土质地为黏壤土；润；块状结构，结构面上见中量胶膜，稍坚实；夹有 10%直径为 5～15 cm 的石块；微酸性；向下层波状渐变过渡。

C：　105～125 cm，由大石块（5～15 cm）与细土组成，前者占 90%。细土亮黄棕色（10YR 7/6，润），淡黄橙色（10YR 8/4，干）；细土质地为壤土；润；散块状结构，疏松；酸性。

纳卡村系代表性单个土体物理性质

土层	深度/cm	砾石(>2 mm，体积分数)/%	细土颗粒组成(粒径：mm)/(g/kg)			细土质地(美国制)
			砂粒 2～0.05	粉砂 0.05～0.002	黏粒<0.002	
Ah	0～25	5	473	271	256	砂质黏壤土
Bt	25～105	10	266	386	348	黏壤土
C	105～125	90	384	422	193	壤土

纳卡村系代表性单个土体化学性质

深度/cm	pH		有机质/(g/kg)	全氮(N)/(g/kg)	有效磷/(mg/kg)	速效钾/(mg/kg)	CEC_7/(cmol/kg)	盐基饱和度/%	游离氧化铁/(g/kg)	$CaCO_3$相当物/(g/kg)
	H_2O	KCl								
0～25	5.52	4.46	24.54	1.78	8.78	39	8.35	72.63	18.57	0.00
25～105	5.67	4.43	13.26	1.12	5.45	41	9.36	76.34	37.05	0.00
105～125	5.02	3.98	4.09	0.32	2.14	18	7.65	46.41	26.87	0.00

8.5.11 龙山系（Longshan Series）

土 族：黏壤质混合型非酸性温性-普通简育常湿淋溶土
拟定者：章明奎

分布与环境条件 零星分布在黔南等岩溶地貌的中山平缓山顶周边地带。属暖温带湿润气候，年均日照时数 1400～1500 h，年均温 12.0～14.0℃，年均降水量 1100～1300 mm，无霜期 245～260 d，年干燥度小于1。海拔在 1300～1800 m，起源于碳酸盐岩残坡积物；坡度多在 15°以下，利用方式为草地。

龙山系典型景观

土系特征与变幅 该土系诊断层包括淡薄表层、漂白层和黏化层；诊断特性包括常湿润土壤水分状况、氧化还原特征、温性土壤温度状况。剖面构型为 Ah-Br-BtE-C，土体厚度在 125 cm 以上；黏化层出现在地表 50 cm 以下土层中，厚度在 60 cm 以上；漂白层出现在地表 50 cm 以下土层中，厚度在 60 cm 以上；漂白层以上土层有明显的氧化铁淀积；Ah 层厚度在 15～25 cm。土壤质地主要为黏壤土，砾石平均含量小于 25%；润土色调主要为 5Y～10YR；土壤 pH 主要在 5.0～7.5。

对比土系 合水系、纳卡村系，但合水系和纳卡村系分布海拔较低，土体 50 cm 以下无漂白层出现，且温度状况为热性。

利用性能综述 龙山系土壤除有机质稍高外，其他营养元素一般较低，虽地势平缓，土体深厚，但因海拔较高，水源缺乏，风较大，一般不适合发展旱作，应保护现有草被，发展畜牧业。对草被较差的区域，应更新牧草种类，并通过适量施用化肥，增加生物量。在水源保障的区域，可在夏季种植发展高山蔬菜。

参比土种 草甸大泥土。

代表性单个土体 于 2015 年 9 月 23 日采自贵州省黔南布依族苗族自治州龙里县龙山镇高峰村冠山自然村，26°24'12.9"N，106°54'30.8"E。母质为白云岩残坡积物，海拔 1581 m，地形为中山平缓山顶周边地带，坡度为 3°～15°；50 cm 深度土壤年均温度约 14.7℃。土地利用方式为草地，编号为 52-130。

龙山系代表性单个土体剖面

Ah：0～20 cm，棕黑色（10YR 2/2，润），棕灰色（10YR 5/1，干）；细土质地为粉砂壤土；润；团块状结构，疏松；中量根系；夹有 10%直径为 2～5 mm 的砾石；酸性；向下层平滑清晰过渡。

Br：20～60 cm，黄橙色（10YR 7/8，润），灰白色（10YR 8/2，干）；细土质地为壤土；润；块状结构，坚实；结构体表面和结构体内有大量垂直向根孔状铁锈纹和锈斑（占结构面的 35%，5YR 6/8）；夹有 10%直径为 2～5 mm 的砾石；微酸性；向下层波状清晰过渡。

BtE1：60～95 cm，漂白层。灰白色（5Y 8/2，润），灰白色（5Y 8/1，干）；细土质地为黏壤土；润；大块状结构，结构面上见中量胶膜，坚实；结构体表面有大量斑块状氧化铁胶膜（占表面的 90%以上，因此表面颜色呈 5YR 6/6），结构体内也有少量氧化铁斑出现；酸性；向下层波状渐变过渡。

BtE2：95～150 cm，漂白层。灰白色（5Y 8/1，润），灰白色（5Y 8/1，干）；细土质地为黏壤土；潮；柱状结构，结构面上见中量胶膜，致密、坚实；垂直向结构体表面有棕色或灰色氧化铁锰淀积（占表面的 25%），结构体内也有少量氧化铁斑出现；酸性。

龙山系代表性单个土体物理性质

土层	深度/cm	砾石(>2 mm，体积分数)/%	细土颗粒组成(粒径：mm)/(g/kg)			细土质地(美国制)
			砂粒 2～0.05	粉砂 0.05～0.002	黏粒<0.002	
Ah	0～20	10	200	592	208	粉砂壤土
Br	20～60	10	473	319	209	壤土
BtE1	60～95	5	322	398	281	黏壤土
BtE2	95～150	5	280	413	307	黏壤土

龙山系代表性单个土体化学性质

深度/cm	pH		有机质/(g/kg)	全氮(N)/(g/kg)	有效磷/(mg/kg)	速效钾/(mg/kg)	CEC_7/(cmol/kg)	盐基饱和度/%	游离氧化铁/(g/kg)	$CaCO_3$相当物/(g/kg)
	H_2O	KCl								
0～20	5.38	4.23	30.34	1.74	3.71	24	8.65	81.73	3.53	0.00
20～60	6.08	4.98	9.34	0.65	1.45	28	7.65	92.68	15.58	0.00
60～95	5.16	4.02	7.09	—	—	—	8.56	74.30	6.52	0.00
95～150	4.99	4.12	6.48	—	—	—	9.23	62.13	4.76	0.00

8.5.12　土坪系（Tuping Series）

土　族：黏壤质硅质混合型非酸性热性-普通简育常湿淋溶土

拟定者：章明奎

分布与环境条件　主要分布在遵义、铜仁、安顺、黔东南和六盘水等低山坡地。属亚热带湿润气候，年均日照时数 1300～1400 h，年均温 14.0～16.5 ℃，年均降水量 1200～1500 mm，无霜期 255～290 d，年干燥度小于 1。海拔在 600～1300 m，起源于泥页岩坡积物；坡度多在 25°～45°，利用方式为旱地或林地。

土坪系典型景观

土系特征与变幅　该土系诊断层包括淡薄表层和黏化层；诊断特性包括常湿润土壤水分状况、铁质特性、热性土壤温度状况。剖面构型为 Ap-Bt-Bw-C，土体厚度在 125 cm 以上；黏化层出现在地表下 50 cm 以内土层中，厚度在 30～60 cm。土壤质地主要为壤土，砾石平均含量小于 25%；润土色调在 10YR～7.5YR；土壤 pH 在 5.5～7.5。

对比土系　合水系，同一亚类，成土母质同为泥页岩坡积物。但合水系砂粒含量较低，土壤矿物类型为混合型；土坪系砂粒含量很高，矿物类型为硅质混合型。

利用性能综述　土坪系土壤肥力较低，有机质、全氮、有效磷、速效钾多在中下水平。其所处海拔较低，热量条件丰富，土层较厚，耕性良好，但因坡度较大，土壤可蚀性较差，农业利用时需加强水土保持设施建设，同时应增加有机肥、磷肥、钾肥的投入，以改善土壤结构，增加供肥能力。坡度超过 35°的地块，应退耕还林、还草，保护植被，以维持其生态环境。

参比土种　黄泥土。

代表性单个土体　于 2015 年 7 月 27 日采自贵州省遵义市正安县土坪镇土坪村，28°16'45.6"N, 107°22'45.3"E。母质为泥页岩残坡积物，海拔 934 m，地形为低山中上坡，坡度为 30°左右，梯地；50 cm 深度土壤年均温度约 18.0℃。土地利用方式为旱地，编号为 52-017。

土坪系代表性单个土体剖面

Ap：0～20 cm，亮棕色（7.5YR 5/6，润），淡橙色（7.5YR 7/3，干）；细土质地为砂质壤土；润；小块状结构，疏松；少量根系；微酸性；向下层平滑渐变过渡。

Bt：20～60 cm，亮棕色（7.5YR 5/6，润），淡橙色（7.5YR 7/3，干）；细土质地为壤土；润；小块状结构，结构面上见少量胶膜，疏松；中性；向下层平滑渐变过渡。

Bw：60～125 cm，黄棕色（10YR 5/6，润），淡黄橙色（10YR 8/3，干）；细土质地为壤土；润；小块状结构，稍坚实；夹杂有 5%砾石；中性。

土坪系代表性单个土体物理性质

土层	深度/cm	砾石(>2 mm，体积分数)/%	细土颗粒组成(粒径：mm)/(g/kg)			细土质地(美国制)
			砂粒 2～0.05	粉砂 0.05～0.002	黏粒<0.002	
Ap	0～20	0	801	10	189	砂质壤土
Bt	20～60	0	373	389	238	壤土
Bw	60～125	5	456	363	181	壤土

土坪系代表性单个土体化学性质

深度/cm	pH		有机质/(g/kg)	全氮(N)/(g/kg)	有效磷/(mg/kg)	速效钾/(mg/kg)	CEC_7/(cmol/kg)	盐基饱和度/%	游离氧化铁/(g/kg)	$CaCO_3$相当物/(g/kg)
	H_2O	KCl								
0～20	5.89	4.96	16.47	1.60	3.57	23	14.23	87.61	28.53	0.00
20～60	6.66	5.53	10.66	1.08	4.33	39	12.54	95.52	24.05	0.00
60～125	6.70	5.67	7.77	—	—	—	8.74	96.97	21.10	0.00

8.6　普通钙质湿润淋溶土

8.6.1　矮枧村系（Aijiancun Series）

土　族：黏质混合型石灰性热性-普通钙质湿润淋溶土
拟定者：章明奎

分布与环境条件　分布在遵义、铜仁、安顺、毕节、黔东南等岩溶地貌高丘和低山坡地。属亚热带湿润气候，年均日照时数 1300～1400 h，年均温 16.0～17.0℃，年均降水量 1100～1300 mm，无霜期 285～290 d，年干燥度小于 1。海拔在 500～800 m，起源于石灰岩残坡积物；坡度多在 15°以下，岩石露头约 15%，利用方式为旱地或荒地。

矮枧村系典型景观

土系特征与变幅　该土系诊断层包括淡薄表层和黏化层；诊断特性包括湿润土壤水分状况、碳酸盐岩岩性特征、铁质特性、热性土壤温度状况。剖面构型为 Ah-Bt-C，土体厚度在 80～125 cm；黏化层出现在地表下 50 cm 以内土层中，厚度在 30 cm 以上。土壤质地主要为黏土，砾石平均含量小于 25%；润土色调可有较大的变化，从上至下颜色转红，在 10YR～2.5YR；土壤脱钙不彻底，有石灰反应。

对比土系　新桥系、棒木村系，同一亚类，成土母质同为碳酸盐岩风化物。但新桥系和棒木村系土壤基本脱钙，土壤反应为非酸性，且新桥系土体厚度在 40～80 cm；棒木村系分布海拔较高，土壤温度状况为温性。

利用性能综述　矮枧村系土壤肥力较低，有机质、全氮、有效磷、速效钾多在中下水平，土质黏重，耕性和土壤通透性较差。但其所处海拔较低，热量条件丰富，土层较厚，地表平缓，适宜农业利用。在改良方面，应加强水土保持设施建设，增加有机肥、磷肥、钾肥的投入，以改善土壤物理性状和供肥能力。

参比土种　厚大泥土。

代表性单个土体　于 2015 年 9 月 21 日采自贵州省黔东南苗族侗族自治州黎平县德凤镇矮枧村，26°12'24.5"N, 109°6'40.3"E。母质为石灰岩残坡积物，海拔 598 m，地形为低山下坡，坡度<5°；50 cm 深度土壤年均温度约 19.0℃。土地利用方式为旱地，编号为 52-118。

矮枧村系代表性单个土体剖面

Ah：0～12 cm，亮黄棕色（10YR 6/6，润），暗黄橙色（10YR 7/4，干）；细土质地为黏壤土；润；块状结构，疏松；少量根系；见少量铁锰斑；夹有 10%的砾石；酸性；向下层平滑清晰过渡。

Bt1：12～60 cm，亮棕色（7.5YR 5/8，润），淡黄橙色（7.5YR 8/6，干）；细土质地为黏土；润；块状结构，结构面上见中量胶膜，稍坚实；夹有 10%的半风化石灰岩残物；微碱性；向下层波状清晰过渡。

Bt2：60～115 cm，红棕色（2.5YR 4/8，润），亮红棕色（2.5YR 5/6，干）；细土质地为黏土；润；块状结构，结构面上见中量胶膜，坚实；夹有 15%的半风化石灰岩残物；微碱性；向下层波状清晰过渡。

C：115～125 cm，半风化石灰岩残物。灰白色（7.5YR 8/2，润），灰白色（7.5YR 8/1，干）。

矮枧村系代表性单个土体物理性质

土层	深度/cm	砾石(>2 mm，体积分数)/%	细土颗粒组成(粒径：mm)/(g/kg)			细土质地(美国制)
			砂粒 2～0.05	粉砂 0.05～0.002	黏粒<0.002	
Ah	0～12	10	246	435	319	黏壤土
Bt1	12～60	10	146	285	569	黏土
Bt2	60～115	15	54	190	756	黏土

矮枧村系代表性单个土体化学性质

深度/cm	pH		有机质/(g/kg)	全氮(N)/(g/kg)	有效磷/(mg/kg)	速效钾/(mg/kg)	CEC_7/(cmol/kg)	盐基饱和度/%	游离氧化铁/(g/kg)	$CaCO_3$相当物/(g/kg)
	H_2O	KCl								
0～12	5.05	4.12	26.92	1.39	4.79	26	10.32	65.41	62.21	0.00
12～60	7.94	—	4.47	0.34	5.54	27	15.23	100.00	69.92	4.78
60～115	7.78	—	6.46	—	—	—	24.38	100.00	114.28	8.01

8.6.2 新桥系（Xinqiao Series）

土 族：黏质混合型非酸性热性-普通钙质湿润淋溶土
拟定者：章明奎

分布与环境条件 分布在遵义、铜仁、安顺、毕节、黔东南等岩溶地貌低山坡地。属亚热带湿润气候，年均日照时数 1250～1400 h，年均温 14.0～17.0℃，年均降水量 1200～1500 mm，无霜期 255～280 d，年干燥度小于 1。海拔在 600～1300 m，起源于白云岩残坡积物；坡度多在 10°～25°，岩石露头约 15%；利用方式为林地或荒地。

新桥系典型景观

土系特征与变幅 该土系诊断层包括淡薄表层和黏化层；诊断特性包括湿润土壤水分状况、碳酸盐岩岩性特征、铁质特性、热性土壤温度状况。剖面构型为 Ah-Bt-R，土体厚度在 40～80 cm；黏化层出现在地表下 50 cm 以内土层中，厚度在 30～60 cm。土壤质地主要为黏土，砾石平均含量小于 25%；润土色调在 7.5YR～5YR；土壤基本脱钙，pH 在 5.5～7.5。

对比土系 矮枧村系、棒木村系，同一亚类，成土母质同为碳酸盐岩风化物。但矮枧村系土壤脱钙不彻底，土壤反应为石灰性；棒木村系分布海拔较高，土壤温度状况为温性。

利用性能综述 新桥系土壤有机质和全氮积累较高，但有效磷和速效钾多在中下水平，土质黏重，土体较薄，生态脆弱，不适合开发利用。应采取措施，封山育林护草，保护植被，防止水土流失。

参比土种 大泥土。

代表性单个土体 于 2015 年 8 月 19 日采自贵州省黔东南苗族侗族自治州施秉县城关镇新桥村，27°58'18.8"N, 108°2'13.2" E。母质为白云岩残坡积物，海拔 795 m，地形为低山下坡，坡度为 15°；50 cm 深度土壤年均温度约 18.5℃。土地利用方式为林地，编号为 52-054。

新桥系代表性单个土体剖面

Ah：0～12 cm，棕色（7.5YR 4/3，润），暗橙色（7.5YR 7/3，干）；细土质地为黏壤土；润；小块状结构，疏松；少量根系；中性；向下层平滑较清晰过渡。

Bt：12～60 cm，亮红棕色（5YR 5/8，润），橙色（5YR 7/6，干）；细土质地为黏土；润；块状结构，结构面上见中量胶膜，稍坚实；中性；向下层波状清晰过渡。

R：60～140 cm，半风化岩体。淡黄橙色（10YR 7/3，润），灰白色（10YR 8/2，干）；细土质地为砂土；碱性。

新桥系代表性单个土体物理性质

土层	深度/cm	砾石(>2 mm，体积分数)/%	细土颗粒组成(粒径：mm)/(g/kg)			细土质地(美国制)
			砂粒 2～0.05	粉砂 0.05～0.002	黏粒<0.002	
Ah	0～12	5	263	384	353	黏壤土
Bt	12～60	0	155	214	631	黏土

新桥系代表性单个土体化学性质

深度/cm	pH		有机质/(g/kg)	全氮(N)/(g/kg)	有效磷/(mg/kg)	速效钾/(mg/kg)	CEC_7/(cmol/kg)	盐基饱和度/%	游离氧化铁/(g/kg)	$CaCO_3$相当物/(g/kg)
	H_2O	KCl								
0～12	7.02	—	39.15	2.56	2.40	39	15.42	100.00	33.06	0.00
12～60	6.92	5.78	10.17	0.87	3.65	53	23.37	96.79	48.89	0.00
60～140	—	—	1.35	—	—	—	—	—	1.77	121.70

8.6.3 棒木村系（Bangmucun Series）

土 族：黏质混合型非酸性温性-普通钙质湿润淋溶土

拟定者：章明奎

分布与环境条件 主要分布在毕节、六盘水等岩溶地貌中山坡地。属暖温带湿润气候，年均日照时数 1450～1600 h，年均温 10.0～14.0℃，年均降水量 1200～1400 mm，无霜期 225～250 d，年干燥度小于 1。海拔在 1250～2300 m，起源于白云岩残坡积物；坡度多在 25°～45°，岩石露头约 15%；利用方式为农地或荒地。

棒木村系典型景观

土系特征与变幅 该土系诊断层包括淡薄表层和黏化层；诊断特性包括湿润土壤水分状况、碳酸盐岩岩性特征、铁质特性、温性土壤温度状况。剖面构型为 Ah-Bt-C，土体厚度在 40～80 cm；黏化层出现在地表下 50 cm 以内土层中，厚度在 30～60 cm。土壤质地主要为黏土，砾石平均含量小于 25%；润土色调主要为 2.5YR；土壤基本脱钙，pH 在 5.5～7.5。

对比土系 矮枧村系、新桥系，同一亚类，成土母质同为碳酸盐岩风化物。但矮枧村系和新桥系分布海拔较低，土壤温度状况为热性，且矮枧村系土壤脱钙不彻底，土壤反应为石灰性。

利用性能综述 棒木村系土壤肥力较低，有机质、全氮、有效磷和速效钾多在中下水平，土质黏重，坡度较大，土体较薄，生态脆弱，一般不适合开发利用，应以封山育林护草、保护植被、防止水土流失为主。对于已用于农地的地块，应加大力度做好水土保持措施，注重农作物与绿肥轮作，增加有机肥、磷肥、钾肥的投入，以改善土壤性状和基础地力水平。

参比土种 棕大泥土。

代表性单个土体 于 2015 年 8 月 23 日采自贵州省毕节市威宁彝族回族苗族自治县草海镇棒木村，26°55'11.2"N，104°15'29.5"E。母质为白云岩残积物，海拔 2188 m，地形为中山中上坡，坡度为 35°；50 cm 深度土壤年均温度约 12.5℃。土地利用方式为抛荒农地，编号为 52-078。

棒木村系代表性单个土体剖面

Ah：0～20 cm，暗红棕色（2.5YR 3/3，润），灰红色（2.5YR 5/2，干）；细土质地为黏壤土；润；团粒状结构，疏松；中量根系；夹有 14%直径为 2～20 mm 的砾石；中性；向下层平滑较清晰过渡。

Bt：20～80 cm，红棕色（2.5YR 4/8，润），红棕色（2.5YR 4/6，干）；细土质地为黏土；润；块状结构，结构面上见中量胶膜，稍坚实；少量细根；夹有 10%直径为 2～30 mm 半风化碎屑；中性；向下层波状清晰过渡。

C：80～140 cm，为半风化碎屑物，主要由直径为 2～20 cm 半风化的大石块组成，基本无细土。石块呈淡黄橙色（7.5YR 8/3，润）。

棒木村系代表性单个土体物理性质

土层	深度/cm	砾石(>2 mm，体积分数)/%	细土颗粒组成(粒径:mm)/(g/kg)			细土质地(美国制)
			砂粒 2～0.05	粉砂 0.05～0.002	黏粒<0.002	
Ah	0～20	14	226	450	324	黏壤土
Bt	20～80	10	135	225	640	黏土

棒木村系代表性单个土体化学性质

深度/cm	pH		有机质/(g/kg)	全氮(N)/(g/kg)	有效磷/(mg/kg)	速效钾/(mg/kg)	CEC_7/(cmol/kg)	盐基饱和度/%	游离氧化铁/(g/kg)	$CaCO_3$相当物/(g/kg)
	H_2O	KCl								
0～20	7.20	—	24.48	2.02	2.74	18	13.65	100.00	45.18	0.00
20～80	6.78	5.68	5.24	0.64	2.12	32	20.00	88.94	68.61	0.00

8.7　酸性黏磐湿润淋溶土

8.7.1　观音坳系（Guanyin’ao Series）

土　族：极黏质高岭石混合型酸性热性-酸性黏磐湿润淋溶土

拟定者：章明奎

分布与环境条件　分布在黔东南、黔西南、铜仁等丘陵坡地。属亚热带湿润气候，年均日照时数1250～1400 h，年均温16.0～17.5℃，年均降水量1100～1300 mm，无霜期285～295 d，年干燥度小于1。海拔在600 m以下，起源于黏质老风化壳；坡度多在25°以下；利用方式为农地或荒地。

观音坳系典型景观

土系特征与变幅　该土系诊断层包括淡薄表层、黏化层、黏磐和聚铁网纹层；诊断特性包括湿润土壤水分状况、铁质特性、热性土壤温度状况。剖面构型为Ah-Bt-Bl，土体厚度在80～125 cm；黏化层出现在地表下50 cm以内土层中，黏磐出现在地表50 cm以下土层中，厚度在60 cm以上；聚铁网纹层出现在地表150 cm以下土层中。土壤质地主要为黏土，砾石平均含量小于25%；润土色调主要为2.5YR；土壤pH主要在5.5以下。

对比土系　清水塘系、蕨基系，同一亚纲，成土母质同为黏质老风化壳。但清水塘系和蕨基系黏粒含量均较低，颗粒大小级别分别为黏壤质和黏质，无黏磐；且它们的土壤反应为非酸性。

利用性能综述　观音坳系土壤肥力低下，质地黏重，但所处地势平缓，土体较厚，热量丰富，保水、保肥较好，适宜开辟为经济林和果木基地。有水源的地区可作为稻田的后备资源。在改良方面，应深耕结合有机肥，种植绿肥，增施磷、钾肥。

参比土种　厚红黏泥。

代表性单个土体　于2015年8月29日采自贵州省铜仁市玉屏侗族自治县大龙镇观音坳，27°18'16.7"N，109°2'10.5"E。母质为黏质老风化壳，海拔 430 m，地形为丘陵中下坡，坡度<5°；50 cm深度土壤年均温度约19.5℃。土地利用方式为荒坡地，编号为52-114。

观音坳系代表性单个土体剖面

Ah：0～24 cm，亮红棕色（5YR 5/6，润），淡红橙色（5YR 7/4，干）；细土质地为黏壤土；润；块状结构，稍坚实；少量根系；微酸性；向下层平滑较清晰过渡。

Bt1：24～85 cm，红棕色（2.5YR 4/8，润），亮红棕色（2.5YR 5/6，干）；细土质地为黏土；润；大块状结构，结构面上见中量胶膜，坚实；少量粗根；散布少量（2%）黄白色半风化矿物残物斑块；酸性；向下层平滑渐变过渡。

Bt2：85～115 cm，红棕色（2.5YR 4/8，润），亮红棕色（2.5YR 5/8，干）；细土质地为黏土；润；棱块状结构，结构面上见中量胶膜，非常坚实；散布少量（5%）黄色（7.5YR 8/6）半风化矿物残物斑块；见少量锰斑；酸性；向下层波状渐变过渡。

Bt3：115～210 cm，亮红棕色（2.5YR 5/8，润），橙色（2.5YR 6/6，干）；细土质地为黏土；润；棱块状结构，结构面上见少量胶膜，非常坚实；酸性；向下层平滑较清晰过渡。

Bl：210～350 cm，似网纹层（与矿物差别风化有关）。由红棕色（2.5YR 4/8，润；75%）和淡黄橙色（7.5YR 8/6，润；25%）两类土壤物质组成，亮红棕色（2.5YR 5/6，干）；细土质地为黏壤土；稍干；大块状结构，非常坚实；微酸性。

观音坳系代表性单个土体物理性质

土层	深度/cm	砾石(>2 mm，体积分数)/%	细土颗粒组成(粒径：mm)/(g/kg)			细土质地(美国制)
			砂粒 2～0.05	粉砂 0.05～0.002	黏粒<0.002	
Ah	0～24	10	230	427	344	黏壤土
Bt1	24～85	31	328	95	577	黏土
Bt2	85～115	13	90	177	733	黏土
Bt3	115～210	8	63	141	796	黏土
Bl	210～350	15	304	405	291	黏壤土

观音坳系代表性单个土体化学性质

深度/cm	pH		有机质/(g/kg)	全氮(N)/(g/kg)	有效磷/(mg/kg)	速效钾/(mg/kg)	CEC_7/(cmol/kg)	盐基饱和度/%	游离氧化铁/(g/kg)	$CaCO_3$相当物/(g/kg)
	H_2O	KCl								
0～24	5.50	4.32	28.53	1.83	6.84	35	14.32	72.91	32.37	0.00
24～85	4.94	3.98	9.57	0.67	2.56	41	18.87	63.74	65.55	0.00
85～115	5.11	4.13	7.36	—	—	—	22.16	70.57	69.99	0.00
115～210	5.39	4.25	5.83	—	—	—	24.24	71.30	78.66	0.00
210～350	5.64	4.46	4.77	—	—	—	11.32	75.00	87.22	0.00

8.8 红色铁质湿润淋溶土

8.8.1 大僚村系（Daliaocun Series）

土 族：粗骨壤质硅质混合型非酸性热性-红色铁质湿润淋溶土
拟定者：章明奎

分布与环境条件 分布在黔东南、黔南等丘陵坡地。属亚热带湿润气候，年均日照时数 1250～1400 h，年均温 16.0～17.5℃，年均降水量 1100～ 1300 mm，无霜期 285～295 d，年干燥度小于 1。海拔在 600 m 以下，起源于泥页岩坡积物；坡度多在 25°～50°；利用方式为林地或荒地。

大僚村系典型景观

土系特征与变幅 该土系诊断层包括淡薄表层和黏化层；诊断特性包括湿润土壤水分状况、铁质特性、热性土壤温度状况。剖面构型为 Ah-Bt-Bw-C，土体厚度在 125 cm 以上；黏化层出现在地表下 50 cm 以内土层中，厚度在 30～60 cm。细土质地主要为黏壤土和粉砂壤土，含大量砾石，平均含量大于 25%；润土色调主要为 5YR；土壤 pH 在 5.5～7.5。

对比土系 丙安系，同一亚类。但丙安系成土母质为紫色砂页岩残坡积物，颗粒大小级别为壤质；润土色调主要为 10R。

利用性能综述 大僚村系热量丰富，但其分布在陡坡，土体较薄，肥力低下，多砾石，一般不适宜种植旱作，应植树造林和封山育林，以改善生态环境。也可开辟为经济林和果木基地。在改良方面，应做好梯地，加强培肥，可在林下种植绿肥，用于培肥和降低水土流失。同时，增施磷、钾肥，平衡土壤供肥能力。

参比土种 幼红泥土。

代表性单个土体 于 2015 年 9 月 20 日采自贵州省黔东南苗族侗族自治州天柱县邦洞镇大僚村，27°0'39.8"N, 109°9'8.8"E。母质为泥页岩坡积物，海拔 494 m，地形为丘陵中下坡，坡度为 35°；50 cm 深度土壤年均温度约 19.5℃。土地利用方式为荒坡地，编号为 52-115。

清水塘系代表性单个土体剖面

Ah：0～15 cm，橙色（7.5YR 6/6，润），暗橙色（7.5YR 7/4，干）；细土质地为粉砂壤土；干；块状结构，稍坚实；少量根系；酸性；向下层平滑渐变过渡。

Bt1：15～65 cm，亮棕色（7.5YR 5/8，润），橙色（7.5YR 7/6，干）；细土质地为砂质壤土；润；大块状结构，结构面上见少量胶膜，坚实；少量细根；夹杂有 9%左右直径为 5～20 cm 的砾石；酸性；向下层波状渐变过渡。

Bt2：65～140 cm，亮红棕色（5YR 5/8，润），淡黄橙色（7.5YR 8/6，干）；细土质地为黏壤土；润；大块状结构，结构面上见少量胶膜，坚实；微酸性。

清水塘系代表性单个土体物理性质

土层	深度/cm	砾石(>2 mm，体积分数)/%	细土颗粒组成(粒径：mm)/(g/kg)			细土质地(美国制)
			砂粒 2～0.05	粉砂 0.05～0.002	黏粒<0.002	
Ah	0～15	12	307	604	89	粉砂壤土
Bt1	15～65	9	600	231	170	砂质壤土
Bt2	65～140	10	212	480	308	黏壤土

清水塘系代表性单个土体化学性质

深度/cm	pH		有机质/(g/kg)	全氮(N)/(g/kg)	有效磷/(mg/kg)	速效钾/(mg/kg)	CEC_7/(cmol/kg)	盐基饱和度/%	游离氧化铁/(g/kg)	$CaCO_3$相当物/(g/kg)
	H_2O	KCl								
0～15	5.09	4.12	14.55	1.02	2.49	33	5.12	68.04	27.20	0.00
15～65	5.39	4.23	6.59	0.54	1.35	46	8.61	75.93	27.13	0.00
65～140	5.96	4.45	4.02	—	—	—	13.25	77.55	23.48	0.00

第9章 雏 形 土

9.1 酸性暗色潮湿雏形土

9.1.1 放马坪系（Fangmaping Series）

土　族：黏壤质混合型酸性温性-酸性暗色潮湿雏形土

拟定者：章明奎

放马坪系典型景观

分布与环境条件　分布在黔东南、黔西南和铜仁等地中山顶部平台地。属暖温带湿润气候，年均日照时数1400～1500 h，年均温10.0～13.0℃，年均降水量1000～1200 mm，无霜期235～250 d，年干燥度小于1；雨季上部土层被地表水或上层滞水饱和。海拔在1600～2000 m，起源于泥页岩残坡积物；地下水位在150 cm左右，利用方式为草地。

土系特征与变幅　该土系诊断层包括暗瘠表层和雏形层；诊断特性包括均腐殖质特性、潮湿土壤水分状况和温性土壤温度状况。剖面构型为Ah-Bw-C，土体厚度在125 cm以上，暗瘠表层厚度在25～60 cm。土壤质地主要为黏壤土，砾石平均含量小于25%；润土色调在10YR～7.5YR；土壤pH在4.0～5.5。

对比土系　兴发村系，相邻分布。但兴发村系成土母质为白云岩风化物，颗粒大小级别为壤质，土壤反应为非酸性，属均腐土纲。

利用性能综述　放马坪系土壤有机质和全氮积累明显，但速效钾和有效磷在中下水平，土壤保肥能力较强，土壤呈酸性。放马坪系位于中山顶部，人口稀少，生态脆弱，宜封山育林或用于放牧，涵养水源。因土壤较为潮湿，放牧强度不能过大。可适当施用磷、钾肥，改善牧草生长。

参比土种　草甸泥土。

代表性单个土体　于 2015 年 9 月 24 日采自贵州省黔西南布依族苗族自治州兴仁市下山镇放马坪，25°34'8.0"N,105°10'29.7"E。母质为泥页岩（夹碳质页岩）残坡积物，海拔 1689 m，地形为高原中山顶部平台地，坡度<5°；50 cm 深度土壤年均温度约 13.0℃。土地利用方式为草地，编号为 52-137。

放马坪系代表性单个土体剖面

Ah1：0～10 cm，棕黑色（10YR 2/2，润），棕灰色（10YR 4/1，干）；细土质地为黏壤土；润；小块状结构，疏松；少量根系；夹有 10%直径为 2～25 mm 的砾石；酸性；向下层平滑清晰过渡。

Ah2：10～34 cm，棕黑色（10YR 3/2，润），棕灰色（10YR 4/1，干）；细土质地为壤土；润；小块状结构，稍疏松；夹杂有 25%直径为 2～25 mm 的砾石（其中 10%为由碳质页岩风化形成的黑色石块）；酸性；向下层平滑渐变过渡。

AB：34～55 cm，暗棕色（10YR 3/3，润），棕灰色（10YR 6/1，干）；细土质地为黏壤土；潮；小块状结构，稍坚实；夹杂有 10%直径为 2～25 mm 的砾石；结构面上见少量黄色氧化铁斑纹；酸性；向下层平滑渐变过渡。

Bw：55～110 cm，灰黄棕色（10YR 5/2，润），灰黄棕色（10YR 6/2，干）；细土质地为黏壤土；潮；大块状结构，稍坚实；酸性。

放马坪系代表性单个土体物理性质

土层	深度/cm	砾石(>2 mm，体积分数)/%	细土颗粒组成(粒径：mm)/(g/kg)			细土质地(美国制)
			砂粒 2～0.05	粉砂 0.05～0.002	黏粒<0.002	
Ah1	0～10	10	332	330	338	黏壤土
Ah2	10～34	25	440	336	224	壤土
AB	34～55	10	244	472	284	黏壤土
Bw	55～110	0	347	371	281	黏壤土

放马坪系代表性单个土体化学性质

深度/cm	pH		有机质/(g/kg)	全氮(N)/(g/kg)	有效磷/(mg/kg)	速效钾/(mg/kg)	CEC_7/(cmol/kg)	C/N	盐基饱和度/%	游离氧化铁/(g/kg)	$CaCO_3$ 相当物/(g/kg)
	H_2O	KCl									
0～10	4.32	3.56	165.86	5.80	2.93	30	38.74	16.59	45.05	91.34	0.00
10～34	4.36	3.46	183.61	6.24	4.65	41	32.56	17.07	40.44	105.52	0.00
34～55	4.32	3.44	98.90	3.87	3.66	39	27.61	14.82	40.55	60.92	0.00
55～110	4.32	3.54	96.03	3.55	5.46	39	21.45	15.69	36.88	125.64	0.00

9.2　石灰淡色潮湿雏形土

9.2.1　五马系（Wuma Series）

土　族：砂质硅质混合型热性-石灰淡色潮湿雏形土

拟定者：章明奎

分布与环境条件　分布在毕节、遵义、六盘水、铜仁、黔西南等地的河流阶地、河漫滩地段。属亚热带湿润气候，年均日照时数 1200～1400 h，年均温 15.5～17.5℃，年均降水量 1100～1300 mm，无霜期 285～295 d，年干燥度小于 1。海拔在 800 m 以下，起源于河流冲积物；坡度多在 15°以下，利用方式为旱地或荒滩地。

五马系典型景观

土系特征与变幅　该土系诊断层包括淡色表层和雏形层；诊断特性包括潮湿土壤水分状况、氧化还原特征和热性土壤温度状况。剖面构型为 Ap-Br-C，土体厚度在 40～80 cm。土壤质地主要为砂质壤土，砾石平均含量小于 25%；润土色调主要为 10YR；受周围石灰岩风化物的影响，土壤有石灰反应。地下水位在 100 cm 左右，100 cm 以下有时可见大块砾石。

对比土系　也耶系、孟溪系，同一土类，成土母质同为河流冲积物。但也耶系土壤反应为非酸性。孟溪系土壤含大量的砾石，土壤颗粒大小级别为粗骨砂质，无石灰反应。

利用性能综述　五马系土壤有机质、全氮和速效钾一般以中等为主，有效磷较低，质地适中，耕性良好，所处地势平缓，土体厚度中等，但保肥性较差。因接近河流，水热条件优越，适宜种植玉米、小麦、蔬菜等作物。在改良上，把农、林、水结合起来，进行全面规划，从根本上解决洪涝灾害；重视有机肥的施用，结合土壤肥力，提高包括绿肥在内的复种指数，用地与养地相结合。

参比土种　潮沙泥土。

代表性单个土体　于 2015 年 7 月 30 日采自贵州省遵义市怀仁市五马镇三元村沙坡自然村，27°40'4.0"N,106°15'9.0"E。母质为河流冲积物，海拔 664 m，地形为高河漫滩，坡度为 10°左右；50 cm 深度土壤年均温度约 19.0℃。土地利用方式为旱地，编号为 52-033。

五马系代表性单个土体剖面

Ap：0～20 cm，深棕色（10YR 3/4，润），棕灰色（10YR 6/1，干）；细土质地为壤土；润；团块状结构，稍坚实；少量根系；中性；向下层平滑渐变过渡。

Br：20～57 cm，深棕色（10YR 3/4，润），灰黄棕色（10YR 5/2，干）；细土质地为砂质壤土；潮；小块状结构，疏松；见少量铁锰斑纹；中性；向下层平滑清晰过渡。

C：57～125 cm，灰黄棕色（10YR 5/4，润），暗黄橙色（10YR 6/3，干）；细土质地为砂质壤土；潮；散粒状，疏松；见少量铁锰斑纹；微碱性。

五马系代表性单个土体物理性质

土层	深度/cm	砾石(>2 mm，体积分数)/%	细土颗粒组成(粒径：mm)/(g/kg)			细土质地(美国制)
			砂粒 2～0.05	粉砂 0.05～0.002	黏粒<0.002	
Ap	0～20	6	427	370	203	壤土
Br	20～57	0	589	278	133	砂质壤土
C	57～125	1	639	244	117	砂质壤土

五马系代表性单个土体化学性质

深度/cm	pH		有机质/(g/kg)	全氮(N)/(g/kg)	有效磷/(mg/kg)	速效钾/(mg/kg)	CEC_7/(cmol/kg)	盐基饱和度/%	游离氧化铁/(g/kg)	$CaCO_3$相当物/(g/kg)
	H_2O	KCl								
0～20	7.28	—	45.60	2.88	11.69	112	12.41	100.00	42.57	5.00
20～57	7.73	—	25.83	1.65	6.87	104	7.56	100.00	47.75	93.80
57～125	7.81	—	14.64	—	—	—	6.33	100.00	40.48	80.03

9.3 普通淡色潮湿雏形土

9.3.1 孟溪系（Mengxi Series）

土 族：粗骨砂质硅质混合型非酸性热性-普通淡色潮湿雏形土

拟定者：章明奎

分布与环境条件 分布在毕节、遵义、六盘水、铜仁、黔西南等地的河漫滩地段。属亚热带湿润气候，年均日照时数 1200～1400 h，年均温 15.5～17.5℃，年均降水量 1100～1300 mm，无霜期 285～295 d，年干燥度小于 1。海拔在 800 m 以下，起源于河流冲积物；坡度多在 15°以下，利用方式为旱地或荒滩地。

孟溪系典型景观

土系特征与变幅 该土系诊断层包括淡色表层和雏形层；诊断特性包括潮湿土壤水分状况、氧化还原特征和热性土壤温度状况。剖面构型为 Ap-Br-C，土体厚度在 40～80 cm。细土质地主要为砂质壤土，砾石平均含量大于 25%；润土色调在 2.5Y～10YR；土壤 pH 在 5.5～7.5。100 cm 以内可见地下水位。

对比土系 五马系、乌罗系、煎茶系、也耶系，同一亚类，成土母质同为河流冲积物。但五马系土壤有石灰反应，砾石平均含量低于 25%。乌罗系、煎茶系、也耶系砾石平均含量均低于 25%，颗粒大小级别分别为黏壤质、壤质和砂质。

利用性能综述 孟溪系土壤肥力多在中等以下，有机质、全氮、速效钾和有效磷一般以中等为主，质地偏砂，保水保肥性较差，易漏水漏肥。其所处地势平缓，土体厚度中等，因地处河漫滩，易受洪水的影响。该土水热条件优越，适宜种植玉米、小麦、蔬菜、番薯等作物。在改良上，把农、林、水结合起来，进行全面规划，从根本上解决洪涝灾害；重视有机肥的施用，结合土壤肥力，提高包括绿肥在内的复种指数，用地与养地相结合。

参比土种 砾潮土。

代表性单个土体 于 2015 年 7 月 25 日采自贵州省铜仁市松桃苗族自治县孟溪镇安山村，28°6'38.8"N,108°57'52.9"E。母质为河流冲积物，海拔 512 m，地形为坝地（河流冲积小平原），坡度<3°；50 cm 深度土壤年均温度约 19.5℃。土地利用方式为旱地，编号为 52-005。

孟溪系代表性单个土体剖面

Ap：0～13 cm，棕色（10YR 4/4，润），灰黄棕色（10YR 6/2，干）；细土质地为粉砂壤土；潮；团粒状结构，疏松；少量根系；含 5%左右的砾石；中性；向下层平滑清晰过渡。

Br1：13～38 cm，灰黄棕色（10YR 5/2，润），暗黄橙色（10YR 7/2，干）；细土质地为粉砂壤土；潮；块状结构，坚实；少量细根；夹杂有 20%直径为 1～5 cm 的砾石；见少量铁锰斑；微酸性；向下层平滑清晰过渡。

Br2：38～43 cm，焦砾层。黑色（10YR 2/1，润），棕灰色（10YR 4/1，干）；细土质地为砂质壤土；潮；小块状结构，稍坚实；夹杂有 50%直径为 2～5 cm 的砾石；见大量铁锰斑（约占结构面的 30%）；中性；向下层平滑清晰过渡。

C：43～80 cm，黄褐色（2.5Y 4/4，润），灰黄色（2.5Y 7/2，干）；细土质地为砂质壤土；潮；散粒状结构，稍疏松；夹杂有 55%直径为 5～20 cm 的砾石；见少量铁锰斑；中性。

孟溪系代表性单个土体物理性质

土层	深度/cm	砾石(>2 mm，体积分数)/%	细土颗粒组成(粒径：mm)/(g/kg)			细土质地(美国制)	容重/(g/cm^3)
			砂粒 2～0.05	粉砂 0.05～0.002	黏粒<0.002		
Ap	0～13	5	174	711	115	粉砂壤土	1.17
Br1	13～38	20	224	565	211	粉砂壤土	1.36
Br2	38～43	50	704	192	104	砂质壤土	1.32
C	43～80	55	684	198	118	砂质壤土	—

孟溪系代表性单个土体化学性质

深度/cm	pH		有机质/(g/kg)	全氮(N)/(g/kg)	有效磷/(mg/kg)	速效钾/(mg/kg)	CEC_7/(cmol/kg)	盐基饱和度/%	游离氧化铁/(g/kg)	$CaCO_3$相当物/(g/kg)
	H_2O	KCl								
0～13	6.66	5.71	31.91	1.60	13.55	77	6.54	97.55	14.11	0.00
13～38	6.49	5.56	19.59	1.03	8.33	84	9.12	91.23	22.48	0.00
38～43	6.87	5.48	5.23	—	—	—	5.12	98.63	56.40	0.00
43～80	7.34	—	6.59	—	—	—	5.45	100.00	29.36	0.00

9.3.2 乌罗系（Wuluo Series）

土 族：黏壤质硅质混合型非酸性热性-普通淡色潮湿雏形土

拟定者：章明奎

分布与环境条件 分布在毕节、遵义、六盘水、铜仁、黔西南等地的河流阶地上。属亚热带湿润气候，年均日照时数 1200～1400 h，年均温 15.0～17.5 ℃，年均降水量 1100～1300 mm，无霜期 280～295 d，年干燥度小于 1。海拔在 1000 m 以下，起源于河流冲积物；坡度多在 15°以下，利用方式为旱地。

乌罗系典型景观

土系特征与变幅 该土系诊断层包括淡色表层和雏形层；诊断特性包括潮湿土壤水分状况、氧化还原特征和热性土壤温度状况。剖面构型为 Ap-Br-C，土体厚度在 125 cm 以上。土壤质地主要为黏壤土，砾石平均含量小于 25%；润土色调主要为 10YR；土壤 pH 主要在 5.5～7.5。

对比土系 孟溪系、煎茶系、也耶系，同一亚类，成土母质同为河流冲积物。但孟溪系、煎茶系、也耶系黏粒含量较低，颗粒大小级别分别为粗骨砂质、壤质和砂质；土体厚度较薄，在 40～80 cm。

利用性能综述 乌罗系土壤肥力多在中等以下，有机质、全氮、速效钾和有效磷一般以中等为主，质地适中，土体较厚，有较好的保肥保水性，其所处地势平缓，水热条件优越，适宜种植玉米、小麦、蔬菜、番薯等作物，但雨季易积水。在改良时，应完善排水设施，重视有机肥的施用，结合土壤肥力，提高包括绿肥在内的复种指数，用地与养地相结合。

参比土种 潮泥土。

代表性单个土体 于 2015 年 7 月 25 日采自贵州省铜仁市松桃苗族自治县乌罗镇峰岩村，28°6'1.5"N,108°47'15.0"E。母质为河流冲积物，海拔 878 m，地形为坝地（河流冲积小平原），坡度<3°；50 cm 深度土壤年均温度约 19.0℃。土地利用方式为旱地，编号为 52-007。

乌罗系代表性单个土体剖面

Ap：0～20 cm，棕色（10YR 4/4，润），灰黄棕色（10YR 5/2，干）；细土质地为壤土；潮；团块状结构，疏松；中量根系；酸性；向下层平滑渐变过渡。

Br1：20～70 cm，暗棕色（10YR 3/4，润），灰黄棕色（10YR 5/2，干）；细土质地为黏壤土；潮；块状结构，稍坚实；少量细根；夹杂有15%～20%直径为 2～5 cm 的砾石；见少量铁锰斑；中性；向下层平滑渐变过渡。

Br2：70～125 cm，暗黄棕色（10YR 6/4，润），暗黄橙色（10YR 7/2，干）；细土质地为黏壤土；潮；大块状结构，稍坚实；夹杂有5%直径为 5～10 cm 的砾石；见少量铁锰斑；中性。

乌罗系代表性单个土体物理性质

土层	深度/cm	砾石(>2 mm，体积分数)/%	细土颗粒组成(粒径：mm)/(g/kg)			细土质地(美国制)	容重/(g/cm^3)
			砂粒 2～0.05	粉砂 0.05～0.002	黏粒<0.002		
Ap	0～20	11	347	429	224	壤土	1.23
Br1	20～70	18	205	494	300	黏壤土	1.26
Br2	70～125	5	252	466	282	黏壤土	1.39

乌罗系代表性单个土体化学性质

深度/cm	pH		有机质/(g/kg)	全氮(N)/(g/kg)	有效磷/(mg/kg)	速效钾/(mg/kg)	CEC_7/(cmol/kg)	盐基饱和度/%	游离氧化铁/(g/kg)	$CaCO_3$相当物/(g/kg)
	H_2O	KCl								
0～20	5.10	4.13	23.87	1.40	11.30	59	9.23	63.32	18.08	0.00
20～70	7.36	—	15.44	0.87	8.54	66	11.41	100.00	21.02	0.00
70～125	7.46	—	9.18	—	—	—	10.65	100.00	21.07	0.00

9.3.3 煎茶系（Jiancha Series）

土 族：壤质硅质混合型非酸性热性-普通淡色潮湿雏形土
拟定者：章明奎

分布与环境条件 分布在毕节、遵义、六盘水、铜仁、黔西南等地的河漫滩上。属亚热带湿润气候，年均日照时数 1200～1400 h，年均温 15.0～17.5℃，年均降水量 1100～1300 mm，无霜期 280～295 d，年干燥度小于 1。海拔在 1000 m 以下，起源于河流冲积物；坡度多在 15°以下，利用方式为旱地或荒滩地。

煎茶系典型景观

土系特征与变幅 该土系诊断层包括淡色表层和雏形层；诊断特性包括潮湿土壤水分状况、氧化还原特征和热性土壤温度状况。剖面构型为 Ah-Br-C，土体厚度在 40～80 cm。土壤质地主要为壤土，砾石平均含量小于 25%；润土色调在 2.5Y～10YR；土壤 pH 主要在 5.5～8.0；因受周边石灰石风化物的影响，部分土层有弱石灰反应。

对比土系 孟溪系、乌罗系、也耶系，同一亚类，成土母质同为河流冲积物。但孟溪系、乌罗系、也耶系颗粒大小级别分别为粗骨砂质、黏壤质和砂质，且乌罗系土体厚度在 125 cm 以上。

利用性能综述 煎茶系土壤肥力多为中下水平，有机质、全氮、速效钾和有效磷一般以中下为主，质地适中，土体厚度中等，保肥保水性一般，其所处地势平缓，水热条件优越，适宜种植玉米、小麦、蔬菜、番薯等作物，但易受洪水的影响。在农用改良时，应完善排水设施，重视有机肥的施用，结合土壤肥力，提高包括绿肥在内的复种指数，用地与养地相结合。离河道较近的区域，应保持其自然状态，涵养水源。

参比土种 潮沙土。

代表性单个土体 于 2015 年 7 月 26 日采自贵州省铜仁市德江县煎茶镇松溪村，28°9'11.7"N,107°55'1.6"E。母质为河流冲积物，海拔 777 m，地形为高河漫滩，坡度<5°；50 cm 深度土壤年均温度约 19.4℃。土地利用方式为荒滩地，编号为 52-012。

煎茶系代表性单个土体剖面

Ah：0～10 cm，暗棕色（10YR 3/4，润），灰黄棕色（10YR 6/2，干）；细土质地为砂质壤土；潮；块状结构，稍坚实；多量根系；夹杂有 11%砾石；中性；向下层平滑渐变过渡。

Br：10～65 cm，棕色（10YR 4/4，润），灰黄棕色（10YR 6/2，干）；细土质地为壤土；潮；弱块状结构，疏松；少量细根；见少量铁锈纹；夹杂有 10%～15%砾石；微碱性；向下层平滑渐变过渡。

C：65～125 cm，黄褐色（2.5Y 4/6，润），暗黄色（2.5Y 6/3，干）；细土质地为壤土；润；散粒状，见沉积层理；见少量铁斑纹；中性。

煎茶系代表性单个土体物理性质

土层	深度/cm	砾石(>2 mm，体积分数)/%	细土颗粒组成(粒径：mm)/(g/kg)			细土质地(美国制)	容重/(g/cm^3)
			砂粒 2～0.05	粉砂 0.05～0.002	黏粒<0.002		
Ah	0～10	11	644	295	62	砂质壤土	1.35
Br	10～65	13	514	334	152	壤土	1.38
C	65～125	5	494	383	122	壤土	1.42

煎茶系代表性单个土体化学性质

深度/cm	pH		有机质/(g/kg)	全氮(N)/(g/kg)	有效磷/(mg/kg)	速效钾/(mg/kg)	CEC_7/(cmol/kg)	盐基饱和度/%	游离氧化铁/(g/kg)	$CaCO_3$相当物/(g/kg)
	H_2O	KCl								
0～10	7.10	—	19.27	1.75	3.37	89	4.68	100.00	29.50	0.00
10～65	7.78	—	12.38	0.98	2.98	103	7.28	100.00	29.23	4.43
65～125	7.45	—	8.21	—	—	—	6.14	100.00	27.39	0.00

9.3.4 也耶系（Yeye Series）

土　族：砂质硅质型非酸性热性-普通淡色潮湿雏形土
拟定者：章明奎

分布与环境条件　分布在黔东南、六盘水、铜仁、黔南、黔西南等地的峡谷河漫滩上。属亚热带湿润气候，年均日照时数1100～1300 h，年均温 15.0～17.5℃，年均降水量 1100～1300 mm，无霜期280～295 d，年干燥度小于1。海拔在1000 m以下，起源于河流冲积物；坡度多在10°以下，利用方式为荒地、农地或旱地。

也耶系典型景观

土系特征与变幅　该土系诊断层包括淡色表层和雏形层；诊断特性包括潮湿土壤水分状况、氧化还原特征和热性土壤温度状况。剖面构型为Ah-Br-C，土体厚度在40～80 cm。土壤质地主要为砂质壤土和壤质砂土，砾石平均含量小于25%；润土色调在2.5Y～10YR；土壤pH在5.5～7.5。

对比土系　孟溪系、乌罗系、煎茶系、古州系，同一亚类，成土母质同为河流冲积物。但孟溪系土壤中含有大量砾石，其颗粒大小级别为粗骨砂质；乌罗系、煎茶系黏粒含量较高，它们的颗粒大小级别分别为黏壤质和壤质；古州系主要分布在宽广的河道边，土体较厚，在80 cm以上。

利用性能综述　也耶系土壤肥力多在中等以下，有机质、全氮、速效钾和有效磷一般以中等为主，质地偏砂，保水保肥性较差，易漏水漏肥。其所处地势平缓，土体厚度较薄，水热条件优越，适宜种植玉米、小麦、蔬菜、番薯等作物。但因地处河漫滩，易受洪水的影响。在改良上，应做好河道整治，修筑拦洪坝，从根本上解决洪涝灾害；重视有机肥的施用，结合土壤肥力，提高包括绿肥在内的复种指数，用地与养地相结合；施肥应少量多次。

参比土种　潮砂土。

代表性单个土体　于2017年9月2日采自贵州省黔东南苗族侗族自治州雷山县大塘镇也耶村，26°18'20.8"N,107°59'8.5"E。母质为河流冲积物，海拔706 m，地形为山谷河漫滩，坡度<5°；50 cm 深度土壤年均温度约 19.3℃。土地利用方式为荒地和农地，编号为 52-170。

也耶系代表性单个土体剖面

Ah：0～25 cm，暗棕色（10YR 3/4，润），淡黄色（2.5Y 8/3，干）；细土质地为壤质砂土；潮；弱小块状结构，疏松；少量细根；见少量铁锰斑；微酸性；向下层平滑清晰过渡。

Br：25～50 cm，灰黄色（2.5Y 6/2，润），灰白色（2.5Y 8/1，干）；细土质地为砂质壤土；潮；块状结构，稍坚实；见 5%砾石块；见少量铁锰斑；微酸性；向下层平滑明显过渡。

C：50～100 cm，焦砾层。淡黄棕色（10YR 5/4，润），淡黄色（2.5Y 8/3，干）；细土质地为壤质砂土；潮；散粒状，砾石含量在 50%以上，坚实；微酸性。

也耶系代表性单个土体物理性质

土层	深度/cm	砾石(>2 mm，体积分数)/%	细土颗粒组成(粒径：mm)/(g/kg)			细土质地(美国制)
			砂粒 2～0.05	粉砂 0.05～0.002	黏粒<0.002	
Ah	0～25	0	794	118	88	壤质砂土
Br	25～50	5	685	217	97	砂质壤土
C	50～100	72	704	177	119	壤质砂土

也耶系代表性单个土体化学性质

深度/cm	pH		有机质/(g/kg)	全氮(N)/(g/kg)	有效磷/(mg/kg)	速效钾/(mg/kg)	CEC_7/(cmol/kg)	盐基饱和度/%	游离氧化铁/(g/kg)	$CaCO_3$相当物/(g/kg)
	H_2O	KCl								
0～25	6.05	5.54	10.08	0.32	9.59	103	7.43	87.25	12.51	0.00
25～50	5.52	5.11	20.28	0.61	6.26	31	6.78	64.25	5.01	0.00
50～100	5.72	5.32	8.00	0.26	3.10	48	7.97	69.75	11.67	0.00

9.3.5　古州系（Guzhou Series）

土　族：砂质硅质型非酸性热性-普通淡色潮湿雏形土

拟定者：章明奎

分布与环境条件　分布在黔东南、六盘水、铜仁、黔南、黔西南等地地势相对平坦的河道汇集区的河漫滩上。属亚热带湿润气候，年均日照时数 1100～1300 h，年均温 15.0～17.5℃，年均降水量 1100～1300 mm，无霜期 280～295 d，年干燥度小于 1。海拔在 1000 m 以下，起源于河流冲积物；坡度多在 5°以下，利用方式为旱地、果园或荒滩地。

古州系典型景观

土系特征与变幅　该土系诊断层包括淡色表层和雏形层；诊断特性包括潮湿土壤水分状况、氧化还原特征和热性土壤温度状况。剖面构型为 Ap-Br-C，土体厚度在 80 cm 以上。土壤质地主要为壤土和壤质砂土，砾石平均含量小于 25%；润土色调主要为 10YR；土壤 pH 在 5.5～7.5。

对比土系　也耶系，同一亚类，成土母质同为河流冲积物。但也耶系主要分布在峡谷地带，土体较薄，在 40～80 cm。

利用性能综述　古州系土壤肥力多在中等以下，有机质、全氮、速效钾和有效磷一般以中等为主，质地偏砂，保水保肥性较差，易漏水漏肥。其所处地势平缓，土体厚度中等，水热条件优越，适宜种植玉米、小麦、蔬菜、番薯等作物。但因地处河漫滩，在特大暴雨时地面易渍水或被淹没。因此，在改良上应做好河道整治，修筑拦洪坝；重视有机肥的施用，结合土壤肥力，提高包括绿肥在内的复种指数，用地与养地相结合；施肥应少量多次。

参比土种　潮沙泥土。

代表性单个土体　于 2015 年 9 月 21 日采自贵州省黔东南苗族侗族自治州榕江县古州镇头塘村坝子自然村，25°54'20.5"N,108°29'52.3"E。母质为河流冲积物，海拔 305 m，地形为高河漫滩，坡度<5°；50 cm 深度土壤年均温度约 19.7℃。土地利用方式为旱地或果园，编号为 52-122。

古州系代表性单个土体剖面

Ap：0～22 cm，暗黄棕色（10YR 5/4，润），暗黄橙色（10YR 7/2，干）；细土质地为壤土；润；弱块状结构，稍疏松；少量根系；微酸性；向下层平滑渐变过渡。

Br1：22～65 cm，暗黄橙色（10YR 6/4，润），暗黄橙色（10YR 7/2，干）；细土质地为砂质壤土；润；弱块状结构，稍疏松；少量铁锈纹（占结构面的 2%）；中性；向下层平滑渐变过渡。

Br2：65～110 cm，暗黄橙色（10YR 6/4，润），暗黄橙色（10YR 7/2，干）；细土质地为壤质砂土；润；散粒状，疏松；可见沉积层理；少量铁锈纹（占结构面的 1%）；中性。

C：110～160 cm，母质层。

古州系代表性单个土体物理性质

土层	深度/cm	砾石(>2 mm，体积分数)/%	细土颗粒组成(粒径：mm)/(g/kg)			细土质地(美国制)
			砂粒 2～0.05	粉砂 0.05～0.002	黏粒<0.002	
Ap	0～22	0	344	440	216	壤土
Br1	22～65	0	504	351	144	砂质壤土
Br2	65～110	0	782	165	53	壤质砂土

古州系代表性单个土体化学性质

深度/cm	pH		有机质/(g/kg)	全氮(N)/(g/kg)	有效磷/(mg/kg)	速效钾/(mg/kg)	CEC_7/(cmol/kg)	盐基饱和度/%	游离氧化铁/(g/kg)	$CaCO_3$相当物/(g/kg)
	H_2O	KCl								
0～22	5.78	4.65	17.57	1.14	25.43	101	9.54	78.17	23.53	0.00
22～65	6.50	5.46	10.75	0.74	8.56	73	6.25	82.40	19.61	0.00
65～110	6.77	5.49	5.22	—	—	—	4.32	97.69	16.49	0.00

9.4 漂白滞水常湿雏形土

9.4.1 冠山村系（Guanshancun Series）

土 族：黏壤质混合型酸性温性-漂白滞水常湿雏形土

拟定者：章明奎

分布与环境条件 零星分布在黔南等岩溶地貌的中山平缓山坡地。属暖温带湿润气候，年均日照时数 1400～1500 h，年均温 12.0～13.0℃，年均降水量 1100～1300 mm，无霜期 245～260 d，年干燥度小于 1。海拔在 1500～1800 m，起源于白云岩与碳质泥页岩互层残坡积物；坡度多在 10°以下，利用方式为草地。

冠山村系典型景观

土系特征与变幅 该土系诊断层包括暗沃表层、漂白层和雏形层；诊断特性包括滞水土壤水分状况、氧化还原特征和温性土壤温度状况。剖面构型为 Ah-E-C，土体厚度在 40～80 cm；暗沃表层厚度 18～25 cm；漂白层厚度 20～40 cm；因母质层透水性差，地表至 50 cm 土层内存在季节性滞水。土壤质地主要为壤土，砾石平均含量小于 25%；润土色调在 2.5Y～10YR；土壤已基本脱钙，pH 在 5.5 以下。

对比土系 龙山系，分布相邻，均存在漂白层。但龙山系土体深厚，在 125 cm 以上，并存在明显的黏化层。

利用性能综述 冠山村系土壤除有机质和全氮稍高外，其他营养元素一般较低，虽地势平缓，但土体较薄，海拔较高，水源缺乏，风较大，一般不适发展旱作，应保护现有草被，发展畜牧业。对草被较差的区域，应更新牧草种类，并通过适量施用化肥，增加生物量。在水源保障的区域，可在夏季种植发展高山蔬菜。

参比土种 薄草甸大泥土。

代表性单个土体 于 2015 年 9 月 23 日采自贵州省黔南布依族苗族自治州龙里县龙山镇冠山村，26°23'55.5"N，106°54'41.0"E。母质为白云岩与碳质泥页岩互层残坡积物，海拔 1607 m，地形为中山顶部稍高处，坡度<5°；50 cm 深度土壤年均温度约 14.8℃。土地利用方式为草地，编号为 52-131。

冠山村系代表性单个土体剖面

Ah：0～18 cm，棕黑色（10YR 2/2，润），棕灰色（10YR 5/1，干）；细土质地为粉砂质黏壤土；润；团粒状结构，稍坚实；中量根系；夹杂有 5%直径为 1～2 cm 的砾石；酸性；向下层平滑清晰过渡。

E：18～47 cm，漂白层。灰白色（2.5Y 7/1，润），灰白色（7.5Y 8/1，干）；细土质地为壤土；潮；块状结构，稍坚实；土层下半部的结构面上有少量黄色铁斑（占 5%）；酸性；向下层平滑清晰过渡。

C：47～160 cm，半风化母质层（易磨细）。棕灰色（10YR 4/1，润），棕灰色（10YR 5/1，干）；润；散块状结构，稍坚实；微酸性。

冠山村系代表性单个土体物理性质

土层	深度/cm	砾石(>2 mm，体积分数)/%	细土颗粒组成(粒径：mm)/(g/kg)			细土质地(美国制)
			砂粒 2～0.05	粉砂 0.05～0.002	黏粒<0.002	
Ah	0～18	5	160	446	394	粉砂质黏壤土
E	18～47	0	387	405	208	壤土

冠山村系代表性单个土体化学性质

深度/cm	pH		有机质/(g/kg)	全氮(N)/(g/kg)	有效磷/(mg/kg)	速效钾/(mg/kg)	CEC_7/(cmol/kg)	盐基饱和度/%	游离氧化铁/(g/kg)	$CaCO_3$相当物/(g/kg)
	H_2O	KCl								
0～18	5.04	4.71	57.18	5.11	10.95	13	16.54	71.23	2.21	0.00
18～47	4.84	4.48	7.94	0.65	4.23	19	7.25	44.52	1.11	0.00

9.5 石质钙质常湿雏形土

9.5.1 疙瘩寨系（Gedazhai Series）

土 族：粗骨壤质混合型酸性温性-石质钙质常湿雏形土
拟定者：章明奎

分布与环境条件 主要分布在毕节等地高原岩溶地貌。属暖温带湿润气候，年均日照时数 1100～1400 h，年均温 7.0～10.0℃，年均降水量 1200～1400 mm，无霜期 225 d 以下，年干燥度小于 1。海拔在 2300～2900 m，起源于硅质白云岩、白云岩、灰质白云岩残积物；坡度多在 25°以下；利用方式为草地。

疙瘩寨系典型景观

土系特征与变幅 该土系诊断层包括暗瘠表层和雏形层；诊断特性包括常湿润土壤水分状况、碳酸盐岩岩性特征、石质接触面和温性土壤温度状况。剖面构型为 Ah-Bw-R，土体厚度在 40～80 cm；暗瘠表层厚度在 18～35 cm。细土质地主要为砂质壤土，砾石平均含量大于 50%；润土色调主要为 10YR；50～100 cm 间出现碳酸盐岩性特征。

对比土系 六广系，地坪系，同一亚类，成土母质同为碳酸盐岩残积物。但六广系和地坪系脱钙不彻底，土壤有石灰反应；细土中黏粒含量均较高，颗粒大小级别均为黏质，砾石平均含量均小于 25%。

利用性能综述 疙瘩寨系土壤质量较差，虽然有机质积累较高，但多数养分较低，其海拔高、坡度大、风大、土层薄、砾石多，立地条件很差，不适宜开发利用。应采取封山护草，维持生态环境，避免滑坡的发生。

参比土种 薄草甸大泥土。

代表性单个土体 于 2015 年 8 月 24 日采自贵州省毕节市赫章县珠市彝族乡疙瘩寨附近，26°52'0.5"N, 104°39'54.2"E。母质为白云岩残积物，海拔 2467 m，地形为高原中山上坡平缓开阔地带相对稍高处，坡度<15°；50 cm 深度土壤年均温度约 10.7℃。土地利用方式为草地，编号为 52-087。

疙瘩寨系代表性单个土体剖面

Ah：0～32 cm，棕黑色（10YR 2/2，润），棕灰色（10YR 4/1，干）；细土质地为壤土；润；团块状结构，疏松；大量根系；酸性；向下层波状清晰过渡。

Bw：32～50 cm，主要由白云岩碎屑组成（占 75%，岩块大小多在 5～30 cm）。暗棕色（10YR 3/4，润），灰黄棕色（10YR 6/2，干）；细土质地为砂质壤土；粒状结构；酸性。

R：50 cm 以下。

疙瘩寨系代表性单个土体物理性质

土层	深度/cm	砾石(>2 mm，体积分数)/%	细土颗粒组成(粒径：mm)/(g/kg)			细土质地(美国制)
			砂粒 2～0.05	粉砂 0.05～0.002	黏粒<0.002	
Ah	0～32	15	478	300	222	壤土
Bw	32～50	75	779	138	83	砂质壤土

疙瘩寨系代表性单个土体化学性质

深度/cm	pH		有机质/(g/kg)	全氮(N)/(g/kg)	有效磷/(mg/kg)	速效钾/(mg/kg)	CEC_7/(cmol/kg)	C/N	盐基饱和度/%	游离氧化铁/(g/kg)	$CaCO_3$ 相当物/(g/kg)
	H_2O	KCl									
0～32	4.88	3.98	128.07	1.93	3.81	36	14.68	38.52	48.93	29.57	0.00
32～50	5.10	4.02	34.55	0.58	4.25	48	5.23	10.39	70.82	27.40	0.00

9.5.2 地坪系（Diping Series）

土　族：黏质混合型石灰性热性-石质钙质常湿雏形土

拟定者：章明奎

分布与环境条件 分布在遵义、安顺、毕节、铜仁、黔南、黔西南、黔东南等地岩溶地貌的低山坡地。属亚热带湿润气候，年均日照时数1100～1400 h，年均温14.0～16.5℃，年均降水量1300～1500 mm，无霜期255～280 d，年干燥度小于1。海拔在600～1250 m，起源于碳酸盐岩残积物；坡度多在20°～45°；岩石露头占50%左右；利用方式为林地或荒草地。

地坪系典型景观

土系特征与变幅 该土系诊断层包括淡薄表层和雏形层；诊断特性包括常湿润土壤水分状况、碳酸盐岩岩性特征、石质接触面和热性土壤温度状况。剖面构型为Ah-Bw-R，土体厚度在25～40 cm；Ah层厚度在10～20 cm；由于碳酸盐岩母岩纯度高、较为致密，以化学风化为主，半风化母质层不明显。土壤质地主要为黏土，砾石平均含量小于25%；润土色调主要为5YR；土壤脱钙不彻底，有石灰反应。

对比土系 六广系，成土母质同为碳酸盐岩残积物。但六广系表土黏粒含量较低，土壤质地主要为黏壤土，土壤温度状况为温性。

利用性能综述 地坪系土壤虽然有机质积累较高，但因其土层浅薄，坡度大、抗蚀性弱，立地条件很差，不适宜开发利用。应采取封山护草，维持生态环境，避免滑坡的发生或侵蚀导致石漠化。

参比土种 薄黑岩泥。

代表性单个土体 于2016年8月31日采自贵州省黔南布依族苗族自治州福泉市地坪镇坪山村，26°44'30.5"N,107°31'54.2"E。母质为石灰岩残积物，海拔1024 m，地形为低山坡脚，坡度为25°；50 cm深度土壤年均温度约16.7℃。土地利用方式为林地（灌木林），编号为52-148。

一碗水系代表性单个土体剖面

Ah：0～10 cm，暗棕色（10YR 3/4，润），棕灰色（10YR 6/1，干）；细土质地为粉砂质黏壤土；润；块状结构，疏松；中量根系；中性；向下层平滑较清晰过渡。

Bw：10～22 cm，黄棕色（10YR 5/8，润），暗黄橙色（10YR 7/3，干）；细土质地为粉砂质黏壤土；润；大块状结构，稍坚实；夹有 10%直径为 2～5 cm 的砾石；中性；向下层波状清晰过渡。

R：22 cm 以下，石灰岩基岩。

一碗水系代表性单个土体物理性质

土层	深度/cm	砾石(>2 mm，体积分数)/%	细土颗粒组成(粒径：mm)/(g/kg)			细土质地(美国制)
			砂粒 2～0.05	粉砂 0.05～0.002	黏粒<0.002	
Ah	0～10	10	222	506	272	粉砂质黏壤土
Bw	10～22	10	184	509	307	粉砂质黏壤土

一碗水系代表性单个土体化学性质

深度/cm	pH		有机质/(g/kg)	全氮(N)/(g/kg)	有效磷/(mg/kg)	速效钾/(mg/kg)	CEC_7/(cmol/kg)	C/N	盐基饱和度/%	游离氧化铁/(g/kg)	$CaCO_3$相当物/(g/kg)
	H_2O	KCl									
0～10	7.26	—	55.93	4.29	3.37	88	7.65	7.57	100.00	24.37	0.00
10～22	7.39	—	22.27	1.98	4.29	71	12.19	6.52	100.00	29.47	0.00

9.6 腐殖钙质常湿雏形土

9.6.1 野马川系（Yemachuan Series）

土 族：粗骨黏质混合型石灰性温性-腐殖钙质常湿雏形土

拟定者：章明奎

分布与环境条件 分布在毕节等地岩溶地貌的中山坡麓地带。属暖温带湿润气候，年均日照时数 1100～1300 h，年均温 10.5～13.5 ℃，年均降水量 900～1200 mm，无霜期 235～250 d，年干燥度小于 1。海拔在 1250～1900 m，起源于碳酸盐岩崩积物和坡积物；坡度多在 35°以下；岩石露头占 25%左右；利用方式为旱地或灌丛地。

野马川系典型景观

土系特征与变幅 该土系诊断层包括淡薄表层和雏形层；诊断特性包括常湿润土壤水分状况、碳酸盐岩岩性特征、腐殖质特性、准石质接触面和温性土壤温度状况。剖面构型为 Ah-Bw-C，土体厚度在 40～80 cm；Ah 层厚度在 15～25 cm。细土质地主要为粉砂质黏壤土，砾石平均含量大于 25%；润土色调主要为 7.5YR；土壤脱钙不彻底，有石灰反应。

对比土系 石板桥系，同一亚类，成土母质同为碳酸盐岩风化物。但石板桥系砾石平均含量小于 25%，润土色调主要为 10YR，土体较厚，在 80～125 cm。

利用性能综述 野马川系土壤肥力较低，有机质、全氮、速效钾和有效磷多在中下水平，但因其土层浅薄，砾石多、土体松散，抗蚀性弱，一般不适宜开发利用。应采取封山护草，维持生态环境，避免滑坡的发生。对于已开发农用的区域，应采取等高种植，加强水土保持措施，同时增施有机肥、磷肥、钾肥，改善土壤物理性状和基础地力。

参比土种 淡棕大泥土。

代表性单个土体 于 2015 年 8 月 22 日采自贵州省毕节市赫章县野马川镇沙田村，27°8'55.8"N,104°46'29.4"E。母质为石灰岩崩积物和坡积物，海拔 1439 m，地形为中山坡麓地带，坡度<15°；50 cm 深度土壤年均温度约 15.2℃。土地利用方式为旱地，编号为 52-073。

野马川系代表性单个土体剖面

Ah：0～20 cm，暗棕色（7.5YR 3/4，润），暗棕色（7.5YR 5/4，干）；细土质地为粉砂质黏壤土；润；小块状结构，疏松；少量根系；夹有 20%直径为 1～3 cm 的砾石；中性；向下层平滑渐变过渡。

Bw：20～55 cm，暗棕色（7.5YR 3/4，润），暗棕色（7.5YR 5/4，干）；细土质地为粉砂质黏壤土；润；块状结构，稍坚实；夹杂有 35%直径为 1～3 cm 的砾石；结构面上有腐殖质胶膜；微碱性；向下层平滑清晰过渡。

C：55～150 cm，砾石层，主要由直径为 3～10 cm 的砾石组成（占 95%以上）。暗棕色（7.5YR 5/4，润），暗棕色（7.5YR 3/4，干）；细土质地为粉砂质黏壤土；润；散粒状；微碱性。

野马川系代表性单个土体物理性质

土层	深度/cm	砾石(>2 mm，体积分数)/%	细土颗粒组成(粒径：mm)/(g/kg)			细土质地(美国制)
			砂粒 2～0.05	粉砂 0.05～0.002	黏粒<0.002	
Ah	0～20	20	150	546	304	粉砂质黏壤土
Bw	20～55	35	149	495	356	粉砂质黏壤土
C	55～150	95	114	517	369	粉砂质黏壤土

野马川系代表性单个土体化学性质

深度/cm	pH		有机质/(g/kg)	全氮(N)/(g/kg)	有效磷/(mg/kg)	速效钾/(mg/kg)	CEC_7/(cmol/kg)	C/N	盐基饱和度/%	游离氧化铁/(g/kg)	$CaCO_3$相当物/(g/kg)
	H_2O	KCl									
0～20	6.72	5.54	31.26	2.34	6.16	13	9.87	7.76	94.16	42.35	3.00
20～55	8.33	—	32.56	2.21	7.65	26	10.26	8.55	100.00	52.90	31.10
55～150	8.23	—	37.78	—	—	—	11.32	—	100.00	25.94	24.62

9.6.2 石板桥系（Shibanqiao Series）

土 族：黏质混合型石灰性温性-腐殖钙质常湿雏形土

拟定者：章明奎

分布与环境条件 分布在遵义、安顺、毕节、铜仁等地岩溶地貌的中山坡麓地带。属暖温带湿润气候，年均日照时数 1200～1400 h，年均温 12.0～13.5℃，年均降水量 1000～1300 mm，无霜期 245～250 d，年干燥度小于1。海拔在 1250～1500 m，起源于碳酸盐岩坡积物；坡度多在25°以下；岩石露头占 15%以下；利用方式为旱地。

石板桥系典型景观

土系特征与变幅 该土系诊断层包括淡薄表层和雏形层；诊断特性包括常湿润土壤水分状况、碳酸盐岩岩性特征、腐殖质特性、铁质特性和温性土壤温度状况。剖面构型为 Ap-Bw-C，土体厚度在 80～125 cm。土壤质地主要为粉砂质黏土，砾石平均含量小于 25%；润土色调主要为 10YR；土壤脱钙不彻底，有石灰反应。

对比土系 野马川系、田湾系，同一亚类，成土母质同为碳酸盐岩风化物。但野马川系土壤砾石含量高，土体砾石平均含量大于 25%，润土色调主要为 7.5YR；田湾系分布海拔较低，土壤温度状况为热性，颗粒大小级别为黏壤质。野马川系和田湾系土体较薄，在 40～80 cm。

利用性能综述 石板桥系所处地势较为平缓，土体较为深厚，农业利用时间较长，但其养分主要在中等水平。该土土质黏重，耕性较差，在改良时应重视有机肥和磷肥的施用，以进一步改善土壤耕作性状。宜旱粮与绿肥作物轮作。

参比土种 油大胶泥土。

代表性单个土体 于 2016 年 9 月 3 日采自贵州省毕节市黔西县莲城街道石板桥村，26°59'34.9"N,105°58'59.3"E。母质为石灰岩残坡积物，海拔 1265 m，地形为中山坡麓地带，坡度为 15°；50 cm 深度土壤年均温度约 15.8℃。土地利用方式为旱地，编号为 52-154。

石板桥系代表性单个土体剖面

Ap：0～20 cm，黄棕色（10YR 5/6，润），暗黄橙色（10YR 7/3，干）；细土质地为粉砂质黏土；润；块状结构，疏松；少量根系；微碱性；向下层平滑清晰过渡。

Bw1：20～50 cm，黄棕色（10YR 5/6，润），暗黄橙色（10YR 7/3，干）；细土质地为粉砂质黏土；润；大块状结构，结构面上可见少量腐殖质胶膜，稍坚实；碱性；4%石灰岩残物；向下层平滑清晰过渡。

Bw2：50～120 cm，黄棕色（10YR 5/6，润），淡黄色（2.5Y 7/3，干）；细土质地为黏土；润；棱柱状结构，坚实；可见明显的垂直向裂隙；碱性；80 cm 出现石灰岩。

石板桥系代表性单个土体物理性质

土层	深度/cm	砾石(>2 mm，体积分数)/%	细土颗粒组成(粒径：mm)/(g/kg)			细土质地(美国制)
			砂粒 2～0.05	粉砂 0.05～0.002	黏粒<0.002	
Ap	0～20	5	57	425	518	粉砂质黏土
Bw1	20～50	4	36	425	539	粉砂质黏土
Bw2	50～120	2	33	394	573	黏土

石板桥系代表性单个土体化学性质

深度/cm	pH		有机质/(g/kg)	全氮(N)/(g/kg)	有效磷/(mg/kg)	速效钾/(mg/kg)	CEC_7/(cmol/kg)	C/N	盐基饱和度/%	游离氧化铁/(g/kg)	$CaCO_3$相当物/(g/kg)
	H_2O	KCl									
0～20	8.40	—	30.90	1.91	5.44	124	25.65	9.36	100.00	35.63	30.00
20～50	8.72	—	20.13	1.65	3.54	114	24.51	7.08	100.00	28.98	31.25
50～120	8.52	—	14.04	—	—	—	23.54	—	100.00	19.13	15.42

9.6.3 田湾系（Tianwan Series）

土 族：黏壤质混合型石灰性热性-腐殖钙质常湿雏形土

拟定者：章明奎

分布与环境条件 分布在遵义、安顺、毕节、铜仁等地岩溶地貌的中山坡麓地带。属亚热带湿润气候，年均日照时数 1200～1500 h，年均温 14.0～16.5℃，年均降水量 1100～1300 mm，无霜期 250～285 d，年干燥度小于1。海拔在 600～1250 m，起源于碳酸盐岩残坡积物；坡度多在25°以下；岩石露头占 15%以下；利用方式为旱地。

田湾系典型景观

土系特征与变幅 该土系诊断层包括淡薄表层和雏形层；诊断特性包括常湿润土壤水分状况、碳酸盐岩岩性特征、腐殖质特性、石质接触面和热性土壤温度状况。剖面构型为Ap-Bw-R，土体厚度在 40～80 cm；石质接触面出现在 40～80 cm。土壤质地主要为粉砂质黏壤土，砾石平均含量小于 25%；润土色调主要为 7.5YR；土壤脱钙不彻底，有石灰反应。

对比土系 石板桥系，同一亚类，成土母质同为碳酸盐岩风化物。但石板桥系分布海拔较高，土壤温度状况为温性，颗粒大小级别为黏质；土体较厚，在 80～125 cm；润土色调主要为 10YR。太翁系，同一土族，成土母质同为碳酸盐岩风化物。但太翁系土体厚度在 125 cm 以上，润土色调主要为 10YR。

利用性能综述 田湾系所处地势较为平缓，农业利用时间较长，但其养分主要在中等水平。该土土质黏重，耕性较差，土体较薄，在改良时应重视有机肥和磷肥的施用，以进一步改善土壤耕作性状。宜旱粮与绿肥作物轮作。同时，做好水土保持工作，避免水土流失导致石漠化。

参比土种 油大泥砂土。

代表性单个土体 于 2015 年 7 月 27 日采自贵州省遵义市绥阳县黄杨镇田湾村，28°18'27.8"N,107°7'26.9"E。母质为白云质灰岩风化物，海拔 1042 m，地形为中山中上坡，坡度为 10°～15°；50 cm 深度土壤年均温度约 16.8℃。土地利用方式为旱地，编号为 52-019。

田湾系代表性单个土体剖面

Ap：0～20 cm，棕色（7.5YR 4/3，润），灰棕色（7.5YR 6/2，干）；细土质地为粉砂质黏壤土；润；块状结构，疏松；少量根系；微碱性；向下层平滑渐变过渡。

Bw：20～50 cm，棕色（7.5YR 4/3，润），灰棕色（7.5YR 6/2，干）；细土质地为粉砂质黏壤土；润；块状结构，稍坚实；少量细根；结构面上可见腐殖质胶膜；微碱性；向下层波状清晰过渡。

R：50～90 cm，基岩。

田湾系代表性单个土体物理性质

土层	深度/cm	砾石(>2 mm，体积分数)/%	细土颗粒组成(粒径：mm)/(g/kg)			细土质地(美国制)
			砂粒 2～0.05	粉砂 0.05～0.002	黏粒<0.002	
Ap	0～20	2	120	562	319	粉砂质黏壤土
Bw	20～50	2	132	577	291	粉砂质黏壤土

田湾系代表性单个土体化学性质

深度/cm	pH		有机质/(g/kg)	全氮(N)/(g/kg)	有效磷/(mg/kg)	速效钾/(mg/kg)	CEC_7/(cmol/kg)	C/N	盐基饱和度/%	游离氧化铁/(g/kg)	$CaCO_3$相当物/(g/kg)
	H_2O	KCl									
0～20	7.76	—	30.48	2.81	4.84	36	15.14	6.29	100.00	35.25	15.71
20～50	7.82	—	28.13	1.85	3.36	41	12.45	8.82	100.00	37.04	5.18

9.6.4 太翁系（Taiweng Series）

土 族：黏壤质混合型石灰性热性-腐殖钙质常湿雏形土

拟定者：章明奎

分布与环境条件 分布在遵义、安顺、毕节、铜仁、黔东南、黔南、黔西南等地岩溶地貌的低山坡麓地带。属亚热带湿润气候，年均日照时数 1200～1500 h，年均温 14.0～16.5℃，年均降水量 1100～1500 mm，无霜期 250～285 d，年干燥度小于 1。海拔在 600～1250 m，起源于碳酸盐岩残坡积物；坡度多在 25°以下；利用方式为旱地。

太翁系典型景观

土系特征与变幅 该土系诊断层包括淡薄表层和雏形层；诊断特性包括常湿润土壤水分状况、碳酸盐岩岩性特征、腐殖质特性、铁质特性和热性土壤温度状况。剖面构型为 Ap-Bw-Bt，土体厚度在 125 cm 以上（其中黑土层厚度在 80～200 cm），地表 125 cm 以下有时可见黏化层。土壤质地主要为粉砂质黏壤土，砾石平均含量小于 25%；润土色调主要为 10YR；土壤脱钙不彻底，有石灰反应。

对比土系 羊凤系，分布相邻。但羊凤系地表下 50 cm 以内可见黏化层，属淋溶土纲。田湾系，同一土族，成土母质同为碳酸盐岩风化物。但田湾系土体较薄，厚度在 40～80 cm，润土色调主要为 7.5YR。

利用性能综述 太翁系所处地势较为平缓，土体较为深厚，农业利用时间较长，有深厚的黑土层，其肥力较高，耕性良好。该土在利用时应加强水土保持措施，重视有机肥和磷肥的施用，或采用旱粮与绿肥作物轮作，以保持和进一步提升耕地质量。

参比土种 黑岩泥。

代表性单个土体 于 2015 年 8 月 20 日采自贵州省黔东南苗族侗族自治州黄平县新州镇太翁村，26°57'56.9"N,107°51'19.2"E。母质为白云质灰岩残坡积物，海拔 824 m，地形为低山坡麓，坡度<10°；50 cm 深度土壤年均温度约 18.0℃。土地利用方式为旱地，编号为 52-056。

太翁系代表性单个土体剖面

Ap：0～20 cm，暗棕色（10YR 3/4，润），灰黄棕色（10YR 6/2，干）；细土质地为粉砂质黏壤土；润；块状结构，疏松；中量根系；受坡积物的影响，土体内夹杂少量黄色土壤物质（占 15%）；见 10%半风化岩屑；中性；向下层平滑渐变过渡。

Bw1：20～70 cm，棕色（10YR 4/6，润），暗黄橙色（10YR 6/3，干）；细土质地为粉砂质黏壤土；润；块状结构，稍坚实；少量细根；土体内夹杂少量黄色土壤物质（占 5%）；见 10%半风化岩屑；微碱性；向下层平滑较清晰过渡。

Bw2：70～110 cm，棕色（10YR 4/4，润），暗黄棕色（10YR 5/3，干）；细土质地为粉砂质黏壤土；润；块状结构，坚实；见 15%半风化岩屑；结构面上可见腐殖质胶膜；中性；向下层平滑清晰过渡。

Bw3：110～180 cm，暗棕色（10YR 3/4，润），灰黄棕色（10YR 5/2，干）；细土质地为黏壤土；润；大块状结构，致密、坚实；见 10%半风化岩屑；微碱性；向下层平滑清晰过渡。

Bt：180～300 cm，亮红棕色（5YR 5/8，润），橙色（5YR 6/8，干）；细土质地为黏土；润；块状结构，结构面上见少量胶膜，坚实；微碱性。

太翁系代表性单个土体物理性质

土层	深度/cm	砾石(>2 mm，体积分数)/%	细土颗粒组成(粒径：mm)/(g/kg)			细土质地(美国制)
			砂粒 2～0.05	粉砂 0.05～0.002	黏粒<0.002	
Ap	0～20	10	80	506	413	粉砂质黏壤土
Bw1	20～70	10	180	470	350	粉砂质黏壤土
Bw2	70～110	15	190	466	344	粉砂质黏壤土
Bw3	110～180	10	226	432	342	黏壤土
Bt	180～300	8	20	132	849	黏土

太翁系代表性单个土体化学性质

深度/cm	pH		有机质/(g/kg)	全氮(N)/(g/kg)	有效磷/(mg/kg)	速效钾/(mg/kg)	CEC_7/(cmol/kg)	C/N	盐基饱和度/%	游离氧化铁/(g/kg)	$CaCO_3$相当物/(g/kg)
	H_2O	KCl									
0～20	7.37	—	27.88	2.56	7.38	205	21.45	6.33	100.00	35.80	3.97
20～70	7.68	—	13.67	1.56	8.65	189	15.85	5.08	100.00	36.91	9.74
70～110	7.43	—	24.48	2.23	9.23	211	14.26	6.37	100.00	30.12	2.00
110～180	7.82	—	9.38	—	—	—	12.91	—	100.00	28.96	83.67
180～300	7.82	—	7.78	—	—	—	24.65	—	100.00	64.21	9.76

9.6.5 冷水井系（Lengshuijing Series）

土 族：壤质混合型非酸性温性-腐殖钙质常湿雏形土

拟定者：章明奎

分布与环境条件 分布在遵义、安顺、毕节、铜仁、贵阳等地岩溶地貌的中山坡麓地带。属暖温带湿润气候，年均日照时数1300～1500 h，年均温 12.0～14.0℃，年均降水量 1200～1500 mm，无霜期235～250 d，年干燥度小于1。海拔在1300～1800 m，起源于碳酸盐岩残坡积物；坡度多在25°以下；利用方式为旱地。

冷水井系典型景观

土系特征与变幅 该土系诊断层包括淡薄表层和雏形层；诊断特性包括常湿润土壤水分状况、碳酸盐岩岩性特征、腐殖质特性、铁质特性和温性土壤温度状况。剖面构型为Ap-Bw-C，土体厚度在125 cm以上（其中黑土层厚度在40～80 cm）。土壤质地主要为粉砂质黏壤土和粉砂壤土，砾石平均含量小于25%；润土色调主要为10YR；土壤基本脱钙，pH主要在5.5～7.5。

对比土系 田湾系，太翁系，同一亚类，成土母质同为碳酸盐岩风化物。但田湾系和太翁系分布海拔较低，土壤温度状况均为热性，土壤脱钙不彻底，有石灰反应，土壤黏粒含量较高，颗粒大小级别均为黏壤质。另外，太翁系有深厚的黑土层，在80～200 cm。

利用性能综述 冷水井系所处地势较为平缓，土体较为深厚，农业利用时间较长，有深厚的黑土层，耕性良好。但该土肥力较低，在利用时应加强水土保持措施，重视有机肥、磷肥和钾肥的施用，或采用旱粮与绿肥作物轮作，以保持和进一步提升耕地质量。

参比土种 大砂泥土。

代表性单个土体 于2015年8月21日采自贵州省贵阳市开阳县双流镇冷水井村，27°1'48.6"N,106°49'14.2"E。母质为白云岩坡积物及再积物，海拔1400 m，地形为中山坡麓地带小台地，坡度<5°；50 cm深度土壤年均温度约15.6℃。土地利用方式为旱地，编号为52-062。

冷水井系代表性单个土体剖面

Ap：0～22 cm，暗棕色（10YR 3/4，润），暗黄橙色（10YR 6/3，干）；细土质地为粉砂质黏壤土；润；团块状结构，疏松；少量根系；微酸性；向下层平滑渐变过渡。

Bw1：22～55 cm，暗棕色（10YR 3/4，润），暗黄橙色（10YR 6/3，干）；细土质地为粉砂壤土；润；块状结构，结构面上可见腐殖质胶膜，稍坚实；少量细根；见 5%半风化岩屑；微酸性；向下层平滑清晰过渡。

Bw2：55～100 cm，棕色（10YR 4/4，润），暗黄橙色（10YR 7/3，干）；细土质地为粉砂壤土；润；大块状结构，结构面上可见腐殖质胶膜，坚实；见 10%半风化岩屑；微酸性；向下层平滑清晰过渡。

Bw3：100～190 cm，棕色（10YR 4/6，润），暗黄橙色（10YR 7/4，干）；细土质地为砂质黏壤土；润；大块状结构，坚实；上部与 Bw2 层交接处有少量铁锰斑（可能与 Bw3 质地较黏有关）；酸性。

冷水井系代表性单个土体物理性质

土层	深度/cm	砾石(>2 mm，体积分数)/%	细土颗粒组成(粒径：mm)/(g/kg)			细土质地(美国制)
			砂粒 2～0.05	粉砂 0.05～0.002	黏粒<0.002	
Ap	0～22	1	160	519	320	粉砂质黏壤土
Bw1	22～55	5	175	626	199	粉砂壤土
Bw2	55～100	10	186	631	183	粉砂壤土
Bw3	100～190	0	582	204	214	砂质黏壤土

冷水井系代表性单个土体化学性质

深度/cm	pH		有机质/(g/kg)	全氮(N)/(g/kg)	有效磷/(mg/kg)	速效钾/(mg/kg)	CEC_7/(cmol/kg)	C/N	盐基饱和度/%	游离氧化铁/(g/kg)	$CaCO_3$相当物/(g/kg)
	H_2O	KCl									
0～22	6.18	5.03	21.64	2.07	4.01	73	15.32	6.06	87.91	37.19	0.00
22～55	6.39	4.22	23.97	1.89	5.68	81	10.32	7.36	74.32	34.18	0.00
55～100	5.93	4.84	24.27	2.24	4.98	87	9.87	6.28	68.65	35.42	0.00
100～190	4.97	4.12	13.61	—	—	—	11.54	—	50.19	35.22	0.00

9.7　普通钙质常湿雏形土

9.7.1　雨樟系（Yuzhang Series）

土　族：粗骨黏质混合型石灰性温性-普通钙质常湿雏形土

拟定者：章明奎

分布与环境条件　主要分布在黔北、黔中、黔西的岩溶地貌上，在遵义、安顺、毕节、黔西南、黔南、黔东南都有分布。属暖温带湿润气候，年均日照时数 1300～1500 h，年均温 10.0～14.0℃，年均降水量 1200～1500 mm，无霜期 225～255 d，年干燥度小于 1。海拔在 1250～2200 m，起源于白云岩（包括硅质白云岩、灰质白云岩）坡积物；坡度多在 25°以上，利用方式为荒坡地。

雨樟系典型景观

土系特征与变幅　该土系诊断层包括淡薄表层和雏形层；诊断特性包括常湿润土壤水分状况、碳酸盐岩岩性特征、准石质接触面和温性土壤温度状况。剖面构型为 Ah-Bw-C，土体厚度在 40～80 cm。细土质地主要为粉砂质黏壤土，砾石平均含量大于 35%；润土色调主要为 5YR；土壤脱钙不彻底，有石灰反应。

对比土系　海边村系，冗渡系，同一亚类，成土母质同为白云岩（包括硅质白云岩、灰质白云岩）风化物。但海边村系润土色调在 10YR～7.5YR，母质层主要由大块状岩石组成；冗渡系分布海拔较低，土壤温度状况为热性。

利用性能综述　雨樟系土壤质量较差，多数养分较低。其立地条件很差，海拔高、坡度大、土层薄、砾石多，不适宜开发利用。应采取封山育林，保护草被，维持生态环境，避免滑坡的发生。

参比土种　白云砂泥土。

代表性单个土体　于 2015 年 8 月 26 日采自贵州省黔西南布依族苗族自治州兴仁市雨樟镇雅色村孙家湾自然村，25°19'42.6"N,105°4'54.1"E。母质为白云岩坡积物，海拔 1476 m，地形为中山下坡，坡度为 25°～35°；50 cm 深度土壤年均温度约 15.4℃。土地利用方式为荒坡地，编号为 52-099。

雨樟系代表性单个土体剖面

Ah：0～16 cm，暗红棕色（5YR 3/3，润），暗红棕色（5YR 5/3，干）；细土质地为粉砂质黏壤土；润；小块状结构，稍疏松；少量根系；夹有 20%直径为 2～5 cm 的砾石；中性；向下层平滑清晰过渡。

Bw：16～62 cm，红棕色（5YR 4/8，润），暗红棕色（5YR 5/4，干）；细土质地为粉砂质黏壤土；润；块状结构，稍坚实；少量细根；夹有 45%直径为 2～10 cm 的砾石；微碱性；向下层平滑清晰过渡。

C：62～140 cm，主要由直径为 3～15 cm 的石灰岩碎片组成（占 95%以上）。细土红棕色（5YR 4/8，润），暗红棕色（5YR 5/4，干）；细土质地为粉砂质黏壤土；润；小块状结构；微碱性。

雨樟系代表性单个土体物理性质

土层	深度/cm	砾石(>2 mm，体积分数)/%	细土颗粒组成(粒径：mm)/(g/kg)			细土质地(美国制)
			砂粒 2～0.05	粉砂 0.05～0.002	黏粒<0.002	
Ah	0～16	20	118	553	329	粉砂质黏壤土
Bw	16～62	45	115	516	369	粉砂质黏壤土
C	62～140	95	130	520	350	粉砂质黏壤土

雨樟系代表性单个土体化学性质

深度/cm	pH		有机质/(g/kg)	全氮(N)/(g/kg)	有效磷/(mg/kg)	速效钾/(mg/kg)	CEC_7/(cmol/kg)	盐基饱和度/%	游离氧化铁/(g/kg)	$CaCO_3$相当物/(g/kg)
	H_2O	KCl								
0～16	7.12	—	34.11	2.54	3.32	80	18.66	100.00	86.55	10.00
16～62	8.10	—	15.95	1.54	6.23	78	21.02	100.00	71.14	34.55
62～140	8.25	—	46.72	2.23	7.65	72	15.42	100.00	75.92	28.27

9.7.2 海边村系（Haibiancun Series）

土 族：粗骨黏质混合型石灰性温性-普通钙质常湿雏形土

拟定者：章明奎

分布与环境条件 分布在黔北、黔中等地岩溶地貌的中山坡地。属暖温带湿润气候，年均日照时数 1400～1600 h，年均温 10.0～14.0 ℃，年均降水量 1200～1400 mm，无霜期 215～250 d，年干燥度小于 1。海拔在 1300～2200 m，起源于白云岩（包括硅质白云岩、灰质白云岩）坡积物；坡度多在 25°以上；岩石露头约占 25%，利用方式为旱地或荒坡地。

海边村系典型景观

土系特征与变幅 该土系诊断层包括淡薄表层和雏形层；诊断特性包括常湿润土壤水分状况、碳酸盐岩岩性特征、准石质接触面和温性土壤温度状况。剖面构型为 Ah-Bw-C，土体厚度在 40～80 cm。细土质地主要为黏土，砾石平均含量大于 25%；润土色调在 10YR～7.5YR；土壤脱钙不彻底，有石灰反应。

对比土系 冗渡系，雨樟系，同一亚类，成土母质同为白云岩（包括硅质白云岩、灰质白云岩）坡积物。但雨樟系润土色调主要为 5YR，母质层主要由散块状半风化物组成；冗渡系分布海拔较低，土壤温度状况为热性。

利用性能综述 海边村系因所处坡度较大，土层较薄，土质黏重，耕性较差，应以封山护草、保持水土为主。对于已用于旱地的这些土壤，应等高种植，增加有机肥和化学肥料的投入，以进一步改善土壤耕作性状和提高肥力水平。可采取旱粮与绿肥作物轮作，保持地表有植物覆盖。

参比土种 白云砂泥土。

代表性单个土体 于 2015 年 8 月 23 日采自贵州省毕节市威宁彝族回族苗族自治县草海镇海边村，26°51'54.8"N,104°13'58.9"E。母质为灰质白云岩坡积物，海拔 2132 m，地形为中山中下坡，梯地，坡度为 25°；50 cm 深度土壤年均温度约 12.0℃。土地利用方式为抛荒农地，编号为 52-079。

海边村系代表性单个土体剖面

Ah：0～20 cm，淡棕色（7.5YR 5/3，润），淡棕色（7.5YR 6/3，干）；细土质地为黏土；稍干；块状结构，稍坚实；少量根系；夹有 20%直径为 2～20 mm 的砾石；微碱性；向下层平滑渐变过渡。

Bw：20～60 cm，淡黄橙色（10YR 6/4，润），淡黄橙色（10YR 7/3，干）；细土质地为黏土；稍干；块状结构，坚实；夹杂有 35%直径为 20～50 mm 的砾石；碱性；向下层波状清晰过渡。

C：60～100 cm，由直径为 2～20 cm 的砾石石灰岩碎屑物组成，细土比例小于 5%。

海边村系代表性单个土体物理性质

土层	深度/cm	砾石(>2 mm，体积分数)/%	细土颗粒组成(粒径：mm)/(g/kg)			细土质地(美国制)
			砂粒 2～0.05	粉砂 0.05～0.002	黏粒<0.002	
Ah	0～20	20	320	212	467	黏土
Bw	20～60	35	312	205	483	黏土

海边村系代表性单个土体化学性质

深度/cm	pH		有机质/(g/kg)	全氮(N)/(g/kg)	有效磷/(mg/kg)	速效钾/(mg/kg)	CEC_7/(cmol/kg)	C/N	盐基饱和度/%	游离氧化铁/(g/kg)	$CaCO_3$相当物/(g/kg)
	H_2O	KCl									
0～20	8.33	—	22.04	1.53	2.64	48	24.56	8.36	100.00	52.18	122.51
20～60	8.73	—	12.84	0.87	3.66	54	23.80	8.56	100.00	47.41	121.91

9.7.3　冗渡系（Rongdu Series）

土　族：粗骨黏质混合型石灰性热性-普通钙质常湿雏形土
拟定者：章明奎

分布与环境条件　主要分布在黔西南、黔南、黔东南的岩溶地貌的低山中下坡。属亚热带湿润气候，年均日照时数 1200～1400 h，年均温 14.0～17.0℃，年均降水量 1200～1300 mm，无霜期 255～285 d，年干燥度小于 1。海拔在 600～1250 m，起源于白云岩（包括硅质白云岩、灰质白云岩）坡积物；坡度多在 25°以上，利用方式为林地或荒坡地。

冗渡系典型景观

土系特征与变幅　该土系诊断层包括淡薄表层和雏形层；诊断特性包括常湿润土壤水分状况、碳酸盐岩岩性特征和热性土壤温度状况。剖面构型为 Ah-Bw-C，土体厚度在 40～80 cm。细土质地主要为粉砂质黏壤土，砾石平均含量大于 25%；润土色调主要为 7.5YR；土壤脱钙不彻底，有石灰反应。

对比土系　雨樟系，海边村系，同一亚类，成土母质同为白云岩（包括硅质白云岩、灰质白云岩）风化物。但海边村系和雨樟系分布的海拔较高，土壤温度状况均为温性。且雨樟系颜色较红，润土色调主要为 5YR。

利用性能综述　冗渡系土壤有机质较高，但多数养分较低。其立地条件很差，坡度大、土层薄、砾石多，不适宜开发利用。应采取封山育林，保护草被，维持生态环境，避免滑坡的发生。

参比土种　白云砂泥土。

代表性单个土体　于 2015 年 8 月 27 日采自贵州省黔西南布依族苗族自治州册亨县冗渡镇冗渡村，25°3'5.0"N,105°42'59.3"E。母质为灰质白云岩坡积物，海拔 994 m，地形为低山坡脚，坡度为 35°；50 cm 深度土壤年均温度约 17.3℃。土地利用方式为林地或荒坡地，编号为 52-103。

冗渡系代表性单个土体剖面

Ah：0～20 cm，棕色（7.5YR 4/4，润），淡棕色（7.5YR 6/3，干）；细土质地为粉砂质黏壤土；润；小块状结构，稍疏松；少量根系；夹有 25%直径为 2～30 mm 的岩石碎屑物；微碱性；向下层平滑渐变过渡。

Bw：20～75 cm，亮棕色（7.5YR 5/6，润），淡棕色（7.5YR 6/3，干）；细土质地为粉砂质黏壤土；润；小块状结构，稍坚实；少量细根；夹有 40%直径为 2～50 mm 的岩石碎屑物；微碱性；向下层波状渐变过渡。

C：75～160 cm，主要由直径为 3～30 cm 的石灰岩岩石碎屑物组成（占 95%以上）。细土亮棕色（7.5YR 5/6，润），淡棕色（7.5YR 6/3，干）；细土质地为粉砂质黏壤土；润；小块状结构，坚实；微碱性。

冗渡系代表性单个土体物理性质

土层	深度/cm	砾石(>2 mm，体积分数)/%	细土颗粒组成(粒径：mm)/(g/kg)			细土质地(美国制)
			砂粒 2～0.05	粉砂 0.05～0.002	黏粒<0.002	
Ah	0～20	25	101	478	421	粉砂质黏壤土
Bw	20～75	40	113	463	424	粉砂质黏壤土
C	75～160	95	141	479	379	粉砂质黏壤土

冗渡系代表性单个土体化学性质

深度/cm	pH		有机质/(g/kg)	全氮(N)/(g/kg)	有效磷/(mg/kg)	速效钾/(mg/kg)	CEC_7/(cmol/kg)	C/N	盐基饱和度/%	游离氧化铁/(g/kg)	$CaCO_3$相当物/(g/kg)
	H_2O	KCl									
0～20	7.95	—	43.96	2.09	3.23	101	26.54	12.19	100.00	46.72	44.87
20～75	8.06	—	32.56	1.56	4.56	87	25.60	12.11	100.00	46.76	52.08
75～160	7.97	—	40.88	1.89	5.24	96	18.65	12.55	100.00	44.41	108.54

9.7.4 涪洋系（Fuyang Series）

土 族：黏质混合型石灰性热性-普通钙质常湿雏形土

拟定者：章明奎

分布与环境条件 广泛分布在遵义、安顺、铜仁、毕节、黔西南、黔南、黔东南的岩溶地貌的低山中下坡。属亚热带湿润气候，年均日照时数 1200～1300 h，年均温 14.0～17.0℃，年均降水量 1200～1500 mm，无霜期 255～285 d，年干燥度小于 1。海拔在 600～1250 m，起源于碳酸盐岩风化物；坡度多在 35°以下，利用方式为林地或旱地。

涪洋系典型景观

土系特征与变幅 该土系诊断层包括淡薄表层和雏形层；诊断特性包括常湿润土壤水分状况、碳酸盐岩岩性特征、铁质特性和热性土壤温度状况。剖面构型为 Ap-Bw-C，土体厚度在 125 cm 以上；土壤质地主要为粉砂质黏土和粉砂质黏壤土，砾石平均含量小于 25%；润土色调在 7.5YR～10YR；土壤脱钙不彻底，有石灰反应。

对比土系 者楼系，同一土族，成土母质同为碳酸盐岩风化物。但者楼系土体厚度在 80～125 cm，全剖面质地为黏土，粉砂含量小于 400 g/kg。

利用性能综述 涪洋系立地条件较好，地表坡度小、土体深厚、热量丰富，适宜农业开发利用，种植玉米、小麦等旱粮或发展水果生产。但该土土质黏重，耕性较差，土壤肥力偏低。在改良方面，应重视灌溉和道路等基础设施建设，继续增加有机肥和化肥的投入，不断改善土壤耕作性状，提升土壤基础肥力。

参比土种 厚大泥土。

代表性单个土体 于 2015 年 7 月 27 日采自贵州省遵义市务川仡佬苗族自治县涪洋镇涪洋村，28°31'2.7"N,107°43'54.0"E。母质为白云岩坡积物，海拔 689 m，地形为低山下坡，坡度为 25°左右；50 cm 深度土壤年均温度约 18.0℃。土地利用方式为旱地，编号为 52-014。

涪洋系代表性单个土体剖面

Ap：0～18 cm，棕色（7.5YR 4/4，润），暗棕色（7.5YR 6/3，干）；细土质地为粉砂质黏壤土；润；块状结构，稍坚实；少量根系；见少量砾石；微碱性；向下层平滑模糊过渡。

Bw1：18～60 cm，棕色（7.5YR 4/4，润），暗橙色（7.5YR 7/3，干）；细土质地为粉砂质黏壤土；润；大块状结构，稍坚实；见少量砾石；微碱性；向下层平滑渐变过渡。

Bw2：60～130 cm，亮黄棕色（10YR 6/8，润），淡黄橙色（10YR 8/4，干）；细土质地为粉砂质黏壤土；润；块状结构，稍坚实；结构面上见少量铁锰斑；微碱性。

涪洋系代表性单个土体物理性质

土层	深度/cm	砾石(>2 mm，体积分数)/%	细土颗粒组成(粒径：mm)/(g/kg)			细土质地(美国制)
			砂粒 2～0.05	粉砂 0.05～0.002	黏粒<0.002	
Ap	0～18	6	47	449	504	粉砂质黏壤土
Bw1	18～60	5	41	533	426	粉砂质黏壤土
Bw2	60～130	3	78	535	387	粉砂质黏壤土

涪洋系代表性单个土体化学性质

深度/cm	pH		有机质/(g/kg)	全氮(N)/(g/kg)	有效磷/(mg/kg)	速效钾/(mg/kg)	CEC_7/(cmol/kg)	C/N	盐基饱和度/%	游离氧化铁/(g/kg)	$CaCO_3$相当物/(g/kg)
	H_2O	KCl									
0～18	7.62	—	24.71	2.73	1.42	56	24.15	5.24	100.00	44.70	9.44
18～60	7.68	—	15.19	1.35	3.25	63	19.57	6.52	100.00	21.27	7.72
60～130	7.56	—	7.37	—	—	—	16.52	—	100.00	23.55	7.00

9.7.5 者楼系（Zhelou Series）

土　族：黏质混合型石灰性热性-普通钙质常湿雏形土
拟定者：章明奎

分布与环境条件　广泛分布在遵义、安顺、铜仁、毕节、黔西南、黔南、黔东南的岩溶地貌的低山坡麓地带。属亚热带湿润气候，年均日照时数 1200～1300 h，年均温 14.0～17.0℃，年均降水量 1200～1500 mm，无霜期 255～285 d，年干燥度小于 1。海拔在 600～1250 m，起源于碳酸盐岩风化物；坡度多在 35°以下，利用方式为林地或旱地。

者楼系典型景观

土系特征与变幅　该土系诊断层包括淡薄表层和雏形层；诊断特性包括常湿润土壤水分状况、碳酸盐岩岩性特征、铁质特性和热性土壤温度状况。剖面构型为 Ah-Bw-R，土体厚度在 80～125 cm；岩体与上层土壤间存在季节性现象。土壤质地主要为黏土，砾石平均含量小于 25%；润土色调主要为 10YR；土壤脱钙不彻底，有石灰反应。

对比土系　涪洋系，同一土族，成土母质同为碳酸盐岩风化物。但涪洋系土体较厚，在 125 cm 以上，全剖面质地为粉砂质黏土和粉砂质黏壤土，粉砂含量高于 400 g/kg。

利用性能综述　者楼系立地条件较好，多数情况地表坡度小、土体较厚、水热条件较佳，适宜农业开发利用，种植玉米、小麦等旱粮或发展水果生产。但该土土质黏重，耕性较差，土壤肥力偏低。在改良方面，应重视灌溉和道路等基础设施建设，继续增加有机肥和化肥的投入，不断改善土壤耕作性状，提升土壤基础肥力。在地表坡度较大的区域，应以封山育林护草，维持生态环境为主。

参比土种　大泥土。

代表性单个土体　于 2015 年 8 月 27 日采自贵州省黔西南布依族苗族自治州册亨县者楼镇册阳村石头寨，24°59'34.4"N,105°45'55.0"E。母质为石灰岩残坡积物，海拔 807 m，地形为低山中下坡，坡度为 30°；50 cm 深度土壤年均温度约 17.7℃。土地利用方式为林地或旱地，编号为 52-104。

者楼系代表性单个土体剖面

Ah：0～25 cm，灰黄棕色（10YR 5/2，润），灰黄棕色（10YR 6/2，干）；细土质地为黏土；润；块状结构，稍坚实；中量根系；微碱性；向下层平滑渐变过渡。

Bw：25～83 cm，淡黄橙色（10YR 7/4，润），淡黄橙色（10YR 8/3，干）；细土质地为黏土；润；块状结构，稍坚实；少量石灰岩碎片；见少量铁斑纹；中性；向下层波状清晰过渡。

R：　83～110 cm，石灰岩岩体。

者楼系代表性单个土体物理性质

土层	深度/cm	砾石(>2 mm，体积分数)/%	细土颗粒组成(粒径：mm)/(g/kg)			细土质地(美国制)
			砂粒 2～0.05	粉砂 0.05～0.002	黏粒<0.002	
Ah	0～25	5	117	308	574	黏土
Bw	25～83	15	117	329	554	黏土

者楼系代表性单个土体化学性质

深度/cm	pH		有机质/(g/kg)	全氮(N)/(g/kg)	有效磷/(mg/kg)	速效钾/(mg/kg)	CEC_7/(cmol/kg)	C/N	盐基饱和度/%	游离氧化铁/(g/kg)	$CaCO_3$相当物/(g/kg)
	H_2O	KCl									
0～25	7.94	—	26.54	2.11	2.15	51	23.56	7.30	100.00	45.50	9.03
25～83	7.02	—	12.43	1.18	4.56	67	21.83	6.11	100.00	51.51	5.00

9.7.6 丰乐系（Fengle Series）

土 族：黏质混合型非酸性热性-普通钙质常湿雏形土

拟定者：章明奎

分布与环境条件 广泛分布在遵义、安顺、铜仁、毕节、黔西南、黔南、黔东南的岩溶地貌的低山下坡及坡麓。属亚热带湿润气候，年均日照时数 1200～1300 h，年均温 14.0～17.0℃，年均降水量 1200～1500 mm，无霜期 255～285 d，年干燥度小于 1。海拔在 600～1250 m，起源于碳酸盐岩风化物；坡度多在 25°以下；地表石灰岩露头占 20%，利用方式为林地或旱地。

丰乐系典型景观

土系特征与变幅 该土系诊断层包括淡薄表层和雏形层；诊断特性包括常湿润土壤水分状况、碳酸盐岩岩性特征、铁质特性和热性土壤温度状况。剖面构型为 Ah-Bw-C，土体厚度在 125 cm 以上；剖面下部存在临时性滞水现象。土壤质地主要为粉砂质黏壤土和粉砂质黏土，砾石平均含量小于 25%；润土色调主要为 10YR～7.5YR；土壤基本脱钙，pH 主要在 5.5～8.0。

对比土系 涪洋系、者楼系，同一亚类，成土母质同为碳酸盐岩风化物。但涪洋系和者楼系土壤脱钙不彻底，土壤有石灰反应；且者楼系土体较薄，厚度在 80～125 cm。

利用性能综述 丰乐系立地条件较好，地表坡度小、土体较厚、水热条件较佳，适宜农业开发利用，种植玉米、小麦等旱粮或发展水果生产。但该土土质黏重，耕性较差，土壤肥力偏低。在改良方面，应重视灌溉和道路等基础设施建设，继续增加有机肥和化肥的投入，不断改善土壤耕作性状，提升土壤基础肥力。

参比土种 大泥土。

代表性单个土体 于 2015 年 7 月 26 日采自贵州省遵义市务川仡佬苗族自治县丰乐镇田村（学堂坪），28°19'30.1"N,107°50'42.3"E。母质为石灰岩残坡积物，海拔 770 m，地形为低山下坡，坡度为 5°～15°；50 cm 深度土壤年均温度约 17.9℃。土地利用方式为旱地，编号为 52-013。

丰乐系代表性单个土体剖面

Ah：0～23 cm，亮棕色（7.5YR 5/6，润），暗橙色（7.5YR 6/4，干）；细土质地为粉砂质黏壤土；润；小块状结构，疏松；少量根系；夹杂有 10%砾石；中性；向下层平滑渐变过渡。

Bw1：23～88 cm，棕色（7.5YR 4/6，润），橙色（7.5YR 7/6，干）；细土质地为粉砂质黏壤土；润；大块状结构，坚实；少量细根；见少量石灰岩风化残余物；微碱性；向下层波状清晰过渡。

Bw2：88～125 cm，黄橙色（10YR 7/8，润），淡黄橙色（10YR 8/4，干）；细土质地为粉砂质黏壤土；潮；块状结构，坚实；结构面上见 5%～10%铁锰斑，见少量小石块；中性。

丰乐系代表性单个土体物理性质

土层	深度/cm	砾石(>2 mm，体积分数)/%	细土颗粒组成(粒径：mm)/(g/kg)			细土质地(美国制)
			砂粒 2～0.05	粉砂 0.05～0.002	黏粒<0.002	
Ah	0～23	10	80	510	410	粉砂质黏壤土
Bw1	23～88	14	87	520	393	粉砂质黏壤土
Bw2	88～125	2	123	528	349	粉砂质黏壤土

丰乐系代表性单个土体化学性质

深度/cm	pH		有机质/(g/kg)	全氮(N)/(g/kg)	有效磷/(mg/kg)	速效钾/(mg/kg)	CEC_7/(cmol/kg)	C/N	盐基饱和度/%	游离氧化铁/(g/kg)	$CaCO_3$相当物/(g/kg)
	H_2O	KCl									
0～23	7.44	—	21.90	1.38	6.80	57	20.23	9.23	100.00	46.80	0.00
23～88	7.57	—	13.83	0.78	4.48	72	18.57	10.28	100.00	29.61	10.89
88～125	7.02	—	6.48	—	—	—	16.25	—	100.00	24.76	5.05

9.7.7 火秋坪系（Huoqiuping Series）

土 族：壤质混合型酸性温性-普通钙质常湿雏形土

拟定者：章明奎

分布与环境条件 广泛分布在遵义、安顺、铜仁、毕节、黔西南、黔南、黔东南的岩溶地貌的中山。属暖温带湿润气候，年均日照时数1200～1400 h，年均温10.0～14.0℃，年均降水量1300～1600 mm，无霜期230～255 d，年干燥度小于1。海拔在1250～2000 m，起源于碳酸盐岩风化物；坡度多在35°以上；地表石灰岩露头占15%，利用方式为林地、灌丛地或旱地。

火秋坪系典型景观

土系特征与变幅 该土系诊断层包括淡薄表层和雏形层；诊断特性包括常湿润土壤水分状况、碳酸盐岩岩性特征、铁质特性和温性土壤温度状况。剖面构型为Ah-Bw-R，土体厚度在40～80 cm。土壤质地主要为粉砂壤土和砂质壤土，砾石平均含量小于25%；润土色调在2.5Y～10YR；土体完全脱钙，pH主要在4.5～5.5。

对比土系 丰乐系，同一亚类，成土母质同为碳酸盐岩风化物。但丰乐系分布海拔较低，土壤温度状况为热性；土壤黏粒含量较高，其颗粒大小级别为黏质，土壤反应为非酸性。

利用性能综述 火秋坪系立地条件较差，海拔较高，坡度大，土体较薄，不适宜农业开发利用，应以封山育林护草、维持生态平衡为主。对已开垦为农地的区域，应加强水土保持设施的建设，增加地表作物覆盖，减少地表裸露时间，降低水土流失；或退耕还林还草，改善生态环境。

参比土种 大泥土。

代表性单个土体 于2015年7月28日采自贵州省遵义市习水县仙源镇毛坪村火秋坪自然村，28°26'12.6"N,106°38'51.0"E。母质为灰质白云岩残积物，海拔1444 m，地形为中山上坡，坡度为45°；50 cm深度土壤年均温度约15.2℃。土地利用方式为灌丛地，编号为52-023。

火秋坪系代表性单个土体剖面

Ah： 0～12 cm，暗黄棕色（10YR 4/3，润），棕灰色（10YR 4/1，干）；细土质地为粉砂壤土；润；小团块状结构，疏松；多量根系；夹杂有 15%～25%的砾石（可能是石灰岩中的杂质；部分石块直径可达 10 cm）；酸性；向下层平滑较清晰过渡。

Bw1：12～45 cm，亮黄棕色（10YR 6/8，润），淡黄橙色（10YR 8/3，干）；细土质地为粉砂壤土；润；小块状结构，疏松；中量细根；夹杂有 10%～20%直径为 2～15 cm 的砾石；酸性；向下层平滑较清晰过渡。

Bw2：45～78 cm，亮黄棕色（2.5Y 6/8，润），淡黄色（2.5Y 7/4，干）；细土质地为砂质壤土；润；块状结构，坚实；酸性；局部可见石灰岩岩块。

R： 78 cm 以下，基岩。

火秋坪系代表性单个土体物理性质

土层	深度/cm	砾石(>2 mm，体积分数)/%	细土颗粒组成(粒径：mm)/(g/kg)			细土质地(美国制)
			砂粒 2～0.05	粉砂 0.05～0.002	黏粒<0.002	
Ah	0～12	20	195	551	254	粉砂壤土
Bw1	12～45	20	265	633	102	粉砂壤土
Bw2	45～78	10	612	193	196	砂质壤土

火秋坪系代表性单个土体化学性质

深度/cm	pH		有机质/(g/kg)	全氮(N)/(g/kg)	有效磷/(mg/kg)	速效钾/(mg/kg)	CEC_7/(cmol/kg)	C/N	盐基饱和度/%	游离氧化铁/(g/kg)	$CaCO_3$相当物/(g/kg)
	H_2O	KCl									
0～12	4.36	3.45	103.38	3.37	11.98	85	11.32	17.82	43.92	29.46	0.00
12～45	4.82	3.94	27.50	1.12	5.74	65	6.58	14.24	51.08	27.80	0.00
45～78	4.87	3.89	9.63	—	—	—	11.32	—	69.42	31.16	0.00

9.8　腐殖酸性常湿雏形土

9.8.1　盘水系（Panshui Series）

土　族：壤质硅质混合型温性-腐殖酸性常湿雏形土

拟定者：章明奎

分布与环境条件　广泛分布在遵义、安顺、铜仁、毕节、黔西南、黔东南、六盘水等地的中山下坡及坡麓地带。属暖温带湿润气候，年均日照时数 1200～1400 h，年均温 9.5～14.0℃，年均降水量 1300～1600 mm，无霜期 225～255 d，年干燥度小于 1。海拔在 1250～2200 m，起源于砂岩与页岩互层风化物；坡度多在 25°以下，利用方式为旱地。

盘水系典型景观

土系特征与变幅　该土系诊断层包括淡薄表层和雏形层；诊断特性包括常湿润土壤水分状况、腐殖质特性、铁质特性和温性土壤温度状况。剖面构型为 Ap-Bw-C，土体厚度在 125 cm 以上；土壤质地主要为砂质黏壤土、砂质壤土、黏壤土，砾石平均含量小于 25%；润土色调主要为 10YR；土壤 pH 在 4.5～5.5。

对比土系　中寨村系，同一亚类。但中寨村系成土母质为泥页岩风化物，土壤黏粒含量较高，颗粒大小级别为黏壤质。

利用性能综述　盘水系地势稍平缓，土体深厚，为贵州省高海拔地区的优质旱地。该土有机质积累较明显，质地适中，耕性良好，但全氮、速效钾、有效磷多为中等水平，土壤酸化明显。在改良方面，应加强水土保持设施的建设，增加地表作物覆盖，减少地表裸露时间，降低水土流失；同时，适当增施磷肥和钾肥，施用石灰降低土壤酸度。

参比土种　油黄砂泥。

代表性单个土体　于 2015 年 8 月 26 日采自贵州省黔西南布依族苗族自治州普安县盘水镇三脚岭与老屋厂之间，25°46'33.4"N,104°54'7.0"E。母质为泥/砂页岩坡积物，海拔 1566 m，地形为高原中山中下坡及坡麓地带，坡度<25°；50 cm 深度土壤年均温度约 14.8℃。土地利用方式为旱地，编号为 52-096。

盘水系代表性单个土体剖面

Ap： 0～20 cm，暗棕色（10YR 3/3，润），灰黄棕色（10YR 5/2，干）；细土质地为黏壤土；润；小块状结构，疏松；少量根系；酸性；向下层平滑渐变过渡。

Bw1：20～90 cm，淡黄棕色（10YR 5/3，润），灰黄棕色（10YR 6/2，干）；细土质地为粉砂壤土；润；块状结构，疏松；结构面上可见腐殖质胶膜；酸性；向下层平滑渐变过渡。

Bw2：90～180 cm，灰黄棕色（10YR 5/2，润），暗黄棕色（10YR 5/3，干）；细土质地为黏壤土；润；块状结构，稍坚实；酸性。

盘水系代表性单个土体物理性质

土层	深度/cm	砾石(>2 mm，体积分数)/%	细土颗粒组成(粒径：mm)/(g/kg)			细土质地(美国制)
			砂粒 2～0.05	粉砂 0.05～0.002	黏粒<0.002	
Ap	0～20	10	338	339	323	黏壤土
Bw1	20～90	15	319	558	124	粉砂壤土
Bw2	90～180	10	283	433	284	黏壤土

盘水系代表性单个土体化学性质

深度/cm	pH		有机质/(g/kg)	全氮(N)/(g/kg)	有效磷/(mg/kg)	速效钾/(mg/kg)	CEC_7/(cmol/kg)	C/N	盐基饱和度/%	游离氧化铁/(g/kg)	$CaCO_3$ 相当物/(g/kg)
	H_2O	KCl									
0～20	5.17	4.11	83.37	1.75	4.39	32	21.14	27.63	73.47	116.74	0.00
20～90	5.20	4.05	35.89	1.28	5.68	48	12.23	16.27	79.97	109.09	0.00
90～180	4.79	3.87	34.72	1.24	8.87	53	16.54	16.24	51.89	115.23	0.00

9.8.2 中寨村系（Zhongzhaicun Series）

土 族：黏壤质混合型温性-腐殖酸性常湿雏形土

拟定者：章明奎

分布与环境条件 广泛分布在遵义、安顺、铜仁、毕节、黔西南、黔东南、六盘水等地的中山。属暖温带湿润气候，年均日照时数 1200～1400 h，年均温 9.5～14.0℃，年均降水量 1300～1600 mm，无霜期 225～255 d，年干燥度小于 1。海拔在 1250～2200 m，起源于泥页岩风化物；坡度多在 25°以下，利用方式为林地或旱地。

中寨村系典型景观

土系特征与变幅 该土系诊断层包括淡薄表层和雏形层；诊断特性包括常湿润土壤水分状况、腐殖质特性、铁质特性和温性土壤温度状况。剖面构型为 Ah-Bw-C，土体厚度在 80～125 cm；土壤质地主要为砂质壤土和砂质黏壤土，砾石平均含量小于 25%；润土色调主要为 7.5YR；土壤 pH 主要在 4.0～5.5。

对比土系 盘水系，同一亚类。但盘水系成土母质为砂岩与页岩互层风化物，其黏粒含量较低，颗粒大小级别为壤质。

利用性能综述 中寨村系地势稍平缓，土体深厚，质地适中，耕性良好，在海拔稍低处适宜开发为农地，但应做好水土保持措施，适当增施磷肥和钾肥，施用石灰降低土壤酸度。对海拔较高的区域，应以封山育林为主，涵养水源。

参比土种 黄泥土。

代表性单个土体 于 2015 年 8 月 22 日采自贵州省毕节市赫章县平山乡中寨村，27°9'34.7"N,104°54'23.1"E。母质为泥页岩残积物，海拔 1618 m，地形为中山中上坡，坡度为 20°；50 cm 深度土壤年均温度约 14.6℃。土地利用方式为林地，编号为 52-072。

中寨村系代表性单个土体剖面

A0：+2～0 cm，枯叶层。暗棕色（10YR 3/3，润）。

Ah：0～20 cm，棕色（7.5YR 4/4，润），暗棕色（7.5YR 6/3，干）；细土质地为黏壤土；润；团块状结构，疏松；中量根系；夹有 18%直径为 2～20 mm 的砾石；酸性；向下层平滑较清晰过渡。

Bw1：20～50 cm，亮棕色（7.5YR 5/6，润），暗橙色（7.5YR 7/4，干）；细土质地为砂质壤土；润；小块状结构，疏松；少量粗根；夹杂有 14%直径为 2～30 mm 的砾石；结构面上有腐殖质胶膜；酸性；向下层平滑渐变过渡。

Bw2：50～120 cm，橙色（7.5YR 6/8，润），橙色（7.5YR 7/6，干）；细土质地为砂质黏壤土；润；块状结构，稍坚实；夹有 16%直径为 2～50 mm 的砾石；酸性。

中寨村系代表性单个土体物理性质

土层	深度/cm	砾石(>2 mm，体积分数)/%	细土颗粒组成(粒径：mm)/(g/kg)			细土质地(美国制)
			砂粒 2～0.05	粉砂 0.05～0.002	黏粒<0.002	
Ah	0～20	18	316	361	322	黏壤土
Bw1	20～50	14	684	118	199	砂质壤土
Bw2	50～120	16	674	110	217	砂质黏壤土

中寨村系代表性单个土体化学性质

深度/cm	pH		有机质/(g/kg)	全氮(N)/(g/kg)	有效磷/(mg/kg)	速效钾/(mg/kg)	CEC_7/(cmol/kg)	C/N	盐基饱和度/%	游离氧化铁/(g/kg)	$CaCO_3$相当物/(g/kg)
	H_2O	KCl									
0～20	4.30	3.45	51.94	2.00	2.83	29	16.54	15.09	48.53	69.32	0.00
20～50	4.31	3.52	20.24	1.32	3.25	39	11.40	8.89	45.94	68.38	0.00
50～120	5.29	4.12	6.18	—	—	—	10.23	—	55.70	177.77	0.00

9.8.3 永红村系（Yonghongcun Series）

土 族：粗骨壤质硅质混合型热性-腐殖酸性常湿雏形土

拟定者：章明奎

分布与环境条件 分布在黔南、遵义、安顺、贵阳、六盘水等地的低山中上坡。属亚热带湿润气候，年均日照时数 1200～1400 h，年均温 14.0～16.5℃，年均降水量 1200～1500 mm，无霜期 255～285 d，年干燥度小于1。海拔在 600～1250 m，起源于砂岩、砂页岩风化物；坡度多在 25°以上，利用方式为林地或旱地。

永红村系典型景观

土系特征与变幅 该土系诊断层包括淡薄表层和雏形层；诊断特性包括常湿润土壤水分状况、腐殖质特性和热性土壤温度状况。剖面构型为 Ap-Bw-C，土体厚度在 40～80 cm。因长期水土流失，该土黏粒较少，细土质地主要为砂质壤土，砾石平均含量大于 25%；润土色调主要为 2.5YR；土壤 pH 在 4.5～5.5。

对比土系 银盏系、箩罗寨系，同一亚类。但银盏系成土母质为泥页岩风化物，其颗粒大小级别为黏壤质；箩罗寨系成土母质也为砂岩、砂页岩风化物，但其砂粒含量较低，其土壤矿物类型为混合型，且土体深厚，在 125 cm 以上。

利用性能综述 永红村系具有土体较薄，耕作层浅，粗骨性强，抗蚀性、保水、保肥性差，养分含量低等特点，应以封山育林护草为主。对于已开发为农地的土壤，应加强水土保持力度，宜旱作与绿肥轮作，增加地表植物的覆盖，降低水土流失风险；同时，适当增施磷肥和钾肥，施用石灰降低土壤酸度。

参比土种 砾石黄砂土。

代表性单个土体 于 2015 年 8 月 21 日采自贵州省贵阳市息烽县永靖镇永红村缩头山自然村，27°5'13.2"N,106°44'1.5"E。母质为淡红色砂岩坡积物，海拔 1095 m，地形为低山中上坡，坡度为 25°；50 cm 深度土壤年均温度约 17.0℃。土地利用方式为旱地，编号为 52-065。

银盏系代表性单个土体剖面

Ah：0～12 cm，暗棕色（10YR 3/3，润），棕灰色（10YR 5/1，干）；细土质地为粉砂质黏壤土；润；小块状结构，疏松；少量根系；夹有 20%的砾石；微酸性；向下层平滑清晰过渡。

Bw：12～65 cm，橙色（7.5YR 6/6，润），淡橙色（7.5YR 7/4，干）；细土质地为粉砂质黏壤土；润；块状结构，稍坚实；夹杂有 11%的砾石；结构面上有腐殖质淀积；酸性；向下层波状清晰过渡。

C：65～125 cm，半风化物。橙色（7.5YR 7/6，润），淡黄橙色（7.5YR 8/4，干）；细土质地为砂质黏壤土；润；散粒状，疏松；微酸性。

银盏系代表性单个土体物理性质

土层	深度/cm	砾石(>2 mm，体积分数)/%	细土颗粒组成(粒径：mm)/(g/kg)			细土质地(美国制)
			砂粒 2～0.05	粉砂 0.05～0.002	黏粒<0.002	
Ah	0～12	26	164	459	377	粉砂质黏壤土
Bw	12～65	11	193	470	337	粉砂质黏壤土
C	65～125	21	537	214	250	砂质黏壤土

银盏系代表性单个土体化学性质

深度/cm	pH		有机质/(g/kg)	全氮(N)/(g/kg)	有效磷/(mg/kg)	速效钾/(mg/kg)	CEC_7/(cmol/kg)	C/N	盐基饱和度/%	游离氧化铁/(g/kg)	$CaCO_3$相当物/(g/kg)
	H_2O	KCl									
0～12	4.61	3.74	51.11	2.64	3.08	22	15.64	11.22	45.43	39.38	0.00
12～65	4.45	3.65	17.53	0.98	3.66	34	14.41	10.38	42.62	51.78	0.00
65～125	4.62	3.73	8.72	—	—	—	10.32	—	45.93	21.57	0.00

9.8.5 箩罗寨系（Luoluozhai Series）

土 族：粗骨壤质混合型热性-腐殖酸性常湿雏形土

拟定者：章明奎

分布与环境条件 分布在黔南、遵义、安顺、贵阳、六盘水等地的低山中上坡。属亚热带湿润气候，年均日照时数1200～1400 h，年均温14.0～16.5℃，年均降水量1200～1500 mm，无霜期255～285 d，年干燥度小于1。海拔在600～1250 m，起源于砂岩、砂页岩风化物；坡度多在25°以上，利用方式为林地或旱地。

箩罗寨系典型景观

土系特征与变幅 该土系诊断层包括淡薄表层和雏形层；诊断特性包括常湿润土壤水分状况、腐殖质特性、铁质特性和热性土壤温度状况。剖面构型为Ah-Bw-C，土体厚度在125 cm以上。土壤质地主要为壤土，砾石平均含量大于25%；润土色调主要在10YR～7.5YR；土壤pH在4.5～5.5。

对比土系 永红村系、银盏系，同一亚类。但银盏系成土母质为泥页岩风化物，其颗粒大小级别为黏壤质；永红村系成土母质也为砂岩、砂页岩风化物，但其砂粒含量较高，其土壤矿物类型为硅质混合型，且土体较薄，在40～80 cm。

利用性能综述 箩罗寨系土壤分布区热量条件丰富，土体深厚，质地适中，耕性良好，适宜农业生产，种植玉米、小麦等大田作物和茶叶、烤烟、果树等经济作物。但因该土系分布区坡度较大，肥力较低，抗蚀性较差，农用时，务必等高种植，强化水土保持设施建设。宜旱作与绿肥轮作，增加地表植物的覆盖，降低水土流失风险。同时，配施磷、钾肥；并根据需要施用石灰降低土壤酸度。

参比土种 油黄泥砂。

代表性单个土体 于2015年9月23日采自贵州省安顺市紫云苗族布依族自治县板当镇箩罗寨，25°49'39.8"N, 106°11'14.0"E。母质为砂岩坡积物，海拔1122 m，地形为低山中坡，坡度为45°；50 cm深度土壤年均温度约16.7℃。土地利用方式为旱地，编号为52-135。

箩罗寨系代表性单个土体剖面

Ah：0～20 cm，棕色（10YR 4/6，润），暗黄橙色（10YR 7/2，干）；细土质地为壤土；润；团粒状和团块状结构，疏松；少量根系；夹有 15%直径为 2～30 mm 的砾石；酸性；向下层平滑较清晰过渡。

Bw1：20～70 cm，淡棕色（7.5YR 5/4，润），暗黄橙色（10YR 7/3，干）；细土质地为壤土；润；块状结构，稍坚实；结构面上可见腐殖质胶膜；夹杂有 35%直径为 2～35 mm 的砾石；酸性；向下层平滑渐变过渡。

Bw2：70～150 cm，淡棕色（7.5YR 5/4，润），暗黄橙色（10YR 7/2，干）；细土质地为壤土；润；块状结构，坚实；夹杂有 40%直径为 2～50 mm 的砾石；酸性。

箩罗寨系代表性单个土体物理性质

土层	深度/cm	砾石(>2 mm，体积分数)/%	细土颗粒组成(粒径：mm)/(g/kg)			细土质地(美国制)
			砂粒 2～0.05	粉砂 0.05～0.002	黏粒<0.002	
Ah	0～20	15	405	343	252	壤土
Bw1	20～70	35	326	431	243	壤土
Bw2	70～150	40	354	390	256	壤土

箩罗寨系代表性单个土体化学性质

深度/cm	pH		有机质/(g/kg)	全氮(N)/(g/kg)	有效磷/(mg/kg)	速效钾/(mg/kg)	CEC_7/(cmol/kg)	C/N	盐基饱和度/%	游离氧化铁/(g/kg)	$CaCO_3$相当物/(g/kg)
	H_2O	KCl									
0～20	5.08	4.02	21.20	1.54	8.21	65	9.45	7.99	67.33	24.54	0.00
20～70	5.16	4.12	20.62	1.25	5.41	71	8.67	9.57	75.24	23.63	0.00
70～150	5.21	4.03	17.20	1.25	3.25	73	8.14	7.98	73.88	22.74	0.00

9.9 铁质酸性常湿雏形土

9.9.1 湄江系（Meijiang Series）

土 族：粗骨壤质硅质混合型热性-铁质酸性常湿雏形土
拟定者：章明奎

分布与环境条件 主要分布在铜仁、贵阳、遵义、毕节、六盘水和黔南等地低山坡地。属亚热带湿润气候，年均日照时数 1200～1400 h，年均温 14.0～16.5℃，年均降水量 1200～1500 mm，无霜期 255～285 d，年干燥度小于 1。海拔在 600～1250 m，起源于砂岩、变余砂岩风化物；坡度多在 25°以上，利用方式为林地或旱地。

湄江系典型景观

土系特征与变幅 该土系诊断层包括淡薄表层和雏形层；诊断特性包括常湿润土壤水分状况、铁质特性和热性土壤温度状况。剖面构型为 Ap-Bw-C，土体厚度在 25～40 cm。细土质地主要为砂质壤土和黏壤土，砾石平均含量大于 25%；润土色调主要在 2.5Y～10YR；土壤 pH 主要在 4.5～7.5。

对比土系 永兴桥系，同一亚类。但永兴桥系成土母质为红土、黄色老风化壳，其颗粒大小级别为黏壤质，土壤矿物类型为高岭石混合型；土体深厚，在 125 cm 以上。

利用性能综述 湄江系土壤分布区热量条件丰富，适宜农业生产，种植玉米、小麦等大田作物和茶叶、烤烟、果树等经济作物。但该土土层浅薄、粗骨性强，抗蚀性较差，肥力较低，农用时务必等高种植，强化水土保持设施建设；宜旱作与绿肥轮作，增加地表植物的覆盖，降低水土流失风险。同时，配施磷、钾肥；并根据需要施用石灰降低土壤酸度。对于坡度较大的区域，宜封山育林，保护土被。

参比土种 幼黄砂。

代表性单个土体 于 2015 年 7 月 31 日采自贵州省遵义市湄潭县湄江镇附近，27°45'36.0"N,107°28'54.4"E。母质为砂岩残坡积物，海拔 808 m，地形为低山坡脚，坡度为 25°左右；50 cm 深度土壤年均温度约 18.4℃。土地利用方式为旱地，编号为 52-039。

湄江系代表性单个土体剖面

Ap：0～19 cm，棕色（10YR 4/6，润），淡黄橙色（10YR 7/2，干）；细土质地为黏壤土；润；小块状结构，稍坚实；少量根系；夹杂有 15%～20%的砾石；酸性；向下层平滑清晰过渡。

Bw：19～30 cm，黄棕色（2.5Y 5/4，润），淡黄色（2.5Y 7/3，干）；细土质地为砂质壤土；润；块状结构，稍坚实；夹杂有 35%～40%的砾石；酸性；向下层波状清晰过渡。

C：30～80 cm，主要由直径为 1～5 cm 的砾石块组成（占75%）。亮棕色（7.5YR 5/8，润），暗橙色（7.5YR 6/4，干）；细土质地为黏壤土；润；散粒状结构，坚实；微酸性。

湄江系代表性单个土体物理性质

土层	深度/cm	砾石(>2 mm，体积分数)/%	细土颗粒组成(粒径：mm)/(g/kg)			细土质地(美国制)
			砂粒 2～0.05	粉砂 0.05～0.002	黏粒<0.002	
Ap	0～19	20	350	361	290	黏壤土
Bw	19～30	35	733	135	131	砂质壤土
C	30～80	75	388	328	284	黏壤土

湄江系代表性单个土体化学性质

深度/cm	pH		有机质/(g/kg)	全氮(N)/(g/kg)	有效磷/(mg/kg)	速效钾/(mg/kg)	CEC_7/(cmol/kg)	C/N	盐基饱和度/%	游离氧化铁/(g/kg)	$CaCO_3$ 相当物/(g/kg)
	H_2O	KCl									
0～19	4.96	4.12	30.42	2.39	51.82	53	10.56	7.38	40.27	27.42	0.00
19～30	5.46	4.48	14.50	1.15	18.45	62	7.10	7.31	59.88	25.23	0.00
30～80	5.48	4.87	11.76	—	—	—	13.56	—	61.30	46.58	0.00

9.9.2　三望坪系（Sanwangping Series）

土　族：黏质混合型温性-铁质酸性常湿雏形土

拟定者：章明奎

分布与环境条件　分布在黔西南等地的高原平台地上。属暖温带湿润气候，年均日照时数 1400～1600 h，年均温 9.0～11.0℃，年均降水量 1200～1300 mm，无霜期 205～225 d，年干燥度小于 1。海拔在 1700～2200 m，起源于砂页岩互层风化物；坡度多在 25°以下，利用方式为荒地或草地。

三望坪系典型景观

土系特征与变幅　该土系诊断层包括淡薄表层和雏形层；诊断特性包括常湿润土壤水分状况、铁质特性和热性土壤温度状况。剖面构型为 Ah-Bw-C，土体厚度在 40～80 cm，Ah 厚度在 5～15 cm，有机质含量在 80 g/kg 以上。土壤质地主要为黏土，砾石平均含量小于 25%；润土色调主要为 10YR；土壤 pH 在 5.5 以下。

对比土系　永兴桥系，同一亚类。但永兴桥系成土母质为红土、黄色老风化壳，分布海拔较低，其颗粒大小级别为黏壤质，土壤温度状况为热性，土壤矿物类型为高岭石混合型；土体深厚，在 125 cm 以上。

利用性能综述　三望坪系土壤分布海拔较高，因处于高原台面，立地条件一般，风大、热量不足；该土土质黏重，透水性差，一般不适合农业开发利用，宜发展畜牧业。但因所处生态较为脆弱，放牧强度不宜过大，以防土壤压实和草被破坏。必要时，可改良草被种类，增加生物量，并适当增施磷、钾肥。

参比土种　草甸砂泥土。

代表性单个土体　于 2015 年 9 月 24 日采自贵州省黔西南布依族苗族自治州晴隆县大厂镇三望坪，25°41'5.0"N,105°9'4.0"E。母质为砂页岩互层残积物，海拔 1834 m，地形为高原中山顶部平台地，坡度<5°；50 cm 深度土壤年均温度约 13.5℃。土地利用方式为草地，编号为 52-139。

三望坪系代表性单个土体剖面

Ah：0～11 cm，棕黑色（10YR 3/2，润），灰黄棕色（10YR 5/2，干）；细土质地为黏土；润；团粒状结构，疏松；中量根系；夹杂有 2%直径为 2～20 mm 的砾石；酸性；向下层平滑清晰过渡。

Bw：11～70 cm，亮黄棕色（10YR 7/6，润），淡黄橙色（10YR 8/4，干）；细土质地为黏土；润；块状结构，稍坚实；酸性；向下层波状清晰过渡。

C：70～100 cm，半风化砂岩。暗灰黄色（2.5Y 5/2，润），淡黄色（2.5Y 7/3，干）；润；坚实；酸性。

三望坪系代表性单个土体物理性质

土层	深度/cm	砾石(>2 mm，体积分数)/%	细土颗粒组成(粒径：mm)/(g/kg)			细土质地(美国制)
			砂粒 2～0.05	粉砂 0.05～0.002	黏粒<0.002	
Ah	0～11	2	155	319	526	黏土
Bw	11～70	1	91	373	535	黏土

三望坪系代表性单个土体化学性质

深度/cm	pH		有机质/(g/kg)	全氮(N)/(g/kg)	有效磷/(mg/kg)	速效钾/(mg/kg)	CEC_7/(cmol/kg)	C/N	盐基饱和度/%	游离氧化铁/(g/kg)	$CaCO_3$ 相当物/(g/kg)
	H_2O	KCl									
0～11	5.42	4.36	110.17	2.91	3.52	65	21.25	21.97	75.48	70.66	0.00
11～70	4.70	3.87	26.70	1.21	1.54	58	19.94	12.80	46.30	98.52	0.00

9.9.3 永兴桥系（Yongxingqiao Series）

土 族：黏壤质高岭石混合型热性-铁质酸性常湿雏形土

拟定者：章明奎

分布与环境条件 分布在黔西南、安顺、遵义、黔南、贵阳、铜仁等地的中山山前坡麓地带。属亚热带湿润气候，年均日照时数1300～1400 h，年均温14.0～16.5 ℃，年均降水量1300～1500 mm，无霜期255～285 d，年干燥度小于1。海拔在600～1250 m，起源于红土、黄色老风化壳；坡度多在25°以下，利用方式为园地或旱地。

永兴桥系典型景观

土系特征与变幅 该土系诊断层包括淡薄表层和雏形层；诊断特性包括常湿润土壤水分状况、铁质特性和热性土壤温度状况。剖面构型为Ah-Bw-C，土体厚度在125 cm以上。土壤质地主要为粉砂质黏土和砂质黏壤土，砾石平均含量小于25%；润土色调主要在10YR～7.5YR；土壤pH在4.5～5.5。

对比土系 上坝村系、油迈系，同一亚类。但上坝村系和油迈系成土母质分别为白云岩风化物和砂岩与页岩互层风化物，风化程度稍弱，土壤矿物类型均为混合型。且上坝村系砾石含量高，平均含量大于35%。

利用性能综述 永兴桥系土壤立地条件较佳，水热丰富，土体深厚，适宜种植玉米、小麦等大田作物和茶叶、烤烟、果树等经济作物。但该土耕性较差，土壤肥力较低，土壤酸化明显，应增加有机肥和磷、钾肥的投入，旱作与绿肥轮作，以改善土壤耕性和提升基础地力。同时，根据需要施用石灰降低土壤酸度。

参比土种 厚黄黏泥。

代表性单个土体 于2015年7月31日采自贵州省遵义市湄潭县永兴镇永兴桥村，27°51'6.2"N,107°34'8.4"E。母质为红土老风化壳，海拔815 m，地形为山前古洪积扇或山麓地带，坡度<5°；50 cm深度土壤年均温度约18.5℃。土地利用方式为茶园，编号为52-041。

永兴桥系代表性单个土体剖面

Ah：0～20 cm，棕色（10YR 4/6，润），淡黄橙色（10YR 7/3，干）；细土质地为粉砂质黏土；润；块状结构，稍疏松；少量根系；酸性；向下层平滑渐变过渡。

Bw1：20～95 cm，亮棕色（7.5YR 5/6，润），淡黄橙色（10YR 7/4，干）；细土质地为砂质黏壤土；润；块状结构，稍坚实；少量细根；见少量砖块碎片；酸性；向下层平滑渐变过渡。

Bw2：95～150 cm，亮棕色（7.5YR 5/8，润），黄橙色（10YR 8/6，干）；细土质地为砂质黏壤土；润；块状结构，稍坚实；130 cm 处见少量铁锰斑；酸性。

永兴桥系代表性单个土体物理性质

土层	深度/cm	砾石(>2 mm，体积分数)/%	细土颗粒组成(粒径：mm)/(g/kg)			细土质地(美国制)
			砂粒 2～0.05	粉砂 0.05～0.002	黏粒<0.002	
Ah	0～20	1	97	469	434	粉砂质黏土
Bw1	20～95	0	525	179	295	砂质黏壤土
Bw2	95～150	2	524	234	242	砂质黏壤土

永兴桥系代表性单个土体化学性质

深度/cm	pH		有机质/(g/kg)	全氮(N)/(g/kg)	有效磷/(mg/kg)	速效钾/(mg/kg)	CEC_7/(cmol/kg)	C/N	盐基饱和度/%	游离氧化铁/(g/kg)	$CaCO_3$相当物/(g/kg)
	H_2O	KCl									
0～20	4.98	4.13	28.30	2.88	31.49	219	13.65	5.70	43.92	47.00	0.00
20～95	5.44	4.26	20.56	1.87	12.45	198	8.78	6.38	50.85	44.41	0.00
95～150	5.26	4.15	13.50	—	—	—	6.98	—	46.36	22.50	0.00

9.9.4　上坝村系（Shangbacun Series）

土　族：粗骨黏壤质混合型热性-铁质酸性常湿雏形土

拟定者：章明奎

分布与环境条件　主要分布在毕节、黔南等地的岩溶地貌的低山下坡。属亚热带湿润气候，年均日照时数 1200～1400 h，年均温 14.0～16.5℃，年均降水量 1300～1500 mm，无霜期 255～285 d，年干燥度小于 1。海拔在 600～1250 m，起源于白云岩风化物；坡度多在 15°～35°，利用方式为荒坡地或林地。

上坝村系典型景观

土系特征与变幅　该土系诊断层包括淡薄表层和雏形层；诊断特性包括常湿润土壤水分状况、铁质特性和热性土壤温度状况。剖面构型为 Ah-Bw-C，土体厚度在 125 cm 以上。细土质地主要为黏壤土和黏土，砾石平均含量一般高于 35%；润土色调主要在 5YR～2.5YR；土壤基本脱钙，pH 主要在 4.0～5.5。

对比土系　油迈系，同一亚类。但油迈系成土母质为砂岩与页岩互层风化物，润土色调比 7.5YR 更黄，砾石含量在 25%以下。

利用性能综述　上坝村系土壤热量丰富，土体深厚，但其肥力较低，土壤中含有高量砾石，影响耕作。在坡度较缓的区域，适宜种植玉米、小麦等大田作物和茶叶、烤烟、果树等经济作物。但需等高种植，增加有机肥和磷、钾肥的投入，旱作与绿肥轮作，以改善土壤耕性和提升基础地力。同时，根据需要施用石灰降低土壤酸度。坡度稍大的区域，宜封山育林，以发展薪炭林和经济林为主。

参比土种　淡棕大泥土。

代表性单个土体　于 2015 年 9 月 23 日采自贵州省黔南布依族苗族自治州惠水县和平镇上坝村山口自然村，26°6'50.4"N,106°36'36.1"E。母质为白云岩残坡积物，海拔 1046 m，地形为低山下坡，坡度为 25°；50 cm 深度土壤年均温度约 17.3℃。土地利用方式为荒坡地或林地，编号为 52-133。

上坝村系代表性单个土体剖面

Ah：　0～20 cm，橙色（5YR 6/8，润），暗橙色（5YR 7/3，干）；细土质地为黏土；润；块状结构，坚实；少量根系；夹有 35%直径为 2～20 mm 的砾石；酸性；向下层平滑渐变过渡。

Bw1：20～60 cm，橙色（2.5YR 6/8，润），淡红橙色（2.5YR 7/4，干）；细土质地为黏壤土；润；块状结构，坚实；少量细根；夹杂有 45%直径为 2～50 mm 的砾石；酸性；向下层波状渐变过渡。

Bw2：　60～160 cm，亮红棕色（2.5YR 5/8，润），淡红橙色（2.5YR 7/3，干）；细土质地为黏壤土；润；块状结构，非常坚实；夹杂有 50%直径为 3～100 mm 的砾石；酸性。

上坝村系代表性单个土体物理性质

土层	深度/cm	砾石(>2 mm，体积分数)/%	细土颗粒组成(粒径：mm)/(g/kg)			细土质地(美国制)
			砂粒 2～0.05	粉砂 0.05～0.002	黏粒<0.002	
Ah	0～20	35	208	291	501	黏土
Bw1	20～60	45	269	361	370	黏壤土
Bw2	60～160	50	365	340	295	黏壤土

上坝村系代表性单个土体化学性质

深度/cm	pH		有机质/(g/kg)	全氮(N)/(g/kg)	有效磷/(mg/kg)	速效钾/(mg/kg)	CEC_7/(cmol/kg)	C/N	盐基饱和度/%	游离氧化铁/(g/kg)	$CaCO_3$ 相当物/(g/kg)
	H_2O	KCl									
0～20	4.41	3.54	11.71	0.77	2.83	37	23.54	8.81	41.13	41.21	0.00
20～60	4.56	3.68	5.89	0.47	1.02	21	12.13	7.27	47.67	28.48	0.00
60～160	4.56	3.74	5.95	—	—	—	9.25	—	46.54	25.03	0.00

9.9.5 油迈系（Youmai Series）

土 族：黏壤质混合型热性-铁质酸性常湿雏形土
拟定者：章明奎

分布与环境条件 分布在遵义、安顺、铜仁、毕节、黔西南、黔南、黔东南、贵阳等地的低山。属亚热带湿润气候，年均日照时数 1200～1400 h，年均温 14.0～16.5℃，年均降水量 1300～1500 mm，无霜期 255～285 d，年干燥度小于 1。海拔在 600～1250 m，起源于砂岩与页岩互层风化物；坡度多在 15°～35°，利用方式为林地或荒坡地。

油迈系典型景观

土系特征与变幅 该土系诊断层包括淡薄表层和雏形层；诊断特性包括常湿润土壤水分状况、铁质特性和热性土壤温度状况。剖面构型为 Ah-Bw-C，土体厚度在 125 cm 以上。土壤质地主要为黏壤土和壤土，砾石平均含量小于 25%；润土色调主要为 7.5YR；土壤 pH 在 4.5～5.5。

对比土系 上坝村系，同一亚类。但上坝村系成土母质为白云岩风化物，润土色调比 5YR 更红，砾石含量高，平均在 35%以上。

利用性能综述 油迈系土壤热量丰富，土体深厚，耕性良好，但其肥力较低。在坡度较缓的区域，适宜种植玉米、小麦等大田作物和茶叶、烤烟、果树等经济作物。但需等高种植，增加有机肥和磷、钾肥的投入，旱作与绿肥轮作，以改善土壤耕性和提升基础地力。同时，根据需要施用石灰降低土壤酸度。坡度稍大的区域，宜封山育林，以发展薪炭林和经济林为主。

参比土种 生黄砂泥土。

代表性单个土体 于 2015 年 8 月 27 日采自贵州省黔西南布依族苗族自治州望谟县油迈瑶族乡上坝岭村，25°7'29.9"N,106°36'51.4"E。母质为砂岩与页岩互层坡积物，海拔 921 m，地形为低山中上坡，坡度为 25°；50 cm 深度土壤年均温度约 17.8℃。土地利用方式为林地，编号为 52-105。

油迈系代表性单个土体剖面

Ah：　0～20 cm，棕色（7.5YR 4/4，润），亮棕灰色（7.5YR 7/2，干）；细土质地为黏壤土；润；团块状结构，疏松；少量根系；夹有 5%岩石碎屑物；酸性；向下层平滑渐变过渡。

Bw1：20～50 cm，棕色（7.5YR 4/4，润），亮棕灰色（7.5YR 7/2，干）；细土质地为壤土；润；小块状结构，稍疏松；少量细根；夹有 8%岩石碎屑物；酸性；向下层平滑清晰过渡。

Bw2：50～160 cm，橙色（7.5YR 6/8，润），淡黄橙色（7.5YR 8/4，干）；细土质地为壤土；润；块状结构，稍坚实；夹有 15%直径为 2～10 cm 的岩石碎屑物；酸性。

油迈系代表性单个土体物理性质

土层	深度/cm	砾石(>2 mm，体积分数)/%	细土颗粒组成(粒径：mm)/(g/kg)			细土质地(美国制)
			砂粒 2～0.05	粉砂 0.05～0.002	黏粒<0.002	
Ah	0～20	5	235	492	273	黏壤土
Bw1	20～50	8	391	373	235	壤土
Bw2	50～160	15	389	371	240	壤土

油迈系代表性单个土体化学性质

深度/cm	pH		有机质/(g/kg)	全氮(N)/(g/kg)	有效磷/(mg/kg)	速效钾/(mg/kg)	CEC_7/(cmol/kg)	C/N	盐基饱和度/%	游离氧化铁/(g/kg)	$CaCO_3$相当物/(g/kg)
	H_2O	KCl									
0～20	4.64	3.65	26.05	1.55	9.76	65	11.23	9.73	40.79	24.92	0.00
20～50	4.57	3.72	22.01	1.35	7.45	73	8.68	9.46	39.82	23.00	0.00
50～160	5.33	4.23	7.79	—	—	—	7.21	—	60.46	23.23	0.00

9.9.6 撒拉溪系（Salaxi Series）

土 族：壤质硅质混合型温性-铁质酸性常湿雏形土
拟定者：章明奎

分布与环境条件 主要分布在六盘水、铜仁、毕节和遵义等地的中山中下坡。属暖温带湿润气候，年均日照时数 1300～1600 h，年均温 10.0～13.0 ℃，年均降水量 1300～1400 mm，无霜期 225～240 d，年干燥度小于 1。海拔在 1500～2200 m，起源于泥页岩、板岩、泥岩风化物；坡度多在 15°～35°，利用方式为旱地或荒坡地。

撒拉溪系典型景观

土系特征与变幅 该土系诊断层包括淡薄表层和雏形层；诊断特性包括常湿润土壤水分状况、铁质特性和温性土壤温度状况。剖面构型为 Ah-Bw-C，土体厚度在 40～80 cm。土壤质地主要为砂质壤土和壤土，砾石平均含量小于 25%；润土色调主要为 7.5YR；土壤 pH 在 4.5～5.5。

对比土系 油迈系，同一亚类。但油迈系成土母质为砂岩与页岩互层风化物，分布海拔较低，土壤颗粒组成类别为黏壤质，土壤温度状况为热性。

利用性能综述 撒拉溪系土壤分布海拔较高，热量条件较差，肥力较低，土体较薄，土壤酸化明显，但该土耕性良好，在海拔 1800 m 以下坡度较缓的地区，适宜种植玉米、小麦等大田作物，但需等高种植，增加有机肥和磷、钾肥的投入，旱作与绿肥轮作，以改善土壤耕性和提升基础地力。对于海拔较高或坡度较大的区域，应以封山育林护草、维持生态环境为主，发展薪炭林和经济林。

参比土种 薄灰泡砂泥土。

代表性单个土体 于 2015 年 8 月 22 日采自贵州省毕节市七星关区撒拉溪镇永丰村抬沙坝，27°13'31.1"N,105°5'45.3"E。母质为泥页岩残坡积物，海拔 1691 m，地形为中山中下坡，坡度为 25°左右；50 cm 深度土壤年均温度约 14.5℃。土地利用方式为荒坡地，编号为 52-071。

撒拉溪系代表性单个土体剖面

Ah：0～13 cm，亮棕色（7.5YR 5/6，润），暗棕色（7.5YR 6/3，干）；细土质地为壤土；润；块状结构，疏松；中量根系；夹有 15%直径为 2～20 mm 的砾石；酸性；向下层平滑渐变过渡。

Bw：13～50 cm，橙色（7.5YR 6/8，润），暗橙色（7.5YR 7/4，干）；细土质地为砂质壤土；润；块状结构，稍坚实；夹有 10%直径为 2～20 mm 的砾石；酸性；向下层平滑渐变过渡。

C：50～100 cm，半风化泥页岩。橙色（7.5YR 6/8，润），暗橙色（7.5YR 7/3，干）。

撒拉溪系代表性单个土体物理性质

土层	深度/cm	砾石(>2 mm，体积分数)/%	细土颗粒组成(粒径：mm)/(g/kg)			细土质地(美国制)
			砂粒 2～0.05	粉砂 0.05～0.002	黏粒<0.002	
Ah	0～13	15	297	437	265	壤土
Bw	13～50	10	603	208	189	砂质壤土

撒拉溪系代表性单个土体化学性质

深度/cm	pH		有机质/(g/kg)	全氮(N)/(g/kg)	有效磷/(mg/kg)	速效钾/(mg/kg)	CEC_7/(cmol/kg)	C/N	盐基饱和度/%	游离氧化铁/(g/kg)	$CaCO_3$ 相当物/(g/kg)
	H_2O	KCl									
0～13	5.18	4.21	27.16	1.51	1.17	23	8.74	10.40	53.54	97.75	0.00
13～50	5.32	4.12	14.17	0.89	2.25	34	9.56	9.23	55.06	73.72	0.00

9.10 普通酸性常湿雏形土

9.10.1 厂头村系（Changtoucun Series）

土　族：黏壤质混合型温性-普通酸性常湿雏形土

拟定者：章明奎

分布与环境条件　主要分布在黔东南、黔西南和铜仁等地的中山平缓地带。属暖温带湿润气候，年均日照时数 1300～1500 h，年均温 9.5～13.0℃，年均降水量 1300～1400 mm，无霜期 220～245 d，年干燥度小于 1。海拔在 1500～2200 m，起源于泥页岩风化物；坡度多在 15°以下，利用方式为草地。

厂头村系典型景观

土系特征与变幅　该土系诊断层包括淡薄表层和雏形层；诊断特性包括常湿润土壤水分状况和温性土壤温度状况。剖面构型为 Ah-Bw-C，土体厚度在 40～80 cm，Ah 层厚度在 10～15 cm。土壤质地主要为粉砂质黏壤土和粉砂壤土，砾石平均含量小于 25%；润土色调主要为 10YR；土壤 pH 主要在 4.5～5.5。

对比土系　夜郎系，同一亚类。但夜郎系成土母质为砂岩风化物，分布海拔较低，颗粒大小级别为砂质，土壤温度状况为热性，土体深厚，在 125 cm 以上。

利用性能综述　厂头村系土壤所处海拔较高，土层较薄，热量条件欠佳，风较大，不适合发展种植业，只宜封山育林、护草，以保持水土，涵养水源。

参比土种　草甸砂泥土。

代表性单个土体　于 2015 年 9 月 24 日采自贵州省黔西南布依族苗族自治州兴仁市下山镇厂头村，25°34'14.6"N,105°10'26.4"E。母质为泥页岩残积物，海拔 1707 m，地形为中山山顶平缓地带（平台地），坡度<10°；50 cm 深度土壤年均温度约 14.3℃。土地利用方式为草地，编号为 52-136。

厂头村系代表性单个土体剖面

Ah：0～12 cm，棕黑色（10YR 2/3，润），灰黄棕色（10YR 4/2，干）；细土质地为粉砂质黏壤土；润；团粒状结构，疏松；中量根系；微酸性；向下层平滑清晰过渡。

Bw：12～50 cm，灰黄棕色（10YR 6/2，润），灰白色（10YR 7/1，干）；细土质地为粉砂壤土；润；块状结构，稍坚实；夹杂有 15%直径为 2～20 mm 的砾石；局部区块可见少量黄色铁锈斑；酸性；向下层平滑渐变过渡。

C：50～110 cm，半风化泥页岩（硬度较低，易破碎）。灰黄棕色（10YR 6/2，润），灰白色（10YR 7/1，干）；细土质地为粉砂壤土；润；散块状，坚实；酸性。

厂头村系代表性单个土体物理性质

土层	深度/cm	砾石(>2 mm，体积分数)/%	细土颗粒组成(粒径：mm)/(g/kg)			细土质地(美国制)
			砂粒 2～0.05	粉砂 0.05～0.002	黏粒<0.002	
Ah	0～12	5	162	491	348	粉砂质黏壤土
Bw	12～50	15	162	623	215	粉砂壤土
C	50～110	80	183	636	181	粉砂壤土

厂头村系代表性单个土体化学性质

深度/cm	pH		有机质/(g/kg)	全氮(N)/(g/kg)	有效磷/(mg/kg)	速效钾/(mg/kg)	CEC_7/(cmol/kg)	C/N	盐基饱和度/%	游离氧化铁/(g/kg)	$CaCO_3$相当物/(g/kg)
	H_2O	KCl									
0～12	5.62	4.46	75.10	2.33	4.20	86	21.44	18.73	74.19	19.37	0.00
12～50	4.84	3.97	15.47	0.51	2.65	73	12.26	17.59	42.30	10.86	0.00
50～110	4.72	3.86	11.72	—	—	—	6.25	—	22.20	10.07	0.00

9.10.2 夜郎系（Yelang Series）

土 族：砂质硅质型热性-普通酸性常湿雏形土

拟定者：章明奎

分布与环境条件 分布在遵义、安顺、铜仁、毕节、黔东南、黔西南和黔南等地的低山坡地。属亚热带湿润气候，年均日照时数 1100～1400 h，年均温 14.0～17.0℃，年均降水量 1200～1500 mm，无霜期 255～285 d，年干燥度小于 1。海拔在 600～1250 m，起源于砂岩风化物；坡度多在 15°以上，利用方式为旱地和茶园。

夜郎系典型景观

土系特征与变幅 该土系诊断层包括淡薄表层和雏形层；诊断特性包括常湿润土壤水分状况和热性土壤温度状况。剖面构型为 Ap-Bw-C，土体厚度在 125 cm 以上。土壤质地主要为砂质壤土，砾石平均含量小于 25%；润土色调在 10YR～7.5YR；土壤 pH 在 4.5～5.5。

对比土系 厂头村系，同一亚类。但厂头村系成土母质为泥页岩风化物，分布海拔较高，颗粒大小级别为黏壤质，土壤温度状况为温性，土体较薄，在 40～80 cm。

利用性能综述 夜郎系土体深厚，耕性良好，分布在低海拔地区，热量条件充足，在平缓地带适宜多种经营，种植玉米、小麦、油菜、番薯等大田作物和茶树、果树等经济作物。但该土结持性较差，土壤肥力较低，利用时应做好水土保持工作，推行作物与绿肥轮作，避免地表裸露，增加有机肥、磷肥、钾肥的施用，改善土壤物理性状和基础地力。对于坡度较大的地带，宜种植生态林，涵养水源。

参比土种 厚黄砂。

代表性单个土体 于 2015 年 7 月 28 日采自贵州省遵义市桐梓县夜郎镇夜郎村，28°23'27.6"N,106°46'14.5"E。母质为砂岩坡积物，海拔 612 m，地形为低山下坡，坡度为 25°；50 cm 深度土壤年均温度约 18.5℃。土地利用方式为旱地和茶园，编号为 52-020。

夜郎系代表性单个土体剖面

Ap：0～20 cm，棕色（7.5YR 4/6，润），暗橙色（7.5YR 7/3，干）；细土质地为壤土；润；块状结构，稍坚实；少量根系；夹杂有 15%砾石；酸性；向下层平滑渐变过渡。

Bw1：20～80 cm，棕色（7.5YR 4/4，润），暗橙色（7.5YR 7/3，干）；细土质地为砂质壤土；润；小块状结构，疏松；少量细根；夹杂有10%砾石；酸性；向下层平滑渐变过渡。

Bw2：80～125 cm，棕色（10YR 4/6，润），暗黄橙色（10YR 7/3，干）；细土质地为砂质壤土；润；小块状结构，疏松；夹杂有 15%砾石；酸性。

夜郎系代表性单个土体物理性质

土层	深度/cm	砾石(>2 mm，体积分数)/%	细土颗粒组成(粒径：mm)/(g/kg)			细土质地(美国制)
			砂粒 2～0.05	粉砂 0.05～0.002	黏粒<0.002	
Ap	0～20	15	477	319	204	壤土
Bw1	20～80	10	750	117	133	砂质壤土
Bw2	80～125	15	767	126	106	砂质壤土

夜郎系代表性单个土体化学性质

深度/cm	pH		有机质/(g/kg)	全氮(N)/(g/kg)	有效磷/(mg/kg)	速效钾/(mg/kg)	CEC_7/(cmol/kg)	C/N	盐基饱和度/%	游离氧化铁/(g/kg)	$CaCO_3$相当物/(g/kg)
	H_2O	KCl									
0～20	5.22	4.05	28.10	2.55	25.23	44	11.45	6.39	68.12	15.46	0.00
20～80	5.19	4.11	12.67	1.02	11.56	42	5.78	7.20	61.53	14.93	0.00
80～125	4.91	4.05	11.54	—	—	—	5.14	—	46.61	13.57	0.00

9.11　腐殖简育常湿雏形土

9.11.1　丫口田系（Yakoutian Series）

土　族：黏壤质混合型非酸性热性-腐殖简育常湿雏形土

拟定者：章明奎

分布与环境条件　分布在毕节、遵义、安顺、黔南和黔西南等地的低山和高丘坡地。属亚热带湿润气候，年均日照时数 1100～1400 h，年均温 14.0～18.0℃，年均降水量 1100～1400 mm，无霜期 255～295 d，年干燥度小于 1。海拔在 1250 m 以下，起源于紫色、紫红色砂岩和砾岩风化物；坡度多在 25°以下，利用方式为果园和旱地。

丫口田系典型景观

土系特征与变幅　该土系诊断层包括淡薄表层和雏形层；诊断特性包括常湿润土壤水分状况、腐殖质特性、铁质特性和热性土壤温度状况。剖面构型为 Ah-Bw-C，土体厚度在 125 cm 以上。土壤质地主要为黏壤土和壤土，砾石平均含量小于 25%；润土色调主要为 5YR；土壤 pH 在 5.5～7.5。

对比土系　姜家坪系，同一土族。但姜家坪系成土母质为泥页岩风化物，润土色调主要为 10YR。

利用性能综述　丫口田系土体深厚，分布在低海拔地区，热量条件充足，质地适中，耕性良好，适宜种植玉米、番薯等大田作物和烟草等经济作物。因该土氮、磷含量较低，土体松散，抗蚀性差，在种植大田作物时，应加强水土保持基础设施建设，推行作物与绿肥轮作，减少地表裸露，同时，增施有机肥，合理施用氮肥、磷肥，改善土壤物理性状和基础地力。

参比土种　紫砂泥土。

代表性单个土体　于 2015 年 8 月 26 日采自贵州省黔西南布依族苗族自治州晴隆县沙子镇丫口田村江金田自然村，25°48'3.8"N,105°5'58.4"E。母质为淡紫色砂岩坡积物，海拔 1072 m，地形为低山中坡平缓地带，坡度<15°；50 cm 深度土壤年均温度约 17.0℃。土地利用方式为果园，编号为 52-098。

丫口田系代表性单个土体剖面

Ah：0～15 cm，暗红棕色（5YR 2/4，润），灰棕色（5YR 4/2，干）；细土质地为黏壤土；润；小块状结构，疏松；少量根系；微酸性；向下层平滑渐变过渡。

Bw1：15～95 cm，暗红棕色（5YR 2/4，润），暗红棕色（5YR 4/3，干）；细土质地为壤土；润；小块状结构，稍坚实；结构面上可见腐殖质胶膜；中性；向下层波状渐变过渡。

Bw2：95～150 cm，暗红棕色（5YR 3/6，润），暗红棕色（5YR 4/4，干）；细土质地为黏壤土；润；小块状结构，坚实；微酸性。

丫口田系代表性单个土体物理性质

土层	深度/cm	砾石(>2 mm，体积分数)/%	细土颗粒组成(粒径：mm)/(g/kg)			细土质地(美国制)
			砂粒 2～0.05	粉砂 0.05～0.002	黏粒<0.002	
Ah	0～15	15	371	314	314	黏壤土
Bw1	15～95	10	392	398	210	壤土
Bw2	95～150	15	263	406	331	黏壤土

丫口田系代表性单个土体化学性质

深度/cm	pH		有机质/(g/kg)	全氮(N)/(g/kg)	有效磷/(mg/kg)	速效钾/(mg/kg)	CEC_7/(cmol/kg)	C/N	盐基饱和度/%	游离氧化铁/(g/kg)	$CaCO_3$相当物/(g/kg)
	H_2O	KCl									
0～15	6.30	5.22	24.29	1.60	4.59	114	15.24	8.80	99.92	84.46	0.00
15～95	6.87	5.56	20.79	1.48	6.58	124	13.25	7.27	99.51	98.52	0.00
95～150	5.89	4.87	14.35	1.23	5.45	117	12.54	6.77	87.51	102.64	0.00

9.11.2 姜家坪系（Jiangjiaping Series）

土 族：黏壤质混合型非酸性热性-腐殖简育常湿雏形土

拟定者：章明奎

分布与环境条件 分布在遵义、安顺、黔南、毕节、黔东南和黔西南、六盘水等地的低山坡地。属亚热带湿润气候，年均日照时数 1100～1300 h，年均温 14.0～17.0℃，年均降水量 1200～1400 mm，无霜期 255～285 d，年干燥度小于 1。海拔在 600～1250 m，起源于泥页岩风化物；坡度多在 25°以下，利用方式为旱地和荒地。

姜家坪系典型景观

土系特征与变幅 该土系诊断层包括淡薄表层和雏形层；诊断特性包括常湿润土壤水分状况、腐殖质特性、铁质特性和热性土壤温度状况。剖面构型为 Ah-Bw-C，土体厚度在 80～125 cm。土壤剖面中质地变化较大（从黏土到壤土），向下黏粒含量降低，砾石平均含量小于 25%；润土色调主要为 10YR；土壤 pH 主要在 5.5～7.5。

对比土系 丫口田系，同一土族。但丫口田系成土母质为紫色、紫红色砂岩和砾岩风化物，润土色调主要为 5YR。

利用性能综述 姜家坪系土体深厚，分布在低海拔地区，热量条件充足，适宜种植玉米、番薯等大田作物和烟草等经济作物。但因上层土壤质地偏黏，耕性较差，改良上应增施有机肥，改善土壤物理性状和基础地力。同时，加强灌溉设施和水土保持基础设施建设。

参比土种 死黄泥土。

代表性单个土体 于 2015 年 9 月 25 日采自贵州省黔南布依族苗族自治州福泉市马场坪街道姜家坪村甘吧哨自然村，26°35'40.8"N,107°35'35.6"E。母质为泥页岩残坡积物，海拔 896 m，地形为低山中下坡，坡度为 20°；50 cm 深度土壤年均温度约 18.0℃。土地利用方式为旱地，编号为 52-142。

姜家坪系代表性单个土体剖面

Ah：0～25 cm，棕色（10YR 4/6，润），淡黄橙色（10YR 7/3，干）；细土质地为粉砂质黏壤土；润；小块状结构，疏松；少量根系；夹有少量砾石块；酸性；向下层平滑渐变过渡。

Bw1：25～60 cm，黄棕色（10YR 5/6，润），淡黄橙色（10YR 7/3，干）；细土质地为黏土；润；大块状结构，结构面上可见少量腐殖质胶膜，稍坚实；酸性；向下层波状模糊过渡。

Bw2：60～110 cm，黄棕色（10YR 5/6，润），淡黄橙色（10YR 7/3，干）；细土质地为粉砂壤土；润；块状结构，坚实；微酸性；向下层波状清晰过渡。

C：110～140 cm，橙色（7.5YR 6/6，润），淡黄橙色（7.5YR 7/4，干）；细土质地为壤土；润；散块状，非常坚实；微酸性。

姜家坪系代表性单个土体物理性质

土层	深度/cm	砾石(>2 mm，体积分数)/%	细土颗粒组成(粒径：mm)/(g/kg)			细土质地(美国制)
			砂粒 2～0.05	粉砂 0.05～0.002	黏粒<0.002	
Ah	0～25	0	192	407	401	粉砂质黏壤土
Bw1	25～60	0	205	383	412	黏土
Bw2	60～110	0	226	632	143	粉砂壤土
C	110～140	0	338	429	232	壤土

姜家坪系代表性单个土体化学性质

深度/cm	pH		有机质/(g/kg)	全氮(N)/(g/kg)	有效磷/(mg/kg)	速效钾/(mg/kg)	CEC_7/(cmol/kg)	C/N	盐基饱和度/%	游离氧化铁/(g/kg)	$CaCO_3$相当物/(g/kg)
	H_2O	KCl									
0～25	5.50	4.43	28.12	2.36	28.75	123	20.15	6.92	88.95	45.61	0.00
25～60	5.46	4.38	22.70	1.56	10.32	114	18.36	8.44	84.66	47.15	0.00
60～110	6.43	5.23	21.41	1.32	7.65	89	5.24	9.41	96.04	46.83	0.00
110～140	6.09	5.01	9.01	—	—	—	8.65	—	99.13	53.50	0.00

9.11.3 太子坪系（Taiziping Series）

土　族：黏壤质混合型非酸性温性-腐殖简育常湿雏形土

拟定者：章明奎

分布与环境条件　零星分布在毕节、六盘水等地高原中山中坡缓坡地。属暖温带湿润气候，年均日照时数1200～1500 h，年均温7.0～10.0℃，年均降水量900～1200 mm，无霜期205～220 d，年干燥度小于1。海拔在2100～2900 m，起源于泥页岩、碳质页岩风化物，利用方式为荒坡草地。

太子坪系典型景观

土系特征与变幅　该土系诊断层包括淡薄表层和雏形层；诊断特性包括常湿润土壤水分状况、腐殖质特性、铁质特性和温性土壤温度状况。剖面构型为Ah-Bw-C，土体厚度在40～80 cm。土壤质地主要为黏壤土，砾石平均含量小于25%；润土色调在10YR～7.5YR；土壤pH主要在5.5～7.5。

对比土系　莲城系，同一土族。但莲城系成土母质为泥页岩与石灰岩互层风化物，土体较厚，大于125 cm。

利用性能综述　太子坪系所处地势高耸，热量不足，风大，立地条件较差，土体较薄，肥力较低，不适宜农业。可适度放牧，保护其自然植被，以维护生态平衡。

参比土种　草甸砂泥土。

代表性单个土体　于2015年8月24日采自贵州省毕节市赫章县珠市彝族乡韭菜坪村太子坪附近，26°52'15.6"N,104°41'21.3"E。母质为泥页岩、碳质页岩风化物（1.25 m以下为石灰岩），海拔2488 m，地形为高原中山中坡缓坡地带，坡度<10°；50 cm深度土壤年均温度约10.0℃。土地利用方式为荒坡草地，编号为52-089。

莲城系代表性单个土体剖面

Ah： 0～20 cm，棕色（10YR 4/4，润），灰黄棕色（10YR 5/2，干）；细土质地为黏壤土；润；团粒状结构，疏松；少量根系；微酸性；向下层平滑渐变过渡。

Bw1：20～100 cm，暗棕色（10YR 3/4，润），灰黄棕色（10YR 6/2，干）；细土质地为壤土；润；团块状结构，结构面上可见少量腐殖质胶膜，稍坚实；见少量砾石块；中性；向下层平滑渐变过渡。

Bw2：100～130 cm，暗棕色（10YR 3/4，润），暗黄棕色（10YR 5/3，干）；细土质地为黏壤土；润；块状结构，坚实；夹有 15%直径为 2～25 mm 的砾石；中性。

莲城系代表性单个土体物理性质

土层	深度/cm	砾石(>2 mm，体积分数)/%	细土颗粒组成(粒径：mm)/(g/kg)			细土质地(美国制)
			砂粒 2～0.05	粉砂 0.05～0.002	黏粒<0.002	
Ah	0～20	20	322	369	310	黏壤土
Bw1	20～100	20	392	348	259	壤土
Bw2	100～130	15	383	249	368	黏壤土

莲城系代表性单个土体化学性质

深度/cm	pH		有机质/(g/kg)	全氮(N)/(g/kg)	有效磷/(mg/kg)	速效钾/(mg/kg)	CEC_7/(cmol/kg)	C/N	盐基饱和度/%	游离氧化铁/(g/kg)	$CaCO_3$相当物/(g/kg)
	H_2O	KCl									
0～20	6.52	5.34	46.12	1.96	8.41	47	19.65	13.62	97.03	32.93	0.00
20～100	7.19	—	28.19	1.32	5.43	59	17.86	12.39	100.00	44.29	0.00
100～130	7.30	—	24.52	1.14	3.25	61	16.35	12.48	100.00	44.64	0.00

9.12 铁质简育常湿雏形土

9.12.1 刘官系（Liuguan Series）

土 族：粗骨壤质硅质混合型非酸性温性-铁质简育常湿雏形土
拟定者：章明奎

分布与环境条件 分布在毕节、遵义、六盘水、铜仁等地的中山坡地。属暖温带湿润气候，年均日照时数 1100～1500 h，年均温 10.5～14.0℃，年均降水量 1100～1400 mm，无霜期 230～255 d，年干燥度小于 1。海拔在 1250～2150 m，起源于紫色、紫红色砂页岩风化物；坡度多在 15°～35°，利用方式为荒地或旱地。

刘官系典型景观

土系特征与变幅 该土系诊断层包括淡薄表层和雏形层；诊断特性包括常湿润土壤水分状况、铁质特性和温性土壤温度状况。剖面构型为 Ah-Bw-C，土体厚度在 125 cm 以上。细土质地主要为黏壤土和壤土，砾石平均含量大于 25%；润土色调主要为 7.5R；土壤 pH 主要在 5.5～7.5，底土仍有明显的石灰反应。

对比土系 车田村系，同一亚类，成土母质同为紫色、紫红色砂页岩风化物。但车田村系砾石含量较低，在 25%以下；颗粒大小级别为壤质。

利用性能综述 刘官系因土体较厚，多被作为农业用地，种植玉米、番薯等大田作物。但其分布处地面坡度大，粗骨性强，土体松散，抗蚀性差，种植农作物时常常会导致严重的水土流失。因此，在坡度较大的地带，应退耕还林还草，尽快恢复自然植被。在坡度较小的地带，应加强水土保持基础设施建设，推行作物与绿肥轮作，避免地表裸露，同时，增加有机肥、磷肥、钾肥的施用，改善土壤物理性状和基础地力。

参比土种 大紫砂泥土。

代表性单个土体 于 2015 年 8 月 25 日采自贵州省六盘水市盘州市刘官镇谢家湾村岩根脚自然村，25°49'10.5"N,104°44'37.7"E。母质为紫色砂页岩坡积物，海拔 1462 m，地形为高原中山坡麓地带，坡度<25°；50 cm 深度土壤年均温度约 15.2℃。土地利用方式为荒地或旱地，编号为 52-093。

刘官系代表性单个土体剖面

Ah：0～15 cm，暗红棕色（7.5R 2/3，润），灰红色（7.5R 4/2，干）；细土质地为黏壤土；润；团块状结构，疏松；少量根系；夹有 25%半风化岩石碎屑；中性；向下层平滑渐变过渡。

Bw：15～100 cm，暗红棕色（7.5R 2/3，润），灰红色（7.5R 4/2，干）；细土质地为壤土；润；小块状结构，稍坚实；夹有 35%半风化岩石碎屑；中性；向下层波状较清晰过渡。

BwC：100～125 cm，半风化岩石碎屑占 45%（局部可占 65%）。暗红棕色（7.5R 2/3，润），灰红色（7.5R 4/2，干）；细土质地为黏壤土；润；散块状结构，稍坚实；微碱性。

刘官系代表性单个土体物理性质

土层	深度/cm	砾石(>2 mm，体积分数)/%	细土颗粒组成(粒径：mm)/(g/kg)			细土质地(美国制)
			砂粒 2～0.05	粉砂 0.05～0.002	黏粒<0.002	
Ah	0～15	25	326	393	280	黏壤土
Bw	15～100	35	424	311	265	壤土
BwC	100～125	45	416	310	274	黏壤土

刘官系代表性单个土体化学性质

深度/cm	pH		有机质/(g/kg)	全氮(N)/(g/kg)	有效磷/(mg/kg)	速效钾/(mg/kg)	CEC_7/(cmol/kg)	C/N	盐基饱和度/%	游离氧化铁/(g/kg)	$CaCO_3$相当物/(g/kg)
	H_2O	KCl									
0～15	7.24	—	11.90	0.87	14.96	50	18.47	7.93	100.00	62.46	0.00
15～100	7.31	—	12.24	0.78	10.24	73	19.37	9.11	100.00	63.92	0.00
100～125	7.95	—	13.13	0.74	5.64	64	16.54	10.30	100.00	64.39	25.43

9.12.2　郑屯系（Zhengtun Series）

土　族：极黏质高岭石混合型非酸性热性-铁质简育常湿雏形土

拟定者：章明奎

分布与环境条件　分布在贵州各州岩溶地区的中山坡地。属暖温带湿润气候，年均日照时数 1100～1500 h，年均温 10.0～14.0℃，年均降水量 1100～1400 mm，无霜期 225～255 d，年干燥度小于 1。海拔在 1250～2200 m，起源于碳酸盐岩风化物；坡度多在 25°以下，利用方式为林地或荒地。

郑屯系典型景观

土系特征与变幅　该土系诊断层包括淡薄表层和雏形层；诊断特性包括常湿润土壤水分状况、铁质特性和热性土壤温度状况。剖面构型为 Ah-Bw-C，土体厚度在 125 cm 以上。土壤质地为黏土，砾石平均含量小于 25%；润土色调主要为 2.5YR；土壤 pH 在 5.5～7.5。

对比土系　高坪系，同一亚类。但高坪系成土母质为红色、黄色老风化壳，颗粒大小级别为黏质；受周围石灰岩风化液的影响，高坪系存在复钙现象，有石灰反应。

利用性能综述　郑屯系土体较厚，地势较为平缓，但其黏粒含量很高，耕性和透水性很差，土体坚实，影响植物根系伸张，一般不适宜开发为农业用地。应以封山育林、建设经济林和用材林为主。

参比土种　棕大泥土。

代表性单个土体　于 2015 年 8 月 26 日采自贵州省黔西南布依族苗族自治州兴义市郑屯镇合心社区桅杆山自然村，25°9'28.8"N,105°2'3.4"E。母质为石灰岩坡积物，海拔 1297 m，地形为中山坡麓平缓地带，坡度<10°；50 cm 深度土壤年均温度约 15.6℃。土地利用方式为林地，编号为 52-100。

郑屯系代表性单个土体剖面

Ah：0～15 cm，淡红棕色（2.5YR 4/4，润），暗红棕色（2.5YR 5/4，干）；细土质地为黏土；润；团块状结构，稍疏松；大量根系；中性；向下层平滑清晰过渡。

Bw1：15～65 cm，亮棕色（2.5YR 5/8，润），橙色（2.5YR 7/6，干）；细土质地为黏土；润；块状结构，稍坚实；微酸性；向下层平滑渐变过渡。

Bw2：65～140 cm，橙色（2.5YR 6/8，润），橙色（2.5YR 7/6，干）；细土质地为黏土；润；块状结构，坚实；微酸性。

郑屯系代表性单个土体物理性质

土层	深度/cm	砾石(>2 mm，体积分数)/%	细土颗粒组成(粒径：mm)/(g/kg)			细土质地(美国制)
			砂粒 2～0.05	粉砂 0.05～0.002	黏粒<0.002	
Ah	0～15	5	122	252	626	黏土
Bw1	15～65	0	37	271	692	黏土
Bw2	65～140	1	34	300	666	黏土

郑屯系代表性单个土体化学性质

深度/cm	pH		有机质/(g/kg)	全氮(N)/(g/kg)	有效磷/(mg/kg)	速效钾/(mg/kg)	CEC_7/(cmol/kg)	C/N	盐基饱和度/%	游离氧化铁/(g/kg)	$CaCO_3$相当物/(g/kg)
	H_2O	KCl									
0～15	6.50	5.46	24.22	1.62	4.59	44	20.15	8.65	93.94	129.54	0.00
15～65	6.45	5.38	6.46	0.54	3.25	38	19.65	6.94	92.92	82.41	0.00
65～140	6.21	5.12	3.06	—	—	—	19.54	—	87.36	106.26	0.00

9.12.3 高坪系（Gaoping Series）

土　族：黏质高岭石混合型石灰性热性-铁质简育常湿雏形土

拟定者：章明奎

分布与环境条件　分布在黔西南、遵义、铜仁、安顺、黔南等地的低山山前古洪积扇或坡麓地带。属亚热带湿润气候，年均日照时数1100～1400 h，年均温14.0～16.5℃，年均降水量1200～1500 mm，无霜期255～285 d，年干燥度小于1。海拔在600～1250 m，起源于红色、黄色老风化壳；坡度多在15°以下，利用方式为旱地或荒地。

高坪系典型景观

土系特征与变幅　该土系诊断层包括淡薄表层和雏形层；诊断特性包括常湿润土壤水分状况、铁质特性和热性土壤温度状况。剖面构型为Ah-Bw-C，土体厚度在125 cm以上。土壤质地主要为粉砂质黏土和黏土，砾石平均含量小于25%；润土色调主要为7.5YR；受周围石灰岩风化液的影响，土壤存在复钙现象，有石灰反应。

对比土系　郑屯系，同一亚类。但郑屯系成土母质为碳酸盐岩风化物，其颗粒大小级别为极黏质，土壤已基本脱钙，无石灰反应。

利用性能综述　高坪系土体较厚，地势较为平缓，热量条件丰富，适宜农业开发利用，可种植油菜、玉米、小麦等大田作物，或建立水果生产基地。但该土土质黏重，耕性较差，有机质和全氮较低，应增加有机肥的施用，改善土壤物理性状，提高土壤肥力。有水源保证下，可改建为水田。

参比土种　复盐基黄黏泥土。

代表性单个土体　于2016年9月2日采自贵州省遵义市汇川区高坪镇土塘坪附近，27°48'50.4"N,106°54'48.0"E。母质为红色老风化壳，海拔957 m，地形为山前古洪积扇，坡度<5°；50 cm深度土壤年均温度约17.4℃。土地利用方式为旱地，编号为52-151。

高坪系代表性单个土体剖面

Ah：0～20 cm，橙色（7.5YR 6/8，润），暗橙色（7.5YR 7/4，干）；细土质地为粉砂质黏土；润；块状结构，稍坚实；少量根系；夹杂 13%左右砾石块（岩性为泥页岩）；微碱性；向下层平滑渐变过渡。

Bw1：20～60 cm，黄橙色（7.5YR 7/8，润），淡黄橙色（7.5YR 8/6，干）；细土质地为黏土；润偏潮；块状结构，稍坚实；夹杂 13%左右砾石块；微碱性；向下层平滑渐变过渡。

Bw2：60～125 cm，橙色（7.5YR 7/8，润），淡黄橙色（7.5YR 8/6，干）；细土质地为粉砂质黏土；润偏潮；块状结构，坚实；夹杂 7%砾石块；微碱性。

高坪系代表性单个土体物理性质

土层	深度/cm	砾石(>2 mm，体积分数)/%	细土颗粒组成(粒径：mm)/(g/kg)			细土质地(美国制)
			砂粒 2～0.05	粉砂 0.05～0.002	黏粒<0.002	
Ah	0～20	13	151	397	453	粉砂质黏土
Bw1	20～60	13	180	397	423	黏土
Bw2	60～125	7	163	410	427	粉砂质黏土

高坪系代表性单个土体化学性质

深度/cm	pH		有机质/(g/kg)	全氮(N)/(g/kg)	有效磷/(mg/kg)	速效钾/(mg/kg)	CEC_7/(cmol/kg)	C/N	盐基饱和度/%	游离氧化铁/(g/kg)	$CaCO_3$相当物/(g/kg)
	H_2O	KCl									
0～20	7.68	—	15.90	1.20	33.78	197	14.32	7.68	100.00	49.71	7.92
20～60	7.60	—	7.18	0.71	14.21	155	12.88	5.86	100.00	51.66	7.08
60～125	7.76	—	5.73	—	—	—	13.52	—	100.00	57.62	6.67

9.12.4 凉水沟系（Liangshuigou Series）

土 族：黏质混合型酸性温性-铁质简育常湿雏形土

拟定者：章明奎

分布与环境条件 分布在毕节等岩溶地区的高山顶部平缓地带，地表岩石露头约占10%。属暖温带湿润气候，年均日照时数 1400～1600 h，年均温 9.0～11.0℃，年均降水量 900～1100 mm，无霜期 225～235 d，年干燥度小于 1。海拔在 2100～2500 m，起源于碳酸盐岩风化物；坡度多在 15°以下，利用方式为草地。

凉水沟系典型景观

土系特征与变幅 该土系诊断层包括淡薄表层和雏形层；诊断特性包括常湿润土壤水分状况、铁质特性和温性土壤温度状况。剖面构型为 Ah-Bw-C，土体厚度在 125 cm 以上；黑色 Ah 层厚度小于 25 cm。土壤质地主要为粉砂质黏壤土和黏土，砾石平均含量小于25%；润土色调主要为 7.5YR；土壤 pH 在 4.5～5.5。

对比土系 高坪系，同一亚类，但高坪系成土母质为红色、黄色老风化壳，分布海拔较低，颗粒大小级别为黏质；受周围石灰岩风化液的影响，高坪系存在复钙现象，有石灰反应；土壤温度状况为热性。二塘系，分布相邻，但二塘系暗沃表层厚度大于 25 cm。

利用性能综述 凉水沟系土壤有机质积累较高，全氮、有效磷和速效钾较低，质地偏重，保肥、保水能力较强，呈酸性。所处地势高耸，热量不足，风大，立地条件较差，不适宜农业。可适度放牧，保护其自然植被，以维护生态平衡。可适当施用磷肥和氮肥，以增加牧草产量。

参比土种 草甸大泥土。

代表性单个土体 于 2015 年 8 月 23 日采自贵州省毕节市威宁彝族回族苗族自治县盐仓镇凉水沟草场，26°56'57.4"N,104°25'14.4"E。母质为石灰岩坡积物，海拔 2463 m，地形为高山中上坡缓坡地带（高原），坡度<10°；50 cm 深度土壤年均温度约 17.4℃。土地利用方式为草地，编号为 52-082。

凉水沟系代表性单个土体剖面

Ah：0～20 cm，暗棕色（7.5YR 3/3，润），暗棕色（7.5YR 5/2，干）；细土质地为粉砂质黏壤土；润；小块状结构，稍疏松；中量根系；酸性；向下层平滑渐变过渡。

Bw1：20～55 cm，棕色（7.5YR 4/4，润），灰棕色（7.5YR 6/2，干）；细土质地为粉砂质黏壤土；润；块状结构，稍疏松；酸性；向下层平滑渐变过渡。

Bw2：55～150 cm，淡棕色（7.5YR 5/4，润），暗棕色（7.5YR 6/3，干）；细土质地为黏土；润；块状结构，稍坚实；酸性。

凉水沟系代表性单个土体物理性质

土层	深度/cm	砾石(>2 mm，体积分数)/%	细土颗粒组成(粒径：mm)/(g/kg)			细土质地(美国制)
			砂粒 2～0.05	粉砂 0.05～0.002	黏粒<0.002	
Ah	0～20	0	135	493	372	粉砂质黏壤土
Bw1	20～55	0	144	493	363	粉砂质黏壤土
Bw2	55～150	0	199	378	422	黏土

凉水沟系代表性单个土体化学性质

深度/cm	pH		有机质/(g/kg)	全氮(N)/(g/kg)	有效磷/(mg/kg)	速效钾/(mg/kg)	CEC_7/(cmol/kg)	C/N	盐基饱和度/%	游离氧化铁/(g/kg)	$CaCO_3$相当物/(g/kg)
	H_2O	KCl									
0～20	5.25	4.37	46.90	1.90	1.86	46	25.65	14.34	64.33	62.39	0.00
20～55	5.34	4.24	45.08	1.65	3.56	57	24.37	15.85	68.99	58.54	0.00
55～150	5.32	4.44	34.46	1.48	3.14	59	26.54	13.50	66.66	69.34	0.00

9.12.5 岩脚系（Yanjiao Series）

土　族：黏质混合型非酸性温性-铁质简育常湿雏形土

拟定者：章明奎

分布与环境条件　分布在黔东南、黔西南、遵义、安顺、毕节、黔南、六盘水和铜仁等地的中山坡地。属暖温带湿润气候，年均日照时数 1200～1600 h，年均温 10.0～14.0 ℃，年均降水量 1300～1500 mm，无霜期 225～255 d，年干燥度小于 1。海拔在 1250～2200 m，起源于泥页岩或泥页岩与石灰岩互层风化物；坡度多在 15°～35°，利用方式为荒地或林地。

岩脚系典型景观

土系特征与变幅　该土系诊断层包括淡薄表层和雏形层；诊断特性包括常湿润土壤水分状况、铁质特性和温性土壤温度状况。剖面构型为 Ah-Bw-C，土体厚度在 125 cm 以上。土壤质地主要为粉砂质黏土，砾石平均含量小于 25%；润土色调在 10YR～7.5YR；土壤 pH 在 5.5～7.5。

对比土系　大尧系，下司系，同一亚类。但大尧系和下司系成土母质分别为碳酸盐岩风化物和红色、黄色老风化壳，颗粒大小级别均为黏壤质。

利用性能综述　岩脚系土体较厚，保水、保肥性较强，地势较为平缓的区域适合作为农业用地，种植玉米、番薯等大田作物；同时，应加强水土保持基础设施建设，推行作物与绿肥轮作，避免地表裸露；增加有机肥、磷肥、钾肥的施用，改善土壤物理性状和基础地力。但在地表坡度较大的区域，应封山育林或退耕还林还草，涵养水源。

参比土种　厚大泥土。

代表性单个土体　于 2016 年 9 月 05 日采自贵州省六盘水市六枝特区岩脚镇岩脚服务区附近，26°19'55.5"N,105°22'31.0"E。母质为泥页岩与石灰岩互层坡积物，海拔 1257 m，地形为中山坡脚，坡度为 25°；50 cm 深度土壤年均温度约 15.9℃。土地利用方式为荒草地，编号为 52-156。

岩脚系代表性单个土体剖面

Ah：0～25 cm，暗橙色（7.5YR 5/4，润），暗橙色（7.5YR 6/4，干）；细土质地为黏土；润；小块状结构，疏松；少量根系；中性；向下层平滑清晰过渡。

Bw1：25～70 cm，亮黄棕色（10YR 6/8，润），亮黄棕色（10YR 6/6，干）；细土质地为粉砂质黏土；润偏潮；块状结构，稍坚实；微酸性；向下层平滑渐变过渡。

Bw2：70～125 cm，亮黄棕色（10YR 6/8，润），亮黄棕色（10YR 6/6，干）；细土质地为粉砂质黏土；润偏潮；块状结构，稍坚实；微酸性。

岩脚系代表性单个土体物理性质

土层	深度/cm	砾石(>2 mm，体积分数)/%	细土颗粒组成(粒径：mm)/(g/kg)			细土质地(美国制)
			砂粒 2～0.05	粉砂 0.05～0.002	黏粒<0.002	
Ah	0～25	3	49	320	630	黏土
Bw1	25～70	0	62	402	536	粉砂质黏土
Bw2	70～125	0	75	409	516	粉砂质黏土

岩脚系代表性单个土体化学性质

深度/cm	pH		有机质/(g/kg)	全氮(N)/(g/kg)	有效磷/(mg/kg)	速效钾/(mg/kg)	CEC_7/(cmol/kg)	C/N	盐基饱和度/%	游离氧化铁/(g/kg)	$CaCO_3$相当物/(g/kg)
	H_2O	KCl									
0～25	6.61	5.54	22.57	0.85	4.61	122	20.14	15.45	89.01	44.33	0.00
25～70	6.22	5.13	9.05	0.46	2.14	105	15.64	11.41	88.59	37.46	0.00
70～125	5.80	4.74	7.36	—	—	—	14.43	—	77.78	41.18	0.00

9.12.6　大尧系（Dayao Series）

土　族：黏壤质混合型非酸性热性-铁质简育常湿雏形土
拟定者：章明奎

分布与环境条件　主要分布在毕节、六盘水、铜仁、安顺等地的低山坡地。属亚热带湿润气候，年均日照时数 1300～1500 h，年均温 14.0～17.0℃，年均降水量 1200～1400 mm，无霜期 255～285 d，年干燥度小于 1。海拔在 600～1250 m，起源于碳酸盐岩风化物；坡度多在 25°以下，利用方式为荒坡地和旱地。

大尧系典型景观

土系特征与变幅　该土系诊断层包括淡薄表层和雏形层；诊断特性包括常湿润土壤水分状况、铁质特性和热性土壤温度状况。剖面构型为 Ah-Bw-C，土体厚度在 125 cm 以上。地处缓坡地，雨季存在季节性滞水，剖面下部可见少量铁锰结核。土壤质地主要为壤土，砾石平均含量小于 25%；润土色调主要为 5YR；土壤基本脱钙，pH 在 5.5～7.5。

对比土系　下司系，同一土族。但下司系成土母质为红色、黄色老风化壳，因长期种植，润土色调主要为 10YR～7.5YR，且剖面上半部（暗灰）与下半部（淡黄）有明显的差异。

利用性能综述　大尧系土体较厚，地势较为平缓，热量条件丰富，适宜农业开发利用，可种植油菜、玉米、小麦等大田作物，或建立水果生产基地。但该土土质较为黏重，耕性较差，有机质和全氮较低，应增加有机肥的施用，改善土壤物理性状，提高土壤肥力。

参比土种　生棕大泥土。

代表性单个土体　于 2015 年 8 月 1 日采自贵州省铜仁市印江土家族苗族自治县缠溪镇大尧村川岩自然村，27°59'0.8"N,108°26'48.6"E。母质为石灰岩残积物，海拔 655 m，地形为低山坡麓，坡度为 15°左右；50 cm 深度土壤年均温度约 18.5℃。土地利用方式为荒坡地，编号为 52-047。

大尧系代表性单个土体剖面

Ah：0～24 cm，棕色（5YR 4/4，润），暗棕色（7.5YR 6/3，干）；细土质地为粉砂质黏壤土；润；块状结构，稍坚实；少量根系；微酸性；向下层平滑清晰过渡。

Bw1：24～60 cm，棕色（5YR 4/6，润），暗橙色（7.5YR 7/4，干）；细土质地为壤土；润；大块状结构，致密、非常坚实；少量细根；中性；向下层平滑模糊过渡。

Bw2：60～125 cm，亮棕色（5YR 5/6，润），暗橙色（7.5YR 7/3，干）；细土质地为壤土；润；大块状结构，致密、非常坚实；见少量直径 2～5 mm 的铁锰结核；中性。

大尧系代表性单个土体物理性质

土层	深度/cm	砾石(>2 mm，体积分数)/%	细土颗粒组成(粒径：mm)/(g/kg)			细土质地(美国制)
			砂粒 2～0.05	粉砂 0.05～0.002	黏粒<0.002	
Ah	0～24	4	44	670	286	粉砂质黏壤土
Bw1	24～60	0	274	478	249	壤土
Bw2	60～125	1	261	477	262	壤土

大尧系代表性单个土体化学性质

深度/cm	pH		有机质/(g/kg)	全氮(N)/(g/kg)	有效磷/(mg/kg)	速效钾/(mg/kg)	CEC_7/(cmol/kg)	C/N	盐基饱和度/%	游离氧化铁/(g/kg)	$CaCO_3$相当物/(g/kg)
	H_2O	KCl									
0～24	6.12	5.08	26.65	2.73	3.37	42	15.33	5.66	88.50	37.82	0.00
24～60	7.05	—	7.59	0.98	2.41	53	12.77	4.49	99.92	33.48	0.00
60～125	6.64	5.56	4.53	—	—	—	11.65	—	93.03	35.01	0.00

9.12.7 下司系（Xiasi Series）

土 族：黏壤质混合型非酸性热性-铁质简育常湿雏形土

拟定者：章明奎

分布与环境条件 分布在黔西南、遵义、铜仁、安顺、黔南等地的低山山前古洪积扇或坡麓地带。属亚热带湿润气候，年均日照时数 1100～1400 h，年均温 14.0～16.5℃，年均降水量 1200～1500 mm，无霜期 255～285 d，年干燥度小于 1。海拔在 600～1250 m，起源于红色、黄色老风化壳；坡度多在 15°以下，利用方式为旱地或荒地。

下司系典型景观

土系特征与变幅 该土系诊断层包括淡薄表层和雏形层；诊断特性包括常湿润土壤水分状况、铁质特性和热性土壤温度状况。剖面构型为 Ap-Bw-C，土体厚度在 125 cm 以上。土壤质地主要为粉砂质黏壤土，砾石平均含量小于 25%；润土色调在 10YR～7.5YR；因长期种植，剖面上半部（暗灰）与下半部（淡黄）有明显的差异；土壤 pH 主要在 5.5～7.5；表土因复钙，有石灰反应。

对比土系 大尧系，同一土族。但大尧系成土母质为碳酸盐岩风化物，全剖面上下颜色变化较小，润土色调主要为 5YR；剖面下部可见少量铁锰结核。高坪系，同一亚类，相邻分布，成土母质同为红色、黄色老风化壳，但高坪系黏粒含量较高，土壤颗粒大小级别为黏质。

利用性能综述 下司系土体较厚，地势较为平缓，热量条件丰富，适宜农业开发利用，可种植油菜、玉米、小麦等大田作物，或建立水果生产基地。但该土土质黏重，耕性较差，有机质和全氮较低，应增加有机肥的施用，改善土壤物理性状，提高土壤肥力。有水源保证下，可改建为水田。

参比土种 复盐基黄黏泥土。

代表性单个土体 于 2016 年 8 月 31 日采自贵州省黔东南苗族侗族自治州凯里市下司镇良田坝村，26°30'45.0"N,107°47'23.5"E。母质为黄色老风化壳，海拔 686 m，地形为山前平台地，坡度<5°；50 cm 深度土壤年均温度约 18.6℃。土地利用方式为旱地（玉米），编号为 52-149。

下司系代表性单个土体剖面

Ap：0～20 cm，橙色（7.5YR 7/6，润），暗黄橙色（10YR 7/4，干）；细土质地为黏壤土；润；大块状结构，稍坚实；少量根系；可见垂直向裂隙（宽度 2～5 mm）；微碱性；向下层平滑清晰过渡。

Bw1：20～65 cm，灰棕色（7.5YR 4/2，润），暗黄橙色（10YR 6/3，干）；细土质地为粉砂质黏壤土；润；棱柱状结构，非常坚实；见少量垂直向裂隙；中性；向下层平滑清晰过渡。

Bw2：65～150 cm，亮黄棕色（10YR 7/6，润），淡黄色（2.5Y 8/4，干）；细土质地为粉砂壤土；润；块状结构，稍坚实；中性。

下司系代表性单个土体物理性质

土层	深度/cm	砾石(>2 mm，体积分数)/%	细土颗粒组成(粒径：mm)/(g/kg)			细土质地(美国制)
			砂粒 2～0.05	粉砂 0.05～0.002	黏粒<0.002	
Ap	0～20	10	215	450	335	黏壤土
Bw1	20～65	5	172	496	331	粉砂质黏壤土
Bw2	65～150	2	92	737	171	粉砂壤土

下司系代表性单个土体化学性质

深度/cm	pH		有机质/(g/kg)	全氮(N)/(g/kg)	有效磷/(mg/kg)	速效钾/(mg/kg)	CEC_7/(cmol/kg)	盐基饱和度/%	游离氧化铁/(g/kg)	$CaCO_3$ 相当物/(g/kg)
	H_2O	KCl								
0～20	7.86	—	18.54	0.94	5.07	35	12.45	100.00	32.65	5.00
20～65	7.48	—	16.93	0.89	3.54	41	11.24	100.00	32.76	0.00
65～150	6.68	5.54	5.65	—	—	—	7.26	99.45	18.44	0.00

9.12.8 板桥系（Banqiao Series）

土 族：壤质硅质混合型非酸性热性-铁质简育常湿雏形土

拟定者：章明奎

分布与环境条件 分布在铜仁、黔东南、黔西南、黔南、遵义、安顺等地的低山坡地。属亚热带湿润气候，年均日照时数 1100～1400 h，年均温 14.0～16.5℃，年均降水量 1200～1500 mm，无霜期 255～285 d，年干燥度小于 1。海拔在 600～1250 m，起源于板岩、硅质页岩风化物；坡度多在 15°～45°，利用方式为林地或农地。

板桥系典型景观

土系特征与变幅 该土系诊断层包括淡薄表层和雏形层；诊断特性包括常湿润土壤水分状况、铁质特性和热性土壤温度状况。剖面构型为 Ah-Bw-C，土体厚度在 125 cm 以上。土壤质地主要为砂质壤土，砾石平均含量小于 25%；润土色调在 2.5Y～10YR；土壤 pH 在 5.5～7.5。

对比土系 大尧系、下司系，同一亚类。但大尧系和下司系成土母质分别为碳酸盐岩风化物和红色、黄色老风化壳，它们的黏粒含量较高，颗粒大小级别均为黏壤质。且大尧系润土色调为 5YR。

利用性能综述 板桥系土体较厚，耕性良好，热量条件丰富，在坡度较小的地块适宜农业开发利用，可种植油菜、玉米、小麦等大田作物，或建立水果生产基地；但该土抗蚀性较差，肥力较低，在利用时，需做好水土保持措施，加强培肥。在坡度较大的地块，应封山育林，或用于薪炭林和用材林建设。

参比土种 黄泥土。

代表性单个土体 于 2015 年 7 月 26 日采自贵州省铜仁市德江县共和土家族乡板桥村，28°13'4.1"N,108°10'8.4"E。母质为板岩风化坡积物（泥质），海拔 624 m，地形为低山中下坡，坡度为 30°左右；50 cm 深度土壤年均温度约 18.6℃。土地利用方式为林地或农地，编号为 52-011。

板桥系代表性单个土体剖面

Ah：0～22 cm，棕色（10YR 4/6，润），暗黄橙色（10YR 7/2，干）；细土质地为砂质壤土；润；块状结构，坚实；中量根系；夹杂有 25%砾石；微酸性；向下层平滑渐变过渡。

Bw1：22～75 cm，黄棕色（10YR 5/8，润），暗黄橙色（10YR 7/3，干）；细土质地为砂质壤土；润；小块状结构，稍坚实；少量细根；夹杂有 10%直径为 5～20 cm 的砾石；中性；向下层波状渐变过渡。

Bw2：75～125 cm，黄褐色（2.5Y 4/6，润），暗黄橙色（2.5Y 7/2，干）；细土质地为砂质壤土；润；小块状结构，坚实；夹杂有 5%～10%砾石；中性。

板桥系代表性单个土体物理性质

土层	深度/cm	砾石(>2 mm，体积分数)/%	细土颗粒组成(粒径：mm)/(g/kg)			细土质地(美国制)
			砂粒 2～0.05	粉砂 0.05～0.002	黏粒<0.002	
Ah	0～22	25	540	369	91	砂质壤土
Bw1	22～75	10	539	385	75	砂质壤土
Bw2	75～125	10	531	385	85	砂质壤土

板桥系代表性单个土体化学性质

深度/cm	pH		有机质/(g/kg)	全氮(N)/(g/kg)	有效磷/(mg/kg)	速效钾/(mg/kg)	CEC_7/(cmol/kg)	C/N	盐基饱和度/%	游离氧化铁/(g/kg)	$CaCO_3$相当物/(g/kg)
	H_2O	KCl									
0～22	6.33	5.29	13.83	1.21	3.37	31	5.14	6.64	89.17	20.98	0.00
22～75	6.69	5.39	5.08	0.51	2.28	45	4.12	5.78	95.60	21.94	0.00
75～125	6.86	5.46	6.31	—	—	—	4.55	—	98.41	24.39	0.00

9.12.9 车田村系（Chetiancun Series）

土 族：壤质硅质混合型非酸性温性-铁质简育常湿雏形土

拟定者：章明奎

分布与环境条件 分布在毕节、遵义、六盘水、铜仁等地的中山坡地。属暖温带湿润气候，年均日照时数1100～1500 h，年均温10.5～14.0℃，年均降水量1100～1400 mm，无霜期230～255 d，年干燥度小于1。海拔在1250～2150 m，起源于紫色、紫红色砂页岩风化物；坡度多在25°以上，利用方式为荒地或旱地。

车田村系典型景观

土系特征与变幅 该土系诊断层包括淡薄表层和雏形层；诊断特性包括常湿润土壤水分状况、铁质特性和温性土壤温度状况。剖面构型为Ah-Bw-C，土体厚度在80～125 cm。土壤质地主要为壤土和砂质壤土，砾石平均含量小于25%；润土色调主要为7.5R；土壤pH在5.5～7.5。

对比土系 刘官系，同一亚类，成土母质同为紫色、紫红色砂页岩风化物。但刘官系土壤中含高量砾石，其颗粒大小级别为粗骨壤质；土体较厚，在125 cm以上。

利用性能综述 车田村系因土体较厚，多被作为农业用地，种植玉米、番薯等大田作物。但其分布处地面坡度大，砂性强，土体松散，抗蚀性差，种植农作物常常会导致严重的水土流失。因此，在坡度较大的地带，应退耕还林还草，尽快恢复自然植被。在坡度较小的地带，应加强水土保持基础设施建设，推行作物与绿肥轮作，减少地表裸露，同时，增加有机肥、磷肥、钾肥的施用，改善土壤物理性状和提高土壤基础地力。

参比土种 紫砂泥土。

代表性单个土体 于2015年8月25日采自贵州省六盘水市盘州市响水镇车田村，25°43'8.6"N,104°37'47.8"E。母质为紫色砂页岩残坡积物，海拔1437 m，地形为高原中山中下坡，坡度为35°～55°；50 cm深度土壤年均温度约15.4℃。土地利用方式为荒地或旱地，编号为52-092。

车田村系代表性单个土体剖面

Ah：0～20 cm，灰红色（7.5R 4/2，润），灰红色（7.5R 5/2，干）；细土质地为壤土；润；团粒状结构，疏松；少量根系；夹有 15%半风化岩石碎屑；微酸性；向下层平滑较清晰过渡。

Bw：20～90 cm，灰红色（7.5R 4/2，润），灰红色（7.5R 4/2，干）；细土质地为壤土；润；小块状结构，稍疏松；夹有 20%半风化岩石碎屑；中性；向下层波状清晰过渡。

C：90～140 cm，半风化岩石碎屑。暗红棕色（7.5R 2/3，润），深红棕色（7.5R 3/2，干）；细土质地为砂质壤土；润；散粒状；中性。

车田村系代表性单个土体物理性质

土层	深度/cm	砾石(>2 mm，体积分数)/%	细土颗粒组成(粒径：mm)/(g/kg)			细土质地(美国制)
			砂粒 2～0.05	粉砂 0.05～0.002	黏粒<0.002	
Ah	0～20	15	445	385	170	壤土
Bw	20～90	20	443	362	194	壤土
C	90～140	90	608	217	175	砂质壤土

车田村系代表性单个土体化学性质

深度/cm	pH		有机质/(g/kg)	全氮(N)/(g/kg)	有效磷/(mg/kg)	速效钾/(mg/kg)	CEC_7/(cmol/kg)	C/N	盐基饱和度/%	游离氧化铁/(g/kg)	$CaCO_3$相当物/(g/kg)
	H_2O	KCl									
0～20	5.88	4.65	12.54	1.14	12.71	28	14.25	6.38	77.82	57.61	0.00
20～90	6.65	5.53	10.79	0.87	10.45	34	15.45	7.19	96.30	51.27	0.00
90～140	6.69	5.46	5.83	—	—	—	13.65	—	96.91	55.96	0.00

9.13 石质钙质湿润雏形土

9.13.1 盐仓系（Yancang Series）

土 族：粗骨壤质混合型非酸性温性-石质钙质湿润雏形土
拟定者：章明奎

分布与环境条件 零星分布在贵州岩溶地区的高山中上坡，地表岩石露头约占30%。属暖温带湿润气候，年均日照时数1400～1600 h，年均温 9.0～11.0 ℃，年均降水量 900～1100 mm，无霜期225～235 d，年干燥度小于1。海拔在2100～2300 m，起源于碳酸盐岩风化物；坡度多在25°以上，利用方式为荒草地或林地。

盐仓系典型景观

土系特征与变幅 该土系诊断层包括淡薄表层和雏形层；诊断特性包括湿润土壤水分状况、碳酸盐岩岩性特征、石质接触面、铁质特性和温性土壤温度状况。剖面构型为Ah-Bw-R，土体厚度在25～40 cm。细土质地主要为壤土，砾石平均含量大于25%；因水土流失或冲刷，地表常见大量砾石块；润土色调主要为5YR；土壤基本脱钙，pH在5.5～7.5。

对比土系 扬武系，同一亚类，成土母质同为碳酸盐岩风化物。但扬武系分布海拔较低，土壤温度状况为热性；细土中黏粒含量较高，颗粒大小级别为极黏质，土壤有石灰反应；土体厚度在40～60 cm。

利用性能综述 盐仓系立地条件很差，所处地表坡度大，海拔高，土层浅薄，水蚀风险高，不适宜开发利用。应以改善生态环境，封山育林、维护地被为主，可种植绿肥和牧草，以增加地表植被覆盖度。

参比土种 大石渣子土。

代表性单个土体 于2015年8月23日采自贵州省毕节市威宁彝族回族苗族自治县盐仓镇盐仓村，26°56'18.4"N,104°23'21.6"E。母质为白云岩残坡积物，海拔2291 m，地形为高山中上坡，坡度为30°左右；50 cm深度土壤年均温度约12.0℃。土地利用方式为林地，编号为52-080。

盐仓系代表性单个土体剖面

Ah：0～10 cm，暗红棕色（5YR 2/4，润），灰棕色（5YR 6/2，干）；细土质地为壤土；润；块状结构，疏松；少量根系；夹有 30%直径为 2～20 mm 的砾石；微酸性；向下层平滑渐变过渡。

Bw：10～34 cm，红棕色（5YR 4/8，润），灰棕色（5YR 5/2，干）；细土质地为壤土；润；大块状结构，稍坚实；夹有 35%直径为 2～20 mm 的砾石；微酸性；向下层平滑清晰过渡。

R：34～100 cm，大块白云岩碎屑物（直径在 5～20 cm）。

盐仓系代表性单个土体物理性质

土层	深度/cm	砾石(>2 mm，体积分数)/%	细土颗粒组成(粒径：mm)/(g/kg)			细土质地(美国制)
			砂粒 2～0.05	粉砂 0.05～0.002	黏粒<0.002	
Ah	0～10	30	444	354	201	壤土
Bw	10～34	35	462	341	197	壤土

盐仓系代表性单个土体化学性质

深度/cm	pH		有机质/(g/kg)	全氮(N)/(g/kg)	有效磷/(mg/kg)	速效钾/(mg/kg)	CEC_7/(cmol/kg)	C/N	盐基饱和度/%	游离氧化铁/(g/kg)	$CaCO_3$相当物/(g/kg)
	H_2O	KCl									
0～10	6.38	5.65	57.33	2.97	1.76	81	11.65	11.21	96.23	44.05	0.00
10～34	6.12	5.02	25.77	1.32	2.28	93	10.76	11.32	86.21	41.14	0.00

9.13.2 扬武系（Yangwu Series）

土 族：极黏质高岭石混合型石灰性热性-石质钙质湿润雏形土
拟定者：章明奎

分布与环境条件 分布在黔东南、遵义、安顺、六盘水等地的岩溶地貌低山坡地。属亚热带湿润气候，年均日照时数 1100～1400 h，年均温 14.0～16.5℃，年均降水量 1200～1500 mm，无霜期 255～280 d，年干燥度小于 1。海拔在 600～1250 m，起源于碳酸盐岩风化物；坡度多在 25°～45°，利用方式为林地或荒地。

扬武系典型景观

土系特征与变幅 该土系诊断层包括淡薄表层和雏形层；诊断特性包括湿润土壤水分状况、碳酸盐岩岩性特征、石质接触面、铁质特性和热性土壤温度状况。剖面构型为 Ah-Bw-R，土体厚度在 40～60 cm；土壤质地主要为黏土，砾石平均含量小于 25%；润土色调主要为 5YR；土壤脱钙不彻底，有石灰反应。

对比土系 盐仓系，同一亚类，成土母质同为碳酸盐岩风化物。但盐仓系分布海拔较高，土壤温度状况为温性；颗粒大小级别为粗骨壤质，土壤反应为非酸性；土体厚度在 25～40 cm。

利用性能综述 扬武系所处地表坡度大，土层浅薄，水蚀风险高，不适宜开发利用。应以改善生态环境，封山育林、维护地被和增加植被覆盖度为主，避免石漠化的发生。

参比土种 薄棕大泥土。

代表性单个土体 于 2015 年 9 月 22 日采自贵州省黔东南苗族侗族自治州丹寨县扬武乡交圭村枉丢自然村，26°6'12.4"N, 107°49'40.0"E。母质为石灰岩残坡积物，海拔 653 m，地形为低山中坡，坡度为 35°；50 cm 深度土壤年均温度约 18.0℃。土地利用方式为荒坡或林地，编号为 52-129。

扬武系代表性单个土体剖面

Ah：0～20 cm，红棕色（5YR 4/6，润），暗红棕色（5YR 5/3，干）；细土质地为黏土；润；块状结构，稍疏松；少量根系；微碱性；向下层平滑渐变过渡。

Bw：20～48 cm，红棕色（5YR 4/6，润），亮红棕色（5YR 5/6，干）；细土质地为黏土；润；大块状结构，结构面上有腐殖质胶膜，坚实；中性；向下层波状清晰过渡。

R：48～125 cm，石灰岩半风化物。灰白色（7.5YR 8/2，润）。

扬武系代表性单个土体物理性质

土层	深度/cm	砾石(>2 mm，体积分数)/%	细土颗粒组成(粒径：mm)/(g/kg)			细土质地(美国制)
			砂粒 2～0.05	粉砂 0.05～0.002	黏粒<0.002	
Ah	0～20	0	86	311	603	黏土
Bw	20～48	2	41	298	661	黏土

扬武系代表性单个土体化学性质

深度/cm	pH		有机质/(g/kg)	全氮(N)/(g/kg)	有效磷/(mg/kg)	速效钾/(mg/kg)	CEC_7/(cmol/kg)	C/N	盐基饱和度/%	游离氧化铁/(g/kg)	$CaCO_3$相当物/(g/kg)
	H_2O	KCl									
0～20	7.54	—	24.84	1.71	4.11	36	21.32	8.40	100.00	46.87	54.78
20～48	7.32	—	16.02	1.25	3.66	41	17.65	7.43	100.00	46.08	20.50

9.14 棕色钙质湿润雏形土

9.14.1 大湾塘系（Dawantang Series）

土 族：黏质混合型石灰性热性-棕色钙质湿润雏形土
拟定者：章明奎

分布与环境条件 分布在铜仁、遵义、安顺、六盘水等地的岩溶地貌低山坡地。属亚热带湿润气候，年均日照时数 1100～1400 h，年均温 14.0～16.5℃，年均降水量 1200～1500 mm，无霜期 255～280 d，年干燥度小于 1。海拔在 600～1250 m，起源于碳酸盐岩风化物；坡度多在 25° 以下，利用方式为林地或荒地。

大湾塘系典型景观

土系特征与变幅 该土系诊断层包括淡薄表层和雏形层；诊断特性包括湿润土壤水分状况、碳酸盐岩岩性特征、铁质特性和热性土壤温度状况。剖面构型为 Ah-Bw-C，土体厚度在 125 cm 以上。土壤质地主要为黏土，砾石平均含量小于 25%；润土色调在 7.5YR～5YR；土壤脱钙不彻底，有石灰反应。

对比土系 盐仓系、扬武系，同一土类，成土母质同为碳酸盐岩风化物。但盐仓系分布海拔较高，颗粒大小级别为粗骨壤质，土壤反应为非酸性，土层厚度在 25～40 cm。扬武系土壤含高量黏粒，颗粒大小级别为极黏质，并在矿质土壤 50 cm 内出现石质接触面。

利用性能综述 大湾塘系分布海拔较低，所处地势平缓，土体较厚，适用于农业，种植玉米、番薯等大田作物或发展水果生产。但该土质地黏重，物理性状不良，土壤中养分元素含量多在中等水平，在农用时需通过增施有机肥和磷肥等加以改良。同时，应加强水土保持基础设施建设，推行作物与绿肥轮作，减少地表裸露。

参比土种 棕大泥土。

代表性单个土体 于 2016 年 8 月 31 日采自贵州省铜仁市石阡县中坝镇大湾塘村附近，27°28'7.3"N, 108°12'46.1"E。母质为白云岩坡积物，海拔 718 m，地形为低山山脚，坡度为 15°；50 cm 深度土壤年均温度约 17.8℃。土地利用方式为林地（杉树），编号为 52-147。

大湾塘系代表性单个土体剖面

Ah：0～20 cm，暗红棕色（5YR 4/3，润），暗红棕色（5YR 5/3，干）；细土质地为黏土；润；块状结构，稍坚实；少量细根；夹杂少量（5%）砾石（2～20 mm）；微碱性；向下层平滑渐变过渡。

Bw1：20～55 cm，暗红棕色（5YR 4/3，润），暗橙色（5YR 6/3，干）；细土质地为黏土；润；大块状结构，坚实；夹杂少量（10%）砾石块；微碱性；向下层波状清晰过渡。

Bw2：55～90 cm，橙色（7.5YR 6/6，润），暗橙色（7.5YR 7/3，干）；细土质地为黏土；润；大块状结构，坚实；偶见直径 2～10 cm 大石块；微碱性；向下层波状清晰过渡。

Bw3：90～150 cm，亮棕色（7.5YR 5/8，润），暗橙色（7.5YR 7/4，干）；细土质地为黏壤土；润；块状结构；夹杂 20%直径砾石；微碱性。

大湾塘系代表性单个土体物理性质

土层	深度/cm	砾石(>2 mm，体积分数)/%	细土颗粒组成(粒径：mm)/(g/kg)			细土质地(美国制)
			砂粒 2～0.05	粉砂 0.05～0.002	黏粒<0.002	
Ah	0～20	5	150	311	540	黏土
Bw1	20～55	10	234	294	472	黏土
Bw2	55～90	5	322	284	394	黏土
Bw3	90～150	20	347	296	356	黏壤土

大湾塘系代表性单个土体化学性质

深度/cm	pH		有机质/(g/kg)	全氮(N)/(g/kg)	有效磷/(mg/kg)	速效钾/(mg/kg)	CEC_7/(cmol/kg)	C/N	盐基饱和度/%	游离氧化铁/(g/kg)	$CaCO_3$相当物/(g/kg)
	H_2O	KCl									
0～20	8.48	—	25.28	1.42	4.92	80	15.24	10.35	100.00	30.93	52.08
20～55	8.27	—	14.36	1.03	2.14	71	12.41	8.09	100.00	28.87	19.58
55～90	8.06	—	5.51	—	—	—	10.25	—	100.00	21.19	5.00
90～150	7.75	—	17.16	—	—	—	10.14	—	100.00	23.54	4.17

9.15 红色铁质湿润雏形土

9.15.1 蚂蟥田系（Mahuangtian Series）

土 族：黏质混合型石灰性热性-红色铁质湿润雏形土
拟定者：章明奎

分布与环境条件 除黔西南外，贵州其他地州均有分布，以六盘水、遵义分布较为集中。其地貌类型主要为低山和高丘坡地。属亚热带湿润气候，年均日照时数1100～1400 h，年均温 14.0～17.5℃，年均降水量 1200～1500 mm，无霜期255～295 d，年干燥度小于1。海拔在1250 m以下，起源于紫色泥岩和紫色页岩风化物；坡度多在25°以下，利用方式为农地或荒草地。

蚂蟥田系典型景观

土系特征与变幅 该土系诊断层包括淡薄表层和雏形层；诊断特性包括湿润土壤水分状况、铁质特性和热性土壤温度状况。剖面构型为Ah-Bw-C，土体厚度在125 cm以上。土壤质地主要为黏壤土和黏土，砾石平均含量小于25%；润土色调主要为7.5R；土壤脱钙不彻底，有石灰反应。

对比土系 江西坡系，同一亚类。但江西坡系成土母质为泥页岩风化物，土壤反应为酸性。

利用性能综述 蚂蟥田系分布海拔较低，地表较为平缓，土体较厚，多被开发为农业用地，种植玉米、番薯等大田作物或种植水果。但该土质地黏重，透水性差，物理性状不良，土壤中养分元素含量多在中等水平，在农用时需通过增施有机肥和磷肥等加以改良，改善土壤物理性状和提高土壤基础地力。同时，应加强水土保持基础设施建设，推行作物与绿肥轮作，减少地表裸露。

参比土种 厚大紫泥土。

代表性单个土体 于2015年8月19日采自贵州省黔东南苗族侗族自治州施秉县城关镇蚂蟥田村，27°2'10.9"N,108°7'53.0"E。母质为紫色泥页岩残坡积物，海拔561 m，地形为高丘坡脚，坡度<15°；50 cm深度土壤年均温度约18.5℃。土地利用方式为荒草地，编号为52-053。

蚂蟥田系代表性单个土体剖面

Ah：0～20 cm，红棕色（10R 4/3，润），暗红橙色（10R 6/3，干）；细土质地为黏土；湿；块状结构，疏松；少量根系；微碱性；向下层平滑模糊过渡。

Bw1：20～90 cm，淡红棕色（7.5R 5/3，润），淡红棕色（7.5R 5/3，干）；细土质地为黏壤土；润；大块状结构，稍疏松；少量细根；结构面上见少量黏粒胶膜；微碱性；向下层平滑渐变过渡。

Bw2：90～140 cm，暗红色（7.5R 4/4，润），淡红棕色（7.5R 5/3，干）；细土质地为黏土；润；小块状结构，稍坚实；微碱性。

蚂蟥田系代表性单个土体物理性质

土层	深度/cm	砾石(>2 mm，体积分数)/%	细土颗粒组成(粒径：mm)/(g/kg)			细土质地(美国制)
			砂粒 2～0.05	粉砂 0.05～0.002	黏粒<0.002	
Ah	0～20	1	218	255	527	黏土
Bw1	20～90	1	225	436	340	黏壤土
Bw2	90～140	13	223	245	532	黏土

蚂蟥田系代表性单个土体化学性质

深度/cm	pH		有机质/(g/kg)	全氮(N)/(g/kg)	有效磷/(mg/kg)	速效钾/(mg/kg)	CEC_7/(cmol/kg)	C/N	盐基饱和度/%	游离氧化铁/(g/kg)	$CaCO_3$相当物/(g/kg)
	H_2O	KCl									
0～20	7.80	—	25.05	1.75	4.45	47	26.32	8.30	100.00	16.26	121.91
20～90	7.68	—	15.90	1.32	2.26	73	19.36	6.99	100.00	18.91	83.88
90～140	8.09	—	9.53	—	—	—	25.41	—	100.00	19.51	42.36

9.15.2 江西坡系（Jiangxipo Series）

土 族：黏质混合型酸性热性-红色铁质湿润雏形土

拟定者：章明奎

分布与环境条件 分布在铜仁、黔南、黔东南、黔西南和六盘水等地的低山和高丘坡地。属亚热带湿润气候，年均日照时数1100～1400 h，年均温 14.0～16.0℃，年均降水量 1200～1500 mm，无霜期 255～280 d，年干燥度小于 1。海拔在 800～1250 m，起源于泥页岩风化物；坡度多在 25°以下，利用方式为旱地、果园或荒地。

江西坡系典型景观

土系特征与变幅 该土系诊断层包括淡薄表层和雏形层；诊断特性包括湿润土壤水分状况、铁质特性和热性土壤温度状况。剖面构型为 Ah-Bw-C，土体厚度在 125 cm 以上。土壤质地主要为黏土，砾石平均含量小于 25%；润土色调主要为 5YR；土壤 pH 在 4.5～5.5。

对比土系 谷坪系，同一亚类。但谷坪系成土母质为砂页岩互层风化物，土壤黏粒含量较低，其颗粒大小级别为粗骨黏壤质。蚂蟥田系，同一亚类。但蚂蟥田系成土母质为紫色泥岩和紫色页岩风化物，有石灰反应，润土色调主要为 7.5R。

利用性能综述 江西坡系分布海拔较低，地表较为平缓，土体较厚，多被开发为农业用地，种植玉米、番薯等大田作物或种植水果。但该土质地黏重，透水性差，物理性状不良，土壤中养分元素含量多在中等水平，土壤呈酸性，在农用时需通过增施有机肥和磷肥及石灰性物质等，改善土壤物理性状和提高土壤基础地力。同时，推行作物与绿肥轮作，减少地表裸露。

参比土种 黄红泥土。

代表性单个土体 于 2015 年 8 月 26 日采自贵州省黔西南布依族苗族自治州普安县江西坡镇官田鲁鸡坪自然村，25°47'36.1"N,105°4'25.7"E。母质为泥页岩坡积物，海拔 1162 m，地形为低山中上坡平缓地带，坡度<15°；50 cm 深度土壤年均温度约 16.8℃。土地利用方式为果园，编号为 52-097。

江西坡系代表性单个土体剖面

Ah：0～21 cm，亮红棕色（5YR 5/6，润），暗红棕色（5YR 5/4，干）；细土质地为黏土；润；块状结构，稍疏松；少量根系；酸性；向下层平滑渐变过渡。

Bw1：21～105 cm，红棕色（5YR 4/6，润），亮红棕色（5YR 5/6，干）；细土质地为黏土；润；块状结构，稍坚实；少量粗根；结构面上可见腐殖质胶膜；酸性；向下层平滑清晰过渡。

Bw2：105～150 cm，黄橙色（7.5YR 7/8，润），暗橙色（7.5YR 7/4，干）；细土质地为黏土；润；大块状结构，坚实；酸性。

江西坡系代表性单个土体物理性质

土层	深度/cm	砾石(>2 mm，体积分数)/%	细土颗粒组成(粒径：mm)/(g/kg)			细土质地(美国制)
			砂粒 2～0.05	粉砂 0.05～0.002	黏粒<0.002	
Ah	0～21	10	156	257	588	黏土
Bw1	21～105	15	278	171	550	黏土
Bw2	105～150	10	234	121	645	黏土

江西坡系代表性单个土体化学性质

深度/cm	pH		有机质/(g/kg)	全氮(N)/(g/kg)	有效磷/(mg/kg)	速效钾/(mg/kg)	CEC_7/(cmol/kg)	C/N	盐基饱和度/%	游离氧化铁/(g/kg)	$CaCO_3$相当物/(g/kg)
	H_2O	KCl									
0～21	5.12	4.02	49.13	2.69	1.46	29	19.23	10.58	60.05	123.84	0.00
21～105	5.12	4.02	44.45	2.25	3.65	41	18.01	11.46	58.24	127.61	0.00
105～150	5.07	4.03	29.26	1.68	2.87	38	17.12	10.10	56.74	123.02	0.00

9.15.3 胡叶山系（Huyeshan Series）

土 族：黏质混合型非酸性温性-红色铁质湿润雏形土

拟定者：章明奎

分布与环境条件 主要分布在毕节、安顺和六盘水等地的高原夷平面和中山山地。属暖温带湿润气候，年均日照时数1300～1600 h，年均温 9.0～13.5℃，年均降水量 1200～1400 mm，无霜期 215～250 d，年干燥度小于 1。海拔在1400～2400 m，起源于碳酸盐岩风化物；坡度多在 25°以下，利用方式为旱地或荒地。

胡叶山系典型景观

土系特征与变幅 该土系诊断层包括淡薄表层和雏形层；诊断特性包括湿润土壤水分状况、铁质特性和温性土壤温度状况。剖面构型为 Ah-Bw-C，土体厚度在 125 cm 以上。土壤质地主要为黏土，砾石平均含量小于 25%；润土色调主要为 2.5YR；土壤基本脱钙，pH 在 5.5～7.5。

对比土系 乐元系，同一亚类。但乐元系成土母质为砂页岩互层风化物，土壤温度状况为热性；润土色调主要为 5YR；砾石平均含量大于 25%。

利用性能综述 胡叶山系地表较为平缓，土体较厚，多被开发为农业用地，种植玉米、番薯等大田作物。但该土质地黏重，透水性差，物理性状不良，土壤中养分元素含量多在中等水平，在农用时需通过增施有机肥和磷肥等加以改良。由于该土分布海拔较高，复种指数低，冬季可种植耐冬绿肥，用于培肥地力，减少地表裸露。

参比土种 厚棕大泥土。

代表性单个土体 于 2015 年 8 月 23 日采自贵州省毕节市威宁彝族回族苗族自治县草海镇胡叶山，26°52'49.3"N,104°17'3.8"E。母质为石灰岩坡积物，海拔 2212 m，地形为高山中下坡，坡度<15°；50 cm 深度土壤年均温度约 11.5℃。土地利用方式为荒地或旱地，编号为 52-075。

胡叶山系代表性单个土体剖面

Ah：0～14 cm，暗红棕色（2.5YR 3/4，润），暗红棕色（2.5YR 5/4，干）；细土质地为黏土；润；块状结构，稍坚实；中量根系；中性；无石灰反应；向下层平滑渐变过渡。

Bw1：14～85 cm，暗红棕色（2.5YR 3/4，润），暗红棕色（2.5YR 5/4，干）；细土质地为黏土；润；大块状结构，坚实；少量细根；见少量 0.5 mm 宽度垂直向裂隙；中性；无石灰反应；向下层波状较清晰过渡。

Bw2：85～140 cm，暗红棕色（2.5YR 3/6，润），亮红棕色（2.5YR 5/6，干）；细土质地为黏土；润；大块状结构，坚实；中性；无石灰反应。

胡叶山系代表性单个土体物理性质

土层	深度/cm	砾石(>2 mm，体积分数)/%	细土颗粒组成(粒径：mm)/(g/kg)			细土质地(美国制)
			砂粒 2～0.05	粉砂 0.05～0.002	黏粒<0.002	
Ah	0～14	6	149	292	559	黏土
Bw1	14～85	5	254	271	475	黏土
Bw2	85～140	9	268	200	532	黏土

胡叶山系代表性单个土体化学性质

深度/cm	pH		有机质/(g/kg)	全氮(N)/(g/kg)	有效磷/(mg/kg)	速效钾/(mg/kg)	CEC_7/(cmol/kg)	C/N	盐基饱和度/%	游离氧化铁/(g/kg)	$CaCO_3$相当物/(g/kg)
	H_2O	KCl									
0～14	7.31	—	25.51	1.90	2.74	71	25.54	7.77	100.00	68.73	0.00
14～85	6.74	5.56	6.95	0.68	3.22	68	21.72	5.93	95.08	60.68	0.00
85～140	6.58	5.48	6.05	—	—	—	22.65	—	92.40	84.27	0.00

9.15.4　乐元系（Leyuan Series）

土　族：粗骨黏质混合型非酸性热性-红色铁质湿润雏形土

拟定者：章明奎

分布与环境条件　主要分布在黔西南、黔东南、黔南等地的丘陵坡地。属亚热带湿润气候，年均日照时数 1200～1500 h，年均温 16.0～17.5℃，年均降水量 1200～1300 mm，无霜期 285～295 d，年干燥度小于 1。海拔在 600 m 以下，起源于砂页岩互层风化物；坡度多在 25°以下，利用方式为林地或荒地。

乐元系典型景观

土系特征与变幅　该土系诊断层包括淡薄表层和雏形层；诊断特性包括湿润土壤水分状况、铁质特性和热性土壤温度状况。剖面构型为 Ah-Bw-C，土体厚度在 125 cm 以上。细土质地主要为黏土和黏壤土，砾石平均含量大于 25%；润土色调主要为 5YR；土壤 pH 主要在 5.0～7.5。

对比土系　胡叶山系，同一亚类。但胡叶山系分布海拔较高，成土母质为碳酸盐岩风化物，土壤温度状况为温性；砾石含量低于 25%。谷坪系，同一亚类，成土母质同为砂页岩互层风化物。但谷坪系土壤颗粒大小级别为粗骨黏壤质，土壤反应为酸性。

利用性能综述　乐元系分布海拔较低，地表较为平缓，土体较厚，水热条件优越，土壤中砾石含量虽较高，但这些砾石多易在短期内破碎为细颗粒，适宜开发为农业用地，种植玉米、番薯等大田作物或种植亚热带水果。但该土肥力水平较低，抗蚀性弱，分布区多暴雨，因此，农业利用时需强化水土保持设施建设，加强管理，增加有机肥和磷肥的投入，不断改善土壤物理性状和提高土壤基础地力。

参比土种　红砂泥土。

代表性单个土体　于 2015 年 8 月 27 日采自贵州省黔西南布依族苗族自治州望谟县乐元镇乐元村，25°12'12.8"N,105°53'46.4"E。母质为砂页岩坡积物，海拔 461 m，地形为中丘下坡，坡度<25°；50 cm 深度土壤年均温度约 19.6℃。土地利用方式为林地，编号为 52-107。

乐元系代表性单个土体剖面

Ah：　0～13 cm，红棕色（5YR 4/6，润），淡橙色（5YR 8/3，干）；细土质地为黏土；润；块状结构，稍坚实；少量根系；夹有 10%直径为 2～20 mm 的砾石；微酸性；向下层平滑渐变过渡。

Bw1：13～60 cm，橙色（5YR 6/8，润），暗橙色（5YR 7/4，干）；细土质地为黏壤土；润；大块状结构，坚实；夹杂有 20%直径为 2～50 mm 的砾石；酸性；向下层波状渐变过渡。

Bw2：60～140 cm，由大石块和细土组成，大石块比例约 50%。细土亮红棕色（5YR 5/8，润），暗橙色（5YR 7/4，干）；细土质地为黏土；润；块状结构，坚实；微酸性。

乐元系代表性单个土体物理性质

土层	深度/cm	砾石(>2 mm，体积分数)/%	细土颗粒组成(粒径：mm)/(g/kg)			细土质地(美国制)
			砂粒 2～0.05	粉砂 0.05～0.002	黏粒<0.002	
Ah	0～13	10	175	380	444	黏土
Bw1	13～60	20	190	512	298	黏壤土
Bw2	60～140	50	155	343	502	黏土

乐元系代表性单个土体化学性质

深度/cm	pH		有机质/(g/kg)	全氮(N)/(g/kg)	有效磷/(mg/kg)	速效钾/(mg/kg)	CEC_7/(cmol/kg)	C/N	盐基饱和度/%	游离氧化铁/(g/kg)	$CaCO_3$相当物/(g/kg)
	H_2O	KCl									
0～13	5.64	4.56	17.26	1.63	7.43	70	14.32	6.13	78.43	49.58	0.00
13～60	5.38	4.35	9.64	0.65	4.12	63	11.35	8.61	64.27	54.42	0.00
60～140	5.80	4.75	9.97	—	—	—	17.62	—	75.74	50.26	0.00

9.15.5 谷坪系（Guping Series）

土 族：粗骨黏壤质混合型酸性热性-红色铁质湿润雏形土

拟定者：章明奎

分布与环境条件 主要分布在黔西南、黔东南、黔南、铜仁等地的高丘和低山坡地。属亚热带湿润气候，年均日照时数1200～1500 h，年均温 15.0～16.5 ℃，年均降水量 1200～1400 mm，无霜期 275～285 d，年干燥度小于 1。海拔在 500～900 m，起源于砂页岩互层风化物；坡度多在 25°以上，利用方式为林地或荒地。

谷坪系典型景观

土系特征与变幅 该土系诊断层包括淡薄表层和雏形层；诊断特性包括湿润土壤水分状况、铁质特性和热性土壤温度状况。剖面构型为 Ah-Bw-C，土体厚度在 125 cm 以上。细土质地主要为黏壤土和粉砂质黏壤土，砾石平均含量大于 25%；润土色调主要为 5YR；土壤 pH 主要在 4.5～5.5。

对比土系 乐元系，同一亚类，成土母质同为砂页岩互层风化物。但乐元系土壤颗粒大小级别为粗骨黏质，土壤反应为非酸性。江西坡系，同一亚类。但江西坡系成土母质为泥页岩风化物，颗粒大小级别为黏质，砾石含量低于 25%。

利用性能综述 谷坪系虽然分布海拔较低，土体较厚，水热条件优越，但因其分布区坡度较大，水蚀风险较大，一般不适合开发为农业用地，应以封山育林、保护植被为主要利用方向。该土通透性良好，土层较厚，在做好水土保持工作的前提下，一些坡度相对小的区域也可发展用材林或作为亚热带水果的生产基地。

参比土种 厚黄红砂泥土。

代表性单个土体 于 2015 年 9 月 21 日采自贵州省黔东南苗族侗族自治州从江县谷坪乡採塘村，25°50'23.2"N, 108°51'29.8"E。母质为砂页岩坡积物，海拔 647 m，地形为低山中下坡，坡度为 35°；50 cm 深度土壤年均温度约 19.2℃。土地利用方式为林地，编号为 52-120。

碧江系代表性单个土体剖面

Ah：0～20 cm，暗红棕色（5YR 3/2，润），暗橙色（5YR 6/3，干）；细土质地为黏壤土；润；大块状结构，坚实；少量根系；中性；向下层平滑渐变过渡。

Bw1：20～50 cm，暗红棕色（5YR 3/3，润），灰棕色（5YR 5/2，干）；细土质地为黏壤土；润；块状结构，坚实；少量细根；夹杂有 5%左右大小 0.5～1 cm 的白色斑眼状风化残留物；中性；向下层平滑清晰过渡。

Bw2：50～125 cm，暗红棕色（5YR 3/4，润），橙色（5YR 6/6，干）；细土质地为黏壤土；润；块状结构，坚实；夹杂有 7%左右大小 0.5～1 cm 的白色斑眼状风化残留物；中性；向下与石灰岩呈波状清晰过渡。

碧江系代表性单个土体物理性质

土层	深度/cm	砾石(>2 mm，体积分数)/%	细土颗粒组成(粒径：mm)/(g/kg)			细土质地(美国制)
			砂粒 2～0.05	粉砂 0.05～0.002	黏粒<0.002	
Ah	0～20	4	268	409	323	黏壤土
Bw1	20～50	5	254	417	329	黏壤土
Bw2	50～125	7	302	357	341	黏壤土

碧江系代表性单个土体化学性质

深度/cm	pH		有机质/(g/kg)	全氮(N)/(g/kg)	有效磷/(mg/kg)	速效钾/(mg/kg)	CEC_7/(cmol/kg)	C/N	盐基饱和度/%	游离氧化铁/(g/kg)	$CaCO_3$相当物/(g/kg)
	H_2O	KCl									
0～20	6.56	5.23	29.26	1.26	2.30	149	12.33	13.43	96.61	28.88	0.00
20～50	7.21	—	18.69	0.93	2.14	138	11.91	11.66	100.00	26.44	0.00
50～125	7.25	—	8.95	—	—	—	10.35	—	100.00	82.45	0.00

9.15.7　白果系（Baiguo Series）

土　族：壤质硅质混合型酸性温性-红色铁质湿润雏形土

拟定者：章明奎

分布与环境条件　主要分布在毕节和六盘水，在黔西南、黔东南和安顺等地也有分布，地貌为中山坡地。属暖温带湿润气候，年均日照时数 1400～1600 h，年均温 10.0～13.5℃，年均降水量 1100～1200 mm，无霜期 215～250 d，年干燥度小于 1。海拔在 1400～2400 m，起源于砂岩、粉砂岩和石英砂岩风化物；坡度多在 15°～25°，利用方式为旱地或荒地。

白果系典型景观

土系特征与变幅　该土系诊断层包括淡薄表层和雏形层；诊断特性包括湿润土壤水分状况、铁质特性和温性土壤温度状况。剖面构型为 Ap-Bw-C，土体厚度在 125 cm 以上。土壤质地主要为砂质壤土，砾石平均含量小于 25%；润土色调主要为 5YR；土壤 pH 在 4.5～5.5。

对比土系　九支系，同一亚类。但九支系成土母质为紫色、紫红色砂岩风化物，分布海拔较低，土壤温度状况为热性，土体较薄，在 40～80 cm。

利用性能综述　白果系土体较厚，耕性良好，坡度较缓，适宜种植玉米、高粱、大豆等大田作物。但该类土壤全剖面均较为疏松，容易发生滑坡和水土流失，同时土壤多数养分缺乏。因此，在农业利用时，需加强水土保持工程建设，增加有机肥和各类化学肥料的投入，重视绿肥与大田作物的轮作和套作，逐渐提升土壤肥力、改善土壤结构，增强土壤抗蚀性。

参比土种　灰泡砂土。

代表性单个土体　于 2015 年 8 月 22 日采自贵州省毕节市赫章县白果镇明塘村，27°6'17.0"N,104°39'46.1"E。母质为砂岩残坡积物，海拔 1820 m，地形为中山中坡，坡度为 15°～25°；50 cm 深度土壤年均温度约 14.0℃。土地利用方式为旱地，编号为 52-074。

白果系代表性单个土体剖面

Ap：0～25 cm，暗红棕色（5YR 3/4，润），灰棕色（5YR 5/3，干）；细土质地为黏壤土；润；小块状结构，疏松；少量根系；夹杂有 25%直径为 2～20 mm 的砾石；酸性；向下层平滑渐变过渡。

Bw1：25～55 cm，暗红棕色（5YR 3/3，润），灰棕色（5YR 5/2，干）；细土质地为砂质壤土；润；小块状结构，稍疏松；夹杂有 10%直径为 2～20 mm 的砾石；结构面上可见腐殖质胶膜；酸性；向下层平滑渐变过渡。

Bw2：55～150 cm，暗红棕色（5YR 3/4，润），暗红棕色（5YR 4/3，干）；细土质地为砂质壤土；润；小块状结构；夹杂有 15%直径为 2～10 mm 的砾石；结构面上可见腐殖质胶膜；稍疏松；酸性。

白果系代表性单个土体物理性质

土层	深度/cm	砾石(>2 mm，体积分数)/%	细土颗粒组成(粒径：mm)/(g/kg)			细土质地(美国制)
			砂粒 2～0.05	粉砂 0.05～0.002	黏粒<0.002	
Ap	0～25	25	224	402	374	黏壤土
Bw1	25～55	10	639	166	195	砂质壤土
Bw2	55～150	15	645	173	181	砂质壤土

白果系代表性单个土体化学性质

深度/cm	pH		有机质/(g/kg)	全氮(N)/(g/kg)	有效磷/(mg/kg)	速效钾/(mg/kg)	CEC_7/(cmol/kg)	C/N	盐基饱和度/%	游离氧化铁/(g/kg)	$CaCO_3$相当物/(g/kg)
	H_2O	KCl									
0～25	5.16	4.01	12.35	0.98	0.98	25	17.32	7.31	68.81	78.29	0.00
25～55	4.75	3.89	28.87	1.35	3.25	34	12.32	12.40	46.56	78.52	0.00
55～150	4.71	3.79	36.02	—	—	—	10.23	—	44.55	90.25	0.00

9.15.8　九支系（Jiuzhi Series）

土　族：壤质硅质混合型酸性热性-红色铁质湿润雏形土
拟定者：章明奎

分布与环境条件　广泛分布在贵州各州，以毕节、遵义分布最为集中，地貌为丘陵与低山坡地。属亚热带湿润气候，年均日照时数 1300～1600 h，年均温 14.0～18.0℃，年均降水量 1100～1300 mm，无霜期 260～295 d，年干燥度小于 1。海拔在 1250 m 以下，起源于紫色、紫红色砂岩风化物；坡度多在 25°以下，利用方式为旱地、园地或荒地。

九支系典型景观

土系特征与变幅　该土系诊断层包括淡薄表层和雏形层；诊断特性包括湿润土壤水分状况、铁质特性和热性土壤温度状况。剖面构型为 Ah-Bw-C，土体厚度在 40～80 cm。土壤质地主要为砂质壤土和粉砂壤土，砾石平均含量小于 25%；润土色调主要为 2.5YR；土壤 pH 在 4.5～5.5。

对比土系　白果系、四洞沟系，同一亚类。但白果系成土母质为砂岩、粉砂岩和石英砂岩风化物，分布海拔较高，土壤温度状况为温性，土体较厚，在 125 cm 以上。四洞沟系成土母质也为紫色、紫红色砂岩风化物，但其土壤颗粒大小级别为砂质，土壤反应为非酸性。

利用性能综述　九支系土体较厚，耕性良好，坡度较缓，热量充足，适宜种植玉米、高粱、大豆等大田作物和发展松、杉、竹等用材林，也适合种茶叶、油茶和亚热带水果。但该类土壤保水、保肥性较差，土质较松，容易发生滑坡和水土流失。因此，在农业利用时，需加强水土保持工程建设，增加有机肥和各类化学肥料的投入，重视绿肥与大田作物的轮作和套作，逐渐提升土壤肥力、改善土壤结构，增强土壤抗蚀性。并根据作物需要，施用石灰降低土壤酸度。

参比土种　血砂泥土。

代表性单个土体　于 2015 年 7 月 29 日采自贵州省遵义市赤水市文华街道双龙村，28°32'42.9"N，105°41'46.0"E。母质为紫色砂岩残积物，海拔 463 m，地形为低丘，坡度＜10°；50 cm 深度土壤年均温度约 19.8℃。土地利用方式为竹园，编号为 52-026。

九支系代表性单个土体剖面

Ah：0～18 cm，灰红棕色（2.5YR 4/4，润），灰红色（2.5YR 6/2，干）；细土质地为黏壤土；润；小块状结构，疏松；中量根系；酸性；向下层平滑清晰过渡。

Bw：18～79 cm，亮棕色（2.5YR 5/6，润），淡红橙色（2.5YR 7/3，干）；细土质地为砂质壤土；润；块状结构，稍坚实；少量细根；夹杂有 10%半风化岩石碎屑；酸性；向下层波状清晰过渡。

C：79～100 cm，整块状半风化体。淡红棕色（2.5YR 4/3，润），淡红棕色（2.5YR 5/3，干）；细土质地为粉砂壤土；润；坚实；酸性。

九支系代表性单个土体物理性质

土层	深度/cm	砾石(>2 mm，体积分数)/%	细土颗粒组成(粒径：mm)/(g/kg)			细土质地(美国制)
			砂粒 2～0.05	粉砂 0.05～0.002	黏粒<0.002	
Ah	0～18	1	320	386	294	黏壤土
Bw	18～79	10	653	214	133	砂质壤土
C	79～100	95	218	551	231	粉砂壤土

九支系代表性单个土体化学性质

深度/cm	pH		有机质/(g/kg)	全氮(N)/(g/kg)	有效磷/(mg/kg)	速效钾/(mg/kg)	CEC_7/(cmol/kg)	C/N	盐基饱和度/%	游离氧化铁/(g/kg)	$CaCO_3$相当物/(g/kg)
	H_2O	KCl									
0～18	4.65	3.74	26.91	2.53	4.55	33	15.42	6.16	34.53	24.59	0.00
18～79	4.53	3.63	8.47	0.98	2.89	38	11.32	5.01	30.99	24.42	0.00
79～100	4.76	3.82	4.72	—	—	—	15.64	—	47.14	37.39	0.00

9.15.9 四洞沟系（Sidonggou Series）

土 族：砂质硅质混合型非酸性热性-红色铁质湿润雏形土

拟定者：章明奎

分布与环境条件 主要分布在毕节、遵义，在贵州其他各州也有少量分布，地貌为丘陵与低山坡地。属亚热带湿润气候，年均日照时数 1300～1600 h，年均温 14.0 ～ 18.0 ℃，年均降水量 1100～1300 mm，无霜期 260～295 d，年干燥度小于 1。海拔在 1250 m 以下，起源于紫色、紫红色砂岩风化物；坡度多在 25°以下，利用方式为旱地、园地或荒地。

四洞沟系典型景观

土系特征与变幅 该土系诊断层包括淡薄表层和雏形层；诊断特性包括湿润土壤水分状况、铁质特性和热性土壤温度状况。剖面构型为 Ah-Bw-C，土体厚度在 80～125 cm。土壤砂性明显，土壤质地主要为砂质壤土和砂质黏壤土，但砾石平均含量小于 25%；润土色调主要为 2.5YR；土壤 pH 在 5.5～7.5。

对比土系 九支系，同一亚类，成土母质同为紫色、紫红色砂岩风化物。但九支系颗粒大小级别为壤质，土壤反应为酸性。

利用性能综述 四洞沟系土体较厚，耕性良好，坡度较缓，热量充足，适宜种植玉米、高粱、大豆等大田作物和发展松、杉、竹等用材林，也适合种茶叶、油茶和亚热带水果。但该类土壤砂性很强，土壤保水、保肥性较差，容易发生滑坡和水土流失。因此，在农业利用时，需加强水土保持工程建设，增加有机肥和各类化学肥料的投入，重视绿肥与大田作物的轮作和套作，逐渐提升土壤肥力、改善土壤结构，增强土壤抗蚀性。

参比土种 血砂泥土。

代表性单个土体 于 2015 年 7 月 29 日采自贵州省遵义市赤水市大同镇四洞沟村，28°28'58.2"N, 105°39'2.3"E。母质为紫色砂岩残积物，海拔 369 m，地形为丘陵中坡，坡度为 10°～25°；50 cm 深度土壤年均温度约 19.8℃。土地利用方式为竹园，编号为 52-027。

四洞沟系代表性单个土体剖面

Ah：0～20 cm，灰红棕色（2.5YR 4/3，润），暗橙色（2.5YR 6/3，干）；细土质地为砂质黏壤土；润；小块状结构，疏松；少量根系；微酸性；向下层平滑渐变过渡。

Bw：20～100 cm，灰红棕色（2.5YR 4/4，润），暗橙色（2.5YR 6/3，干）；细土质地为砂质壤土；润；小块状结构，疏松；微酸性；向下层波状清晰过渡。

C：100～125 cm，半风化体。灰红棕色（2.5YR 4/4，润），暗橙色（2.5YR 6/4，干）；润；坚实；微酸性。

四洞沟系代表性单个土体物理性质

土层	深度/cm	砾石(>2 mm，体积分数)/%	细土颗粒组成(粒径：mm)/(g/kg)			细土质地(美国制)
			砂粒 2～0.05	粉砂 0.05～0.002	黏粒<0.002	
Ah	0～20	4	701	6	293	砂质黏壤土
Bw	20～100	1	675	253	73	砂质壤土

四洞沟系代表性单个土体化学性质

深度/cm	pH		有机质/(g/kg)	全氮(N)/(g/kg)	有效磷/(mg/kg)	速效钾/(mg/kg)	CEC_7/(cmol/kg)	C/N	盐基饱和度/%	游离氧化铁/(g/kg)	$CaCO_3$相当物/(g/kg)
	H_2O	KCl									
0～20	5.60	4.35	10.44	0.87	3.37	24	14.65	6.96	78.95	12.03	0.00
20～100	6.17	5.09	5.22	0.65	1.87	35	3.67	4.65	90.73	9.59	0.00

第 10 章　新　成　土

10.1　石灰潮湿冲积新成土

10.1.1　蚂蟥沟系（Mahuanggou Series）

土　族：粗骨质硅质混合型热性-石灰潮湿冲积新成土

拟定者：章明奎

分布与环境条件　零星分布在遵义等地低山区的山前坡麓与沟谷的过渡地带。属亚热带湿润气候，年均日照时数 1100～1200 h，年均温 14.0～16.5℃，年均降水量 1100～1300 mm，无霜期 260～285 d，年干燥度小于 1。海拔在 600～1250 m，起源于河流冲积物；坡度多在 25°以下，利用方式为荒地。

蚂蟥沟系典型景观

土系特征与变幅　该土系诊断层包括淡薄表层；诊断特性包括冲积沉积物岩性特征、潮湿土壤水分状况、氧化还原特征、热性土壤温度状况及饱和的盐基饱和度。剖面构型为 Ah-C，表土层厚度在 5～25 cm；母质层深厚，多在 100 cm 以上，常见有一定磨圆度的砾石层。润土色调主要为 10YR；土壤有石灰反应。

对比土系　土城系，同一亚类，成土母质均为河流冲积物。但土城系细土色调主要为 2.5YR，砾石含量超过 25%，土壤颗粒大小级别为粗骨砂质。

利用性能综述　蚂蟥沟系分布位置低，主要由砾石组成，在雨季易受洪水淹没，土壤肥力低下，漏水、漏肥明显，光照条件较差，不适合农业生产。

参比土种　新积砂砾土。

代表性单个土体　于 2015 年 7 月 27 日采自贵州省遵义市绥阳县宽阔镇蚂蟥沟，28°14'17.3"N, 107°12'20.1"E。母质为近代洪冲积物，海拔 977 m，地形为山前小洪积扇，坡度为 10°左右；50 cm 深度土壤年均温度约 17.6℃。土地利用方式为荒地，编号为 52-018。

蚂蟥沟系代表性单个土体剖面

Ah：0～10 cm，灰黄棕色（10YR 5/3，润），灰黄棕色（10YR 6/2，干）；细土质地为砂质壤土；润；弱团块状结构，坚实；少量根系；砾石含量在 75%左右；中性；向下层平滑渐变过渡。

C：10～80 cm，棕色（10YR 4/6，润），淡黄橙色（10YR 7/3，干）；细土质地为壤土；润；散粒状，坚实；少量细根；见少量锈纹；砾石含量在 90%以上（部分砾石直径达 10～20 cm）；部分深度可见层理；中性。

蚂蟥沟系代表性单个土体物理性质

土层	深度/cm	砾石(>2 mm，体积分数)/%	细土颗粒组成(粒径：mm)/(g/kg)			细土质地(美国制)
			砂粒 2～0.05	粉砂 0.05～0.002	黏粒<0.002	
Ah	0～10	75	742	152	106	砂质壤土
C	10～80	90	474	379	147	壤土

蚂蟥沟系代表性单个土体化学性质

深度/cm	pH		有机质/(g/kg)	全氮(N)/(g/kg)	有效磷/(mg/kg)	速效钾/(mg/kg)	CEC_7/(cmol/kg)	盐基饱和度/%	游离氧化铁/(g/kg)	$CaCO_3$相当物/(g/kg)
	H_2O	KCl								
0～10	7.33	—	37.89	3.15	5.72	63	4.65	100.00	43.41	67.51
10～80	7.50	—	13.94	0.89	3.23	83	6.23	100.00	38.67	66.91

10.1.2 土城系（Tucheng Series）

土 族：粗骨砂质硅质混合型热性-石灰潮湿冲积新成土

拟定者：章明奎

分布与环境条件 零星分布在遵义等地丘陵、低山区较为狭窄的山溪沟谷的水系附近。属亚热带湿润气候，年均日照时数 1300～1400 h，年均温 14.0～17.5 ℃，年均降水量 1100～1300 mm，无霜期 260～295 d，年干燥度小于 1。海拔在 1250 m 以下，起源于河流冲积物；地下水位在 100～150 cm；坡度多在 15°以下，利用方式为荒滩地。

土城系典型景观

土系特征与变幅 该土系诊断层包括淡薄表层；诊断特性包括冲积沉积物岩性特征、潮湿土壤水分状况、氧化还原特征、热性土壤温度状况及饱和的盐基饱和度。剖面构型为 Ah-C 或 AhC-C；表土层厚度在 10～25 cm；母质层深厚，多在 100 cm 以上，可见沉积层理。土壤质地主要为粉砂壤土和砂土，砾石含量超过 25%；润土色调主要为 2.5YR；土壤有石灰反应。

对比土系 蚂蟥沟系，同一亚类，成土母质均为河流冲积物。但蚂蟥沟系润土色调主要为 10YR，砾石含量超过 75%，土壤颗粒大小级别为粗骨质。

利用性能综述 土城系分布位置低，含砾石多，沙性强，在雨季易受洪水淹没，土壤肥力低下，一般不适合农业生产。对分布在较为宽广沟谷地带的土城系土壤，通过工程措施，筑堤防洪，可种植短期生长的农作物。

参比土种 大淤砂泥土。

代表性单个土体 于 2015 年 7 月 28 日采自贵州省遵义市习水县土城镇齐心村，28°17'48.9"N,106°3'8.5"E。母质为河流冲积物，海拔 462 m，河谷冲积小平原（雨季易被水淹），坡度<5°；50 cm 深度土壤年均温度约 19.5℃。土地利用方式为荒滩地，编号为 52-025。

土城系代表性单个土体剖面

AhC：0～15 cm，灰红棕色（2.5YR 4/3，润），灰红色（2.5YR 5/2，干）；细土质地为粉砂壤土；润；散粒状结构，疏松；多量根系；夹杂有 30%直径为 5～10 cm 的砾石；中性；向下层平滑模糊过渡。

C：15～100 cm，深红棕色（2.5YR 2/4，润），灰红棕色（2.5YR 4/3，干）；细土质地为砂土；潮；散粒状结构，局部可见沉积层理，少量铁锰斑纹，稍坚实；夹杂有 42%直径为 5～10 cm 的砾石；中性。

土城系代表性单个土体物理性质

土层	深度/cm	砾石(>2 mm，体积分数)/%	细土颗粒组成(粒径：mm)/(g/kg)			细土质地(美国制)
			砂粒 2～0.05	粉砂 0.05～0.002	黏粒<0.002	
AhC	0～15	30	284	538	178	粉砂壤土
C	15～100	42	937	37	26	砂土

土城系代表性单个土体化学性质

深度/cm	pH		有机质/(g/kg)	全氮(N)/(g/kg)	有效磷/(mg/kg)	速效钾/(mg/kg)	CEC_7/(cmol/kg)	盐基饱和度/%	游离氧化铁/(g/kg)	$CaCO_3$相当物/(g/kg)
	H_2O	KCl								
0～15	7.61	—	8.53	0.87	4.74	61	7.45	100.00	26.80	97.85
15～100	7.26	—	2.77	0.14	3.25	74	2.28	100.00	30.22	0.00

10.1.3 提溪系（Tixi Series）

土 族：壤质硅质混合型热性-石灰潮湿冲积新成土

拟定者：章明奎

分布与环境条件 分布在毕节、铜仁、安顺、六盘水等地丘陵、低山区较为开阔的山溪河流中下段的低河漫滩上。属亚热带湿润气候，年均日照时数 1300～1500 h，年均温 14.0～17.5℃，年均降水量 1100～1400 mm，无霜期 260～295 d，年干燥度小于 1。海拔在 1250 m 以下，起源于河流冲积物；地下水位在 100～150 cm；坡度多在 15°以下，利用方式为荒滩地。

提溪系典型景观

土系特征与变幅 该土系诊断层包括淡薄表层；诊断特性包括冲积沉积物岩性特征、潮湿土壤水分状况、氧化还原特征、热性土壤温度状况及饱和的盐基饱和度。剖面构型为 Ah-C；表土层厚度在 10～25 cm；母质层见沉积层理。部分区域在 100 cm 以下可见基岩。细土质地主要为砂质壤土和壤土，砾石平均含量小于 25%；润土色调主要为 10YR；土壤有石灰反应。

对比土系 土城系、蚂蟥沟系，同一亚类。但土城系和蚂蟥沟系因主要分布在峡谷地带，均含有高量的砾石，颗粒大小级别分别为粗骨砂质和粗骨质。

利用性能综述 提溪系分布在低河漫滩上，土壤砂性强，在雨季易受洪水淹没，土壤肥力低下，一般不适合农业生产。对分布稍高或远离河道位置的提溪系土壤，通过工程措施，筑堤防洪，可开发为农业用地，并经培肥改良种植喜湿性农作物。

参比土种 洪淤砂泥土。

代表性单个土体 于 2015 年 8 月 1 日采自贵州省铜仁市江口县闵孝镇提溪村红石良自然村，27°41'52.2"N,108°37'43.8"E。母质为河流冲积物，海拔 535 m，地形为低河漫滩，坡度<5°；50 cm 深度土壤年均温度约 19.2℃。土地利用方式为荒滩地，编号为 52-050。

提溪系代表性单个土体剖面

Ah：0～12 cm，暗棕色（10YR 3/4，润），棕灰色（10YR 5/1，干）；细土质地为砂质壤土；潮；散块状结构，疏松；大量根系；见少量砾石块；中性；向下层平滑渐变过渡。

C1：12～60 cm，棕色（10YR 4/4，润），棕灰色（10YR 6/1，干）；细土质地为砂质壤土；潮；散粒状，疏松；少量铁锈纹；少量细根；中性；向下层平滑渐变过渡。

C2：60～100 cm，灰黄棕色（10YR 5/4，润），灰黄橙色（10YR 7/2，干）；细土质地为砂质壤土；潮；散粒状，稍疏松；见沉积层理，有少量铁锈纹；夹有25%的砾石；微碱性。

提溪系代表性单个土体物理性质

土层	深度/cm	砾石(>2 mm，体积分数)/%	细土颗粒组成(粒径：mm)/(g/kg)			细土质地(美国制)
			砂粒 2～0.05	粉砂 0.05～0.002	黏粒<0.002	
Ah	0～12	3	634	265	101	砂质壤土
C1	12～60	2	568	326	106	砂质壤土
C2	60～100	25	517	354	129	砂质壤土

提溪系代表性单个土体化学性质

深度/cm	pH		有机质/(g/kg)	全氮(N)/(g/kg)	有效磷/(mg/kg)	速效钾/(mg/kg)	CEC_7/(cmol/kg)	盐基饱和度/%	游离氧化铁/(g/kg)	$CaCO_3$相当物/(g/kg)
	H_2O	KCl								
0～12	7.26	—	25.25	2.45	6.21	16	6.54	100.00	20.01	2.20
12～60	7.46	—	10.64	0.87	3.56	35	4.56	100.00	20.99	3.00
60～100	7.70	—	9.06	—	—	—	5.23	100.00	21.24	4.97

10.2 普通潮湿冲积新成土

10.2.1 姜家坳系（Jiangjia'ao Series）

土 族：粗骨砂质硅质非酸性热性-普通潮湿冲积新成土
拟定者：章明奎

分布与环境条件 分布在毕节、铜仁、安顺、六盘水等地丘陵、低山区山溪河流中上段的低河漫滩上。属亚热带湿润气候，年均日照时数 1300～1500 h，年均温 14.0～17.5℃，年均降水量 1100～1400 mm，无霜期 260～295 d，年干燥度小于 1。海拔在 1250 m 以下，起源于河流冲积物；地下水位在 80 cm 左右；坡度多在 15°以下，利用方式为荒滩地。

姜家坳系典型景观

土系特征与变幅 该土系诊断层包括淡薄表层；诊断特性包括冲积沉积物岩性特征、潮湿土壤水分状况、氧化还原特征、热性土壤温度状况及饱和的盐基饱和度。剖面构型为 Ah-C；表土层厚度在 5～20 cm；母质层深厚，多在 100 cm 以上，见沉积层理。细土质地主要为砂质壤土（黏粒含量在 100 g/kg 以上），砾石含量在 25%以上，土体坚实；润土色调主要为 10YR；土壤 pH 主要在 5.5～8.0。

对比土系 土城系，同一亚类，母质同为河流冲积物，但土城系土壤有石灰反应。郎利村系，郎利村系细土质地主要为砂土，土体松散（结持性很弱）。

利用性能综述 姜家坳系分布在低河漫滩上，土壤中砾石含量高，砂性强，在雨季易受洪水淹没，土壤肥力低下，一般不适合农业生产。对分布稍高或远离河道位置的姜家坳系土壤，通过工程措施，筑堤防洪，可开发为农业用地，并经培肥改良种植喜湿性农作物。

参比土种 新积砂砾土。

代表性单个土体 于 2015 年 7 月 31 日采自贵州省铜仁市思南县青杠坡镇袁家坝村姜家坳自然村，27°48'42.1"N,107°54'51.3"E。母质为河流冲积物，海拔 610 m，地形为河谷小平原，坡度<5°；50 cm 深度土壤年均温度约 19.1℃。土地利用方式为荒滩地，编号为 52-045。

姜家坳系代表性单个土体剖面

Ah：0～5 cm，棕色（10YR 4/4，润），淡黄橙色（10YR 7/2，干）；细土质地为砂质壤土；潮；散块状结构，稍坚实；多量根系；夹杂约 25%的砾石；中性；向下层平滑清晰过渡。

C1：5～45 cm，棕色（10YR 4/4，润），淡黄橙色（10YR 7/2，干）；细土质地为砂质壤土；潮；散粒状结构，坚实；少量细根；见沉积层理，少量铁锈纹；夹杂约 60%的砾石；中性；向下层平滑渐变过渡。

C2：45～70 cm，由砾石与细砂组成，砾石占 75%以上。棕色（10YR 4/4，润），淡黄橙色（10YR 7/2，干）；细土质地为砂质壤土；湿；散粒状结构，见沉积层理，少量铁锈纹；稍坚实；微碱性。

姜家坳系代表性单个土体物理性质

土层	深度/cm	砾石(>2 mm，体积分数)/%	细土颗粒组成(粒径：mm)/(g/kg)			细土质地(美国制)
			砂粒 2～0.05	粉砂 0.05～0.002	黏粒<0.002	
Ah	0～5	25	618	276	105	砂质壤土
C1	5～45	60	676	223	101	砂质壤土
C2	45～70	75	663	210	128	砂质壤土

姜家坳系代表性单个土体化学性质

深度/cm	pH		有机质/(g/kg)	全氮(N)/(g/kg)	有效磷/(mg/kg)	速效钾/(mg/kg)	CEC_7/(cmol/kg)	盐基饱和度/%	游离氧化铁/(g/kg)	$CaCO_3$相当物/(g/kg)
	H_2O	KCl								
0～5	6.82	5.73	13.45	1.28	11.79	56	6.54	95.15	19.81	0.00
5～45	7.17	—	15.91	1.18	10.65	73	5.33	100.00	25.12	0.00
45～70	7.73	—	9.61	—	—	—	5.23	100.00	28.07	13.28

10.2.2　郎利村系（Langlicun Series）

土　族：粗骨质硅质型非酸性热性-普通潮湿冲积新成土
拟定者：章明奎

分布与环境条件　分布在黔东南、黔西南和黔南等地丘陵、低山区山溪河流中上段的低河漫滩上。属亚热带湿润气候，年均日照时数 1300～1400 h，年均温 14.0～18.0 ℃，年均降水量 1200～1400 mm，无霜期 265～295 d，年干燥度小于 1。海拔在 1250 m 以下，起源于河流冲积物；地下水位在 120 cm 左右；坡度多在 15°以下，利用方式为荒滩地。

郎利村系典型景观

土系特征与变幅　该土系诊断层包括淡薄表层；诊断特性包括冲积沉积物岩性特征、潮湿土壤水分状况、氧化还原特征、热性土壤温度状况及饱和的盐基饱和度。剖面构型为 Ah-C；表土层厚度在 10～20 cm；母质层深厚，多在 100 cm 以上，见沉积层理。细土质地主要为砂土（黏粒含量在 100 g/kg 以下），砾石平均含量在 25%以上，土体松散；润土色调主要为 10YR；土壤 pH 在 5.5～7.5。

对比土系　土城系，同一亚类，母质同为河流冲积物，但土城系土壤有石灰反应。姜家坳系，姜家坳系细土质地主要为砂质壤土，土体较为坚实。

利用性能综述　郎利村系分布在低河漫滩上，土壤中砾石含量高，砂性极强，在雨季易受洪水淹没，土壤肥力低下，保水、保肥能力弱，不适合农业生产。

参比土种　新积砂砾土。

代表性单个土体　于 2015 年 9 月 25 日采自贵州省黔东南苗族侗族自治州凯里市三棵树镇郎利村大黑底自然村，26°33'59.508"N,108°7'35.6"E。母质为河流冲积物，海拔 707 m，地形为低河漫滩，坡度<5°；50 cm 深度土壤年均温度约 19.3℃。土地利用方式为荒滩地，编号为 52-143。

郎利村系代表性单个土体剖面

Ah：0～12 cm，暗黄棕色（10YR 5/4，润），灰黄棕色（10YR 6/2，干）；细土质地为壤质砂土；潮；散粒状，疏松；少量根系；中性；向下层平滑清晰过渡。

C：12～125 cm，由大块砾石（75%，直径 3～10 cm）与细砂（25%）组成。暗黄棕色（10YR 4/3，润），淡黄橙色（10YR 7/2，干）；细土质地为砂土；潮；疏松；见沉积层理，可见少量铁锈纹；中性。

郎利村系代表性单个土体物理性质

土层	深度/cm	砾石(>2 mm，体积分数)/%	细土颗粒组成(粒径：mm)/(g/kg)			细土质地(美国制)
			砂粒 2～0.05	粉砂 0.05～0.002	黏粒<0.002	
Ah	0～12	15	804	143	53	壤质砂土
C	12～125	85	881	89	30	砂土

郎利村系代表性单个土体化学性质

深度/cm	pH		有机质/(g/kg)	全氮(N)/(g/kg)	有效磷/(mg/kg)	速效钾/(mg/kg)	CEC_7/(cmol/kg)	盐基饱和度/%	游离氧化铁/(g/kg)	$CaCO_3$相当物/(g/kg)
	H_2O	KCl								
0～12	6.55	5.41	5.33	0.48	8.41	47	3.56	97.89	23.66	0.00
12～125	6.91	5.87	6.36	0.35	6.56	57	1.65	97.73	24.71	0.00

10.3　饱和红色正常新成土

10.3.1　元厚系（Yuanhou Series）

土　族：粗骨质硅质酸性热性-饱和红色正常新成土

拟定者：章明奎

分布与环境条件　主要分布在毕节、遵义等地的丘陵、低山陡坡地。属亚热带湿润气候，年均日照时数 1400～1600 h，年均温 14.0～17.5 ℃，年均降水量 1100～1300 mm，无霜期 260～290 d，年干燥度小于 1。海拔在 1250 m 以下，起源于紫色、紫红色砂岩风化物；坡度多在 35°以上，利用方式为荒地和灌丛地。

元厚系典型景观

土系特征与变幅　该土系诊断层包括淡薄表层；诊断特性包括红色砂页岩岩性特征、湿润土壤水分状况、热性土壤温度状况。剖面构型为 Ah-C 或 AC-C；表土层厚度在 10～20 cm。细土质地为砂质壤土，砾石含量在 25%以上；润土色调主要为 10R；土壤 pH 主要在 4.5～5.5。

对比土系　九支系、四洞沟系，呈复合分布，成土母质同为紫色、紫红色砂岩风化物。但九支系和四洞沟系均具有雏形层。

利用性能综述　元厚系主要分布于陡坡地，土体浅薄，土壤抗蚀性差，养分低下，不适合农业生产，应以封山育林、保护植被为主要管理方向。对于地表裸露的区域，应种草护坡，加快恢复植被与生态环境。

参比土种　薄血砂泥土。

代表性单个土体　于 2015 年 7 月 29 日采自贵州省遵义市赤水市元厚镇中洞坪附近，28°24'25.4"N,105°58'15.8"E。母质为紫色砂岩残坡积物，海拔 813 m，地形为低山中上坡，坡度为 30°～45°；50 cm 深度土壤年均温度约 18.7℃。土地利用方式为荒地，编号为 52-029。

元厚系代表性单个土体剖面

AC：0～10 cm，红色（10R 5/8，润），红橙色（10R 6/6，干）；细土质地为砂质壤土；润；小散块状结构，疏松；少量根系；夹杂有 25%半风化岩石碎屑；酸性；向下层平滑模糊过渡。

C：10～80 cm，以半风化岩石碎屑为主（占 75%，稍用力即碎）。红色（7.5R 4/8，润），红色（10R 5/6，干）；细土质地为砂质壤土；润；松散状，无结构；酸性。

元厚系代表性单个土体物理性质

土层	深度/cm	砾石(>2 mm，体积分数)/%	细土颗粒组成(粒径：mm)/(g/kg)			细土质地(美国制)
			砂粒 2～0.05	粉砂 0.05～0.002	黏粒<0.002	
AC	0～10	25	675	181	144	砂质壤土
C	10～80	75	709	143	148	砂质壤土

元厚系代表性单个土体化学性质

深度/cm	pH		有机质/(g/kg)	全氮(N)/(g/kg)	有效磷/(mg/kg)	速效钾/(mg/kg)	CEC_7/(cmol/kg)	C/N	盐基饱和度/%	游离氧化铁/(g/kg)	$CaCO_3$相当物/(g/kg)
	H_2O	KCl									
0～10	4.83	3.96	9.22	0.75	7.58	77	7.56	7.13	34.55	21.23	0.00
10～80	4.62	3.87	7.45	0.66	4.51	89	6.45	6.55	31.16	12.41	0.00

10.4 钙质湿润正常新成土

10.4.1 盘塘系（Pantang Series）

土　族：粗骨黏质混合型非酸性热性-钙质湿润正常新成土
拟定者：章明奎

分布与环境条件 广泛而零星分布在贵州全省海拔 800 m 以下的岩溶丘陵坡地。属亚热带湿润气候，年均日照时数 1200～1500 h，年均温 15.5～17.5℃，年均降水量 1100～1300 mm，无霜期 285～295 d，年干燥度小于 1。起源于白云质灰岩或白云岩残积物；坡度多在 15°以上；岩石露头占地表 35%以上，利用方式为荒地和灌丛地。

盘塘系典型景观

土系特征与变幅 该土系诊断层包括淡薄表层；诊断特性包括碳酸盐岩岩性特征、湿润土壤水分状况、热性土壤温度状况及饱和的盐基饱和度。剖面构型为 Ah-R；表土层厚度在 15～30 cm；细土质地主要为粉砂质黏土，砾石含量在 25%以上；润土色调主要为 5YR；土壤已基本脱钙，pH 在 5.5～7.5。

对比土系 龙塘村系，同一亚类。但龙塘村系成土母质为白云岩残积物，其土壤脱钙不彻底，有石灰反应。

利用性能综述 盘塘系主要出现在石质山地上，土被破碎，岩石裸露，土层浅薄，土壤抗蚀性极差，立地条件不良，不适合开发利用，应以封山育林、保护植被为主要管理方向，避免石漠化的发生。

参比土种 大石子泥。

代表性单个土体 于 2015 年 7 月 24 日采自贵州省铜仁市松桃苗族自治县正大乡盘塘村，27°56'51.7"N,109°17'9.2"E。母质为白云质灰岩残积物，海拔 698 m，地形为低丘中坡，坡度为 15°～25°；50 cm 深度土壤年均温度约 18.7℃。土地利用方式为荒地，编号为 52-003。

盘塘系代表性单个土体剖面

Ah：0～20 cm，暗红棕色（5YR 3/6，润），灰红棕色（5YR 5/4，干）；细土质地为粉砂质黏土；润；块状结构，稍坚实；少量根系；夹杂有 30%左右直径为 1～10 cm 的白云质灰岩风化残留物；可见较多裂隙；中性；向下层波状清晰过渡。

R：20 cm 以下，白云质灰岩。

盘塘系代表性单个土体物理性质

土层	深度/cm	砾石(>2 mm，体积分数)/%	细土颗粒组成(粒径：mm)/(g/kg)			细土质地(美国制)
			砂粒 2～0.05	粉砂 0.05～0.002	黏粒<0.002	
Ah	0～20	30	125	451	425	粉砂质黏土

盘塘系代表性单个土体化学性质

深度/cm	pH		有机质/(g/kg)	全氮(N)/(g/kg)	有效磷/(mg/kg)	速效钾/(mg/kg)	CEC_7/(cmol/kg)	C/N	盐基饱和度/%	游离氧化铁/(g/kg)	$CaCO_3$相当物/(g/kg)
	H_2O	KCl									
0～20	7.06	—	36.97	2.65	3.28	111	17.32	8.09	100.00	65.80	0.00

10.4.2　龙塘村系（Longtangcun Series）

土　族：粗骨黏质混合型石灰性热性-钙质湿润正常新成土

拟定者：章明奎

分布与环境条件　主要分布在毕节、遵义等地的低山中上坡。属亚热带湿润气候，年均日照时数 1300～1500 h，年均温 14.0～17.0 ℃，年均降水量 1200～1400 mm，无霜期 260～285 d，年干燥度小于 1。起源于白云质灰岩或白云岩残积物；海拔在 600～1250 m，坡度多在 25°以上；岩石露头占地表 25%以上，因水土流失，地表常见大量的碎石，利用方式为荒地和灌丛地。

龙塘村系典型景观

土系特征与变幅　该土系诊断层包括淡薄表层；诊断特性包括碳酸盐岩岩性特征、湿润土壤水分状况、热性土壤温度状况及饱和的盐基饱和度。剖面构型为 Ah-R；表土层厚度在 5～20 cm。土壤细土质地主要为粉砂质黏土，砾石含量在 25%以上；润土色调主要为 5YR；土壤脱钙不彻底，有石灰反应。

对比土系　盘塘系、妙良村系、朱家坡系，同一亚类，成土母质同为碳酸盐岩风化物。但盘塘系土壤已基本脱钙，土壤反应为非酸性；妙良村系和朱家坡系颗粒大小级别分别为粗骨砂质、粗骨壤质。

利用性能综述　龙塘村系主要出现在石质山地上，坡度大，土被破碎，岩石裸露，土层浅薄，土壤抗蚀性极差，立地条件不良，不适合开发利用，应以封山育林、保护地被为主，避免石漠化的发生。

参比土种　大石子泥。

代表性单个土体　于 2015 年 8 月 21 日采自贵州省毕节市金沙县新化苗族彝族满族乡龙塘村，27°27'9.3"N,106°11'33.9"E。母质为白云岩残积物，海拔 1097 m，地形为低山中上坡，坡度>25°；50 cm 深度土壤年均温度约 17.3℃。土地利用方式为荒坡地，编号为 52-066。

龙塘村系代表性单个土体剖面

Ah：0～16 cm，亮红棕色（5YR 5/8，润），橙色（5YR 6/6，干）；细土质地为粉砂质黏土；润；小块状结构，稍坚实；少量根系；夹有 30%的砾石；微碱性；向下层波状清晰过渡。

R：16～125 cm，半风化岩体。

龙塘村系代表性单个土体物理性质

土层	深度/cm	砾石(>2 mm，体积分数)/%	细土颗粒组成(粒径：mm)/(g/kg)			细土质地(美国制)
			砂粒 2～0.05	粉砂 0.05～0.002	黏粒<0.002	
Ah	0～16	30	57	503	440	粉砂质黏土

龙塘村系代表性单个土体化学性质

深度/cm	pH		有机质/(g/kg)	全氮(N)/(g/kg)	有效磷/(mg/kg)	速效钾/(mg/kg)	CEC_7/(cmol/kg)	C/N	盐基饱和度/%	游离氧化铁/(g/kg)	$CaCO_3$相当物/(g/kg)
	H_2O	KCl									
0～16	7.64	—	15.85	1.39	0.78	63	13.65	6.59	100.00	31.83	121.10

10.4.3 妙良村系（Miaoliangcun Series）

土 族：粗骨砂质混合型石灰性热性-钙质湿润正常新成土

拟定者：章明奎

分布与环境条件 主要分布在黔南、黔东南、黔西南等地的岩溶地貌丘陵或低山顶部与上坡。属亚热带湿润气候，年均日照时数 1300～1400 h，年均温 15.5～17.5 ℃，年均降水量 1100～1300 mm，无霜期 275～295 d，年干燥度小于 1。海拔在 1000 m 以下，起源于硅质白云岩、白云岩和灰质白云岩残积物；坡度多在 25°以上，岩石露头占地表 30%左右，利用方式为荒地或灌丛地。

妙良村系典型景观

土系特征与变幅 该土系诊断层包括淡薄表层；诊断特性包括碳酸盐岩岩性特征、湿润土壤水分状况、热性土壤温度状况及饱和的盐基饱和度。剖面构型为 Ah-R；表土层厚度在 10～20 cm。细土质地主要为壤质砂土，砾石含量在 25%以上；润土色调主要为 7.5YR；土壤脱钙不彻底，有石灰反应。

对比土系 中和系，复合分布。但中和系具有明显的黏化层。龙塘村系、朱家坡系，同一亚类，成土母质同为碳酸盐岩风化物。但龙塘村系、朱家坡系颗粒大小级别分别为粗骨黏质、粗骨壤质。

利用性能综述 妙良村系发育于岩溶地貌的陡峻处，土壤极易受到侵蚀，成土环境不稳定，物理风化速率大于一般的灰岩，较易形成碎屑和砾石，土壤呈明显的粗骨性，抗蚀性极差，保水、保肥能力低，生态环境极为不良，应以植树造林、封山育林为主，保护生态环境。

参比土种 白云砂土。

代表性单个土体 于 2015 年 9 月 22 日采自贵州省黔南布依族苗族自治州三都水族自治县中和镇妙良村板庙自然村，25°45'27.5"N, 107°54'23.6"E。母质为白云岩残积物，海拔 795 m，地形为低山中上坡，坡度为 15°～25°；50 cm 深度土壤年均温度约 18.8℃。土地利用方式为荒坡地，编号为 52-128。

妙良村系代表性单个土体剖面

Ah：0～13 cm，暗棕色（7.5YR 3/4，润），暗棕色（7.5YR 5/4，干）；细土质地为壤质砂土；润；团粒状结构，稍疏松；中量根系；夹有 30%直径为 1～5 cm 的砾石；微碱性；向下层平滑清晰过渡。

R：13 cm 以下，破碎的石灰岩体，石块裂隙中填充亮红棕色细土物质（5YR 5/8；占 10%以下）。

妙良村系代表性单个土体物理性质

土层	深度/cm	砾石(>2 mm，体积分数)/%	细土颗粒组成(粒径：mm)/(g/kg)			细土质地(美国制)
			砂粒 2～0.05	粉砂 0.05～0.002	黏粒<0.002	
Ah	0～13	30	806	104	91	壤质砂土

妙良村系代表性单个土体化学性质

深度/cm	pH		有机质/(g/kg)	全氮(N)/(g/kg)	有效磷/(mg/kg)	速效钾/(mg/kg)	CEC_7/(cmol/kg)	C/N	盐基饱和度/%	游离氧化铁/(g/kg)	$CaCO_3$ 相当物/(g/kg)
	H_2O	KCl									
0～13	8.62	—	27.79	1.85	3.62	73	5.65	8.69	100.00	34.82	121.30

10.4.4 朱家坡系（Zhujiapo Series）

土 族：粗骨壤质混合型石灰性热性-钙质湿润正常新成土

拟定者：章明奎

分布与环境条件 主要分布在遵义、毕节等地的岩溶地貌丘陵或低山顶部与上坡。属亚热带湿润气候，年均日照时数 1400～1600 h，年均温 14.0～17.0℃，年均降水量 1200～1500 mm，无霜期 255～290 d，年干燥度小于 1。海拔在 1250 m 以下，起源于硅质白云岩、白云岩和灰质白云岩残积物；坡度多在 25°以上，岩石露头占地表 35%左右，利用方式为荒地或灌丛地。

朱家坡系典型景观

土系特征与变幅 该土系诊断层包括淡薄表层；诊断特性包括碳酸盐岩岩性特征、湿润土壤水分状况、热性土壤温度状况及饱和的盐基饱和度。剖面构型为 Ah-R；表土层厚度在 10～20 cm，有机质含量在 50 g/kg 以上；细土质地主要为粉砂壤土，砾石含量在 25%以上；润土色调主要为 10YR；土壤脱钙不彻底，有石灰反应。

对比土系 龙塘村系、妙良村系、者相系，同一亚类，成土母质均为碳酸盐岩风化物。但龙塘村系、妙良村系颗粒大小级别分别为粗骨黏质、粗骨砂质；者相系土壤已基本脱钙，呈非酸性反应，土壤温度状况为温性。龙塘村系和妙良村系表土有机质积累不明显，在 50 g/kg 以下。

利用性能综述 朱家坡系发育于岩溶地貌的陡峻处，土壤极易受到侵蚀，成土环境不稳定，物理风化速率大于一般的灰岩，较易形成碎屑和砾石，土壤呈明显的粗骨性，抗蚀性极差，保水、保肥能力低，生态环境极为不良，应以植树造林、封山育林为主，以保护生态环境。

参比土种 白云砂泥土。

代表性单个土体 于 2015 年 7 月 27 日采自贵州省遵义市务川仡佬苗族自治县涪洋镇朱家坡村，28°28'34.0"N,107°39'3.9"E。母质为白云岩残积物，海拔 940 m，地形为低山上坡及顶部，坡度为 35°左右；50 cm 深度土壤年均温度约 18.0℃。土地利用方式为荒草地，编号为 52-016。

朱家坡系代表性单个土体剖面

Ah：0～12 cm，暗棕色（10YR 3/4，润），灰黄棕色（10YR 5/2，干）；细土质地为粉砂壤土；润；团粒结构，疏松；大量根系；夹杂有35%直径为0.5～5 cm的砾石；中性；向下层平滑清晰过渡。

R：12～40 cm，主要由大块砾石（2～15 cm，占90%以上）和少量细土组成。细土黄棕色（10YR 5/6，润），暗黄橙色（10YR 6/3，干）；质地为粉砂质黏壤土；润；散粒状结构，少量细根；微碱性；向下层平滑清晰过渡。

朱家坡系代表性单个土体物理性质

土层	深度/cm	砾石(>2 mm，体积分数)/%	细土颗粒组成(粒径：mm)/(g/kg)			细土质地(美国制)
			砂粒 2～0.05	粉砂 0.05～0.002	黏粒<0.002	
Ah	0～12	35	281	578	141	粉砂壤土
R	12～40	90	155	517	328	粉砂质黏壤土

朱家坡系代表性单个土体化学性质

深度/cm	pH		有机质/(g/kg)	全氮(N)/(g/kg)	有效磷/(mg/kg)	速效钾/(mg/kg)	CEC_7/(cmol/kg)	C/N	盐基饱和度/%	游离氧化铁/(g/kg)	$CaCO_3$相当物/(g/kg)
	H_2O	KCl									
0～12	7.26	—	92.14	3.39	7.58	93	5.48	15.77	100.00	30.70	8.00
12～40	8.04	—	36.89	1.65	6.68	112	9.87	12.97	100.00	35.40	71.41

10.4.5　者相系（Zhexiang Series）

土　族：粗骨壤质混合型非酸性温性-钙质湿润正常新成土

拟定者：章明奎

分布与环境条件　主要分布在黔南、黔东南、黔西南等地的岩溶地貌中山顶部与上坡。属暖温带湿润气候，年均日照时数 1300～1500 h，年均温 10.5～14.0℃，年均降水量 1200～1400 mm，无霜期 225～255 d，年干燥度小于 1。海拔在 1250～2200 m，起源于硅质白云岩、白云岩和灰质白云岩残积物；坡度多在 15°以上，岩石露头占地表 10%左右，利用方式为荒草地或灌丛地。

者相系典型景观

土系特征与变幅　该土系诊断层包括淡薄表层；诊断特性包括碳酸盐岩岩性特征、湿润土壤水分状况、温性土壤温度状况及饱和的盐基饱和度。剖面构型为 Ah-R；表土层厚度在 15～25 cm，有机质含量在 50 g/kg 以上。细土质地主要为壤土，砾石含量在 25%以上；润土色调主要为 10YR；土壤基本脱钙，pH 在 5.5～7.5。

对比土系　朱家坡系、板贵系，同一亚类。朱家坡系和板贵系土壤均有石灰反应，土壤温度状况均为热性；同时，板贵系土壤中砾石含量很低，不足 25%，润土色调主要为 5YR。

利用性能综述　者相系发育于高海拔地区岩溶地貌的陡峻处，土壤极易受到侵蚀，成土环境不稳定，物理风化速率大于一般的灰岩，较易形成碎屑和砾石，土壤呈明显的粗骨性，抗蚀性极差，保水、保肥能力低，生态环境极为不良，应以植树造林、封山育林为主，以保护生态环境。

参比土种　白云砂泥土。

代表性单个土体　于 2015 年 8 月 28 日采自贵州省黔西南布依族苗族自治州贞丰县者相镇磨子石村，25°33'51.7"N，105°38'45.5"E。母质为白云岩残积物，海拔 1253 m，地形为高原中山顶部，坡度为 15°；50 cm 深度土壤年均温度约 15.9℃。土地利用方式为荒草地，编号为 52-108。

者相系代表性单个土体剖面

Ah：0～20 cm，棕黑色（10YR 2/2，润），棕黑色（10YR 3/2，干）；细土质地为壤土；润；团粒状结构，疏松；少量根系；夹有 40%的砾石；中性；向下层平滑清晰过渡。

R：20～125 cm，白云岩半风化碎屑物，直径大小多在 10～30 cm。

者相系代表性单个土体物理性质

土层	深度/cm	砾石(>2 mm，体积分数)/%	细土颗粒组成(粒径：mm)/(g/kg)			细土质地(美国制)
			砂粒 2～0.05	粉砂 0.05～0.002	黏粒<0.002	
Ah	0～20	40	242	498	260	壤土

者相系代表性单个土体化学性质

深度/cm	pH		有机质/(g/kg)	全氮(N)/(g/kg)	有效磷/(mg/kg)	速效钾/(mg/kg)	CEC_7/(cmol/kg)	C/N	盐基饱和度/%	游离氧化铁/(g/kg)	$CaCO_3$相当物/(g/kg)
	H_2O	KCl									
0～20	6.91	5.78	77.08	2.28	4.79	75	18.65	19.63	100.00	40.19	0.00

10.4.6 大田系（Datian Series）

土 族：黏质混合型石灰性热性-钙质湿润正常新成土

拟定者：章明奎

分布与环境条件 分布在贵州各地州岩溶地貌的圆缓低山中上坡。属亚热带湿润气候，年均日照时数 1200～1500 h，年均温 14.0～16.5 ℃，年均降水量 1200～1500 mm，无霜期 255～280 d，年干燥度小于 1。海拔在 500～1250 m，起源于石灰岩残积物；坡度多在 15°以上，岩石露头占地表 50%左右，利用方式为荒草地或灌丛地。

大田系典型景观

土系特征与变幅 该土系诊断层包括淡薄表层；诊断特性包括碳酸盐岩岩性特征、湿润土壤水分状况、热性土壤温度状况及饱和的盐基饱和度。剖面构型为 Ah-R；表土层厚度在 15～25 cm。土壤质地主要为粉砂质黏土，砾石含量在 25%以下；润土色调在 10YR～7.5YR；土壤脱钙不彻底，有石灰反应。

对比土系 板贵系，同一土族，成土母质同为石灰岩残积物。但板贵系分布区切割明显、破碎，土壤质地主要为粉砂质黏壤土，润土色调主要为 5YR。

利用性能综述 大田系分布于石灰岩山体中上部，植被覆盖较差，土壤极易受到侵蚀，土体浅薄，保水能力低，生态脆弱，应以封山育林、保护地被为主，降低石漠化程度。

参比土种 大石渣子泥。

代表性单个土体 于 2015 年 7 月 26 日采自贵州省铜仁市印江土家族苗族自治县中坝乡大田村，28°3'49.4"N, 108°19'14.6" E。母质为石灰岩残积物，海拔 676 m，地形为低山中上坡，坡度为 15°左右；50 cm 深度土壤年均温度约 18.0℃。土地利用方式为荒草地和灌丛地，编号为 52-009。

大田系代表性单个土体剖面

Ah：0～20 cm，棕色（7.5YR 4/3，润），暗黄棕色（7.5YR 5/3，干）；细土质地为粉砂质黏土；润；小块状结构，稍坚实；中量根系；夹杂有 5%～10%直径为 5～20 cm 的砾石；微碱性，弱石灰反应；向下层平滑清晰过渡。

R：20 cm 以下，石灰岩基岩。

大田系代表性单个土体物理性质

土层	深度/cm	砾石(>2 mm，体积分数)/%	细土颗粒组成(粒径：mm)/(g/kg)			细土质地(美国制)
			砂粒 2～0.05	粉砂 0.05～0.002	黏粒<0.002	
Ah	0～20	8	73	462	465	粉砂质黏土

大田系代表性单个土体化学性质

深度/cm	pH		有机质/(g/kg)	全氮(N)/(g/kg)	有效磷/(mg/kg)	速效钾/(mg/kg)	CEC_7/(cmol/kg)	C/N	盐基饱和度/%	游离氧化铁/(g/kg)	$CaCO_3$相当物/(g/kg)
	H_2O	KCl									
0～20	7.65	—	40.21	1.23	3.57	32	21.45	19.01	100.00	41.58	29.83

10.4.7 板贵系（Bangui Series）

土 族：黏质混合型石灰性热性-钙质湿润正常新成土
拟定者：章明奎

分布与环境条件 分布在贵州各地州岩溶地貌山体切割明显的低山陡坡。属亚热带湿润气候，年均日照时数 1200～1500 h，年均温 14.0～16.5℃，年均降水量 1200～1500 mm，无霜期 255～280 d，年干燥度小于1。海拔在 500～1250 m，起源于石灰岩残积物；坡度多在 35°以上，岩石露头占地表 75%左右；侵蚀明显；利用方式为荒草地或灌丛地。

板贵系典型景观

土系特征与变幅 该土系诊断层包括淡薄表层；诊断特性包括碳酸盐岩岩性特征、湿润土壤水分状况、热性土壤温度状况及饱和的盐基饱和度。剖面构型为 Ah-R；表土层厚度在 10～20 cm。土壤质地主要为粉砂质黏壤土，砾石含量在 25%以下；润土色调主要为 5YR；土壤脱钙不彻底，有石灰反应。

对比土系 大田系，同一土族，成土母质同为石灰岩残积物。但大田系分布区山体圆缓，土壤质地主要为粉砂质黏土，润土色调主要为 10YR～7.5YR。

利用性能综述 板贵系分布于石灰岩山体中上部，植被覆盖较差，起伏不平，土壤极易受到侵蚀，土体浅薄，保水能力低，生态脆弱，应以封山育林、保护地被为主，降低石漠化程度。

参比土种 大石渣子泥。

代表性单个土体 于 2015 年 8 月 28 日采自贵州省安顺市关岭布依族苗族自治县板贵乡白泥村新寨自然村，25°40'24.1"N, 105°45'31.6"E。母质为石灰岩残积物，海拔 867 m，地形为低山中上坡，坡度为 40°；50 cm 深度土壤年均温度约 17.5℃。土地利用方式为荒坡地，编号为 52-109。

板贵系代表性单个土体剖面

Ah：0～18 cm，暗红棕色（5YR 4/4，润），暗红棕色（5YR 5/3，干）；细土质地为粉砂质黏壤土；润；团块状结构，疏松；中量根系；微碱性，弱石灰反应；向下层平滑清晰过渡。

R：18～125 cm，石灰岩岩体。

板贵系代表性单个土体物理性质

土层	深度/cm	砾石(>2 mm，体积分数)/%	细土颗粒组成(粒径：mm)/(g/kg)			细土质地(美国制)
			砂粒 2～0.05	粉砂 0.05～0.002	黏粒<0.002	
Ah	0～18	1	92	532	376	粉砂质黏壤土

板贵系代表性单个土体化学性质

深度/cm	pH		有机质/(g/kg)	全氮(N)/(g/kg)	有效磷/(mg/kg)	速效钾/(mg/kg)	CEC_7/(cmol/kg)	C/N	盐基饱和度/%	游离氧化铁/(g/kg)	$CaCO_3$相当物/(g/kg)
	H_2O	KCl									
0～18	7.59	—	43.13	3.13	5.08	63	17.98	8.01	100.00	56.27	19.97

10.5 石质湿润正常新成土

10.5.1 沙坡系（Shapo Series）

土 族：粗骨壤质硅质混合型非酸性热性-石质湿润正常新成土

拟定者：章明奎

分布与环境条件 分布在毕节、遵义、安顺、黔南和黔西南等地的低山和高丘坡地。属亚热带湿润气候，年均日照时数 1100～1400 h，年均温 14.0～18.0℃，年均降水量 1100～1400 mm，无霜期 255～295 d，年干燥度小于 1。海拔在 1250 m 以下，起源于紫色、紫红色砂岩和砾岩风化物；坡度多在 35°以上，利用方式为旱地和荒地。

沙坡系典型景观

土系特征与变幅 该土系诊断层包括淡薄表层；诊断特性包括常湿润土壤水分状况、铁质特性、准石质接触面和热性土壤温度状况。剖面构型为 Ap-C，土体厚度在 20～25 cm。细土质地主要为砂质黏壤土和壤土，砾石平均含量大于 50%；润土色调在 5YR～2.5YR；土壤 pH 在 5.5～7.5。

对比土系 丫口田系，相邻分布，成土母质同为紫色、紫红色砂岩和砾岩风化物；但丫口田系土壤砾石含量较少，平均含量小于 25%，土体厚度在 125 cm 以上。

利用性能综述 沙坡系因土体较厚，分布在低海拔地区，热量条件充足，多被作为农业用地，种植玉米、番薯等大田作物。但其分布处地面坡度大，粗骨性强，土体松散，抗蚀性差，种植农作物时常常会导致严重的水土流失。因此，在坡度较大的地带，应退耕还林还草，尽快恢复自然植被。在坡度较小的地带，应加强水土保持基础设施建设，推行作物与绿肥轮作，减少地表裸露，同时，增加有机肥、磷肥、钾肥的施用，改善土壤物理性状和提高土壤基础地力。

参比土种 砾紫砂土。

代表性单个土体 于 2015 年 7 月 30 日采自贵州省遵义市怀仁市五马镇三元村沙坡自然村，27°40'6.1"N, 106°15'8.2" E。母质为紫砂岩残坡积物，海拔 678 m，地形为丘陵中上坡，坡度为45°；50 cm深度土壤年均温度约18.3℃。土地利用方式为旱地，编号为52-034。

沙坡系代表性单个土体剖面

Ap：0～20 cm，灰红棕色（5YR 4/4，润），灰棕色（5YR 5/2，干）；细土质地为砂质黏壤土；润；小块状结构，疏松；中量根系；夹杂有50%直径为2～50 mm的半风化碎屑；中性；向下层平滑渐变过渡。

C1：20～79 cm，深红棕色（2.5YR 2/3，润），灰红色（2.5YR 5/2，干）；细土质地为壤土；润；小块状结构，稍坚实；少量细根；夹杂有75%直径为2～50 mm的半风化碎屑；中性；向下层波状清晰过渡。

C2：79～125 cm，半风化物（碎屑物占95%以上）。深红棕色（2.5YR 6/2，润），灰红色（2.5YR 3/2，干）。

沙坡系代表性单个土体物理性质

土层	深度/cm	砾石(>2 mm，体积分数)/%	细土颗粒组成(粒径：mm)/(g/kg)			细土质地(美国制)
			砂粒 2～0.05	粉砂 0.05～0.002	黏粒<0.002	
Ap	0～20	50	567	224	208	砂质黏壤土
C1	20～79	75	453	354	193	壤土

沙坡系代表性单个土体化学性质

深度/cm	pH		有机质/(g/kg)	全氮(N)/(g/kg)	有效磷/(mg/kg)	速效钾/(mg/kg)	CEC_7/(cmol/kg)	C/N	盐基饱和度/%	游离氧化铁/(g/kg)	$CaCO_3$相当物/(g/kg)
	H_2O	KCl									
0～20	7.08	—	30.53	2.82	11.49	33	13.65	6.29	100.00	52.54	0.00
20～79	7.30	—	19.55	1.78	10.45	54	11.45	6.37	100.00	49.49	0.00

10.5.2　红花村系（Honghuacun Series）

土　族：粗骨质硅质石灰性热性-石质湿润正常新成土
拟定者：章明奎

分布与环境条件　零星分布在遵义、铜仁、毕节和六盘水等地的丘陵和低山陡坡地。属亚热带湿润气候，年均日照时数 1400～1600 h，年均温 14.0～17.5℃，年均降水量 1200～ 1400 mm，无霜期 255～290 d，年干燥度小于 1。海拔在 1250 m 以下，起源于紫色、紫红色砂岩风化物；坡度多在 35°以上，岩石露头占地表 30%左右；侵蚀明显；利用方式为荒地或灌丛地。

红花村系典型景观

土系特征与变幅　该土系诊断层包括淡薄表层；诊断特性包括湿润土壤水分状况、石质接触面、热性土壤温度状况及饱和的盐基饱和度。剖面构型为 AC-C-R 或 A-C-R；表土层厚度在 10～25 cm。土壤质地主要为砂质壤土，砾石含量在 25%以上；润土色调主要为 7.5R；土壤脱钙不彻底，有石灰反应。

对比土系　元厚系，同一亚纲，成土母质同为紫色、紫红色砂岩风化物。但元厚系土壤已明显脱钙，土壤呈酸性，且具红色砂页岩岩性特征。仙源系、王寨系、芦稿坪系、三板桥系，同一亚类。但仙源系、王寨系、芦稿坪系、三板桥系颗粒大小级别分别为粗骨质、粗骨壤质、粗骨质、粗骨质，且土壤反应为非酸性。

利用性能综述　红花村系主要分布于陡坡地，土体浅薄，土壤抗蚀性差，养分低下，不适合农业生产，应以封山育林、保护植被为主要管理方向。对于地表裸露的区域，应种草护坡，加快恢复植被与生态环境。

参比土种　大紫砂泥土。

代表性单个土体　于 2015 年 7 月 29 日采自贵州省遵义市习水县土城镇红花村，28°16'59.2"N, 105°59'11.0" E。母质为紫色砂岩残积物，海拔 416 m，地形为丘陵中上坡，坡度为 40°左右；50 cm 深度土壤年均温度约 18.5℃。土地利用方式为荒地和灌丛地，编号为 52-031。

红花村系代表性单个土体剖面

AC：0～10 cm，主要由半风化碎屑物组成（占 75%以上）。深红棕色（7.5R 5/2，润），灰红色（7.5R 3/3，干）；细土质地为砂质壤土；润；散粒状结构，稍坚实；少量根系；微碱性；向下层平滑渐变过渡。

C：10～40 cm，半风化碎屑物。灰红棕色（7.5R 4/3，润），灰红色（7.5R 5/2，干）；细土质地为黏土；干；散粒状结构，坚实；微碱性；向下层波状清晰过渡。

R：40～80 cm，整块状岩体。

红花村系代表性单个土体物理性质

土层	深度/cm	砾石(>2 mm，体积分数)/%	细土颗粒组成(粒径：mm)/(g/kg)			细土质地(美国制)
			砂粒 2～0.05	粉砂 0.05～0.002	黏粒<0.002	
AC	0～10	75	623	281	96	砂质壤土
C	10～40	85	631	262	107	黏土

红花村系代表性单个土体化学性质

深度/cm	pH		有机质/(g/kg)	全氮(N)/(g/kg)	有效磷/(mg/kg)	速效钾/(mg/kg)	CEC_7/(cmol/kg)	C/N	盐基饱和度/%	游离氧化铁/(g/kg)	$CaCO_3$ 相当物/(g/kg)
	H_2O	KCl									
0～10	7.57	—	5.31	0.54	4.06	112	6.54	5.70	100.00	30.23	52.08
10～40	8.12	—	2.95	0.32	5.65	98	7.31	5.35	100.00	33.12	97.04

10.5.3　鲁班系（Luban Series）

土　族：粗骨黏质盖极黏质混合型盖蛭石混合型石灰性热性-石质湿润正常新成土

拟定者：章明奎

分布与环境条件　零星分布在遵义等地的低山缓坡地。属亚热带湿润气候，年均日照时数 1400～1600 h，年均温 14.0～17.0℃，年均降水量 1200～1400 mm，无霜期 255～285 d，年干燥度小于 1。海拔在 600～1250 m，成土母质由新老两期碳酸盐岩风化物叠加而成；坡度在 25°以下，利用方式为荒地。

鲁班系典型景观

土系特征与变幅　该土系诊断层包括淡薄表层；诊断特性包括湿润土壤水分状况、准石质接触面、热性土壤温度状况及饱和的盐基饱和度。剖面构型为 AC-C-2Bw 或 A-C-2Bw；表土层厚度在 10～25 cm；土表 51～80 cm 内可见黏质埋藏土壤。土壤质地主要为粉砂质黏土和粉砂质黏壤土，砾石含量在 25%以上；润土色调主要为 10YR～7.5YR；土壤脱钙不彻底，有石灰反应。

对比土系　仙源系、王寨系、芦稿坪系、三板桥系，同一亚类。但仙源系、王寨系、芦稿坪系、三板桥系颗粒大小级别分别为粗骨质、粗骨壤质、粗骨质、粗骨质，土壤反应为非酸性。

利用性能综述　鲁班系粗骨性强，土层浅薄，土体坚实，透水性差，养分较低，不适合农业生产，应以封山育林、保护植被为主要管理方向。

参比土种　白云砂泥土。

代表性单个土体　于 2015 年 7 月 30 日采自贵州省遵义市仁怀市鲁班镇尚礼村桃子坪，27°45'21.3"N,106°20'35.4" E。成土母质为新老两期的碳酸盐岩坡积物叠加，海拔 874 m，地形为低山中下坡，坡度为 15°左右；50 cm 深度土壤年均温度约 18.0℃。土地利用方式为荒地，编号为 52-032。

鲁班系代表性单个土体剖面

AC：0～14 cm，棕色（10YR 4/6，润），暗黄棕色（10YR 5/4，干）；细土质地为粉砂质黏土；润；散块状结构，稍坚实；少量根系；夹杂有 40%的砾石；微碱性，石灰反应；向下层平滑渐变过渡。

C：14～50 cm，主要由砂岩风化碎屑物组成（含量在 85%以上）。棕色（10YR 4/6，润），暗黄棕色（10YR 5/4，干）；细土质地为粉砂质黏壤土；润；散粒状，坚实；微碱性，石灰反应；向下层平滑清晰过渡。

2Bw：50～120 cm，亮棕色（7.5YR 5/8，润），橙色（7.5YR 6/6，干）；细土质地为黏土；润；大块状结构，稍坚实；中性。

鲁班系代表性单个土体物理性质

土层	深度/cm	砾石(>2 mm，体积分数)/%	细土颗粒组成(粒径：mm)/(g/kg)			细土质地(美国制)
			砂粒 2～0.05	粉砂 0.05～0.002	黏粒<0.002	
AC	0～14	40	146	431	423	粉砂质黏土
C	14～50	85	151	497	352	粉砂质黏壤土
2Bw	50～120	5	88	271	641	黏土

鲁班系代表性单个土体化学性质

深度/cm	pH		有机质/(g/kg)	全氮(N)/(g/kg)	有效磷/(mg/kg)	速效钾/(mg/kg)	CEC_7/(cmol/kg)	C/N	盐基饱和度/%	游离氧化铁/(g/kg)	$CaCO_3$相当物/(g/kg)
	H_2O	KCl									
0～14	8.16	—	26.98	1.88	5.43	122	17.52	8.31	100.00	44.13	118.26
14～50	7.89	—	23.11	1.65	6.98	114	16.35	8.12	100.00	37.72	119.88
50～120	7.44	—	6.76	—	—	—	19.65	—	100.00	73.22	0.00

10.5.4　仙源系（Xianyuan Series）

土　族：粗骨质硅质混合型非酸性温性-石质湿润正常新成土
拟定者：章明奎

分布与环境条件　分布在遵义、铜仁、毕节和六盘水等地的中山陡坡地。属暖温带湿润气候，年均日照时数 1400～1500 h，年均温 10.0～14.0℃，年均降水量 1200～1300 mm，无霜期 225～255 d，年干燥度小于 1。海拔在 1250～2200 m，起源于紫色、紫红色砂岩残积物；坡度多在 35°以上，岩石露头占地表 30%左右；侵蚀明显；利用方式为荒草地或灌丛地。

仙源系典型景观

土系特征与变幅　该土系诊断层包括淡薄表层；诊断特性包括湿润土壤水分状况、准石质接触面、温性土壤温度状况及饱和的盐基饱和度。剖面构型为 AC-C 或 A-C；表土层厚度在 10～20 cm。细土质地主要为壤土，砾石含量在 75%以上；润土色调主要为 7.5R；土壤 pH 在 5.5～7.5。

对比土系　王寨系、芦稿坪系、三板桥系，同一亚类。但王寨系、芦稿坪系、三板桥系土色比 7.5YR 更黄，且王寨系和芦稿坪系颗粒大小级别分别为粗骨壤质、粗骨质，土壤温度状况为热性。

利用性能综述　仙源系主要分布于陡坡地，土体浅薄，土壤抗蚀性差，养分低下，不适合农业生产，应以封山育林、保护植被为主要管理方向。对于地表裸露的区域，应种草护坡，加快恢复植被与生态环境。

参比土种　砾血砂土。

代表性单个土体　于 2015 年 7 月 28 日采自贵州省遵义市习水县仙源镇毛坪村，28°26'14.6"N,106°39'57.9" E。母质为紫色砂岩风化物，海拔 1331 m，地形为中山中坡，坡度为 35°～55°；50 cm 深度土壤年均温度约 15.8℃。土地利用方式为荒坡地，编号为 52-022。

仙源系代表性单个土体剖面

AC：0～10 cm，深红棕色（7.5R 2/3，润），灰红色（7.5R 5/2，干）；细土质地为壤土；干；散粒状结构，疏松，坚实；少量根系；夹杂有 80%直径>2 mm 的岩石碎屑物；中性；向下层平滑清晰过渡。

C：10～100 cm，主要由紫色砂岩碎屑物组成（占 95%以上，由上至下石块变大，部分直径可达 20 cm），细土占 5%以下。细土深红棕色（7.5R 3/2，润），灰红色（7.5R 5/2，干）；干；散粒状，坚实；少量细根；中性。

仙源系代表性单个土体物理性质

土层	深度/cm	砾石(>2 mm，体积分数)/%	细土颗粒组成(粒径：mm)/(g/kg)			细土质地(美国制)
			砂粒 2～0.05	粉砂 0.05～0.002	黏粒<0.002	
AC	0～10	80	372	399	229	壤土

仙源系代表性单个土体化学性质

深度/cm	pH		有机质/(g/kg)	全氮(N)/(g/kg)	有效磷/(mg/kg)	速效钾/(mg/kg)	CEC_7/(cmol/kg)	C/N	盐基饱和度/%	游离氧化铁/(g/kg)	$CaCO_3$相当物/(g/kg)
	H_2O	KCl									
0～10	6.67	5.61	19.89	1.69	8.56	67	11.32	6.81	100.00	53.61	0.00

10.5.5 王寨系（Wangzhai Series）

土　族：粗骨壤质硅质混合型非酸性热性-石质湿润正常新成土

拟定者：章明奎

分布与环境条件 分布在遵义、黔南、毕节、安顺、贵阳、六盘水等地的低山陡坡地。属亚热带湿润气候，年均日照时数 1200～1400 h，年均温 14.0～16.5℃，年均降水量 1200～1400 mm，无霜期 255～280 d，年干燥度小于 1。海拔在 600～1250 m，起源于泥页岩、砂页岩互层残积物；坡度多在 35°以上；利用方式为荒草地或灌丛地。

王寨系典型景观

土系特征与变幅 该土系诊断层包括淡薄表层；诊断特性包括湿润土壤水分状况、准石质接触面、热性土壤温度状况及饱和的盐基饱和度。剖面构型为 Ah-R；表土层厚度在 15～25 cm。细土质地主要为黏壤土，砾石含量在 25%以上；润土色调主要为 10YR；土壤 pH 在 5.5～6.5。

对比土系 仙源系、三板桥系，同一亚类。但仙源系成土母质为紫色、紫红色砂岩残积物，土色比 2.5YR 更红，颗粒大小级别为粗骨质，土壤温度状况为温性；三板桥系土壤温度状况为温性，100 cm 土体内不见基岩。芦稿坪系，同一亚类，但芦稿坪系细土质地主要为壤土，呈中性。

利用性能综述 王寨系主要分布于陡坡地，土体浅薄，土壤抗蚀性差，养分低下，不适合农业生产，应以封山育林护草、涵养水源为主。对于地表裸露的区域，应种草护坡，加快恢复植被与生态环境。

参比土种 砾石黄砂泥土。

代表性单个土体 于 2015 年 7 月 31 日采自贵州省遵义市凤冈县王寨镇新民村，27°54'43.2"N,107°42'11.1"E。母质为泥页岩残积物，海拔 665 m，地形为低山中上坡，水土流失明显；坡度为 40°；50 cm 深度土壤年均温度约 17.8℃。土地利用方式为荒草地，编号为 52-044。

王寨系代表性单个土体剖面

Ah：0～20 cm，灰黄棕色（10YR 5/3，润），灰黄橙色（10YR 7/2，干）；细土质地为黏壤土；稍干；块状结构，坚实；少量根系；微酸性；向下层波状清晰过渡。

R：20～50 cm，半风化岩体。淡黄色（2.5Y 7/3，润），灰白色（2.5Y 7/1，干）；润；很坚实；向下层近平滑清晰过渡。

王寨系代表性单个土体物理性质

土层	深度/cm	砾石(>2 mm，体积分数)/%	细土颗粒组成(粒径：mm)/(g/kg)			细土质地(美国制)
			砂粒 2～0.05	粉砂 0.05～0.002	黏粒<0.002	
Ah	0～20	25	306	361	334	黏壤土
R	20～50	95	—	—	—	—

王寨系代表性单个土体化学性质

深度/cm	pH		有机质/(g/kg)	全氮(N)/(g/kg)	有效磷/(mg/kg)	速效钾/(mg/kg)	CEC_7/(cmol/kg)	C/N	盐基饱和度/%	游离氧化铁/(g/kg)	$CaCO_3$相当物/(g/kg)
	H_2O	KCl									
0～20	5.56	4.43	26.85	2.86	6.11	136	16.54	5.45	72.26	19.07	0.00

10.5.6　芦稿坪系（Lugaoping Series）

土　族：粗骨质硅质混合型非酸性热性-石质湿润正常新成土

拟定者：章明奎

分布与环境条件　分布在遵义、黔南、毕节、安顺、贵阳、六盘水等地的低山陡坡地。属亚热带湿润气候，年均日照时数 1200～1400 h，年均温 14.0～16.5 ℃，年均降水量 1200～1400 mm，无霜期 255～280 d，年干燥度小于 1。海拔在 600～1250 m，起源于泥页岩、砂页岩互层残积物；坡度多在 35°以上；岩石露头占 50%左右，利用方式为荒草地或旱地。

芦稿坪系典型景观

土系特征与变幅　该土系诊断层包括淡薄表层；诊断特性包括湿润土壤水分状况、石质接触面、热性土壤温度状况及饱和的盐基饱和度。剖面构型为 AC-R 或 A-R；表土层厚度在 5～20 cm。细土质地主要为壤土，砾石含量在 25%以上；润土色调主要为 10YR；土壤 pH 在 6.5～7.5。

对比土系　仙源系、三板桥系，同一亚类。但仙源系成土母质为紫色、紫红色砂岩残积物，土色比 2.5YR 更红，颗粒大小级别为粗骨质，土壤温度状况为温性；三板桥系土壤温度状况为温性，100 cm 土体内不见基岩。王寨系，同一亚类，但王寨系细土质地主要为黏壤土，呈微酸性。

利用性能综述　芦稿坪系主要分布于陡坡地，土体浅薄，土壤抗蚀性差，养分低下，不适合农业生产，应以封山育林护草、涵养水源为主。对于已用于农业生产的土壤，应退耕还草，加快恢复植被与生态环境。

参比土种　砾石黄砂泥土。

代表性单个土体　于 2015 年 7 月 30 日采自贵州省遵义市仁怀市五马镇芦稿坪村，27°37'43.7"N,106°16'49.7"E。母质为泥页岩残积物，海拔 968 m，地形为低山顶部，坡度为 35°左右；50 cm 深度土壤年均温度约 17.2℃。土地利用方式为旱地，编号为 52-035。

芦稿坪系代表性单个土体剖面

AC：0～15 cm，棕色（10YR 4/4，润），灰黄棕色（10YR 5/2，干）；细土质地为壤土；干；散块状结构，疏松；少量根系；半风化碎屑物占 75%以上；中性；向下层波状清晰过渡。

R：15～65 cm，泥页岩岩体。

芦稿坪系代表性单个土体物理性质

土层	深度/cm	砾石(>2 mm，体积分数)/%	细土颗粒组成(粒径：mm)/(g/kg)			细土质地(美国制)
			砂粒 2～0.05	粉砂 0.05～0.002	黏粒<0.002	
AC	0～15	75	388	395	218	壤土

芦稿坪系代表性单个土体化学性质

深度/cm	pH		有机质/(g/kg)	全氮(N)/(g/kg)	有效磷/(mg/kg)	速效钾/(mg/kg)	CEC_7/(cmol/kg)	C/N	盐基饱和度/%	游离氧化铁/(g/kg)	$CaCO_3$相当物/(g/kg)
	H_2O	KCl									
0～15	7.47	—	45.61	4.18	9.05	54	10.32	6.33	100.00	51.48	0.00

10.5.7 三板桥系（Sanbanqiao Series）

土 族：粗骨质硅质混合型非酸性温性-石质湿润正常新成土
拟定者：章明奎

分布与环境条件 分布在遵义、黔南、毕节、安顺、贵阳、六盘水等地的中山陡坡地。属暖温带湿润气候，年均日照时数1300～1500 h，年均温 10.0～14.0℃，年均降水量 1300～1400 mm，无霜期 225～255 d，年干燥度小于 1。海拔在 1250～2200 m，成土母质为近期滑坡形成的砂页岩互层坡积物；坡度多在 35°以上；利用方式为荒草地或裸露地。

三板桥系典型景观

土系特征与变幅 该土系诊断层包括淡薄表层；诊断特性包括湿润土壤水分状况、准石质接触面、温性土壤温度状况及饱和的盐基饱和度。剖面构型为 Ah-C；表土层厚度在10～20 cm，C 层深厚，100 cm 土体内不见基岩；地表有大量直径为 30～100 mm 的半风化岩石碎屑物覆盖。细土质地主要为砂质壤土，砾石含量在 75%以上；润土色调主要为7.5YR；土壤 pH 在 5.5～7.5。

对比土系 王寨系、芦稿坪系，同一亚类。但王寨系、芦稿坪系土壤温度状况均为热性，颗粒大小级别分别为粗骨壤质和粗骨质，且 100 cm 土体内可见基岩。

利用性能综述 三板桥系主要分布于陡坡地，主要由松散的粗骨质半风化母质组成土体，土体极不稳定，易在暴雨作用下进一步下移，不适合农业生产。应以封山育林护草、防止发生地质灾害为主。

参比土种 新积砾砂土。

代表性单个土体 于 2015 年 8 月 25 日采自贵州省黔西南布依族苗族自治州普安县三板桥镇九峰村，25°46'33.4"N,104°54'7.0"E。母质为近期形成的砂页岩坡积物，海拔 1575 m，地形为高原中山中坡，坡度>45°；50 cm 深度土壤年均温度约 14.8℃。土地利用方式为荒坡地，编号为 52-095。

三板桥系代表性单个土体剖面

Ah：0～15 cm，棕黑色（7.5YR 3/1，润），灰棕色（7.5YR 5/2，干）；细土质地为砂质壤土；润；散粒状结构，疏松；少量根系；夹有 75%的半风化岩石碎屑物；中性；向下层平滑渐变过渡。

C1：15～88 cm，棕黑色（7.5YR 3/1，润），灰棕色（7.5YR 5/2，干）；细土质地为砂质壤土；润；散粒状结构，疏松；夹有 80%直径为 2～50 mm 的半风化岩石碎屑物；中性；向下层平滑渐变过渡。

C2：88～150 cm，棕黑色（7.5YR 3/2，润），灰棕色（7.5YR 6/2，干）；细土质地为砂质壤土；润；散粒状结构，疏松；夹有 85%直径为 2～75 mm 的半风化岩石碎屑物；中性。

三板桥系代表性单个土体物理性质

土层	深度/cm	砾石(>2 mm，体积分数)/%	细土颗粒组成(粒径：mm)/(g/kg)			细土质地(美国制)
			砂粒 2～0.05	粉砂 0.05～0.002	黏粒<0.002	
Ah	0～15	75	653	210	137	砂质壤土
C1	15～88	80	711	185	105	砂质壤土
C2	88～150	85	763	157	80	砂质壤土

三板桥系代表性单个土体化学性质

深度/cm	pH		有机质/(g/kg)	全氮(N)/(g/kg)	有效磷/(mg/kg)	速效钾/(mg/kg)	CEC_7/(cmol/kg)	C/N	盐基饱和度/%	游离氧化铁/(g/kg)	$CaCO_3$ 相当物/(g/kg)
	H_2O	KCl									
0～15	6.71	5.54	72.44	2.95	23.08	25	9.68	14.23	96.87	51.95	0.00
15～88	7.23	—	38.86	1.54	21.56	39	8.56	14.64	100.00	39.96	0.00
88～150	7.14	—	10.40	0.46	1423	35	5.24	13.12	100.00	38.46	0.00

10.5.8 羊蓬村系（Yangpengcun Series）

土 族：黏壤质混合型酸性温性-石质湿润正常新成土

拟定者：章明奎

分布与环境条件 零星分布在黔南中山平缓山顶或高原面边缘地带。属暖温带湿润气候，年均日照时数 1400～1500 h，年均温 12.0～14.0℃，年均降水量 1100～1300 mm，无霜期 245～260 d，年干燥度小于 1。海拔在 1300～1800 m，起源于碳质砂页岩残积物；坡度多在 15°以下，存在冲刷现象，利用方式为草地。

羊蓬村系典型景观

土系特征与变幅 该土系诊断层包括淡薄表层；诊断特性包括湿润土壤水分状况、准石质接触面、温性土壤温度状况及饱和的盐基饱和度。剖面构型为 Ah-C；表土层厚度在 10～20 cm。土壤质地主要为黏壤土，砾石含量在 25%以下；润土色调主要为 10YR；土壤 pH 在 5.5 以下。

对比土系 乌蒙系，同一亚类。但乌蒙系成土母质为玄武岩、辉绿岩残积物，剖面构型为 Ah-R，颗粒大小级别为壤质。

利用性能综述 羊蓬村系分布区虽然地表较为平坦，但受雨水冲刷，该土土层浅薄，透水性较差，肥力较低，且因海拔较高，风大，不适合发展旱作，应以增加植被覆盖和保护现有草被为主要管理方向。

参比土种 薄草甸砂土。

代表性单个土体 于 2015 年 9 月 23 日采自贵州省黔南布依族苗族自治州龙里县龙山镇羊蓬村，26°23'36.5"N, 106°54'22.8"E。母质为碳质砂页岩残积物，海拔 1559 m，地形为中山平缓山顶，坡度<10°；50 cm 深度土壤年均温度约 15.0℃。土地利用方式为草地，编号为 52-132。

羊蓬村系代表性单个土体剖面

Ah：0～10 cm，棕黑色（10YR 3/2，润），棕灰色（10YR 4/1，干）；细土质地为黏壤土；润；团块状结构，疏松；中量根系；酸性；向下层平滑清晰过渡。

C：10～150 cm，半风化碎屑物。黑色（10Y 2/1，润），灰色（10Y 4/1，干）；润；散粒状，稍坚实（向下硬度增加）。

羊蓬村系代表性单个土体物理性质

土层	深度/cm	砾石(>2 mm，体积分数)/%	细土颗粒组成(粒径：mm)/(g/kg)			细土质地(美国制)
			砂粒 2～0.05	粉砂 0.05～0.002	黏粒<0.002	
Ah	0～10	3	238	414	348	黏壤土

羊蓬村系代表性单个土体化学性质

深度/cm	pH		有机质/(g/kg)	全氮(N)/(g/kg)	有效磷/(mg/kg)	速效钾/(mg/kg)	CEC_7/(cmol/kg)	C/N	盐基饱和度/%	游离氧化铁/(g/kg)	$CaCO_3$相当物/(g/kg)
	H_2O	KCl									
0～10	4.71	3.87	32.48	2.82	4.89	71	16.25	6.68	40.00	24.06	0.00

10.5.9　乌蒙系（Wumeng Series）

土　族：壤质混合型酸性温性-石质湿润正常新成土

拟定者：章明奎

分布与环境条件　分布在毕节和六盘水等地高原中山上。属暖温带湿润气候，年均日照时数 1200～1400 h，年均温 7.0～9.0 ℃，年均降水量 900～1200 mm，无霜期 205～215 d，年干燥度小于 1。海拔在 2400～2800 m，起源于玄武岩、辉绿岩残积物；坡度多在 25°以上；岩石露头占 15%以上；利用方式为灌丛地和草地，主要植被为高山杜鹃、箭竹、禾本科草类。

乌蒙系典型景观

土系特征与变幅　该土系诊断层包括淡薄表层；诊断特性包括湿润土壤水分状况、石质接触面、温性土壤温度状况及饱和的盐基饱和度。剖面构型为 Ah-R；表土层厚度在 10～25 cm。细土质地主要为粉砂壤土，砾石含量在 25%以下；润土色调主要为 10YR；土壤 pH 在 5.5 以下。

对比土系　羊蓬村系，同一亚类。但羊蓬村系成土母质为碳质砂页岩残积物，剖面构型为 Ah-C，颗粒大小级别为黏壤质。

利用性能综述　乌蒙系土壤有机质和全氮积累较高，质地适中，但所处海拔较高，坡度较大，土层浅薄，立地条件较差，有效磷和速效钾较低，保水能力较弱，抗蚀性差，热量不足，风大，不适宜发展农业。应保护其自然植被，以维护生态平衡。

参比土种　暗石渣子泥土。

代表性单个土体　于 2017 年 8 月 31 日采自贵州省六盘水市盘州市坪地彝族乡乌蒙大草原吴家湾附近，26°10'25.5"N, 104°37'54.5"E。母质为玄武岩残积物，海拔 2500 m，地形为高原山地上坡，坡度>25°；50 cm 深度土壤年均温度约 11.1℃。土地利用方式为草地和灌丛地（高山杜鹃），编号为 52-167。

乌蒙系代表性单个土体剖面

Ah：0～25 cm，棕黑色（10YR 2/3，润），暗棕色（10YR 3/3，干）；细土质地为粉砂壤土；润；团粒状结构，疏松；大量细根；夹杂 15%～25%砾石块；酸性；向下层波状清晰过渡。

R：25～100 cm，半风化砾石（大小在 2～15 cm）。

乌蒙系代表性单个土体物理性质

土层	深度/cm	砾石(>2 mm，体积分数)/%	细土颗粒组成(粒径：mm)/(g/kg)			细土质地(美国制)
			砂粒 2～0.05	粉砂 0.05～0.002	黏粒<0.002	
Ah	0～25	20	357	510	133	粉砂壤土

乌蒙系代表性单个土体化学性质

深度/cm	pH		有机质/(g/kg)	全氮(N)/(g/kg)	有效磷/(mg/kg)	速效钾/(mg/kg)	CEC_7/(cmol/kg)	C/N	盐基饱和度/%	游离氧化铁/(g/kg)	$CaCO_3$相当物/(g/kg)
	H_2O	KCl									
0～25	5.01	4.56	268.48	9.83	2.61	77	24.15	15.84	58.56	26.02	0.00

参 考 文 献

董宇博，陆晓辉，王济. 2016. 贵州省土壤温度状况估算[J]. 地球与环境, 44(2): 243-247.

贵州林业厅. 2000. 贵州野生珍贵植物资源[M]. 北京：中国林业出版社: 1-218.

贵州省农业厅，中国科学院南京土壤研究所. 1980. 贵州土壤[M]. 贵阳：贵州人民出版社: 79-89.

贵州省土壤普查办公室. 1994. 贵州土种志[M]. 贵阳：贵州科技出版社.

贵州植物志编委会. 1986. 贵州植物志[M]. 贵阳：贵州人民出版社: 1-393.

黄会前，何腾兵，牟力. 2016. 贵州母岩（母质）对土壤类型及分布的影响[J]. 浙江农业科学，57(11)：1816-1820.

黄威廉，屠玉麟，杨龙. 1988. 贵州植被[M]. 贵阳：贵州人民出版社: 312-324.

李宗发. 2011. 贵州喀斯特地貌分区[J]. 贵州地质, 28(3): 177-181.

廖德平，龙启德. 1997. 贵州林业土壤[J]. 贵州林业科技, 25(4): 1-66.

廖正武，肖厚军，苏跃. 2006. 贵州耕地资源的特点、问题及可持续利用[J]. 耕作与栽培, (1): 4-6.

卢其尧. 1983. 中国农业气候区划再论[J]. 地理学报, 38(2): 154-162.

陆晓辉，董宇博，涂成龙. 2016. 基于不同估算方法的贵州省土壤温度状况[J]. 土壤学报, 53(2): 125-132.

罗乃兴，曾莉萍，吴有恒，等. 2013. 贵阳市近年酸雨特征分析[J]. 贵州气象, 37(4): 18-23.

罗宁，许炳南，文继芬，等. 2006. 贵州大气降水的时空分布规律研究[J]. 贵州气象, 30(4): 3-7.

马克平. 2011. 未来十年的生物多样性保护目标[J]. 生物多样性, 19(1): 1-2.

宁婧，何腾兵，林昌虎，等. 2009. 黔北喀斯特生态环境石灰土发生特征与诊断特性的研究[J]. 贵州农业科学, 37(3): 76-81.

庞纯焘，宋铭荷. 1990. 贵州土壤分类依据与土壤分类系统[J]. 贵州教育学院学报, 7(3): 49-61.

秦松，范成五，孙锐锋. 2009. 贵州土壤资源的特点、问题及利用对策[J]. 贵州农业科学, 37(5): 94-98.

全国土壤普查办公室. 1998. 中国土壤[M]. 北京：中国农业出版社: 513-526.

日本农林水产省农林水产技术会议事务局. 1967. 标准土色帖[M]. 东京：富士平工业株式会社.

吴俊铭，帅世殊，杨静. 2004. 论贵州气候资源与农业结构调整[J]. 贵州农业科学, 32(2): 67- 69.

席承藩. 1994. 土壤分类学[M]. 北京：中国农业出版社: 259-260.

向东. 2015. 贵州立体气候资源与农业结构调整简议[J]. 南方农业, 9(15): 183-184.

谢静，何冠谛，何腾兵. 2015. 贵州气候因素对土壤类型及分布的影响[J]. 浙江农业科学, 56(4): 510-514.

徐燕，龙健. 2005. 贵州喀斯特山区土壤物理性质对土壤侵蚀的影响[J]. 水土保持学报, 19(1): 157-159.

杨柳，何腾兵，舒英格，等. 2011. 贵州喀斯特区草地生态条件下石灰（岩）土的发生特性及系统分类研究[J]. 中国岩溶, 30(1): 94-99.

杨胜天. 2000. 贵州黔灵山土壤系统分类[J]. 贵州师范大学学报, 18(3): 13-16.

杨胜天，朱启疆，李天杰. 2001. RS 和 GIS 支持下的土壤系统分类制图方法研究——以贵州省贵阳市为例[J]. 土壤学报, 38(1): 41-48.

杨云. 1980. 贵州省土壤分布特点与农业利用的关系[J]. 贵州农业科学, 8(4): 1-4.

袁淑杰, 谷晓平, 缪启龙, 等. 2007. 贵州高原复杂地形下月平均日最高气温分布式模拟[J]. 地理学报, 64(7): 888-895.

张凤荣. 1992. 土壤发生与分类学[M]. 北京: 北京大学出版社: 5-10.

张甘霖, 龚子同. 2012. 土壤调查实验室分析方法[M]. 北京: 科学出版社.

张甘霖, 王秋兵, 张凤荣, 等. 2013. 中国土壤系统分类土族和土系划分标准[J]. 土壤学报, 50(4): 826-834.

赵东, 林昌虎, 何腾兵. 2006. 人类活动对贵州喀斯特山区石漠化的影响以及对策[J]. 贵州科学, 24(4): 49-53.

中国科学院南京土壤研究所土壤系统分类课题组. 1991. 土壤野外描述、水热动态观测方法及土壤信息系统（中国土壤系统分类用）[M]. 北京: 科学出版社.

中国科学院南京土壤研究所土壤系统分类课题组, 中国土壤系统分类课题研究协作组. 2001. 中国土壤系统分类检索[M]. 3 版. 合肥: 中国科学技术大学出版社.

邹国础. 1965. 云贵高原土壤地理分布规律[J]. 土壤学报, 5(3): 253-261.

邹国础. 1981. 贵州土壤的发生特性及分布规律[J]. 土壤学报, 15(1): 11-23.

附录　土壤发生层的符号表达

1　发生层符号

用英文大写字母表示。

O 有机层，包括枯枝落叶层、泥炭层、根系密集层

A 腐殖质表层，耕作层

E 漂白层

B 物质淀积层，或聚积层，或风化 B 层

C 母质层

R 基岩

K 矿质土壤 A 层之上的矿质结壳层，如盐结壳等

2　发生层特性

指发生层所具有的发生学上的特性，用英文小写字母并列置于发生层符号大写字母之后，注意不是下标形式。

a 高分解有机物质

b 埋藏层；例如，Ab 表示埋藏表层

c 结皮；例如，Ac 表示结皮层

d 冻融特征

e 半分解有机物质

f 永冻层

g 潜育特征

h 腐殖质聚积

i 低分解和未分解有机物质；例如，Oi 表示枯枝落叶层

j 黄钾铁矾

k 碳酸盐聚积；例如，Bk 表示钙积层

l 网纹；例如，第四纪红黏土具有网纹特征的母质层，用 Cl 表示

m 强胶结，形成的硬磐，不易用手掰开；例如，Btm 表示黏磐，Bkm 表示钙磐，Bym 表示石膏磐，Bzm 表示盐磐

n 钠聚积

o 根系盘结；例如，Oo 表示草毡层

p 耕作影响；例如，Ap 表示耕作层，水田和旱地均可用 Ap1 和 Ap2 表示，Ap1 表示耕作层，Ap2 表示水田的犁底层和旱地的受耕作影响层次

q 次生硅聚积

r 氧化还原特征；例如，水耕人为土和潮湿雏形土的铁锰斑纹或铁锰结核

s 铁锰聚积，自型土中的铁锰淀积和风化残积，可进一步按铁锰分异细分为：s1 铁聚积，s2 锰聚积

t 黏粒聚积；例如，Bt 表示黏化层

u 人为堆垫、灌淤、堆积等影响

v 变性特征

w 就地风化形成的显色、有结构的层次；例如，Bw 表示风化 B 层

x 胶结，但未形成硬磐，与 m 不同处在于易用手掰开

y 石膏聚积

z 可溶盐聚积

φ 磷聚积；例如，Bφ 磷积层，Bφm 磷质硬磐

3　主要土纲发生层符号

3.1　人为土纲

3.1.1　水耕人为土

耕作层，Ap1；犁底层，Ap2

有漂白层的 B 层，E

具有潜育特征的 B 层，Bg

铁渗淋亚层或其他类型的 B 层，Br

3.1.2　旱耕人为土

耕作层，Aup1、Aup2…

耕淀层，Bp

3.1.3　塿土

耕作层，Aup1；犁底层，Aup2

老熟化层，Aupb1、Aupb2…；老耕作淀积层，Bub

原褐土腐殖质层，2A

原褐土次生黏化层，2Btx

原褐土碳酸钙聚积层，2Bk

原褐土黄土母质，2C

3.1.4　灌淤土

灌淤耕作层，只有一层的，Aup1；可分为两层的，Aup11、Aup12

灌淤犁底层，Aup2；不是灌淤犁底层，Au2

未出现灌淤犁底层的，Au2；出现灌淤犁底层的，Au3

灌淤耕作淀积层，Bup

灌淤斑纹层，Bur

有斑纹的原冲积母质层，2Cr

无斑纹的原冲积母质层，2C

3.2 干旱土纲

孔状结皮，Ac
片状层，Ad
紧实层，Bx；次生黏化层，Btx
钙积层，Bk；钙磐，Bkm；石膏层，By；石膏磐，Bym；盐积层，Bz；盐磐，Bzm

3.3 铁铝土、富铁土

腐殖质表层，Ah；耕作层，Ap1、Ap2
B 层，①耕作淀积层，Bp1；②风化 B 层，Bw；③黏淀层，Bt；④黏磐，Btm；⑤黏化层，Bt 或 Btx；⑥网纹层，Bl
有网纹的母质层，Cl；无网纹的母质层，C
基岩，R

3.4 变性土纲

腐殖质表层 Ah；耕作层，Ap1、Ap2
有变性特征的 B 层，①无斑纹、无砂姜，Bv1、Bv2…；②有砂姜，Bkv1，Bkv2…(根据经验，一般情况下，有 r 的层次，由于土体潮湿，基本没有 v)
无变性特征的 B 层，①有砂姜、无斑纹，Bk；②有斑纹、无砂姜，Br；③有斑纹和砂姜，Bkr
有斑纹、无砂姜的母质层，Cr；有砂姜、无斑纹的母质层，Ck；有斑纹和砂姜的母质层，Ckr

4 注意事项

4.1 关于小写字母的排序

按决定亚类-土类-亚纲-土纲的顺序排，如砂姜钙积潮湿变性土亚类的 B 层，可用 Bkv 表示，k——钙积（砂姜钙积，亚类-土类）,v——变性特征（土纲）

4.2 母岩或母质

下部为整块基岩（即为石质接触面或准石质接触面），或为破碎的砾石但基本没有细土的，用 R 表示
下部为砾石+细土混合的，或全部为细土的，用 C 表示

4.3 潜育特征

不采用潜育层术语，合理地表达为具有潜育特征的层，潜育层不用 G 表示，而是在该层符号后加 g 表示

4.4　水耕人为土的氧化还原层

漂白层，用 E 表示；具有潜育特征的，用 Bg 表示；铁渗淋亚层或其他情况，用 Br 表示

4.5　旱地耕作层

可分别用 Ap1、Ap2 表示，但如果 Ap2 符合耕淀层条件，则用 Bp 表示

4.6　富铁土、铁铝土的 B 层

如果没有黏化层、氧化还原特征、耕淀层、网纹层等特征的，用 Bw1、Bw2 表示

4.7　关于碳酸盐聚积符号 k 的用法

第一种情况，野外没有观察到碳酸钙假菌丝体，或粉末或斑点或砂姜，此时要严格按照《中国土壤系统分类检索》（第三版）中碳酸钙含量的规定，判断钙积层有无，如果有，加 k

第二种情况，在未测定碳酸钙含量情况下，但是在野外观察到了假菌丝体，或粉末或斑点或砂姜，可加 k

4.8　关于暗沃表层表达

第一种情况，如果是耕地，表层用 Ap 表示，之下的层次分别用 Ah2、Ah3…表示

第二种情况，如果不是耕地，依次用 Ah1、Ah2、Ah3…表示

索　引

G

H

J

K

L

Z

(S-0022.01)
ISBN 978-7-5088-5818-0
定价：**398.00** 元